高等院校观赏园艺方向“十一五”规划教材

花卉种苗学

吴少华　张　钢　吕英民　主编

中国林业出版社

内 容 简 介

花卉种苗学属于园艺或观赏园艺本科专业的专业课程。本教材由绪论、种苗圃地的规划与建设、花卉种子生产、花卉穴盘苗生产、专业扦插苗生产、花卉分株苗、嫁接苗及压条苗生产、专业组培苗生产、花卉种球生产等内容组成。本教材在建立完整概念基础上，全面、系统地阐述花卉种苗繁育生产的理论和实践，力求全面地收集和吸收国内外种苗生产的最新理念和现代技术。适用于农林院校园艺、园林专业。

图书在版编目（CIP）数据

花卉种苗学/吴少华，张钢，吕英民主编．—北京：中国林业出版社，2009.7（2013.6 重印）
高等院校观赏园艺方向“十一五”规划教材
ISBN 978-7-5038-5643-3

Ⅰ．花…　Ⅱ．①吴…②张…③吕…　Ⅲ．花卉-育苗-高等学校-教材　Ⅳ．S680.4

中国版本图书馆 CIP 数据核字（2009）第 113596 号

中国林业出版社·教材建设与出版管理中心
策划编辑：康红梅　　**责任编辑：**丰　帆　康红梅
电话：83220109　83221489　　**传真：**83220109

出版发行　中国林业出版社（100009　北京市西城区德内大街刘海胡同 7 号）
E-mail：jiaocaipublic@163.com　电话：(010)83224477
http：//lycb.forestry.gov.cn
经　　销　新华书店
印　　刷　中国农业出版社印刷厂
版　　次　2009 年 8 月第 1 版
印　　次　2013 年 6 月第 2 次
开　　本　850mm×1168mm　1/16
印　　张　19.25
字　　数　451 千字
定　　价　31.00 元

高等院校观赏园艺方向系列教材
编写指导委员会

《花卉种苗学》编写人员

主　　编　吴少华　张　钢　吕英民

副主编　张克中

编写人员（按拼音排列）

高丽丽（华南农业大学）

吕英民（北京林业大学）

史宝胜（河北农业大学）

吴菁华（福建农林大学）

吴少华（福建农林大学）

杨际双（河北农业大学）

张　钢（河北农业大学）

张克中（北京农学院）

郑成淑（山东农业大学）

周秀梅（河南科技学院）

前 言

近20年来，随着我国社会经济快速发展，人民生活水平明显提高，人们工作和生活中对花卉及其产品的需求日益提高，花卉产业占农业生产的比重也逐年增加。本世纪将是我国花卉产业快速发展的年代，花卉产业的快速发展势必导致激烈的市场竞争，市场对花卉的种类、花色品种，以及质量的要求也越来越高。花卉良种及种苗的数量和质量将是直接影响花卉产品产量、质量和经济效益的重要因素，同时花卉种苗业在花卉生产中的地位和比重日益提高。随着我国加入WTO，花卉种苗产业的机遇和挑战并存，国外花卉及种苗企业进入竞争的同时，也带进一些优良的花卉种质和先进的育苗技术。我国花卉种苗业总体来说还是传统的育苗方法，较为落后，近几年国外先进的花卉种苗业理念和技术已开始逐渐渗透到国内。一些国际化专业种苗生产公司已进入大陆，例如，从事工厂化穴盘育苗及中高档盆花生产的美国维生公司、专业生产扦插苗的德国红狐狸种苗公司、专业生产组培苗的台湾缤纷园艺公司等。现代花卉企业在生产上引进国外良种和育苗新技术，是缩短育苗周期，提高育苗效率，把握商机，提高经济效益的重要方面。

在我国的农业教育体制中，观赏园艺（花卉）教育在部分林业院校中开设专业，而大多数是在我国农业院校的园艺专业下设立观赏园艺或花卉方向，有的学校仅在园艺专业中开设几门选修课。根据目前园艺专业的就业市场需求的变化，观赏园艺方向的人才教育日显重要。但长期以来这些观赏园艺（花卉）专业、方向的大多课程没有相应的专业教材，使得观赏园艺（花卉）研究、教育和人才培养严重滞后于我国观赏园艺产业的快速发展。花卉种苗学是观赏园艺（花卉）的主要课程之一，花卉种苗学方面长期以来缺少专门的教材，大多院校是借用园林苗圃学等作为辅助教材进行教学，既影响了观赏园艺（花卉）专业或方向的系统教学，也影响现代花卉种苗新理念和新技术的应用和推广。

为适应我国现代观赏园艺专业（方向）教育，使“花卉种苗学”对我国传统花卉种苗业的产业升级起一个抛砖引玉作用，本教材在建立完整概念基础上，全面、系统地阐述花卉种苗繁育生产的理论和训练体系。将穴盘苗生产、专业扦插苗生产、专业组培苗生产单独成章，力求全面地收集和吸收了国内外种苗生产的最新理念和现代技术。为了培养学生独立分析、解决问题的能力，做到举一反三，全书把基本理论、基本知识、基本技能作为重点，在内容上力求做到由浅入深，循序渐进，既便于教学组织，又利于自学。各院校在教学过程中，可依据当地具体情况，突出重点进行教学，内容上可有所侧重或增减。

本教材由福建农林大学吴少华、河北农业大学张钢、北京林业大学吕英民等组成编写组统一讨论、分工编写。本教材共分9章，由绪论、种苗圃地的规划与建设、花卉种子生产、花卉穴盘苗生产、专业扦插苗生产、花卉分株苗、嫁接苗及压条苗生产、专业组培苗生产、花卉种球生产等内容组成。本教材由吴少华、张钢、吕英民担任主编，张克中为副主编，各章编写分工如下：第1章（吴少华、郑成淑），第2章（张钢），第3章（吕英民），第4章（张克中），第5章（杨际双），第6章（吴少华、吴菁华），第7章（周秀梅），第8章（吕英民、高丽丽），附录（史宝胜）。全书由吴少华和张钢统稿、审稿，吕英民参加部分章节审稿及校样的审定。

对在编写过程中给予热情支持和帮助的有关专家、学者，以及为此教材付出辛勤劳动的中国林业出版社的编辑和出版人员表示衷心的感谢。

由于认识有限，书中疏漏、不妥，乃至谬误之处在所难免，恳请广大读者批评指正。

编　者
2009年3月

Preface

In the past twenty years, with the rapid development of our society, economy, and the distinct enhancement of our people's living standards, the demands for flowers and their relative products have been rising daily in our works and lives and therefore the proportion of the flower industry has also increased steadily in the agricultural production. The 21st century will be an even faster developing age of the industry in our country. This will inevitably lead to intense competitions in flower market, the demands for cultivars, types and varieties and qualities of the flowers will be increasingly higher. The excellent cultivars of the flowers and quantities and qualities of the seedlings will be important factors that will affect the outputs, qualities and economic efficiencies of the flowers, at the same time, the status of the seedling industry will be raised and its proportion will expand in flower production. As the process of the joining our country's flower industry into the world economy and trade speeds up, there will be equally both chances and challenges in our seedling industry, oversea competitions of flowers and seedlings will also introduce some excellent germplasms and advanced seedling technologies. Our seedling industry is generally still traditional and backward, in recent years, the oversea advanced ideas and technologies have started to seep domestic seedling industry gradually. Some international specialized companies of seedling production have come into the mainland of China, for example, the Seedling Incorpor (U. S. A) who is engaged in factorized seedling with holing plates and upscale potted flower production, Dümmen Gmbh (Germany) who is engaged in specialized cuttling, Brighten Seed (Taiwan) who is engaged in specialized seedling by culture in vitro, etc. Introduction of excellent cultivars and novel seedling technologies by the modern flower enterprises has played important roles in shortening seedling cycles, increasing seedling efficiency, grasping commercial chances, enhancing economic efficiency.

In our agricultural educational system, ornamental horticulture has been opened as a speciality in some forestry colleges and universities, but it has been set up as a field under the speciality of horticulture in most of our agricultural colleges and universities, some elective courses have only be opened in speciality of horticulture in some colleges and universities. The education of special talents on ornamental gardening will become more and more important according to present variations of demands for employment market of the special talents on horticulture. But there have not been corresponding special teaching materials for long time in most of courses on speciality or field of ornamental gardening (flower), which will lead to lag heavily our research and talent education in ornamental gardening (flower) behind fast development of our ornamental horticultural industry. Science of flower seedling is one of main special courses in ornamental gardening (flower), and has been taught with garden nursery as assistant teaching material in most of colleges and universities because of lack of special teaching material for long time, which will influent on both systematical teaching in speciality or field of ornamental gardening (flower) and application and popularization of modern ideas and novel technologies on flower seedling.

In order to suit our modern education of speciality or field of ornamental gardening, science of flower seedling will play a role of casting a brick to attract jade on upgrading of our traditional flower seedling industry. On based of establish its integrated concepts, the teaching material will comprehensively and systematically expound theoretical and training systems on propagation, cultivation and production of flower seedlings. The content on seedling production with holing plates, professional seedling production by cuttage and culture in vitro will be chaptered separately in order to comprehensively collect and absorb the latest ideas and advanced technologies at home and abroad on seedling production. To train the students' abilities to analyze and solve problems independently, and to draw inferences about other cases from one instance, it will focus on basic theories, knowledge and skills and make the contents easy – to – digest and step – by – step, which would be beneficial to both teaching organizing and self – studying. Based on their local circumstances, different colleges and universities can conduct focus teaching, emphasize or add or delete on teaching contents.

"Flower seedling science" has been completed by the compiling group composed of Wu Shaohua at Fujian Agriculture & Forestry University, Zhang Gang at Hebei Agricultural University, Lü Yingmin at Beijing Forestry University, *et al.* by the way of unite discussion and writings with labor division. The whole book has been divided into nine chapters totally, which was composed of introduction, planning and constructions of nursery sites, seed production of flowers, plug seedling production of flowers, professional cutting production, Division production of flowers, grafting and layering seedling productions, professional seedling production by culture in vitro, bulb production of flowers, and appendix, etc. Wu Shaohua and Zhang Gang Lü Yingmin are the editor-in-chief, Zhang Kezhong is the vice editor-in-chief of the book, the labor divisions of each chapter were as follows: Chapter 1 written by Wu Shaohua and Zheng Chengshu; Chapter 2 written by Zhang Gang; Chapter 3 written by Lü Yingmin; Chapter 4 written by Zhang Kezhong; Chapter 5 written by Yang Jishuang; Chapter 6 written by Wu Shaohua and Wu Jinghua; Chapter 7 written by Zhou Xiumei; Chapter 8 written by Lü Yingmin and Gao Lili; Appendix written by Shi Baosheng; The whole book was integrated and reviewed by Wu Shaohua and Zhang Gang, Lü Yingmin participated in reviews of part of chapters and sections.

In the course of writing of the book, some experts and scholars have provided with warm supports and helps, the editors and clerks in Forestry Publishing House of China have paid lots of hard work for publishing of the book, we thank them with warm – heart here.

It is inevitable to have some omissions and mistakes in the book because of limited knowledge. Please readers criticize and correct it.

Authors
Mar. 2009

目 录

前 言

1 绪　　论 …… (1)
1.1 花卉种苗生产的意义和作用 …… (2)
1.1.1 花卉种苗学的概念 …… (2)
1.1.2 花卉种苗生产的地位和作用 …… (2)
1.2 国内外花卉产业及花卉种苗业的历史和现状 …… (3)
1.2.1 国内花卉产业 …… (3)
1.2.2 国外花卉产业 …… (8)
1.2.3 国内外花卉种苗业 …… (10)
1.3 我国花卉种苗业存在的主要问题和今后发展方向 …… (12)
1.3.1 制约我国花卉种苗生产的原因 …… (12)
1.3.2 发展我国花卉种苗业的对策与方向 …… (13)
1.4 花卉种苗课程的性质、目的和任务 …… (14)
1.4.1 课程的性质、目的和任务 …… (14)
1.4.2 课程的内容和特点 …… (15)
1.4.3 如何学好花卉种苗学 …… (15)
小　结 …… (16)
思考题 …… (16)
参考文献 …… (16)

2 种苗圃地的规划与建设 …… (17)
2.1 生产圃地的选择 …… (19)
2.1.1 经营条件 …… (19)
2.1.2 自然条件 …… (19)
2.1.3 评价并确定圃地 …… (23)
2.2 生产圃地的规划 …… (24)
2.2.1 准备工作 …… (24)
2.2.2 生产用地的规划 …… (27)
2.2.3 辅助用地的规划 …… (30)
2.3 设施（大棚、温室、冷库）的建设 …… (34)
2.3.1 塑料大棚的建设 …… (34)
2.3.2 温室的建设 …… (37)
2.3.3 附属设施及器具 …… (45)
小　结 …… (48)

思考题 …………………………………………………………………… (48)
参考文献 …………………………………………………………………… (48)

3 花卉种子生产 …………………………………………………………… (49)
3.1 国内外花卉种子生产概况 ……………………………………………… (50)
3.1.1 花卉种子的种类和特点 ……………………………………………… (51)
3.1.2 草花种类和品种 …………………………………………………… (54)
3.1.3 我国草花产业市场分析 ……………………………………………… (58)
3.2 花卉种子生产方式 ……………………………………………………… (59)
3.2.1 草花 F_1 代杂种制种方式 ……………………………………………… (59)
3.2.2 F_1 杂种的制种方法 ………………………………………………… (60)
3.2.3 花卉制种的一般程序 ………………………………………………… (62)
3.3 花卉制种基地的选择 …………………………………………………… (65)
3.3.1 良好的气候条件 …………………………………………………… (65)
3.3.2 廉价的劳动力 ……………………………………………………… (67)
3.4 常见一、二年生草花的制种 ……………………………………………… (67)
3.4.1 万寿菊制种技术 …………………………………………………… (67)
3.4.2 金鱼草杂交制种技术 ………………………………………………… (68)
3.4.3 三色堇人工杂交制种栽培技术 ……………………………………… (70)
3.4.4 小丽花常规制种技术 ………………………………………………… (72)
3.4.5 福禄考制种技术 …………………………………………………… (73)
3.4.6 百日草 F_1 代制种 …………………………………………………… (75)
3.4.7 一串红制种 ………………………………………………………… (76)
3.4.8 羽衣甘蓝制种 ……………………………………………………… (78)
3.5 花卉种子管理与销售 …………………………………………………… (80)
3.5.1 花卉种子的采收与加工 ……………………………………………… (81)
3.5.2 花卉种子检疫与检验 ………………………………………………… (81)
3.5.3 花卉种子的包装 …………………………………………………… (82)
3.5.4 花卉种子的贮藏 …………………………………………………… (84)
3.6 花卉种子生产标准 ……………………………………………………… (85)
3.6.1 概况 ………………………………………………………………… (85)
3.6.2 我国花卉种子生产的国家标准及相关法律法规 ……………………… (86)
3.7 花卉种子进出口贸易 …………………………………………………… (86)
3.7.1 我国花卉种子进口贸易 ……………………………………………… (86)
3.7.2 我国花卉种子出口 …………………………………………………… (87)
3.7.3 花卉种子生产者 …………………………………………………… (87)
小 结 …………………………………………………………………… (90)
思考题 …………………………………………………………………… (90)
参考文献 …………………………………………………………………… (90)

4 花卉穴盘苗生产 …… (91)
4.1 穴盘苗的发展状况与应用前景 …… (92)
4.1.1 穴盘苗生产发展的历史与现状 …… (92)
4.1.2 花卉穴盘苗生产的应用前景 …… (93)
4.2 穴盘苗生产所需的主要设施设备 …… (93)
4.2.1 温室 …… (93)
4.2.2 发芽室 …… (95)
4.2.3 准备房 …… (97)
4.2.4 播种机 …… (97)
4.2.5 水肥系统 …… (99)
4.3 穴盘育苗所需的关键生产资料 …… (100)
4.3.1 种子 …… (100)
4.3.2 介质 …… (101)
4.3.3 水 …… (103)
4.4 温室穴盘苗生产的环境条件控制 …… (105)
4.4.1 温度 …… (105)
4.4.2 光照 …… (105)
4.4.3 湿度 …… (107)
4.4.4 二氧化碳 …… (107)
4.5 穴盘育苗技术 …… (107)
4.5.1 播种 …… (107)
4.5.2 温度管理 …… (109)
4.5.3 水分管理 …… (111)
4.5.4 光照管理 …… (112)
4.5.5 肥料与养分管理 …… (113)
4.5.6 穴盘苗生长的控制 …… (118)
4.5.7 穴盘苗高度的控制 …… (120)
4.5.8 穴盘苗病虫害的防治 …… (121)
4.5.9 穴盘苗的保存 …… (122)
4.6 穴盘苗生产管理与销售管理 …… (123)
4.6.1 销售计划的制订 …… (124)
4.6.2 播种计划的制订 …… (124)
4.6.3 生产程序设计 …… (124)
4.6.4 种苗销售 …… (126)
4.6.5 种苗包装与运输 …… (126)
小 结 …… (127)
思考题 …… (127)
参考文献 …… (127)

5 专业扦插苗生产 …… (128)
5.1 扦插繁殖的意义及分类 …… (129)

5.1.1　扦插繁殖的意义 …… (129)
5.1.2　扦插繁殖的分类 …… (130)
5.2　扦插的成活原理 …… (130)
5.2.1　不定根形成的机理 …… (131)
5.2.2　不定芽发生机理 …… (132)
5.3　影响扦插成活的因素 …… (133)
5.3.1　内在因素 …… (133)
5.3.2　影响插穗生根的外界因子 …… (135)
5.4　扦插苗生产 …… (137)
5.4.1　促进插穗生根的方法 …… (137)
5.4.2　插穗的准备与扦插 …… (138)
5.4.3　扦插后的管理 …… (148)
5.5　扦插育苗新技术 …… (149)
5.5.1　全光照自动喷雾技术 …… (149)
5.5.2　基质电热温床催根育苗技术 …… (151)
5.5.3　雾插技术 …… (152)
5.6　部分花卉商业扦插苗生产 …… (153)
5.6.1　一品红扦插苗生产 …… (153)
5.6.2　新几内亚凤仙扦插生产 …… (155)
5.6.3　香石竹扦插生产 …… (156)
5.7　国际商业扦插苗的生产现状 …… (158)
5.7.1　种苗生产体系 …… (158)
5.7.2　检疫认证 …… (159)
5.7.3　种苗繁殖机构的注册和认证 …… (160)
小　结 …… (160)
思考题 …… (160)
参考文献 …… (160)

6　花卉分株苗、嫁接苗及压条苗生产 …… (161)
6.1　分株苗生产 …… (162)
6.1.1　根蘖 …… (162)
6.1.2　吸芽 …… (166)
6.1.3　珠芽及零余子 …… (168)
6.1.4　走茎和匍匐茎 …… (168)
6.1.5　根茎 …… (169)
6.1.6　块茎 …… (171)
6.1.7　球茎和鳞茎 …… (172)
6.1.8　块根 …… (174)
6.2　嫁接苗生产 …… (174)
6.2.1　接穗和砧木的准备 …… (175)
6.2.2　嫁接方法 …… (178)

6.2.3 影响嫁接成活的因素 …… (185)
6.2.4 嫁接后管理 …… (186)
6.2.5 可用嫁接繁殖的花卉 …… (187)
6.3 压条苗生产 …… (194)
6.3.1 压条的前处理 …… (195)
6.3.2 压条繁殖的方法 …… (196)
6.3.3 压条后管理 …… (199)
6.3.4 可用压条法繁殖的花卉 …… (199)
小 结 …… (203)
思考题 …… (203)
参考文献 …… (203)

7 花卉专业组培苗生产 …… (205)
7.1 花卉专业组培苗的市场前景 …… (207)
7.1.1 适用组培生产种苗的类型 …… (207)
7.1.2 重要盆花组培苗市场前景 …… (208)
7.1.3 重要切花组培苗市场前景 …… (208)
7.2 花卉种苗脱毒母株的获得 …… (209)
7.2.1 脱毒的概念与意义 …… (209)
7.2.2 脱毒方法 …… (210)
7.2.3 病毒检测 …… (214)
7.3 花卉种苗组培快繁体系的建立 …… (218)
7.3.1 培养基配制 …… (218)
7.3.2 启动培养 …… (220)
7.3.3 继代培养 …… (223)
7.3.4 组培苗生根 …… (227)
7.3.5 组培苗的环境调节 …… (228)
7.3.6 试管苗移栽与管理 …… (230)
7.4 花卉专业组培苗生产的管理技术 …… (232)
7.4.1 生产计划的制订 …… (232)
7.4.2 产品质量的监控与售后服务体系建立 …… (235)
7.4.3 降低成本措施 …… (239)
7.4.4 几种花卉组培苗的规模化生产技术 …… (242)
小 结 …… (248)
思考题 …… (248)
参考文献 …… (248)

8 花卉种球生产 …… (250)
8.1 球根花卉的概念及种球的类型 …… (251)
8.2 球根的生长发育规律 …… (252)
8.2.1 球根的肥大机理 …… (252)

8.2.2 球根肥大与地上部生长的关系 …… (253)
8.2.3 球根内营养物质的积累 …… (254)
8.2.4 种球发育过程中内源激素的变化 …… (254)
8.3 环境因素对种球发育的影响 …… (255)
8.3.1 温度、光照与种球发育 …… (255)
8.3.2 碳素供应对种球发育的作用 …… (255)
8.3.3 植物生长调节物质在百合鳞茎形成中的作用 …… (255)
8.3.4 基质、营养元素和水分与种球发育 …… (256)
8.4 球根的休眠及调控 …… (256)
8.4.1 休眠的原因 …… (256)
8.4.2 休眠期和解除休眠过程中球根的内源物质的变化 …… (257)
8.4.3 休眠的调控 …… (258)
8.5.4 种球生产基地的建立 …… (259)
8.5 优质种球生产的繁育体系 …… (261)
8.5.1 百合 …… (261)
8.5.2 唐菖蒲 …… (267)
8.5.3 郁金香 …… (272)
8.5.4 中国水仙 …… (279)
8.5.5 马蹄莲 …… (287)
小 结 …… (290)
思考题 …… (290)
参考文献 …… (291)

附录 …… (292)

Contents

Preface

Chapter 1 Introduction ······ (1)

1.1 The significance and functions of production of seeds, seedlings, and mother bulbs of flowevs ······ (2)

1.2 The history and present situation of flower production and seedling industry at home and abroad ······ (3)

1.3 The main problems and the developing direction of flower seedling industry in our country ······ (12)

1.4 The character, destination, and duty of the subject ······ (14)

Chapter 2 Planning and construction of a nursery ······ (17)

2.1 Choice of a nursery ······ (19)

2.2 Planning of a nursery ······ (24)

2.3 Drawing of planning and design of a nursery ······ (34)

Chapter 3 Seed production of flowers ······ (49)

3.1 Overview of seed production of flowers at home and abroad ······ (50)

3.2 The ways of seed production of flowers ······ (59)

3.3 Choice of seed production bases of flowers ······ (65)

3.4 Seed production of common annual and biennial herb flowers ······ (67)

3.5 Management and sales of flower seeds ······ (80)

3.6 Standards for flower seed production ······ (85)

3.7 Import, export and trade of flower seeds ······ (86)

Chapter 4 Hole – plated seedling production of flowers ······ (91)

4.1 Developing situations and applying prospects of hole – plated seedlings ······ (92)

4.2 Facilities and equipment for hole – plated seedling production ······ (93)

4.3 Key production materials for hole – plated seedling ······ (100)

4.4 Control of environmental conditions for hole – plated seedling production in greenhouse ······ (105)

4.5 Technologies for hole – plated seedling production ······ (107)

4.6 Managements for production and sales of hole – plated seedlings ······ (123)

Chapter 5 Professional cuttling production ······ (128)

5.1 Significance and classification of cuttage propagation ······ (129)

5.2 Principle of cuttling survival ······ (130)

5.3 Factors affecting cuttling survival ······ (133)

5. 4 Cuttage seedling production .... (137)
5. 5 Novel technologies for cuttling production .... (149)
5. 6 Commercialized cuttling production of flowers .... (153)
5. 7 Status of international commercialized cuttling production .... (158)
Chapter 6 Divisional, grafting, layering seedling productions of flowers .... (161)
6. 1 Divisional seedling production .... (162)
6. 2 Grafting seedling production .... (174)
6. 3 Layering seedling production .... (194)
Chapter 7 Professional seedling production by culture in vitro .... (205)
7. 1 Marketing prospects of seedlings of flowers by culture in vitro .... (207)
7. 2 Obtainment of virus-free maternal plants .... (209)
7. 3 Establishment of the system for rapid propagation by culture in vitro .... (218)
7. 4 Technologies for managements of professional seedlings by culture in vitro .... (232)
Chapter 8 Mother bulb production of flower bulbs .... (250)
8. 1 The concept of flower bulbs and the types of bulbs .... (251)
8. 2 The law of growing and development of flower bulbs .... (252)
8. 3 The effects of enviornmental factors on the development of mother bulbs .... (255)
8. 4 The dormancy of bulbs and its regulation .... (256)
8. 5 Propagation system of high quality mother bulbs of flower bulbs .... (261)
Appendix .... (292)

1

绪论

1.1 花卉种苗生产的意义和作用

1.1.1 花卉种苗学的概念

花卉和其他生物一样，具有繁殖(繁衍子代)的本能，即将生命的遗传特性传承下去，这是生物重要的生命现象，是生物遗传与变异的基础，是自然界物种进化的原动力。花卉遗传特性传承的载体就是种苗，根据《中华人民共和国种子法》定义，种子是指农作物和林木的种植材料或繁殖材料，包括籽粒、苗、根、茎、叶、芽和果实等。生产和科研中所指的花卉种苗，通常是花卉种子、种球、苗(木)的总称，广义上讲也属于种子的概念范畴。

花卉种苗学是以现代植物学、植物生理学、遗传学、园艺学、农业设施科学等为基础的，研究花卉种子、种球、苗(木)生产、繁殖、培育理论和技术的一门综合性应用性科学。此外，花卉种苗繁育中的设施设备、基质原料、环境调控、贮运保鲜、生长调节剂等相关领域的理论和技术，也可纳入花卉种苗学研究的范畴。

1.1.2 花卉种苗生产的地位和作用

目前我国花卉产业已经基本完成了盲目引进、简单效仿、数量优先、无序竞争的初级发展阶段，产业基础基本奠定，所面临的焦点问题是缺乏花卉新品种与相关的知识产权。面对 UPOV(国际植物新品种保护联盟)、WTO 以及国内外市场一体化的巨大挑战，我国花卉产业必将全面步入以立足国内、面向国际、突出特色的新里程。一、二年生草本花卉在园林绿化和花卉产业中占有重要地位，花卉种业的技术水平直接影响花卉种业的发展和花卉种子的质量，影响到花卉产品的质量，从而制约整个花卉产业的发展。改革开放以来，我国花卉产业虽然有了长足的发展，但草本花卉种业的技术水平相对较低，拥有自主知识产权的品种不多，花卉种苗大量依赖进口，加上国外引进的优良品种种性退化严重，种苗生产成本高，阻碍了花卉生产效益的提高。因此，我国花卉产业要实现新的飞跃，首先必须在花卉品种上实现创新。不容置疑，新品种是花卉产业的灵魂，不断开发和应用新品种是花卉产业赖以生存和发展的基础。

花卉种苗是优质花卉生产的基础，种苗生产对花卉产业的生产发展、装饰应用、经济效益都有举足轻重的作用。花卉种苗生产的纯度、质量、数量，以及生产性辅料的使用，都将直接影响到花卉生产的产量、质量、效益、环保，以及可持续发展等一系列问题。在许多情况下花卉种苗生产状况直接影响花卉的装饰美化效果和产业的经济效益。花卉种苗生产的规模和技术水平在一定程度上反映了整个国家或地区花卉产业的发展水平。我国幅员辽阔，地跨热带、亚热带、温带等多个气候带，加上地形、海拔、降水、光照等的不同和变化，形成多种生态类型和气候类型。充分利用天然条件和自然资源，可以较小的投入获得较大的收益。花卉种业属于劳动密集型产业。我国劳动力资源丰富，与发达国家相比劳动力成本相对较低，加上我国与发达国家的经济总体水平存在很大的差距，因此我国的劳动力资源优势在近期内还不会消失，这为我国花卉种苗业的“低成本发展”保留了时间与空间。20 世纪 90 年代以来，随着我国花卉产业的迅猛发展，组培和现代化育苗设施在花卉生产中广泛运用，花卉种苗的生产规模和数量迅速增加，有力地促进花卉产业的发展和规模的扩大。因此，花卉种苗生产理论和新技术的研究与推广应用，已成为推动花卉产业发展的一个重要环节而受到人们的重视。

1.2 国内外花卉产业及花卉种苗业的历史和现状

1.2.1 国内花卉产业

1.2.1.1 我国花卉产业的历史

我国花卉资源丰富，栽培和观赏历史悠久。早在《周礼·天宫·大宰》(公元前 10 ~ 前 7 世纪)中有“园圃毓草木”的词句，说明当时已在园圃中培育草木。在公元前 4 世纪，吴王夫差在会稽建梧桐园(海棠、茶花等)，已有栽植花木观赏的习惯。至秦汉时期，花卉事业逐渐兴盛，王室富贾营建宫苑，广集各地奇果佳树、名花异卉植于园内，如汉成帝重修秦代的上林苑，不仅栽培露地花卉，还建宫(保温设施)种植各种亚热带、热带观赏植物，收集的名果奇卉达 3000 余种。西晋、东晋(公元 4 世纪)有嵇含的《南方草木状》、戴凯之的《竹谱》，以及陶渊明诗集都有园林花卉植物的记载。隋、唐、宋是我国古代花卉事业兴盛时期，对花卉分类、栽培、鉴赏等方面有较大的进步，文字记载以宋代为多，如李格非的《洛阳名园记》、陈景沂的《全芳备祖》、陆游的《天彭牡丹谱》、范成大的《桂海花木志》《范村梅谱》《范村菊谱》、欧阳修和周师厚的《洛阳牡丹记》、王贵学的《兰谱》、赵时庚的《金漳兰谱》、陈思的《海棠谱》、王观的《芍药谱》、刘蒙的《菊谱》等。明代至民国时期(1368—1949 年)，我国花卉园艺栽培逐渐进入缓慢发展期，开始了插花等花卉造景与鉴赏等的研究，并出现了一批综合性的花卉研究著作。如王象晋的《群芳谱》、高濂的《兰谱》、周履靖的《菊谱》、袁宏道的《瓶史》、黄省曾的《艺菊》、薛凤翔的《牡丹八木》、赵学敏的《凤仙谱》、计楠的《牡丹谱》、陆廷灿的《艺菊志》、曹靖辑的《琼花集》、周文华的《汝南圃史》、王世懋的《学圃杂疏》、陈淏子的《花镜》、马大魁的《群芳列传》、章君瑜的《花卉园艺学》、童玉民的《花卉园艺学》，陈俊愉和汪菊渊等的《艺园概要》等。

20 世纪 50 年代后的 30 多年，中国花卉业进入了曲折停滞期。中国现代花卉业起步于 20 世纪 80 年代初期，1985 年后中国花卉业开始迅速恢复和发展，经过 20 多年的努力，花卉业取得了长足进步，同时也带动了相关产业的发展，为现代花卉业的形成和发展奠定了较好的基础，这一时期大致可分为两个阶段：

(1)1986—1995 年，我国花卉业起步后快速发展，据统计，1986 年全国花卉生产面积接近 2 万 hm^2，产值 7 亿元左右。到 1995 年分别增长到 7.5 万 hm^2、38 亿元；1995 年全国鲜切花产量达到 7 亿支，比 1986 年增加 20 多倍；生产力水平和经济效益也大幅度提高。在这 10 年内，随着国民经济的发展，城市绿化、美化要求的提高，以及人民生活水平的改善，花卉需求量迅速增长，有力地推动了各方面发展花卉业的积极性。初期虽然花卉生产面积和产值有了一定的增长，但总的来说，生产基本以传统的栽培技术和栽培品种为主，部分地区还带有盲目发展的倾向，出现过暴利炒作，也出现过市场调整滞销的情况；后期，特别是1992年国务院召开发展"高产、优质、高效"农业经验交流会后，全国出现了国营、集体、个体以及外资、台资企业一齐上的格局，大江南北把发展花卉业作为调整农业结构、发展农村经济的重要途径之一，各级部门加大扶持的力度，大大促进了花卉业的发展。福建、广东、浙江、上海、江苏、四川等传统产区，涌现出一大批专业户、专业村、专业镇，从南到北靠花卉致富的农户不胜枚举。

(2)1996—2005年，我国花卉业进入调整结构、重视质量、专业市场、稳步发展的阶段。花卉产品结构得到有效调整。在各类花卉产品中，发展最快的是鲜切花、盆花和观叶植物，商品盆景的生产和出口也有明显增加。绿化植物也不再种类单一，出现乔木、花灌木、草坪草等齐发展的势头。由于各地注重调整产品结构，不仅丰富了市场供应，品种也较过去齐全，使花卉产值和效益成倍增长。花卉消费市场出现城市绿化提倡树、花、草三结合；政治、经济、文化、风俗等活动的摆花增多；居民居家花卉消费渐增等变化。这些都带动了盆花的生产和消费。据统计，1995年全国盆花产量为2.4亿盆，1996年为5亿多盆，1998年上升到逾11亿盆。3年时间，盆花产量翻了两番多。而这一时期，花卉生产开始放慢发展速度，各类花卉产品的质量有了明显提高。如月季、香石竹、菊花、百合、勿忘我、满天星等鲜切花，不仅品质比过去有了较大改善，而且基本做到以稳定的质量全年供应市场，这是中国鲜切花生产的一个较大突破。各类观叶植物也基本实现了规模化、批量化、规格化生产，以满足各地各消费层次的需要。10年间，中国花卉流通环节的设施建设有了明显改善。据统计，全国大小花卉批发市场已有700多个。一些花卉重点产销区，如北京、上海、广州、云南、成都、沈阳等城市，都建起了大型花卉批发市场。这些批发市场的建设，在花卉南北大流通上起到一定的枢纽作用。

1.2.1.2 我国花卉产业的现状

随着人民物质生活水平的提高，花卉作为精神文化的良好载体之一，花卉产品的消费已逐渐成为时尚。自20世纪90年代中期以来，我国的花卉消费迅速扩大，居民花卉消费水平也逐渐提高。我国2006年花卉销售额是1985年的2万多倍。从我国花卉消费看，具有地域性、礼品性、节日性和集团消费等几个特点。如花卉消费主要集中在城市，特别是大城市，农村花卉消费几乎为空白，中小城市的消费也比较少；以集团消费为主，尚未形成成熟的、稳定的个人(家庭)消费。据调查，花卉消费群中个人和家庭消费约占25%(送人和看望朋友为主)，而社会集团消费占75%(礼品性为主)。我国花卉消费一般集中在节日，尤其是在元旦、春节、"五一"、"十一"等重大节日，花卉消费量很大。

需求促进生产，20世纪80年代中期中国花卉业开始起步，经过20年的发展，取得举世瞩目的成绩。据有关统计资料显示，2004年全国花卉种植面积63.6万hm^2，较20年前增长45倍，大中型花卉企业5000多家，从业人员250多万人，全国已有200多家科研单位设立花卉科研机构，有140多个教学单位开设了花卉园林专业。在花卉产业发展过程中，各地区充分利用地区资源、气候等区域优势发展生产，形成了各类花卉优势区域：以云南、北京、上海、广东、四川、河北为主的切花产区；以江苏、浙江、四川、广东、福建和海南为主的苗木和观叶植物产区；以江苏、广东、浙江、福建、四川为主的盆(花)景产区；以四川、云南、上海、辽宁、陕西、甘肃为主的种苗(种球)产区；以山东、河南、江苏和广东为主的草坪产区。

随着花卉业的发展，花卉产品呈现出多样化的趋势，花卉产品已由盆景和盆花为绝大多数，发展到观赏苗木、盆栽植物、切花切叶(干花)、种用花卉、草坪、食用药用工业用花卉6大类。目前我国花卉产品类型主要包括：切花(切叶)约占花卉生产面积的14%、盆栽植物约占24%、种苗约占3%、种球约占1%、绿化苗木约占50%、其他(食用药用、工业用等)约占8%。

构建良好的流通体系是花卉产业兴旺的基础。经过多年的市场建设和运作，我国基本形成了以大中型花卉批发市场为主体，农贸市场、花店、花摊等多种形式相结合的花卉交易市场格局，花卉流通体系初步形成。长期以来花卉买难卖难的问题得到一定的缓解。随着生产规模的扩大，我国花卉市场体系逐步形成，花卉交易方式也呈现多样化趋势。近几年，我国先后在北京、广东、上海、云南建立花卉拍卖交易中心，开始尝试花卉拍卖。花卉拍卖市场在我国的逐步建立，给花卉行业带来了深远的影响。

随着我国花卉消费的需求与日俱增，花卉生产扩大，花卉进出口也迅速增加。我国花卉出口总体上呈上升趋势，2006年为10 174.6万美元、396 072t，是1996年的5倍。出口花卉中，装饰用花、鲜切花及花蕾、鲜枝叶具有一定的优势。在我国花卉出口较稳定增长的同时，花卉进口量也迅速增加，并且进口增长幅度大于出口增长幅度。2006年，我国花卉进口总额为6941.5万美元、196 161t。从整个贸易情况看，出口增长速度相对较快，花卉贸易已出现顺差(表1-1)。

表1-1 2006年度中国花卉进出口统计

进口种类	金额(万美元)	数量(kg)	出口种类	金额(万美元)	数量(kg)
种 球	3282.7	156 725 431	种 球	151.3	10 525 968
种 苗	2377.1	27 445 611	种 苗	1495.9	162 456 813
鲜切花	928.7	5 515 495	鲜切花	2760.5	19 329 077
鲜切叶	34.9	102 404	鲜切叶	1905.5	15 079 204
盆 花	242.3	6 113 609	盆 花	2957.7	185 170 075
干切花	49.7	115 184	干切花	536.8	1 616 180
干切叶	26.1	146 326	干切叶	366.9	1 897 678

近十几年来，我国各级政府和科研管理部门重视花卉科研，加大科研经费的投入，开展了基础研究、应用基础和高新技术的研究和开发。研究内容主要包括：①花卉种质资源及其利用。全国各地在花卉种质资源保护、开发、利用等方面做了大量的工作，进行了野生花卉调查研究和引种工作，发现一批有价值的花卉。如中国科学院植物研究所从“七五”至今，共收集了123个科700多种有价值的野生花卉。②花卉新品种引进、改良、繁育，包括引进、种子工程、种球繁育。据粗略统计，20世纪90年代以后，我

国从国外引进的观赏植物约有500种4000多个品种，约占荷兰、日本商品花卉目录中出现的品种总数的80%，这些品种的引进推动了我国花卉业的发展，丰富了我国园林绿化建设的植物种类，同时也促进了一些花卉龙头企业的兴起与发展。③花卉生物技术。该项研究内容呈逐年增加的趋势，生物技术所涉及的内容包括观赏植物离体快繁技术、植物再生技术体系的建立和体细胞变异、胚状体之诱变及人工种子技术、植物基因等方面，其中应用基因工程进行抗逆性、抗衰老育种成为新的发展趋势。④花卉栽培与生产技术。包括工厂化育苗、规模化生产、栽培技术、无土栽培、周年生产、盆景规模化生产。⑤花卉采后技术。该项研究相对薄弱，在理论研究方面，主要围绕切花衰老与水分平衡生理等方面的内容；在技术方面，主要是切花运输中的保鲜问题。此外还包括园林植物保护、园林绿化、园艺资材、花卉信息和统计制度等方面的研究。

1.2.1.3 我国花卉产业存在问题和展望

(1)我国花卉产业存在问题

目前，我国花卉生产面积已位居世界第一，约占世界花卉生产总面积的1/3。但生产效益与世界花卉业发达国家相比仍有较大差距。据统计，我国花卉生产平均每公顷产值仅约0.8万美元，而荷兰平均每公顷为44.8万美元，以色列为13万美元，哥伦比亚为10万美元。这主要是生产力水平较低、单位面积产量低、产品质量差、品种落后、生产企业规模过小、劳动生产率较低等因素造成的。

生产发展盲目，布局和品种不合理 由于缺乏对花卉产业特性的深刻认识，在“花卉是高效产业”思想的影响下，导致了生产盲目发展，低水平重复建设严重，造成布局不合理，鲜切花和低档盆花多，中高档盆花少，大宗产品多，特色名牌少。

生产技术落后，专业化程度低，经营管理粗放 花卉产业在我国发展时间较短，花卉整体生产水平低，生产方式还比较落后。比如我国鲜切花生产平均50~80朵/m^2，仅为世界平均水平的一半，质量仅相当于三级花，而且绝大多数花卉的原种，都必须依靠进口。花卉产业作为特色农业，对农业设施要求高，需要专门的生产技术和温棚、水肥灌溉管网等固定化的农业设施。我国花卉生产保护地总面积约为3万hm^2，仅占花卉栽培总面积的6.7%，而且其中大部分为设施简陋的一般保护地。此外，我国花卉业仍属于劳动密集型产业，每公顷花卉生产面积上投入劳动人数为6.82人。

缺乏强有力的科技支撑体系 花卉作为技术密集型产业，对科技需求较高，而我国花卉科技支撑体系的发展滞后于生产的需要，研究、示范、开发、推广等科技支撑体系处于自发的零散组织状态，产、学、研互相脱节，科研成果转化效率低，严重阻碍了花卉产业化进程。作为支撑花卉科技体系的专业人才也严重缺乏。目前我国有花卉从业人员250多万人，其中专业技术人员约10万人，仅占从业人员总人数的4%，大多数从业人员没有经过专业培训，对新品种、新技术的了解和应用能力较差。而在花卉业发达国家，不仅从业者普遍受过中等以上专业教育，受过高等教育的人员所占的比例也较高。花卉人才匮乏的问题直接影响到花卉产业的发展。

生产规模小，成本高，专业化程度低，经营分散 目前在我国花卉生产经营实体中，全国花卉企业中65%的花卉生产者为农户，35%为企业，大中型企业仅有5000多家，约仅占企业总数的8.5%。花卉生产的主体是分散的农户，生产规模小。占多数的小规模花农缺乏生产技术知识，主要靠经验进行栽培和经营，生产存在一定的盲目性，难以满足市场需求。许多花卉企业还是“家庭作坊式”生产，产品质量差，经济效益低，尚未形成产业化发展的基本格局。分散的小规模生产造成了小生产与大市场的矛盾，难以形成规模效益，导致花卉产业发展缓慢，效率低下。

花卉种苗大量依赖进口，缺乏自有知识产权的新品种 我国花卉工作起步晚，育种工作滞后，科研单位没有充分利用现有的花卉资源，使得国内现有花卉品种老化，缺乏市场竞争力。近年来国有大型花卉企业纷纷引进国外新品种，以求获得高效益。虽然新品种引进推动了我国花卉业的发展，促进了一些花卉龙头企业的兴起，但是种苗成本高，阻碍了生产效益的提高。同时由于我国科研与生产脱节，科研单位没有充分利用引进的花卉资源加以品种改造，造成了资源的浪费，企业的生产可持续性后劲不足。

花卉流通渠道不畅，缺乏完善的行销网络 花卉作为商品流通，其流通体系远不如其他商品，部分花卉产区仍然存在卖难的局面，大生产和大流通的格局尚未形成，国内外市场开拓不足。据中国花卉协会统计，我国东北地区、西北地区、华北地区的流通体系建设比较薄弱，不仅大型花卉批发市场少，3个地区的花卉零售店加起来也只占全国的6.2%。从我国花卉交易市场建设情况看，也存在两个方面的突出问题。一是重“批发”轻“零售”，批发市场与零售市场不配套；二是重“硬件”轻“软件”，我国大部分花卉批发市场将有限的资金投入到市场的硬件建设方面，在市场软件的建设方面，力度却不够。具体表现为缺乏管理，法规不完善，管理人员很少经过从业培训，市场信息网络不畅通，市场服务功能普遍不够完善，许多花市基本形成“有场无市”的状况。此外，在我国多数花卉交易中，仍一直沿用落后的面对面的议价交易方式(对手交易)。

由于消费观念落后、收入水平较低和零售网店较少等原因，中国年人均花卉消费水平仍然较低，仅为0.49美元，一定程度上制约着我国花卉产业的进一步发展。

(2)我国花卉产业的展望

加大科技投入 花卉事业已逐渐成为世界新兴产业之一，如将中国丰富的资源转化为商品，就会变成一笔巨大的财富。商品化花卉生产既要一定的数量，更要保持整齐一致的高质量，若没有现代科技的运用和现代化设备的武装，很难达到飞跃发展。科学技术就是生产力已逐渐为人们所认识，国家设立了全国性花卉研究机构，各地也多设有相应的研究机构。为了提高花卉产品的产量和质量，应加强科技投入，研发和引进新品种、新技术、新设备、新材料，以及先进的栽培和管理技术等，尤其是原创性的种苗业研发工作等。目前，花卉业基础性调查研究工作已引起业内人士的重视，如近来中国各地发现和搜集到一批观赏价值高的花卉种质资源，其中有的可以直接引种，有的需经驯化，有的可作为培育新品种的亲本等。这些研究成果都必将为花卉事业的发展作出新的贡献。

加快培育优新品种，创立花卉品种品牌 品种选育工作是花卉产业发展的核心，也是国际市场竞争的关键。谁拥有新品种，谁就能获得巨大的经济效益。我国花卉资源极为丰富，遗传多样性突出，许多名花如牡丹、梅花、月季、山茶等起源于我国，花卉科技工作者应充分利用这些丰富的种质资源，通过传统的育种方法与生物育种方法相结合培育新品种。同时，加强对花卉种和品种的选择，重视适应生产性、交流运输性、抗病性等方面的研发。

先进技术的示范和推广 20多年来，我国花卉科研工作已取得了多项成果，现阶段应通过各种推广体系，加速育苗、引种、栽培、产后处理、病虫害防治等科技成果的推广，提高生产者和管理者的技术水平，提升产品质量。同时，应普遍提高种植者、经营者以及爱好者的水平，利用各种宣传工具（如电台、电视台和报刊）宣传普及花卉栽培管理和经营的基本知识和操作方法，以适应花卉商品化生产的要求；同时建立情报咨询服务机构，掌握国际国内花卉生产和市场的信息和活动，大力发展适销对路的切花、盆花、种苗、种球、盆景和干花生产，并通报气象变化情况、病虫害发生发展的规律及防治方法、种子种苗的流通和农药化肥的供销情况，为花卉生产提供服务。近些年来，花卉贸易在全国的体系已初步建成，电子商务已在花卉销售中发挥作用。

"生产+科研"模式与区域化建立基地相结合 国外农业企业均下设科技部门，企业将部分资金作为科研经费，形成了"企业养科研，科研促企业"的良性循环局面。实践也证明这种模式有利于企业的发展和科技创新。我国花卉生产与科研脱节，科技成果推广不畅，生产中科技含量相对较低。"生产+科研"一体化模式的建立既能缓解科研单位经费不足、立项不准、有了成果推广不出去的问题，又解决生产单位有难题而求助无门的问题。同时，花卉种类繁多，要求的生育条件各异，我国地域变化大，发展花卉生产还应实行区域化、专业化、工厂化、现代化，有计划有步骤地发挥优势、形成特色、建立基地、形成产业。建立生产基地和流通联合体。建立经营种子、育苗设施、容器、机具、花肥、花药以及保鲜、包装、贮藏、运输等一套业务的机构，使各个环节相互协调配合，对促进花卉业的发展将会产生积极的影响。

总之，随着国民经济的发展和繁荣、人民生活水平的提高，充分利用我国天时地利的有利条件，中国花卉事业的质和量都会得到飞跃发展。

1.2.2 国外花卉产业

第二次世界大战结束后，相对和平的环境和世界经济的发展，使花卉业在全球范围内快速地繁荣起来，已成为当今世界最具活力的产业之一。目前，全世界花卉种植面积约22.3万 hm^2，其中亚太地区花卉栽培面积最大，达13.4万 hm^2；其次是欧洲，栽培面积4.5万 hm^2；美洲栽培面积有4.2万 hm^2。从栽培面积上看，排名前5位的国家依次是中国、印度、日本、美国和荷兰。具有花卉产业特长的代表性国家及其花卉是：荷兰的种苗、种球、切花；美国的种苗、草花、盆花、观叶；日本的种苗、切花、盆花；以色列的种苗、切花；意大利、西班牙、肯尼亚的切花及丹麦的盆花。荷兰、美国、日本等发达的花卉生产国拥有观赏性较好的花卉新品种，依靠先进的生产技术发展花卉种苗产业，控制花卉业命脉以获取高额利润。

目前世界花卉生产和消费已形成区域化布局。花卉产品成为国际贸易的大宗商品，年消费量稳步上升。近30年来，随着品种选育和生产新技术的推广，世界各国的花卉消费量保持着持续增长的势头；花卉采后技术应用和交通运输条件的改善，使花卉市场日趋国际化。花卉业的消费和生产与经济和生活水平关系密切。随着花卉发达国家生产成本不断增大，土地资源日益紧张，世界花卉生产由发达国家逐渐转向自然条件优越、生产成本较低的发展中国家。自然资源丰富、交通运输便利、劳动力廉价的国家和地区成为生产区域，而经济发达、生活水平高的国家和地区成为消费区域。同时大的消费区域的形成造就了大的生产区域。据联合国贸易组织统计，在花卉产品的国际贸易中，发达国家占绝对优势，欧盟、美国、日本形成了花卉消费的三大中心，这三大消费中心进口的花卉占世界花卉贸易产品进出口的99%，其中欧盟占主导地位达80%，美国占13%，日本占6%。世界进口花卉最多的国家顺序是德国、美国和日本等；发达国家的花卉生产和出口也占绝对优势，约占出口总销售额的80%，而发展中国家仅占20%，如鲜切花，荷兰占世界出口销售总额的59%，哥伦比亚占10%，意大利占6%，西班牙占2%，肯尼亚占1%；盆花出口，荷兰占48%，丹麦占16%，法国占15%，比利时占10%，意大利占4%。当前世界花卉现代化商品生产主要有三大部分，鲜切花(60%)、盆花(30%)和观叶植物(10%)，现在世界花卉的生产正以每年7%～10%的递增速度发展着。

世界花卉大国不断提高花卉科技投入和科技成果的转化，促进花卉产业规模化、专业化的发展。它们把传统的育种方法与先进的生物技术相结合，加快育种步伐，培育市场所需的多种花色、抗性强及带有香味的畅销品种，然后利用生物技术规模化批量生产种苗。在完善自动化栽培设施中实施先进的栽培管理技术，缩短成花时间，提高产品质量。目前世界花卉科研的主要内容有：①丰富多彩的优质花卉新品种育种。荷兰花卉研究机构——荷兰园艺植物研究所和荷兰花卉研究中心，多年来研究花卉新品种的遗传规律，进行抗逆性和适应性杂交育种工作，每年都能推出多种类型的花卉新品种，如球根郁金香、彩色马蹄莲、安祖花等畅销世界的名优花卉。以色列在新品种选育上主要以引进国外野生资源进行杂交，改良品质为主，选育了月季、香石竹、百合等新品种。美国主要进行花卉新类型的研究，从南美、北美、欧洲、亚洲等地引进花卉新类型，然后加以改良，育成了鼠爪花、草原龙胆、姜荷花、铁线莲、虎眼万年青等多类型新品种。世界花卉新品种培育主要通过传统的常规育种、优良性状植株杂交、自然变异或人工诱导变异等多种方法。随着生物技术不断完善，转基因育种也成为重要的育种手段。②高产、高效、优质的花卉种植设施的研究。研究内容包括玻璃连栋温室结构及内部配套的电脑控制的自动化技术、加热设备、排灌系统及组装、透光好的复合膜及活动栽培床等设施研究。在该领域技术领先的国家有荷兰、以色列、西班牙和美国。③栽培技术的研究。研究内容包括机械化栽培技术、无土栽培技术、植物长年调节剂应用技术及产后保鲜技术。

世界花卉生产发展趋势：①世界花卉生产持续地迅速增长。局部的战争、经济危机、自然灾害等都未能遏制花卉业的持续增长。花卉业迅速发展有以下原因。第一，需求量大、经济效益高。以美国为例，每亩* 小麦年收入86美元，棉花300美元，而杜鹃花达14 000美元；第二，花卉业的兴旺，带动了花肥、花药、栽花机具以及花卉包装贮运业的发展；第三，促进了食品、香料、药材产业的发展。如丁香、桂花、茉莉、

---

* 1亩 = $666.7m^2$

玫瑰、香水月季等常用于提取有名的天然香精，红花、兰花、米兰、玫瑰可作为食品香料，芍药、牡丹、菊花、红花都是著名的中药材；第四，举办各种花卉博览会或是花卉节，以花为媒，吸引游人，推动旅游业的发展。②花卉生产布局发生了全球性的调整和变化。随着花卉需要量的增加，世界花卉栽培面积也在不断扩大。为了降低生产成本，适地适花生产基地正向世界各处转移形成几个大的全球性花卉生产和销售中心，如南美洲的厄瓜多尔、哥伦比亚成为主要生产国，产品主要供应美国、加拿大等几个消费国；非洲的津巴布韦、肯尼亚成为花卉出口中心，产品主要供给欧洲。产生这一变化的主要原因是这些南美洲和非洲国家具有气候优势和廉价劳动力，其花卉生产成本低，在国际花卉市场上有较强的竞争能力。如肯尼亚、赞比亚、津巴布韦等国冬季生产的月季切花，已在荷兰的花卉拍卖市场上占有相当的比例，非常引人注目。③世界花卉消费增长迅速。各国花卉的人均消费量不断增加，当前世界有三大花卉消费市场，其一是以美国为首的北美洲花卉消费市场，美国有70%的花卉要从国外进口；其二是以德国、法国为主的欧洲消费市场，德国60%，法国近20%的花卉靠进口；其三是以日本、中国为主的亚洲消费市场，今后世界最大的潜在花卉消费市场在亚洲。④鲜切花生产快速增长。鲜切花销售额已经占世界花卉销售总额的60%左右，是花卉生产中的主力军。现在荷兰年人均消费鲜切花150枝、法国80枝、英国50枝、美国30枝，而中国年人均切花消费仅为0.6枝，各国仍有消费迅速增长的势头，预计今后几年鲜切花的消费量将增加1倍以上。⑤观叶植物和野生花卉的引种发展迅速。随着城镇高层住宅的修建，室内装饰水平的提高，室内观叶植物普遍受到人们的喜爱。这类植物属喜荫或耐荫的种类，常见栽培的有秋海棠、花叶芋、龟背竹、文竹、吊兰、朱蕉、玉簪、肖竹芋、花烛、竹芋、姬凤梨、绿萝、鸭跖草等。⑥世界花卉生产向着花卉产品的优质化、高档化、多样化，以及生产工厂化、栽培专业化、管理现代化、供应周年化、流通国际化的方向发展。随着花卉流通体系的日益完善，促使花卉生产者不断提高产品的质量，不断更新和丰富花卉的种类和品种，加强流通体系和运输系统建设，逐步做到花卉的四季均衡供应。

1.2.3 国内外花卉种苗业

随着世界花卉的迅猛发展，全球花卉苗木需求也在增长，但市场竞争将更加激烈。同时，人们对花卉种苗产业的发展和花卉苗木产品某一特定的性状将有更高要求，花卉种苗产品质量与价格在市场竞争中日益成为重要的竞争因素。花卉工业化和现代化程度的提高，相应的花卉种苗的社会需求也发生了巨大转变，传统用材与绿化树种如杉类、马尾松、湿地松、木荷、枫香、杜英和樟树等花卉苗木，严重滞销。而能满足当今花卉生产、新奇特的经济林品种和优美的绿化品种则备受市场青睐，供不应求。社会对花卉苗木需求结构性的变化，使得花卉种苗市场化程度不断提高。同时，也使传统的花卉种苗产业面临巨大的挑战。国内外花卉种苗产业现代化的主要特点如下：

(1)加快新品种选育

由于花卉的杂种优势明显、杂交制种的经济效益高，欧美许多国家的园艺工作者对花卉杂种优势的利用进行了更广泛的研究，运用现代育种技术(如人工去雄、人工授粉异交、雄性不育系、利用真空花粉收集器辅助授粉、通过诱导体细胞胚合成人工种子等)生产花卉的杂种优势的 F_1 代“杂交种子”。如今，矮牵牛、金鱼草、三色堇、百日草、藿香蓟、蟆叶秋海棠、金盏菊、蒲包花、仙客来、香石竹、凤仙花、万寿菊、半边莲等花卉的强优势组合选育成功，其商业化生产技术规程已经成熟。同时，利用现代育种方法保优提纯生产“自交种子”。

目前，花卉产业发达国家加大花卉品种选育开发的投入，全世界每年受理6000个以上，新品种授权4000多个。世界上花卉新品种基本上由荷兰、美国、日本、法国、德国、以色列等少数发达国家所控制。

伴随着世界种子技术的发展和整体技术水平的提高，国外园艺工作者又进行了一系列的“花卉人工种子的合成”研究，桂竹香、常春藤、胡椒、丝兰属、苏铁、金鱼草、一品红等30多种花卉的不定胚被诱导成功，并形成了人工种子。但由于工艺、成本、技术方面的原因，目前人工种子还未形成商品化推广应用。

欧洲是世界花卉原种繁育的中心之一，经过上百年的发展，具有了完备的花卉生产体系和认证程序。为防止植物病虫害在国际间蔓延，欧洲及地中海地区植物保护组织(European and Mediterranean Plant Protection Organination，EPPO)在充分考虑植物卫生安全的原则下，在观赏花卉中逐项提出健康种原生产标准，以便于该地区农产品的流通。

(2)育苗技术现代化

组培和容器育苗等现代化育苗设施在花卉生产中广泛运用，花卉种苗的生产规模和数量迅速增加。容器育苗是各国花卉苗木生产者追求的目标，容器苗不仅移植成活率高，缓苗期短，苗木生长快，而且栽植又不受季节限制。容器育苗的使用彻底改变了育苗流程和作业方式，便于实现机械化、工厂化育苗。目前，发达国家的花卉苗木生产基本上实现了容器育苗。如美国每年约250亿株花卉苗木中有90%以上是容器苗和穴盘苗；挪威、加拿大、芬兰和日本等国的花卉苗木产业也基本上实现了容器育苗。育苗工厂化已成为花卉苗木产业现代化的重要标志。由于穴盘苗和容器苗的普遍使用，使花卉苗木生产的工业化得以实现，自控温室、塑料大棚、高架苗床、加温通风、内外遮荫、自动播种、滴喷灌设施和施肥机械设备，以及基质和肥料等配套技术体系等极大地提高了劳动效率和经济效益。同时，建立统一的健康种苗生产技术标准和有效的检验认证机制及程序，对整个种苗生产流程进行严格的质量控制。

如我国的台湾省运用现代科技引种和改良花卉品种的同时，研发了现代化、自动化的育苗技术提高了种苗的品质，加快了种苗的繁殖速度，菊花生产中利用穴盘和自动化温室育苗，满足全岛栽培户的需要。组培苗的推广与运用使种苗生产上了一个大台阶，蝴蝶兰、满天星、火鹤、非洲菊等运用组培方式繁殖种苗，受到经营者的欢迎。此外，在花卉的生产方面，实行田间作业自动化，利用电脑环控自动化温室调节温度、湿度、光照等生长条件，在产后花卉产品的冷藏和贮运过程的自动化程度都非常高。台湾省在生物技术、自动化生产、信息和运输技术等方面都比较成熟，使其成为亚洲花卉业的领导者。

(3)运作市场化和社会化

目前，花卉苗木生产各个环节的衔接是以经济为纽带，以订单为手段来实现市场化的有效运作。大宗花卉苗木采购采用招标机制，实现订单式定点生产，对应用于公益性的林种(如生态林和公益林)则实现育苗补贴机制，以减轻使用者的成本压力。

芬兰和瑞典等国对部分用材林苗木则实现了定向育苗，免费使用，促进了私有制林业的发展。种苗产业发展的现代化形态中，专业化分工的结果就是主业以外的工作都由社会的专业化公司来承担。如育种、制种、容器的生产制作、病虫害防治、信息统计与咨询、策划与宣传、产品销售等完善的社会化服务体系的形成，有利于降低企业运营成本，提高专业水平。随着花卉产品逐步走进大众日常消费，物流和终端网络建设日显重要，花卉业也将进入"决胜终端"时代。为了达到资源的最佳整合，花卉业也会大量出现跨行业合作、同行业上下游企业之间的合作、竞争对手之间的互补及联合等。

(4)品牌国际化

品牌是产品开发和推广的支撑，是市场竞争的法宝。如位居全球500强企业前列的花卉企业也是以创优品牌控制市场。国内的大型种苗企业如先锋种业、胖龙种苗及国内的虹越花卉、蓝天园林等，均是依靠高科技和强大实力实现了花卉苗木品质长期优异，创立了品牌，进而占有市场。花卉产品成为大众日常消费品，花卉企业不能只做行业内的品牌，而是要做大众化的品牌，不但在业内有话语权，而且对大众有引导力。

1.3 我国花卉种苗业存在的主要问题和今后发展方向

1.3.1 制约我国花卉种苗生产的原因

(1)花卉种苗大量依赖进口，缺乏自有知识产权的新品种

我国花卉工作起步晚，育种工作滞后，科研单位没有充分利用现有的花卉资源，使得国内现有花卉品种老化，缺乏市场竞争力。我国新品种选育与花卉产业的总体发展极不相配，导致生产上常用的花卉品种尤其是大宗切花与盆花品种绝大多数来源于国外。据报道，我国每年大量引进园林花卉品种，一、二年生及宿根花卉的主要品种每年都在引进；园林植物和草坪草引种数量也很大。从2006年度中国花卉进出口统计(表1-1)来看，进口的种球和种苗(5659.8万美元)占进口花卉的81.5%，出口的种球和种苗(1647.2万美元)占出口花卉的16.2%，且进口种球和种苗(307.3美元/t)的单价是出口(95.2美元/t)的3倍多。

(2)近年来国有大型花卉企业纷纷引进国外新品种，以求获得高效益

虽然新品种引进推动了我国花卉业的发展，促进了一些花卉龙头企业的兴起，但是种苗成本高，阻碍了生产效益的提高。我国现代花卉产业是建立在国外品种的基础之上的，没有大规模的品种引进，就不可能有我国花卉产业的高速发展。但近20年来引进的品种绝大多数并不是国际最先进的，引种多数是简单的生产资料购买，很少进行创新性的品种改良与开发，造成花卉品种引进与种子进口量逐年上升，生产企业效益下降。另一方面，我国传统品种资源大量外流或丢失，被国外企业用于新品种研发，使民族种苗产业及花卉生产处于极其脆弱和被动的状态。这一问题如不引起重视，将会导致我国花卉产业的全面被动。

我国花卉品种及种苗生产落后的原因大致可以归纳为四点：①在花卉产业发展过程中，国家没有及时建立完整的新品种开发体系，科研经费投入极少，目前既没有专门的国家花卉育种机构也没有成规模的花卉育种企业，育种材料积累不够，育种技术落后，创新能力差，培育不出具有国际竞争力的品种；②政府没有建立对花卉育种的激励机制，植物新品种保护和登录制度不健全，对花卉品种的侵权行为惩罚不力，客观上埋没了人们的创新精神，滋长了非法占有或弄虚作假的不正当行为；③花卉从业人员面对国外的优种名花普遍缺乏培育新品种的热情和信心，并且对花卉种质资源与新品种专利的保护意识淡薄，导致民间育种很不活跃，丧失了培育新品种的人文环境和群众基础；④我国花卉种业的基点存在着很大的偏差，国内从事花卉种业的公司和人员，绝大多数将精力投放在代理销售上，很少在育种或相关技术上下工夫。这不仅促使国外种子很快占领了国内市场，而且在很大程度上给国内花卉育种带来不公平的国际竞争压力，挤占了民族花卉种业的发展空间，使得本来就举步维艰的国内花卉育种工作扼杀在萌芽状态。

我国花卉种苗业在种苗生产的设施、基质、营养配方等方面与发达国家差距较大，目前较为先进、应用较多的多为国外的产品，国内原发的科技产品很少。主要原因是对花卉种苗业的科技投入不足，以及工业等相关领域的成果在花卉种苗业上的转化应用不畅通。

此外，我国缺乏统一的健康种苗生产技术标准和有效的检验认证机制及程序，从而无法对整个种苗生产流程进行严格的质量控制。20 世纪 90 年代以来，随着我国花卉产业的迅猛发展，组培和现代化育苗设施在花卉生产中广泛运用，花卉种苗的生产规模和数量迅速增加，香石竹、菊花等大多数花卉种类都基本实现了种苗本地化。虽然花卉种苗生产有了长足的发展，但不同种苗生产企业的产品，甚至同一企业不同时期产品的质量都良莠不齐，特别表现为很高的带毒、带病率。

在选育种研究的严重滞后的前提下，对花卉种苗基础性研究和种质提纯复壮工作的忽视，已成为制约中国花卉种苗业持续发展的瓶颈。目前，中国市场上流行的花卉品种大多是直接从国外引进，进行短期的试种研究即进行大规模推广，品种适应性及配套生产技术都不十分成熟，大大增加了投资风险。有的品种开始表现较好，时间一长就出现“品种退化”，而种质创新工作又未能及时跟上，因此，外来花卉“昙花一现”的现象十分普遍。

1.3.2 发展我国花卉种苗业的对策与方向

(1) 加快培育优新品种，创立花卉品种品牌

紧紧依靠科技进步，大力开展花卉的品种培育、改良和引进工作。充分利用各方面资源，建立花卉良种繁育场、花卉品质改良中心，加快国内花卉野生资源的开发、驯化和示范推广，同时加强对国外花卉优良品种的引进和培育。我国花卉资源极为丰富，遗传多样性突出，许多名花如牡丹、梅花、月季、山茶等起源于我国，花卉科技工作者应充分利用这些丰富的种质资源，通过传统的育种方法与生物育种方法相结合培育新品种。选育新品种、加速种苗生产的科技含量，提升我国花卉的国际市场竞争力，以获得最大的经济效益。

(2)建立、健全良种培育、繁殖、质量检测和种子加工处理体系

良种培育体系是保证种源纯正、保护知识产权、鼓励种质创新、防止种质退化和混杂的基础。尽快建立健全花卉产品优势产区的良种繁育体系，加大知识产权保护的力度。随着中国花卉产业的不断发展，越来越多的花卉企业开始认识到品种创新和标准化育苗在产业发展中的重要性。所以，要把种业作为优势产区发展壮大的先导产业，提高自主供种能力和种子(种苗)质量。

(3)健全推广体系，提高集约化供种、供苗水平

要建设完善一批新品种研发、良种繁育等基础设施，加快优良新品种的推广步伐；在大宗观赏盆花、绿化苗木及鲜切花优势产区集中建设一批无病毒苗木繁育基地；按照生产规模化、产品标准化的要求，在优势产区实行统一供种，提高良种覆盖率。

(4)建立质量标准体系，大力推行标准化生产和管理，创建产地品牌

中国花卉种苗产业正朝着规模化、专业化、标准化的方向发展。要强化花卉种苗产品的质量标准和管理意识，加快优势花卉种苗产品质量标准及生产技术规程的制定和修订，按照国际、国家及行业标准，分别提出各类产品的质量要求，引导生产者按标准组织生产。在优势产区选择产业发展基础好的重点县(市)，按照产业化的要求，建设一批标准化生产示范基地，充分利用优势产品的特色，通过一系列规范化管理，创立花色品种对路、质量过硬、成本低廉、技术含量较高，且有自主知识产权的产地品牌。将示范基地建成优势花卉种苗产品的出口基地、龙头企业的原料供应基地和名牌产品的生产基地。

1.4 花卉种苗课程的性质、目的和任务

1.4.1 课程的性质、目的和任务

“花卉种苗学”是研究花卉种子、种球、苗(木)生产、繁殖、培育理论和技术的科学，花卉种苗生产的中心是全面实现花卉产业的社会、生态和经济效益。“花卉种苗学”是以生物学、园艺学和农业设施科学等为基础的一门综合性课程。在学习这一课程之前必须具有一定的物理、化学、植物和植物生理学、设施学等知识基础，同时还要具备植物育种、土壤肥料、植物保护、生态气象、农业设施和计算机等科学知识。

“花卉种苗学”课程任务是使观赏园艺专业(方向)的学生熟悉花卉种子、种球、苗(木)生产、繁殖、培育的基本理论和常规生产技术；掌握花卉种苗科研的基本方法和种苗生产的基本技能；了解花卉种苗生产新理论、新技术、新设备、新机具和新材料的研究成果。

学习“花卉种苗学”的目的，是为各种类型、不同需求的花卉种苗生长发育提供最适宜的环境条件，充分利用自然资源和设施设备，生产出优质的花卉种苗。因此，首先要学习和了解花卉种苗的生物学特性、遗传特性和对环境条件的适应能力；其次，熟悉和掌握各种花卉种苗繁育方法的基本技能和特点，以及提高繁育效率的手段，并学会在

不同条件下对不同的花卉采用适宜的种苗繁育技术；第三，熟悉和掌握花卉种苗繁育生产中所运用设施(设备、器具和基质等)的性能及特点，并能在具体种苗繁育生产中因地制宜地提出设施使用方案；第四，能综合运用以上知识进行花卉种苗生产建设和管理，同时了解国内外花卉种苗繁育的新动向，及时改进花卉种苗繁育生产管理水平。

“花卉种苗学”将基础知识、种苗繁育特点和科技进步三结合，特别是掌握良种(苗)繁育的基本规律与环境条件的关系，根据种类、品种选择适宜的育苗环境和设施，充分利用当地资源，运用恰当的繁育和栽培调控技术，实现种苗生产中速生与优质、产量与效益、投入与产出、效益与环保等的统一，使花卉种苗产业达到高效益、可持续的发展。

1.4.2 课程的内容和特点

“花卉种苗学”的课程主要有：种苗圃地的规划与建设、花卉种子生产、花卉穴盘苗生产、专业扦插苗生产、花卉分株苗、嫁接苗及压条苗生产、专业组培苗生产、花卉种球生产等内容。其主要特点是较为系统地阐述花卉种苗繁育的基本原理和方法；介绍国内外花卉种苗生产的新技术、新设施(设备、器具和基质等)、新工艺，以及最新理论和技术的研究成果；以现代花卉种苗企业的生产实例，阐述花卉种苗现代化生产的流程和技术应用。

1.4.3 如何学好花卉种苗学

“花卉种苗学”是一门应用性课程，在具备一定相关基础课程的前提下，学好花卉种苗学课程应做到以下两方面。

首先，从花卉种苗繁育的基础理论到种苗规模生产性运作，循序渐进地了解和掌握种苗繁育的知识：①要掌握花卉种苗繁育基础知识，如种子繁育、常规无性繁殖、组织培养等的基本理论，以及这些繁育技术的基本原理。例如，本教材的种苗圃地的规划与建设，从圃地的环境入手论述了种苗圃地的要求，以及正确选择、规划和建设的基本原则和方法，解析因地制宜选择和建设种苗圃地是降低种苗生产(贮运)成本、减灾防灾、提高效益的基础；②要了解常用花卉种类种苗繁育的特性，善于总结和归纳共性，了解各类花卉优质种苗繁育的特异性，初步针对性地掌握某一花卉种苗繁育的技术方案、生产流程和注意事项；③掌握环境控制的理论和设施控制技术要领，通过实习，学习和了解花卉种类种苗繁育的规模生产要求，以及穴盘生产等花卉种类种苗现代设施工厂化规模生产特点。

其次，掌握正确的学习方法：①理论联系实际，实践验证理论，成功的种苗生产实践积累将反过来促进种苗繁育理论的进一步发展，要学好应用性课程“花卉种苗学”，实践操作和技能学习十分重要，只有结合实践的学习才能真正掌握花卉种苗繁育的原理与技术；②动手、动脑、多看、多问，花卉种苗生产涉及生物学、机械工程学和环境控制等科学，因此借鉴相关学科的研究成就，扩大视野，综合运用多学科知识，力争做到“举一反三”“触类旁通”，提高理解和运用交叉学科理论知识的水平，以及分析问题和解决问题的能力；③了解和掌握国内外花卉种苗生产理论、技术、设施的研究成果。尤其是及时了解花卉种苗生产发达国家的良种、设施、机械、技术等方面的科技进步，提高创新能力。

小　结

花卉是城乡园林绿化的重要材料；是人类精神文化生活的重要材料；是国民经济的重要组成部分。通过本章的学习，重点掌握花卉、花卉产业等的概念和作用；一般掌握国内外花卉产业发展概况；了解我国花卉栽培简史。了解世界花卉生产的特点和世界花卉生产发展的趋势。

思考题

1. 什么是花卉、园林花卉与花卉产业？
2. 园林花卉与园林树木在园林中的作用有何不同？
3. 试举出中国古代著名的园林花卉著作 10 部。
4. 简述世界花卉发展特点和趋势。
5. 简述我国花卉产业发展现状与特点。
6. 请写出我国十大名花。

参考文献

1. 陈其兵 . 2007. 园林植物培育学[M]. 北京：中国农业出版社 .
2. 吴少华 . 2001. 园林花卉苗木繁育技术[M]. 北京：科学技术文献出版社 .
3. 陈发棣，房伟民 . 2004. 城市园林绿化花木生产与管理[M]. 北京：中国林业出版社 .
4. 苏付保 . 2004. 园林苗木生产技术[M]. 北京：中国林业出版社 .

2

种苗圃地的规划与建设

种苗圃地是为城乡绿化和花卉生产提供种苗的基地，是城乡绿化体系中不可缺少的组成部分。一个城市的绿化、美化、环境改善，需要建设适应城市建设与发展的、一定数量与一定规模的种苗圃地。为了方便、快捷、优质地为园林绿化和花卉生产提供种苗，就要对一个城市的圃地数量、位置做好规划，还要进行勘察设计、建设施工，最终成为功能比较完善、科技水平较高、规模生产优质种苗的现代化圃地。这是一座城市创建园林城市和生态城市的基础。

根据城市绿化种苗用量、花卉需求量和城市发展规模对圃地数量、规模、面积和位置等进行合理布局，使其均匀分布，达到就地育苗、就地供应、减少运输、降低成本、提高成活率的效果，这在大中型城市尤其重要。在城市规划工作中，通常把圃地设在城市郊区。根据城市的规模，需要建立多个圃地时，根据不同的城市对种苗的需求状况，可选择郊区的不同方位分别建立规模大小不同的数个(2~3个或3~5个)圃地，以保证种苗均衡供应和方便运输。特别是大、中型城市，要对城市的圃地进行规划，合理布局。规划应注意有利于种苗培育、有利于绿化、有利于职工生活的原则。

圃地的布局应和城市绿地系统规划相适应。城市绿地系统规划是分阶段进行的，一般都有近、中、长期规划和目标。各阶段绿化目标不同，在圃地规划布局时应考虑各阶段的目标，做到既能满足当前绿化用苗的需求，又有前瞻性，为长期规划留有一定的发展空间。圃地布局时，也要与城市绿地的布局相吻合。因为，圃地作为城市绿地的一种类型，即生产绿地，其布局、面积、规模和生产品种和种类都要与生产绿地的规划相符合。

圃地依面积大小可分为大型、中型和小型圃地。大型圃地一般 $20hm^2$ 以上，中型圃地 $7\sim20hm^2$，小型圃地 $7hm^2$以下。一般大型圃地功能齐全，投资多，可生产种苗种类多、产量大，可作为主导苗圃；小型圃地投资少，建设周期短，可重点培育某些种苗。

随着我国市场经济体制的建设、发展与完善，人们对花卉认识的提高，国家对绿化的重视和投入，种苗生产已是一项重要的可获得很大经济利益的产业。种苗的供应已不是计划经济体制下的政府调拨。目前，农民、个体、私营公司、科研院所也进入种苗生产领域，特别是异地种苗的交流，形成激烈的市场竞争局面。因此，城市圃地的数量、面积和布局还要考虑市场供需，以及周边地区相近产业发展情况。

国家重点建设项目、重大的城市改造建设，需要新建大面积绿地或绿化改造，因而需要大量种苗，可根据需要扩建圃地或以市场运作方式解决种苗供应问题。无论是何种性质的圃地，它的设计、建设要有可靠的技术保证，符合当地社会、经济发展需要，才能将圃地建设好、利用好、培育出更多的优质种苗。

搞好基地建设也是花卉制种业可持续发展的重要环节。基地建设的好坏，直接影响花卉制种的产量和质量。因此，种苗圃地和制种基地建设要考虑以下几个方面。

2.1 生产圃地的选择

生产圃地的选择是一项十分重要的工作。如果选择不当，将会给今后的种苗生产带来很多困难和造成不可弥补的损失。所以，在选择圃地时，要全面考虑当地自然条件和经营条件等因素。圃地选择得当，有利于创造良好的经营管理条件，提高经营管理水平。

2.1.1 经营条件

圃地的经营条件直接关系着圃地的生存和发展。经营条件包括通信、道路交通、电力供应条件、水源、周边的科研服务机构、劳动力市场、农用机械服务、地方民情、社会文化环境等。

(1)交通条件

交通便捷是圃地选择的一个主要经营条件。圃地应设在城市郊区或靠近城市的交通方便的地方，即靠近铁路、公路或水运便利的地方。便利的交通可以减少种苗出圃和生产物资运输的成本，可以减少或消除种苗长途运输对种苗质量的影响，使所培育种苗能较好适应城市环境，并可减少种苗损失，提高种苗的栽植成活率。乡村圃地一般离城市较远，为了方便快捷，应选择在等级较高的国道或省道线附近，过于偏僻和不良路况的地方最好不选。

(2)电力和人力条件

圃地有充足的电力和人力资源，可保证生产的顺利进行，充分利用社会力量，以便于解决劳力、畜力、电力等问题，尤其是在春、秋圃地工作繁忙的时候，便于招收季节工(临时工)。因此，人力资源较充足的乡镇附近可保证调集人力，满足生产的需要。

(3)周边环境条件

为了保证种苗的质量，圃地应选择在远离污染源的地方，即离污染严重的工矿企业远些。注意周边地区相同和相似花卉种源，防止和清除病虫害转主寄主。

(4)销售条件

从生产技术观点考虑，圃地应设在自然条件优越的地方，但同时也必须考虑有较强的种苗供应和销售能力的区域。将圃地设置在种苗需求量大的区域范围内，往往具有较强的销售竞争优势。即使圃地自然条件稍微差一些，也可以通过销售优势加以弥补。因此，销售条件应作为经营条件之一来综合考虑。

2.1.2 自然条件

影响种苗生长的自然条件分为地形、土壤、气候和生物因子。而气候条件又包括大的气候条件与小的生境条件(小气候条件)。大气候条件虽不能改变，但也应排除极端气候因子影响的地段。小气候因子变化较大，应慎重考虑，但小气候因子资料不易获得，由于它与地形因子密切相关，因而常以地形因子的选择取代。

2.1.2.1 地形

选择排水良好、地势较高、地形平坦的开阔地或坡度为1°~3°的缓坡地为宜。既宜灌水又宜排水，也便于机械化作业。山地丘陵区因条件限制时，可选择在山脚下的缓坡地，坡度在5°以下。容易集水的低洼地、重盐碱地、寒流汇集地、风害严重的风口，以及温差变化较大的地方，种苗易受冻害，都不宜选作圃地。易遭山洪暴发、日照太弱的地方也不宜选作圃地。

如果地形起伏较大，由于坡向不同，直接影响到光照、温度、湿度，土层的厚薄等因素也不同，因此，对种苗的生长发育有很大的影响。南坡背风向阳，光照时间长，光照强度大，温度高，昼夜温差大，湿度小，土层较薄；北坡与南坡情况相反；东、西坡向的情况介于南坡与北坡之间，但东坡在日出前到中午的较短时间内会形成较大的温度变化，而下午不再接受日光照射，因此对种苗生长不利；西坡由于冬季常受到寒冷的西北风侵袭，易造成种苗冻害。

我国地域辽阔，气候差别很大，栽培的种苗种类也不尽相同，可依据不同地区的自然条件和育苗要求选择适宜的坡向。在北方，冬季干旱寒冷，西北风危害，选择背风向阳的东南坡中下部作为圃地为最好，对种苗顺利越冬有益。在南方，温暖湿润，常以东南和东北坡作为圃地；而南坡和西南坡光照强烈，夏季高温持续时间长，对幼苗生长影响较大。如果一个圃地内有不同的坡向，则应根据植物种类的不同习性，进行合理安排。如北坡培育耐寒、喜阴的种类；南坡培育耐旱、喜光的种类等，这样既能够减轻不利因素对种苗的危害，又有利于种苗正常生长发育。

一般情况下，在低山区建圃地时，在有灌溉条件的地方，选东南向为好；没有灌溉条件的地方，要选阴坡北向，东北向。即尽量不要选择阳坡，而选择阴坡较好。因为，阳坡光照长，温度高，水分蒸发量大，土壤水分少、干旱，地被稀少，有机质也就少，因此肥力低。阴坡则有充足的水分和养分。在高山区建圃地时，主要矛盾是温度低，阳坡条件就比阴坡好，所以，要选阳坡。至于海拔多高为界，应因地制宜，但始终不能忘记水、氧、气、热这几个条件。

在河滩、湖滩和水库附近建立圃地，应考虑设在历史最高洪水位以上。

2.1.2.2 水源

圃地要有充足的水源条件，才能培育壮苗；如果无水源，就不可能得到壮苗丰产，甚至会造成育苗的失败。

圃地应设在江、河、湖、塘、水库等天然水源附近，最好在地势较高的地方，便于引水灌溉。如无天然水源或水源不足，则应选择地下水源充足，能打井提水灌溉的地方作为圃地。

圃地灌溉用水的水质要求为淡水，水含盐量不超过0.1%~0.15%。来自土壤、降水或地表径流的水分进入灌溉系统可能带来化学污染物质。例如，像钙、硼等矿物质污染，通常发生在井水。但江、河、湖、沟渠等也可能发生矿质污染物质，须对候选圃地水源的矿物质含量及浓度进行分析、评价。来自江、河、湖、沟渠等开放水源的水易遭受草籽的污染。如浓度过高，会导致苗床草荒。用特殊设计的筛子(过滤装置)可减轻其危害。水生病原可能会感染根系和叶，必要时应用化学药剂处理。

地下水位对土壤性状的影响也是必须考虑的一个因素。地下水位不能过高或过低，地下水位过高，土壤孔隙被水分占据，导致土壤通透性差，使得种苗根系生长不良。土壤含水量高，地上部分易发生徒长现象，而秋季停止生长较晚，容易发生种苗冻害。当气候干旱，蒸发量大于降水量时，土壤水分以上行为主，地下水携带其中的盐分到达表土层，继而随土壤水分蒸发，使土壤中的盐分越积越多，造成土壤盐渍化。在多雨季节，土壤中的水分下渗困难，容易发生涝害。相反，地下水位过低，土壤容易干旱，势必要求增加灌溉次数和灌水量，使育苗成本增加。适宜的地下水位应为2m左右，但不同的土壤质地，有不同的地下水临界深度：一般为砂土1～1.5m，砂壤土2.5m，黏壤土4m左右。

2.1.2.3 土壤

种子发芽，插穗生根，根系生长所需的水分、养分和氧气都来自土壤。因此，土壤条件的好坏，对种子发芽、根系生长和苗木生长都有密切关系。所以土壤条件的优劣直接影响种苗的产量和质量。土壤条件适宜与否，主要表现在养分、水分、通气和热量状况等方面，与土壤养分、土壤质地、土壤酸碱度、土层厚度等土壤性质有关。详尽的土壤调查有助于选择最适宜的土壤。

(1)土壤肥力、土壤质地

一般应选石砾少、土层深厚、肥沃、结构疏松、通气性和透水性良好的砂壤土、轻壤土或砂质壤土作为圃地。切忌选择养分消耗严重的撂荒地和地力衰退的久耕地。土壤中黏粒和粉粒含量(颗粒直径小于0.05mm)应该介于15%～25%。

如砂质壤土因砂质通气性好，降水的大部分能很快下移到根系生长的范围，又具有较好的团粒结构，既不太松，也不太黏，加上较好的透气透水性，因此此类土壤适合大部分植物的生长。作为圃地用的土壤应该结构疏松，保水、保肥、通气、透水性能好，土温变化缓和，降雨时能充分吸收雨水，灌溉时渗水均匀，耕作省力，种苗根系生长阻力小，种子容易破土，起苗时不易伤根。

黏土不适宜作圃地。因为黏土以黏粒和粉砂居多，结构致密，湿时黏，干时硬，通气性和透水性能不佳，土壤中的水与空气经常处于矛盾状态。温度较低，干旱地区易板结，耕作阻力大。在黏土上播种育苗，种子发芽率低，幼苗出土困难，根系不发达，种苗生长差，起苗时易伤苗根。

砂土一般不适宜作圃地。砂土疏松，通透性好，但保水、保肥能力差，水分不足，易出现干旱现象，夏季高温时种苗易灼伤。土壤较贫瘠，苗木根系少而细长，分布较深，苗木生长较弱。

(2)土壤酸碱度

通常以中性、微酸性或微碱性的土壤为好(pH 6.5～7.5)。因为土壤酸碱度与植物营养有密切的关系，通过影响矿质盐分的溶解度而影响养分的有效性。土壤中性、微酸性或微碱性条件下，养分的有效性较高，适宜多种植物的生长。

圃地的土壤 pH 值过低或过高以及盐碱地都不利于种苗的生长。因为，土壤 pH 值太高，抑制了硝化细菌的活动，易发生猝倒病；pH 值过高时，也会降低某些元素的有效性。如 pH 值超过 8，也会使磷、铁、锌、硼和锰等元素的有效性降低。铁盐的溶解度随着环境中的酸度增大而加大，所以缺铁现象往往出现在石灰性和盐碱土壤中。pH 值增高还会引起一些病害的发生，如在 pH >7 时，立枯病的发病率随着 pH 值的升高而增加。在沿海地区含盐量高的土壤上育苗，必须先加以改良，否则不利于根系对水分和养分的吸收，而且盐碱土中含有碳酸钠、碳酸氢钠等，对种苗有严重的毒害作用，影响生长甚至死亡。pH 值太低，会使土壤中许多元素不能被种苗吸收利用。土壤 pH 值过低时，土壤中的磷、钾、钙、镁的缺乏，使其有效性下降，不利于种苗生长。同时在酸性和强酸性环境中，活性铝和铁离子含量增多，它们与钼酸结合形成难溶性的化合物，从而使植物缺乏钼，豆科植物就会因为缺钼而难以形成根瘤。当圃地的 pH 值在 4 ~5 以下时，就应考虑施用石灰来矫正，以增补钙素，减轻铝的毒性。此外，pH 值高低，对土壤 N、P、K 含量也有影响。如 pH 6.5 ~7.5，P 肥发挥效率最大，K 肥在 pH 值 <5 时，易淋失，所以在酸性土壤中 K 肥较少。

不同植物种类对 pH 值的适应范围不同，如一般针叶树苗以微酸性至中性为好，要求 pH 5.0 ~6.5，阔叶树苗以中性至微碱性为好，要求 pH 6.0 ~8.0。如在北京，要求土壤为壤土，pH 值微碱性，耕作层有机质含量不低于2%。表 2-1 为部分园林植物适宜生长的土壤 pH 值范围。

(3) 土壤水分

土壤水分对种子发芽、插穗生根关系密切。土壤水分适宜，利于种子发芽和插穗生根，种苗粗壮、根系发达；栽植成活率高。土壤干燥，种子发芽得不到所需水分，影响种子发芽和成活率。种苗根系生长不良，或主根扎得深侧根发育不好，不便于起苗，影响栽植成活率。土壤水分太多，种子和插穗下端易于腐烂(氧气不足)。种苗地上部分易于徒长，不易木质化，根系生长弱，抗性弱，易受冻。

表 2-1 部分园林植物适宜生长的土壤 pH 值范围(引自冷平生，2003)

适宜 pH 值	植物种类
4.0 ~4.5	欧石楠、凤梨科植物、八仙花
4.0 ~5.0	紫鸭跖草、兰科植物
4.5 ~5.5	蕨类植物、锦紫苏、杜鹃花、山杨、臭冷杉、山茶、柑橘类
4.5 ~6.5	山茶、马尾松
4.5 ~6.5(8.0)	杉木
4.5 ~7.5	结缕草属
4.5 ~8.0	白三叶
5.0 ~6.0	丝柏类、山月桂、广玉兰、铁线莲、藿香蓟、仙人掌科、百合、冷杉属、油桐、油茶
5.0 ~6.5	云杉属、松属、棕榈科植物、大岩桐、海棠、西府海棠、柳杉
5.0 ~7.0	毛竹、金钱松、落叶松属
5.0 ~7.8	早熟禾
5.0 ~8.0	落羽杉、水杉、黑松、香樟、卫茅属、连翘属
5.2 ~7.5	羊茅、紫羊茅
5.5 ~6.5	樱花、蓬莱蕉、喜林芋、安祖花、仙客来、吊钟海棠、菊花、蒲包花、美人蕉

（续）

适宜pH值	植物种类
5.5~7.0	朱顶红、桂竹香、雏菊、印度橡胶榕
5.5~7.5	紫罗兰、贴梗海棠
6.0~6.5	樟子松、红松、沙冷杉、蒙古栎、日本黑松
6.0~7.0	花柏类、一品红、秋海棠、灯心草、文竹
6.0~7.5	郁金香、风信子、水仙、非洲紫苣苔、牵牛花、三色堇、瓜叶菊、金鱼草、紫藤
6.0~8.0	火棘、枸子木、泡桐、榆树、杨树、大丽花、花毛茛、唐菖蒲、芍药、庭荠、白蜡属、七叶树、胡枝子、丁香、银杏、黄杨、女贞、木槿
6.5~7.0	四季报春、洋水仙
6.5~7.5	香豌豆、金盏菊、紫菀
7.0~7.5	油松、杜松、辽东栎
7.0~8.0	西洋樱草、石竹、香堇
7.5~8.5	毛白杨、白皮松
8.0~8.7	侧柏、刺松、白榆、刺槐、槐树、臭椿、紫穗槐、皂荚、柏木、朴树、红树、胡杨、沙枣、沙棘、甘草、柽柳、秋茄树、茄藤

2.1.2.4 病虫害

选择圃地时，要作专门的病虫害调查。了解当地易发生病虫害的种类及危害程度，特别是一些危害较大又难以防治的病虫害，如地下害虫、蛀干害虫以及一些难以根除的病害。在病虫害严重又不易清除的地方建圃地投入多、风险大。因此，一些关键性病虫害严重的地方不能作圃地。如果发现土壤中地下害虫或感染病菌，要及早采取防范措施，以防病虫的传播与蔓延。

2.1.2.5 候选土地原用途

土地的原使用情况对圃地有影响，如改变了土壤酸碱度或造成有毒化学物质积累，将危害种苗的生长。考察候选土地时需要了解如下有关情况：

①土地是否被改变过？如在什么时候，怎样改变的？②有无地方发生由地表径流或地下径流造成的积水？③原有无灌溉或排水系统，是否仍可用？④前茬作物。一般菜地不宜作圃地，苗木易得根腐病。尤其是茄科和十字花科的菜地不能选。长期种植花生、辣椒、茄子、马铃薯、棉花作物土地，容易使幼苗感病，一般不宜作圃地，否则应进行严格的土壤消毒；⑤调查地被物。理想的圃地应该是没有或很少有多年生恶性杂草和草籽。在周边有恶性杂草和杂草源的地方，也不宜建立圃地。杂草是圃地的一大害，它不仅与种苗争夺水分、养分、空间，而且易滋生病虫害。有资料称，大多数圃地60%～70%的工作量是用来清除杂草，可见杂草危害的严重性。因此应尽量避免在有恶性杂草或有杂草源的地域建立圃地。

2.1.3 评价并确定圃地

对所有的候选立地按照评选条件、标准进行筛选，最终确定圃地。例如，在美国对森林苗圃的确定根据目标得分（=得分×权重值）进行综合评价（表2-2）。

表 2-2 用 Kepner-Tregoe 法对 3 块候选立地的评价结果

(引自 Mary L. Duryea and Thomas D. Landis, 1984)

评价标准	相应权重值①	立地权重值(相应目标得分)		
		立地 1	立地 2	立地 3
1. 土壤(soils)	10	8 (80)	6 (60)	10 (100)
2. 水分(water)	9	10 (90)	10 (90)	5 (45)
3. 气候(climate)	9	6 (54)	8 (72)	8 (72)
4. 地形(topography)	7	5 (35)	5 (35)	10 (70)
5. 土地可获性及价格(land availability and cost)	8	10 (80)	8 (64)	9 (72)
总目标得分		(339)	(321)	(359)

注:①表中的得分表示该立地满足各评价标准的程度(1=最低,10=最高),权重值表示每个评价标准的相对重要性(1=最不重要,10=最重要)。

2.2 生产圃地的规划

选定圃地之后,为了合理布局,充分利用土地,便于生产作业与管理,对圃地必须进行全面的规划工作。圃地的规划是否切实可行要通过科学论证。在具体规划时,除了圃地种类界定、布局安排、面积大小这些基础工作要做出科学合理的规划外,还应考虑生产产品的市场定位、品种定位以及客户目标等市场可行性条件是否成熟,这点对整个圃地经营的成败非常重要,要予以重视。市场条件主要包括以下内容:

(1)圃地市场定位

圃地的建立最终将服务于市场。市场需要,决定圃地生产种类;市场需求量决定产品的市场定位,应根据不同级别性质确定是否规划相应的连锁或配套设施等,如大型圃地,其服务对象和面较广,因此要考虑在全国各地或区域建立相应的连锁种苗场。

(2)产品的种类定位

圃地的种苗产品根据园林建设的需要分为可更换的和相对固定的产品。如花卉产品可根据季节的变化,一年春夏秋冬生产满足不同季节的时令花卉。而木本花卉用苗这些相对固定的产品,其生产量和可变化的花卉产品的占地面积、管理水平、要求都不尽相同,因此要根据这些条件在规划时具体操作。

(3)客户目标定位

了解客户的需求情况及在区域范围内的分布情况和特点,掌握市场需求动态,为生产和销售策略的制定和满足不同需求的消费者,制定个性化的方案。

2.2.1 准备工作

在规划前要做的准备工作有:踏勘、测绘地形图、土壤调查、病虫害调查、气象资料的收集等。还应对圃地的周边社会经济情况,圃地的供应对象等进行有目的的调查工作。根据已有的资料,结合种苗生产目标、任务和特点,以及植物种类的特性等综合考虑进行生产用地和辅助用地的规划。

2.2.1.1 踏勘

踏勘人员由设计单位和委托单位人员共同组成。在已经确定的圃地用地范围内进行实地调查，了解圃地的历史、现状。踏勘不仅要了解规划范围内的自然环境条件，还要对历史，社会经济状况进行调查。具体包括地形、地势、土壤、降水和水源、主要植被类型(包括潜在植被)、病虫害、主要杂草、交通运输状况、人文历史环境及当地经济水平(包括劳动力情况)、经济结构等。除了规划范围内的这些情况必须踏勘外，与规划区相邻的周边地区的自然环境因子和社会经济状况也应在调查范围内。通过实地调查情况，提出规划设计的初步意见，供双方讨论，为下一步设计提供基础。

2.2.1.2 测量

在踏勘的基础上，要精确测量并绘制圃地地形图。平面地形图是规划设计的基本材料，是圃地进行规划设计的依据，也是圃地区划和最后成图的底图。比例尺一般为1:500～1:2000，等高距为20～50cm。与设计直接有关的山、丘、河、沟、湖、井、道路、桥、房屋、高压线等地上物都应尽量绘入。对圃地的土壤分布和病、虫、草、有害动物情况都应标明绘出。

一般来讲，在实际操作中都是用当地测绘部门已绘制好的现成地形图。但由于其比例尺较小，通常是1:10 000～1:20 000，不能满足圃地规划设计之用，需在此基础上按比例放大，根据实际踏勘的信息进行必要的修补，作为规划设计的可用图件材料。

2.2.1.3 土壤调查

在对土壤调查时，除了调查土壤种类、土壤物理性质和化学性质外，如果有条件还应调查土壤微生物区系、活动强度等。只有全面调查土壤的各种情况，才能合理规划圃地用地育苗的种类、数量及规模等。通过野外调查可全面了解圃地的土壤类型、分布和物理性质，从而了解圃地土壤的肥力状况，必要时还应取样拿回实验室分析一些指标，为培育种苗提供科学的数据支撑。

圃地采用的土壤剖面调查，一般可按1～5hm^2设置一个剖面，但不得少于3个，剖面规格：长1.5～2m，宽0.8m，深至母质层(最浅1.5m)。每个剖面都要记载下列因子：①剖面位置及编号(用草图示位)；②海拔高、坡度、地下水位；③按层次记载土壤颜色、质地、结构、湿度、结持力、石砾含量、植物根系分布及整个剖面形态特征等，并确定其土壤的土类、亚类、土种名称。

圃地调查结束后，要将土壤情况绘制在相同坐标系同等比例尺的地图上，得到土壤分布图，该图可绘在圃地规划图上以便在生产中应用。

2.2.1.4 气象资料的收集

气象条件对圃地经营非常重要，它不仅是进行圃地生产管理的需要，也是进行圃地规划设计的重要依据。如各育苗区的设置方位、防护林的配置结构和范围，排灌系统的设计等都需要气象资料和数据作支撑，因此要掌握可靠的、较为详细的气象资料，为规划工作提供依据。可向当地的气象台或气象站了解有关的气象资料，如生长期、早霜期、晚霜期、晚霜终止期、全年及各月平均气温、绝对最高和最低气温、土表最高温度、冻土层深度，年降水量及各月分布情况、最大一次降水量及降水历时数、湿度、风向、风力、日照等。此外还应了解当地小气候情况。

具体了解的项目有：①年、月、日平均气温，绝对最高最低日气温，土表层最高最低温度，日照时数及日照率，日平均气温稳定通过10℃的初终期及初终期间的累积温度，日平均气温稳定通过0℃的初终期；②年、月、日平均降水量，最大降水量，降水时数及其分布，最长连续降水日数及其量和最长连续无降水量日数；③风力、平均风速、主风方向、各月各风向最大风速、频率、风日数；④降雪与积雪日数及初终期和最大积雪深度，霜日数及初终期，雾凇日数及一次最长连续时数，雹日数及沙暴，雷暴日数，冻土层深度，最大冻土层深度及地中10cm和20cm处结冻与解冻日期；⑤当地小气候情况。

这些资料要存入生产档案，长期保存，供随时查阅。

2.2.1.5 植被与生物调查

圃地在城市绿地系统的分类中属于生产绿地的类型。植被等生物因子是圃地建立不可忽视的生态因子。因为地域性的植被是圃地生产类型选择的依据。尽管在圃地中会引进一些外来的种苗或花卉材料，但最适宜当地气候土壤等环境条件仍然是那些原来就存在的当地材料，并且从生物安全角度来说，乡土和地域性植被对生态系统的稳定和安全起着非常重要的作用。因此，为了保护生态平衡，防止生态入侵，在圃地建立时，应尽量选择地域性植被或乡土植被材料作为生产产品，这不仅坚持了因地制宜、适地适苗的原则，从生产成本来说也是合算的。

在规划范围内，原有的植被情况不仅给圃地生产什么产品提供了一定的生态信息和参考依据，而且，这些原有植被和与其构成的生态关系对今后种苗和花卉生长都会有一定影响。在规划范围外，圃地周边植被和其他生物因素，对圃地产品或多或少有一定影响，这些影响也许是正面的促进生长发育的作用，也许是负面的抑止或排斥作用。当然在一般性小圃地的规划中也许做不到这么多和这么深，但对周边植被、动物包括鸟类等生物的物候变化、行为习惯，如植物开花结实的时空规律、动物的捕食习惯、鸟类的食物来源以及迁徙途径等情况的调查了解对合理圃地规划是有意义的。

此外，土壤中的微生物系统，它们的区系分布、组成成分、种类、活动强度等对地面承载什么植被影响很大。在一个完整健康的生态系统中，土壤微生物担当着分解者的重要角色，它们一旦发生变化，会直接或间接引起整个生态系统的变化甚至是紊乱。

因此，要建立适宜的圃地，生产绿地能健康持续地进行生产，生物因素的调查是必不可少的。

2.2.1.6 病虫害及其他人为干扰调查

圃地育苗往往由于病虫害令经营者损失惨重。对病虫害的调查主要是指调查圃地及周围植被病虫害种类及危害程度。

对圃地病虫害的调查，主要是调查圃地土壤中的地下害虫，如蝼蛄、地老虎、金龟子等。这类害虫防治比较难，危害也比较大，因此调查掌握地下害虫的种类、数量、分布及密度有助于以后经营过程中的综合防治。此外，常发生的病害有立枯病、白粉病、炭疽病、根癌病；虫害有蛀干害虫天牛、介壳虫等，枝叶害虫有蚜虫、螨类、介壳虫等。

采用挖土坑分层调查。样坑面积1.0m×1.0m，坑深挖至母岩。样坑数量：$5hm^2$ 以下挖5个土坑；$6 \sim 20km^2$ 挖6～10个土坑；$21 \sim 30hm^2$ 挖11～15个土坑；$31 \sim 50hm^2$ 挖16～20个土坑；$50hm^2$ 以上挖21～30个土坑。土坑调查病虫害的种类、数量、危害植物程度、发病史。

对于待建圃地中与花卉种苗植物病虫害发生有关系的植物种类，尤其是一些中间寄主植物要进行细致调查，调查方法可采用普查法和典型样地调查法或典型植被取样法。

此外，人为干扰是建立圃地的一个不可忽视的因素。由于圃地的选择一般要考虑到交通运输的方便和劳动力的资源保障，一般不会选择在非常偏僻的地方。如果圃地选择在郊区或城乡结合部，人为的干扰和影响是不可避免的，如垃圾、废水的污染，人为的机械伤害等因素可能都会影响圃地的生产。因此，在规划之前，这些人为因素也应作为一项内容予以调查，以便排除干扰，尽可能保障圃地的正常生产。圃地建成后，可将土壤资料、圃地病虫害资料绘制成以圃地区划图为底图的专用图，为圃地生产提供方便。

2.2.2 生产用地的规划

生产用地是指直接用于培育种苗的土地，包括播种繁殖区、营养繁殖区、苗木移植区、大苗培育区、设施育苗区、采种母树区、引种驯化区等所占用的土地及暂时未使用的轮作闲置地。生产用地是圃地的主要用地，其面积应占圃地总面积的75%～85%。这个面积比例可因圃地的类型不同作相应的调整，一般大型圃地生产用地相应要大一些。

2.2.2.1 播种区

播种区是培育播种苗的生产区。该区是育苗的重点区域，关系到种苗生产的质量。因为播种苗在幼苗阶段对不良环境条件的抵抗力弱，对土壤质地、肥力和水分等条件要求高，需要精细管理。所以，播种区应设在地势平坦、土壤肥沃、通气性好、排灌方便、背风向阳的区域，以保证幼苗对水、肥、气、热条件的高要求。如是坡地，应选自然条件较好的坡向。

播种区应靠近管理区，这样运输和管理都较方便，减少成本。也就是说，播种区应选在全圃自然条件和经营条件最好的地区，人力、物力以及生产设施均应优先满足播种育苗的要求。

2.2.2.2 营养繁殖区

营养繁殖区是培育营养繁殖苗的生产区。培育扦插、埋条、嫁接、分根、压条、分株等营养繁殖苗的技术要求也较高，并需要精细管理，因此营养繁殖区与播种区要求基本相同。要求设在土层深厚、土壤疏松、地下水位较高、灌溉方便的地方。但不像播种区那样要求严格。根据不同的营养繁殖方式，苗区的设置有所不同。如培育硬枝扦插育苗，要求土层深厚，土质疏松而湿润；培育嫁接苗，因为需要先培育砧木播种苗，所以应选择与播种繁殖区相当的自然条件好的地段；压条、埋条和分株育苗繁殖系数低，育苗数量较少，可利用比较低洼的地块或零星地块，条件要求不必过高。而一些珍贵的或成活困难的种苗，则应靠近管理区，在便于设置温床、荫棚等特殊设备的地区进行，或在温室中育苗。

随着营养繁殖技术的提高，营养繁殖的种苗生产比例有所增加。组培快繁等一些营养繁殖通常分为两个阶段，一个是培养室阶段，另一个是大田培养阶段。培养室要有配套的设施，如组织培养育苗，从接种到试管苗"炼苗"这个阶段是在培养室完成的，"炼苗"以后再进入营养苗繁殖区；而大田培养阶段就在营养苗繁殖区。嫩枝扦插，在插穗生根阶段，需要在专门的苗床或在温室内进行，这个阶段也可认为是"培养室"阶段，插穗生根后可移植到营养苗繁殖区进行培育。

2.2.2.3 移植区

移植区是培育各种移植苗的生产区。由播种区和营养繁殖区中繁殖出来的种苗，需要进一步培养成较大的种苗时，则应移入移植区中进行培育。根据规格要求和生长速度的不同，往往每隔2~3年还要再移植若干次，逐渐扩大株行距，增加营养面积。移植的目的是要扩大个体生长发育的养分供给和对空间的需求，为培育大苗、壮苗打下基础。

该区培育的苗木根系发达、苗干粗壮、苗龄较大，具有较强的吸收肥水能力和对不良环境的抵抗能力，因此，移植区占地面积较大，对土壤条件的要求可低于前两者。一般可设在土壤条件中等，地块大而整齐的地方。

根据苗木的生态习性确定栽培区域。例如，喜光的苗木种类，应选择光照条件充足的阳坡地段；喜湿润土壤的苗木，可设在低湿地段或地下水位较高的地段；不耐水渍的苗木则应选择地势较高且干燥、地下水位较低的地段。进行裸根移植的种苗，可选择土质疏松的地段栽植，需要带土球移植的苗木，则不能移植在砂质土壤上。

2.2.2.4 大苗区

大苗区是培育大规格种苗的生产区。培育植株的体型、苗龄均较大并经过整形的各类大苗。在大苗区继续培育的种苗，通常在移植区内进行过一次或多次移植，在大苗区培育的种苗出圃前不再进行移植，且培育年限较长。大苗区的特点是，株行距大，占地面积大，培育出来的种苗规格大、根系发育完整、有一定树形，可以直接用于园林绿化，能在较短时间内发挥城市绿化生态功能和景观效果。

大苗已经过多次移植，又有较强大的根系，对环境的适应能力和抗不良环境能力都强，因此，它们对土壤要求不太严格。但由于其个体体量较大，根系分布范围和深度都要求一定土层厚度作为保障。大苗区一般选在土层深厚、地块整齐、地势平整、出圃方便的地方。最好能设在靠近圃地的主要干道或圃地的外围运输方便的地方。

在树种配置上，要注意各树种的不同习性要求。为了起苗包装操作方便，应尽可能加大行株距，以防起苗时影响其他不出圃种苗的生长。

2.2.2.5 母树区

母树区是为保证种苗纯度，防止检疫性病害传播，提供优质的接穗、插条和种子等繁殖材料而设置的生产区。

母树区占地面积小，可利用零星地块，但要求土壤深厚、肥沃，地下水位较低。对于乡土树种，可利用防护林带、路边、渠边、沟边进行栽植。

2.2.2.6 引种驯化区

有条件的圃地，可建立引种驯化区。用于引进新的树种和品种，进而推广。为了丰富城市园林景观，需要引进和增加园林植物的种类和品种，同时应不断地提高育苗工作的水平。解决育苗生产中遇到的问题。在这个区，既可以播种、扦插，又可以进行移植培育大苗，也可以开展杂交育种等活动。为此，应把这个区与繁殖区放在同等重要的位置来对待。

另外，根据各圃地的具体任务和要求，可视需要设置试验区、标本区、温室区等。对于一些有条件的圃地，还应设置展览区。该区是圃地中最有特色的生产小区，它通过有目的、有重点地向参观者和客商展示该圃地生产经营水平和生产产品的特色，以起到宣传、推销自身产品的目的。一般能作为展览区陈列的产品和技术，都能代表该圃地的特色和优势，是那些难以培育的品种，或是引进和自育成功的新品种。展示区的苗木应管理精细，生长健壮，无病虫害。区内还可以栽植一些花草和园林小品，营造出一种良好的视觉景观效果，以吸引客商和参观者。

2.2.2.7 耕作区

为了耕作方便，通常将较大的生产用地再划分成若干个作业区，作业区也叫耕作区。耕作区是圃地进行育苗的基本单位。

各耕作区形状与面积，可视生产经营的规模、地形地势的变化及机械化作业水平而定。大型圃地、地形地势变化较小、机械化作业水平较高，耕作区的面积可大些，形状一般为长方形或正方形；与此相反，中小型圃地、地形地势变化较大、机械化作业水平较低，耕作区的面积可小些，形状也可以灵活调整，也可根据地形等高线来定，一般沿等高线设置，且与等高线平行为好，形状尽可能规则。耕作区的长度依机械化程度而异，完全机械化的以 200～300m 为宜，畜耕者 50～100m 为好。耕作区的宽度依圃地的土壤质地和地形是否有利于排水而定，排水良好者可宽，排水不良时要窄，一般宽 40～100m。小型圃地的耕作区可适当缩小。但耕作区的长度如果太短，机器或牲畜转弯多，生产效率低。

除了考虑耕作区的长度、宽度外，其排水沟和步道也应留够一定的宽度。尤其是对于大型圃地使用大型的机械设备时，要保证器具设备和人的通行方便和排水的畅通。

耕作区的方向，应根据圃地的地形、地势、坡向、主风方向和圃地形状等因素综合考虑。一般情况下，耕作区长边最好采用南北方向，可以使种苗受光均匀，有利生长。

2.2.3 辅助用地的规划

辅助用地又称非生产用地，主要指道路系统、排灌系统、防护林带、管理区的房屋、场院等建筑和场地。该用地是为种苗生产服务的土地空间，在规化中要掌握的原则是：既要满足种苗生产和经营管理上的需要，又要尽量少占用土地。

占地面积，大型圃地可为圃地总面积的15%～18%，中型圃地可为18%～20%，小型圃地不能超过25%。

2.2.3.1 道路系统的设置

包括主道、支道、步道和周围圃道。道路系统的设置必须保证生产期间进出物流车辆、机具和人员的正常运行，以利作业。道路系统的设置最好与排灌系统、防护林系统相结合。设计道路系统的原则是：既要考虑运输车辆通行方便，又要降低辅助用地面积。确定道路网的配置和宽窄时，要合理实用。

(1)主道

纵贯圃地中央的一条主要运输道路。对内通向场院、仓库、机库，对外与公路相连。一般设置一条或相互垂直的两条，在大型圃地中因运输量大，宽度以能开对行的载重汽车为宜。

主道宽：6～8m；标高：高于耕作区20cm。

(2)支道

起辅助主道的作用，通常与主道相垂直或在主道两侧设置，且能通行载重汽车和大型耕作机械设备。根据作业区设置数量来确定条数，原则是保证每个作业区的种苗都能够及时运出。

支道宽：4m；标高：高于耕作区10cm。

(3)步道

设在各耕作区之间，是沟通各耕作区的作业路。该道路设计应与副道垂直。

步道宽：2m。

(4)周围圃道

为了车辆、机具等机械回转方便，所设置的环路。指设在圃地防护林带里面，环绕圃地周围的道路，路面宽度根据圃地大小和功能具体来定，一般大型圃地宽4～6m，中、小型圃地宽2～4m。这在我国北方较为常见；南方丘陵山地一般不采用周围圃道。

上述主、支道规格是对面积较大的圃地而言。对于中、小型圃地，可少设或不设副道，环路的宽度也可以相应窄一些；对于乡、村及个体圃地，一般面积较小，在不影响运输种苗和育苗生产资料的前提下，应尽量缩小规格，以提高土地利用率。一般道路占地面积为总圃地面积的7%～10%。

2.2.3.2 排灌系统的设置

圃地排灌系统是圃地排水和灌水设施的总称。是保证种苗不受旱涝危害的重要设施。

水分对种苗的生长发育和圃地的建设至关重要，尤其是在天然降水较少、地面蒸发量大的干旱半干旱地区以及容易出现洪涝灾害的地区，圃地的排灌系统设计是保证种苗质量和产量的关键，是圃地建设的重要组成部分。一般该系统应根据圃地面积、规模和最大产苗量来设计，同时要考虑该地区一年不同时节的降水情况，如最大降雨量及时间分布、干旱时节和程度以及该地区水资源情况等，总之应做到因地制宜，保证种苗对水分的需求。

(1)灌溉系统

包括水源、提水设备、引水设施3部分。

①水源　分为地面水和地下水两类。

地面水　包括江河、湖泊、水库、池塘、溪沟等直接暴露于地面的水源。由于地表水取用方便，水量充沛，且与土壤温度差别不大，如果没有受污染，可以不必人为处理，直接用于灌溉圃地。

在进行圃地水源设计时，需要考虑以下几方面：

首先，生产用水的量是否有保证。在进行具体设计时应充分调查了解该地区水资源总量的情况。如年均江河径流量(丰沛期和低谷期量)、年均降水量(最大降水量及分布时空)、湖泊的最大储水量等情况，以保证种苗在不同季节(旱季或雨季)对水分的需求。

其次，水源离圃地位置远近。采用地面水作为圃地灌溉，取水口的位置直接关系到生产的方便和种苗生产成本。一般取水口不要离圃地太远，这样可使引水成本较低，增强种苗的竞争能力。取水口位置应略高于用水点的位置，以便水源能够自流给水，也能减少人工费用。如果在江河中取水，取水口应设计在河道的凹岸，因为这里的水源量较大，能满足供应。河流浅滩处不宜选作取水点。

地下水　如井水、泉水等。地下水一般含矿化物较多，硬度较大，水温较低，通常在7～16℃。因此用这类水作为圃地灌溉，需设置蓄水池以提高水温，再用于灌溉。

同样，在利用地下水进行圃地灌溉时，也要调查清楚地下水资源的量、时空分布情况。因为地下水资源是有一定限度的，超量采地下水容易带来一些不良后果，如地面下陷、土壤盐渍化等。此外，地下水位的高低以及分布情况也是在圃地设计时应事先掌握的。一般宜选择地势较高的地方开采，以便自流灌溉。钻井布点力求均匀分布，以缩短运输距离，节约成本。

②提水设备　提取地面水或地下水设备一般选择水泵。水泵的规格和大小应根据圃地灌溉面积和用水量确定。

③引水设施　有地面渠道引水和暗管引水两种形式。

渠道引水　地面渠道修筑简便，投资少，但流速较慢，蒸发量和渗透量都较大，且占地面积较多，需要经常维护和修缮。渠道引水可设置固定渠道或临时渠道。固定渠道占地较多，不便机械通行，但实用；临时渠道节省土地，便于机械通行，但须经常开渠，且灌溉水利用率较低。由于渠道引水水流速度较慢，为了提高流速，减少渗漏，可在渠底和两侧加设水泥板或做成水泥槽，如是临时渠道也可以使用竹片、瓦管、塑料和木槽等。引水渠道占地面积一般为圃地总面积的1% ~5%。

暗管引水 是将水源通过埋入地下的管道引入圃地作业区进行灌溉，通过管道引水可设喷灌、滴灌、渗灌等节水灌溉技术。管道引水不占用土地，也便于机械操作。尤其在那些水资源缺乏、蒸发量又较大的地方建圃地，这些灌溉技术比地面灌溉节水效果显著，且节省劳力，工作效率高，同时也减少对土壤结构的破坏，保持土壤原有的疏松状态，避免地表径流和水分深层渗漏。

喷灌、滴灌、渗灌等灌溉技术的节水效率较好。喷灌在喷洒的过程中水分损失较大，尤其在空气湿度较小的干旱半干旱地区，一般以滴灌和渗灌为好。如以色列是一个干旱缺水的国家，因此其农林业用水几乎都以滴灌和渗灌为主，其滴灌技术先进，水资源利用效率高。滴灌分为地表滴灌和地下滴灌(通过地埋毛管上的灌水器把水或水肥的混合液缓慢出流渗入到植物根区土壤中，再借助于毛细管作用或重力作用将水分扩散到根系层供植物吸收利用。是公认最有发展前途的节水高效灌溉技术之一)。但是，圃地培育种苗的过程有其特殊性，由于种苗要经常搬运、挪动，因此，滴灌和渗灌虽然能节约水资源，但在种苗起动和搬运的过程中容易损坏设施，也不便于起苗。因此，应综合考虑选择节水灌溉技术措施。

喷灌可分为固定式和移动式两种设备，可以定时定量喷灌育苗地、灌溉及时、省工、少占耕地，效率较高。一个完整的喷灌系统是由水源、水泵、管网和喷头组成。水泵的作用是从水源提取水，并对水进行加压和系统控制，同时可处理水质，注入肥料。管网的作用是将水输送并分配到所需灌溉的种苗种植区，管网的组成分为干管、支管和毛管3级，通过相应的辅助设施(配件)相互连接成完整的管网系统。喷头的作用是将水分散成滴状，均匀地洒在苗木上。

河流、湖泊、池塘、水库及泉水、井水等地面和地下水以及城市供水系统均可作为喷灌水源。水源的质和量应满足种苗生产的要求，尤其是水质不能被污染，酸碱度应适宜，硬度要求都要符合国家标准。

新的灌溉技术有微喷(喷洒形式有3种：旋转式、折射式、脉冲式)；智能节水灌溉控制系统(通过计算机自动控制或手动鼠标点击控制，以及遥控的灌溉系统等)。

(2)排水系统

圃地的排水系统是为了排出灌溉后的余水和大雨后的积水。在圃地地势低洼、排水不良或在降水量较多的地区，常因积水引起严重的涝灾或病虫害，降低种苗质量和产量，严重的会使种苗大量死亡。地下水位较高的圃地，必须设置较大规格的排水沟，降低地下水位，以防土壤返盐碱。排水沟可设置在圃地周围或每区的周边。排水沟的宽度、深度和设置，根据圃地的地形、土质、雨量、出水口的位置等因素而定，应以保证雨后能很快排除积水而又少占土地为原则。排水系统由大小不同的排水沟组成，排水沟应设在地势较低的地方，也有主沟、支沟、小沟之分。

排水沟的坡降略大于渠道，一般为3/1000 ~6/1000。具体设计时，各排水沟按大小规格设计一定宽度和深度。①主沟：通常设置在圃地最低的地方，或设在主道的两侧，宽1m以上，深0.5 ~1m。承受着圃内盛水期的全部排水流量，出水口必须设在圃地外，保证在盛水期能将圃地的全部积水排出圃地之外，直接与外界河流、湖泊或区域排水系统相连。②支沟：设在支道两侧，各小沟的水都经过支沟流到主沟。③小沟：设在耕作区内，宽0.3～1m，深0.3～0.6m。排出苗床的水，应与步道相配合。在地形、坡向一致时，排水沟和灌渠往往各居道路一侧，形成沟、渠、路并列的空间格局。排水沟与路、渠相交处应设涵洞或桥梁，以便及时将水排出。

为了防止圃地外的水侵入，可在圃地四周设置较深的截水沟，具体宽度和深度以阻止外界水流入为宜。各级沟的规格应因地制宜。在近山的圃地不仅要有较大的排水沟，而且在排水沟外侧应筑成土堤以防洪水冲击。排水系统设计面积一般为总圃地面积的1%～5%。

2.2.3.3 防护林带的设置

设置防护林带的目的：降低风速，调节温湿度，创造良好的小气候条件和适宜的生态环境；在冬季有积雪的地区，防风林带能增加积雪，改良土壤，并有保温作用。在风沙危害地区，防护林带的设计尤为重要，是提高种苗产量和质量的有效措施。

防护林带的规格 防护林带的设置宽度以及长度根据当地风沙危害大小和圃地规模来定。小型圃地与主风方向垂直的迎风面设一条林带；中型圃地在四周设置林带；大型圃地除了在四周设置林带外，在圃地内结合道路等设置与主风方向垂直的辅助林带。一般情况下，防护林带的有效防风距离是树高的15～20倍，可以根据具体情况，设置辅助防护林带。防护林带面积一般应占圃地总面积的5%～10%。

防护林带的结构 为了使防护林的防护效果最佳，应设计复层立体式的防护林带，其结构以乔木、灌木混交的半透风式林带为宜。一般主林带宽8～10m，行距1.5～2.0m。辅助林带1～4行乔木即可，宽2～4m。

防护林带树种的选择 适应性强、生长迅速、枝叶繁茂、深根性、抗风抗倒能力强、树冠高大的乡土树种。同时在配置设计中，要注意速生和慢生、常绿和落叶、乔木和灌木、寿命长和寿命短的不同树种相结合。

也可结合母树采种和采穗，在防护林带中栽植一些经济价值较高的树种，如果树、油料、药材、蜜源、绿肥等类型的树种，但注意采种采穗或采实时尽量不要破坏树种林冠结构。不能选择那些种苗病虫害的中间寄主树种和病虫害严重的树种。

除了设置防护林带外，在圃地周围还应设计必要的防护设施。为防止野兽、家畜及人为侵入圃地，可在圃地周围设置生篱或死篱。生篱要选生长快、萌芽力强、根系不太扩展并有刺的树种，如女贞、野蔷薇、枳壳等。一般栽植成带状，宽0.8～1.2m，高1.0～1.5m。死篱可用树干、木桩、竹枝、铁丝网等编制而成，有条件的地方可砌围墙。

近年来，在国外为了节省用地和劳力，已有用塑料制成的防风网防风。其特点是占地少而耐用，但投资多，在我国少有采用。

2.2.3.4 管理区建筑的设置

管理区建筑包括建筑物和场院。建筑物有办公室、宿舍、温室、食堂、仓库、种子贮藏室、种苗分级室、机车库等。本着统筹规划、合理布局、经济实用、少占耕地的原则，应科学地安排圃地经营所需要的建筑物。场院有晾晒场、积肥场等。

建筑管理区应设在交通方便、地势较高、接近水源、电源的地方。一般应设在土壤条件较差的地方。大型圃地的建筑群最好设在圃地中央，便于管理。畜舍、猪圈、积肥场等一般应设置在圃地的后半部分，位于当地主风方向的下风口，一则臭气不至于弥漫整个圃地，二则也无碍观瞻，并远离办公区和生活区，减少了环境污染。本区占地为圃地总面积的1% ~2% 。

2.3 设施(大棚、温室、冷库)的建设

2.3.1 塑料大棚的建设

塑料大棚是用竹木、钢材或钢管等材料支成拱形或屋脊形骨架，其上用塑料薄膜覆盖的棚式设施。1965 年我国开始应用塑料大棚栽培，迄今已成为仅次于日光温室栽培的主要设施栽培类型。优点是结构简单，建造、拆装方便，一次性投资少，有效栽培面积大，作业方便；缺点是保温效果差，升温、降温快，日温差较大。塑料大棚棚高一般 2 ~5m，宽 6 ~15m。棚长 40 ~60m，单棚面积 300 ~1000m^2。塑料大棚从造型上可分为拱圆形大棚和屋脊形大棚，前者建造容易，抗风力强，坚固耐用，因而目前我国园林花卉种苗，以及园艺植物生产应用最普遍的是拱圆形单栋大棚。由两栋或两栋以上的拱圆形或屋脊形单栋大棚连接在一起即成为连栋大棚。塑料大棚在我国长江以南地区可用于一些花木的周年生产，而在北方常用于花卉的春提前、秋延后生产。此外，大棚还用于花卉的种苗培育，如播种、扦插及组培苗的过渡培养等。塑料大棚依材料不同，棚型结构又可分为几类，其结构与性能各不相同。

2.3.1.1 塑料大棚的类型与结构

(1)竹木结构大棚

大棚骨架材料为杨柳木、硬杂木、竹竿等；主要由立柱、拉杆、拱杆、压杆等组成。

立柱 是大棚的主要支柱，要垂直，基部要用砖、石等作柱脚石。立柱纵横成直线排列，横向 4 ~8 排，纵向间隔 3m 一根。立柱承受棚架、棚膜重量及雨、雪的负荷和受风压与引力的作用。

拱杆 是支撑棚膜的骨架，横向固定在立柱上，呈自然拱形。小型棚多用竹竿或竹片两端插入地内，间距为 1m。

拉杆 是纵向连接立柱，固定拱杆的“拉手”，多用粗竹竿、木杆为材料，以加固大棚，防止大棚骨架变形、倒塌。

压杆 棚架覆盖薄膜后，于两拱杆之间加一根压杆，将薄膜压平、压紧，以利抗风、排水。压杆应选用顺直光滑的细竹竿，也可用聚丙烯压膜线、聚丙烯包扎绳等。

门窗 门设在大棚的两端，作为出入口及通风口。门的下半部应挂半截塑料门帘，

以防早春开门时冷风吹入。通风窗在北方地区宜采用扒缝放风方式。

(2)钢材结构大棚

大棚骨架采用圆钢、小号扁钢、角钢、槽钢等轻型钢材，骨架结构与竹木结构基本相同，但可焊接成平面或三角形拱架或拱梁，取消立柱，建成无柱大棚，特点是抗风雪能力强、操作便利、适宜机械化作业等。钢材易锈，需间隔2~3年防腐维修。

(3)混合结构大棚

棚型结构与竹木结构相同，用钢材做成平面或三角形拱架，两拱架之间用竹竿作拱杆，建成无柱混合结构塑料大棚，特点是节约钢材、降低造价、操作便利等。

(4)装配式钢管结构大棚

采用薄壁镀锌钢管组装而成。拱杆多用直径25mm×1.2mm内外镀锌薄壁管，纵向拉杆为22mm×1.2mm薄壁镀锌管。由承插、螺钉、卡销、弹簧卡具等连接所用部件。特点是结构合理，耐锈蚀，安装拆卸方便，坚固耐用。根据标准规格，由工厂进行专业化生产。

2.3.1.2 塑料大棚的性能

(1)光照

塑料大棚内光照强度大小主要取决于季节、时间和天气条件。此外，塑料大棚内的光照条件还与大棚的方位、所用薄膜种类、建筑材料、覆盖方式、薄膜清洁及老化程度等有关。

大棚的方位对棚内光照强度的水平分布有很大的影响，南北延长的大棚内光线的均匀度优于东西延长的大棚。

不同种类的薄膜对室内光照条件有很大影响。无滴膜对直射光的透光率优于普通膜；新膜的透光率高于旧膜，新膜在使用过程中经尘染或被水滴附着后，透光率很快下降。新膜覆盖使用15~40d后，其透光率降低12%~16%。

塑料大棚的骨架材料截面积越大，棚顶结构越复杂，遮荫面积越大。竹木结构大棚比钢架大棚的透光率低10%左右；双层膜覆盖大棚的透光率比单层膜大棚的透光率降低一半左右；单栋大棚比连栋大棚受光好。

(2)温度

①气温　塑料大棚的主要热源是太阳辐射热，因此棚内温度随天气阴、晴、雨、雪及季节、昼夜交替而变化。大棚内的气温季节差异明显，在南方地区，塑料大棚在夏季撤去棚裙薄膜作荫棚使用，冬季则作温室用，棚内气温的季节变化幅度比北方小。

大棚内气温日变化趋势与外界基本一致，但温度变幅更大，尤其是晴天昼夜温差可达30℃左右。晴天时棚温过高易灼伤植株。通常一天中正午后温度达到最高，凌晨5：00棚温下降到最低点，此时常发生低温冷害。阴天上午气温上升缓慢，下午降温也慢，日变化比较平稳。据上海地区1989年11月~1990年4月测定，棚内平均昼夜气温差为13.3℃，比棚外高5.1℃；早春晴暖天气棚内昼夜气温差甚至超过25℃，而棚外为10~15℃。一般华北地区塑料大棚栽培时间从3月中旬~8月上旬，东北、西北及高海拔地区可利用时间还要缩短1个多月。

②地温　大棚内地温高于棚外，并且也有明显的季节变化。浅层地温日变化趋势与棚内气温基本一致，但滞后于气温。在一天内，大棚内10cm最高(最低)地温出现的时间比棚外晚2h左右，土壤越深，滞后时间越长。大棚地温的日变幅与天气状况及土层深度有关，晴天大于阴天，地表层大于深层。大棚地表温度的日较差最大，有时可达到30℃以上；5～20cm土壤温度日较差小于气温。

(3)湿度

①空气湿度　塑料薄膜大棚气密性强，当不通风时，棚内水分难以逸出，造成棚内空气湿度很高，相对湿度经常在80%～90%以上，夜间甚至达到100%的饱和状态。

大棚内空气相对湿度日变化与棚内气温和通风管理密切相关。一般棚温升高，相对湿度降低；棚温降低，相对湿度升高。在春季晴天时，随着棚温的迅速上升，花卉蒸腾和土壤蒸发加剧，如果不进行通风，棚内绝对温度增加，正午时刻，绝对温度可为清晨的2～3倍；通风后，棚内相对湿度下降，到午后闭棚前，相对湿度最低；夜间，随着温度下降，棚面凝结大量水滴，棚内空气相对湿度往往达到饱和状态。

棚内适宜空气相对湿度应为：白天50%～60%，夜间80%～90%。夜间相对湿度过高是霜霉病、叶霉病等病害发生的重要原因。

②土壤湿度　由于大棚内空气湿度高，土壤蒸发量小，因此大棚内的土壤湿度也比露地和玻璃温室要高。另外由于大棚薄膜上时常凝聚大量水珠，降落到地面后，使得大棚内土壤表面经常潮湿泥泞，应当加强中耕和通风换气。但土壤深层往往缺水。

(4)气体

塑料大棚密闭条件下，由于大量施用有机肥料分解放出二氧化碳及作物自身呼吸放出二氧化碳，使得一天中清晨放风前二氧化碳浓度最高，以后随着光合作用加强，逐渐下降。同时，由于化肥、农药用量不断增加，会产生氨、一氧化碳、二氧化硫、亚硝酸等有害气体。应加强通风换气，及时排出有害气体。

2.3.1.3　塑料大棚的花卉栽培

(1)生产

在我国，普遍生产小型苗木。在塑料大棚内适宜盆播的植物有君子兰、仙客来、非洲菊、三色堇、旱金莲、金鱼草、四季海棠、冬珊瑚及大岩桐等。

在塑料大棚内适宜扦插的植物有天竺桂、倒挂金钟、比利时杜鹃、三角梅、伞草、宝石花、龙吐珠、昙花、茉莉、令箭荷花、珠兰、橡皮树、瑞香、红背桂、广东万年青、八仙花、朱蕉、扶桑、竹节海棠、榕树、洒金珊瑚、茉莉、佛手、鹅掌柴、非洲茉莉及四季海棠等。

(2)栽培要点

提早扣棚烤地　定植前20～25d提早扣棚，密闭烤地。结合深耕整地，施足有机肥。为提高地温，适宜作高10～15cm小高畦或高垄，同时覆盖地膜。

防寒保温　应采用多层薄膜覆盖，即大棚覆盖两层或两层以上薄膜。每层薄膜间相隔30～50cm以增加保温效果。通常在单层棚的基础上于棚内四周及棚顶吊挂一屋薄膜，进行内防寒，俗称两层幕。白天将两层幕拉开受光，夜晚将其盖严保温。同时在大棚内加盖小拱棚，畦面覆盖地膜，效果更好。由于大棚四周接近棚边缘位置温度低于中央部位，所以，寒冷的初冬至早春，应在大棚四周围草苫或蒲席防寒保温。

加强通风换气 低温季节定植初期，以防寒保温为主，密闭不通风，缓苗后室内气温超过25℃时，应及时放风降温、降湿；当外界最低气温超过15℃时，应昼夜通风。

改善光照条件 增强棚内受光的重要措施是选用无滴防老化长寿膜，防止尘染。合理密植，及时整枝打杈，减少株间相互遮荫，改善光照条件，是实现塑料大棚早熟丰产的关键技术。

控制湿度 大棚的封闭性使得棚内空气湿度偏高，会影响植物生长。同时土壤浇水也会增加空气湿度，为降低空气湿度，减少病害侵染机会，应勤中耕松土，控制灌水量，采用地膜覆盖膜下滴灌的方式，有效地解决浇水与空气湿度过高的矛盾。

2.3.2 温室的建设

一个完整的温室通常有以下几个组成部分：温室的建筑结构、覆盖材料、通风设备、降温设备、保温节能设备、遮光/遮荫设备、加热设备、加湿设备、空气循环设备、二氧化碳施肥设备、人工光照设备、栽培床/槽、灌溉施肥设备、防虫设备、气候控制系统等。上述这些部分是否在温室中配备和使用，通常要看栽培作物的种类、当地的气候条件和经济情况来决定。

决定建造温室时，需要考虑以下几方面的问题：

有足够的土地面积 除温室所占的土地外，还要考虑温室辅助用地的面积。不同类型的温室要求的辅助用地面积也不同，要根据温室生产的性质具体确定。一般情况下，辅助设施用地面积（包括贮藏室、工作室等）占温室面积的10%。生产温室规模越小，辅助用地面积的比例相对越高。

温室建造的位置 建造温室的地点必须有充足的光照，周边不可有其他建筑物及高大树木遮荫，否则光照不足有碍植物的生长发育。温室南面、西面、东面的建筑物或其他遮挡物到温室的距离必须大于建筑物或遮挡物高度的2.5倍。温室的北面和西北面最好有防风屏障，最好北面有山，或有高大建筑物，或有防风林等遮挡北风，形成温暖的小气候环境，可以降低温室的能耗。因温室加温设施通常在地下，而且半地下式温室在地下水位高的地方难以设置，日常管理及使用也较困难，所以要选排水良好，地下水位较低之处。选点时还应注意选择水源便利、水质优良、交通方便的地方。

气候条件 影响温室花卉种苗生产的地理分布。影响温室应用的首要限制因子是冬季的光照强度。冬季多雾严寒，或春季阴雨夏季酷热的地区基本上都不具备温室生产的条件。高纬度地区光照条件越好，对温室作物冬季生产，特别是对光照要求较高的花卉种苗，如月季、康乃馨越有利；而对需要低光照的花卉种苗则相对不利，如非洲紫罗兰、秋海棠及大多数绿色观叶植物。夏季的温度也影响温室花卉的生产。夏季高温，尤其是在高温、高湿的气候条件下给温室的降温带来困难。因而冬季不冷、夏季不热、冬季光照强度高的地区是发展温室花卉种苗生产的最佳区域，如云南。

温室的排列 在进行大规模花卉生产的情况下，对于温室群的排列及冷床、温床、荫棚等附属设备的设置，应有全面的规划。当温室为东西向延长时，南北两排温室间的距离通常为温室高度的2倍；当温室为南北向延长时，东西两温室之间的距离应为温室高度的2/3。当温室高度不等时，其高的应设置在北面，矮的设置在南面，工作室及锅炉房应设在温室的北面或东西两侧。如内部设施完善，可采用连栋式，内面分成独立单元。

温室屋面倾斜度和温室朝向 太阳辐射是大多数温室的主要热量来源之一，能否充分利用太阳辐射热，是衡量温室性能的重要标志。太阳辐射主要通过南向倾斜的温室屋面获得。太阳高度角一年之中是不断变化的，而温室的利用多以冬季为主，所以在北半球，通常以冬至中午太阳的高度角为确定南向玻璃屋面倾斜角度的依据。在北京地区，为了既便于在建筑结构上易于处理，又尽可能多地吸收太阳辐射，透射到南向玻璃屋面的太阳光线投射角应不小于60°，南向玻璃屋面的倾斜角应不小于33.4°。其他纬度地区可据此适当安排。

对于南北向延长的双屋面温室，屋面倾斜角度的大小在中午前后与太阳高度角关系不大，因为不论玻璃屋面的倾斜角度大小，都和太阳光线投射于水平面时相同。为了上午和下午能更多地接受太阳的辐射能量，屋面倾斜角度不宜小于30°。

温室内的连接结构影响温室内的光照条件，这些结构的投影大小取决于太阳高度角和季节变化。对于单栋温室，在北纬40°以北的地区，东西向屋脊的温室比南北向屋脊温室能够更有效地吸收冬季低高度角的太阳辐射，而南北向屋脊的温室的连接结构遮挡了较多的太阳辐射。在北纬40°以南的地区，由于太阳高度角较高，温室(屋脊)多南北延长。连栋温室不论在什么纬度地区，均以南北延长者对太阳辐射的利用效率高。

2.3.2.1 温室类型

温室是比较完善的保护地生产设施。从温室造型上可分为单屋面温室、双屋面温室和拱圆屋面温室3种类型。

(1)单屋面温室

又分为日光温室和加温温室，是我国北方花卉保护地生产的重要设施类型之一，特点是取材容易、建造施工便利、成本低、耗能少等。通常坐北朝南，东西延长，墙体用泥土、砖石或夹心墙，构架与覆盖物为竹木或铁木混合、草顶、草席等。采光屋面向南倾斜，透明覆盖材料主要选用玻璃或塑料薄膜。基本形式有以下3种：

鞍山式日光温室 又称一面坡温室，起源于我国辽宁省鞍山市。采光屋面与地面呈25°~30°角，土屋面和土墙较厚，温室前后挖防寒沟。一面坡式温室采用玻璃屋面采光，拱圆形温室以塑料薄膜为透明覆盖材料。此类温室由于屋顶及墙体较厚，又有草席、纸被或棉被防寒，故防寒保温条件较好。在东北、华北、西北地区多用于园艺植物秋季延后及春季提前栽培。严冬季节可生产耐寒观叶植物。

北京改良式温室 又称二折式温室，因其前屋面有天窗和地面两种不同倾斜角度的透明屋面，从而形成两个折面式屋面。温室前屋面可用玻璃或塑料薄膜覆盖，覆盖蒲席进行防寒。温室内靠北墙处设加温火炉，以煤作燃料直接加温散热，防寒增温。由于改良式温室墙体较矮，空间及栽培面积小，便于增温、保温，热损耗少，可节省能源，适宜园艺植物周年生产。但也存在室内操作不便，土地利用率低，局部温差大等问题。

天津三折式温室 又称三折式温室，是根据北京改良式温室的结构特点改进而来，采光屋面分为顶窗、腰窗、地窗3个不同采光角度的玻璃窗。这种温室与二折式温室相比，具有空间高、跨度大、室内采光好、升温快、保温好等特点。同时，栽培面积扩大，土地利用率提高，改炉火加热为在温室四周设散热器进行水暖加温，使局部温差较小，在正常管理条件下可满足园艺植物生长发育所需。

(2) 双屋面温室

温室屋面具有两个方向相反的采光面，四壁也由透光材料组成，是一种全光温室。又分单栋式和连栋式。我国自行设计制造的单栋温室最早的是北京玉渊潭的普通钢材双屋面温室及上海市1980年制造的铝合金组合式装配型单栋温室。而由两个及两个以上的单栋温室相连接而组成的连栋温室代表类型为荷兰式采光温室。每栋的跨度为A型(3.2m)、B型(6.4m)、C型(9.6m)、D型(12.8m)等几种类型，柱高2.3~2.7m，脊高3.5~4.7m，玻璃屋面角度为250°。栋与栋之间由凹形落水槽(天沟)连接成多栋相连的大型温室。落水槽自温室中部开始向两边延伸，各有0.5%的坡降。通风窗面积占玻璃屋面的30%左右。温室内有完善的小气候调控设备和管理设施，机械化或自动化程度较高。

(3) 拱圆屋面温室

较早引进美国制造拱圆屋面连栋温室的有北京市西部圃地、琅山果园及新疆农业科学院吐鲁番葡萄所。近年来，据不完全统计，先后从荷兰、美国、以色列、法国、保加利亚、韩国、日本等引进现代化温室154处，但各地均不同程度地存在投资大、运营费高、效益差的突出问题，须进一步对引进的现代化温室进行深入的消化吸收与研究。

常见的拱形温室有矮后墙长后屋面拱形温室、高后墙短后屋面拱形温室、钢竹混合结构拱形温室、钢拱架拱圆形温室、无后坡拱圆形温室、琴弦式日光温室。

2.3.2.2 日光温室

(1) 日光温室的基本类型

节能日光温室因建筑材料、拱架结构、屋面形状等不同而有多种类型。根据屋面形状可分为两类，一是拱圆形屋面，多分布在北京、河北、内蒙古、辽宁中北部等；二是一坡一立形屋面，多分布在辽宁南部、山东、河北一带。

(2) 日光温室的结构

①结构参数

温室跨度 指温室南部底脚起至北墙内侧的宽度。在北方冬季较冷的地区，宜选用6m跨度的温室。

温室高度 指屋脊的高度。6m跨的温室高度以2.7~2.8m为宜，7m跨的温室高度以3.1m为佳。

温室长度 以80~95m为宜。目前各地使用的日光温室大多为建筑面积667m^{2}左右。

②基本结构

墙体结构 日光温室的墙体包括后墙和山墙。主要作用有两个，一是承受后坡、前坡自身的重力和它所受到的各种压力；二是必须具备足够的保温蓄热能力。因此，一个好的日光温室墙体，应同时具备强度高、载热性能强和隔热性好的特点。有条件的地区可采用石头内墙、粉煤灰制空心砖外墙。也可以采用石头内墙、砖头外墒，中间填充珍珠岩或炉渣。北京地区选用红砖为材料，采用内 24cm、中空 12cm、外墙 24cm 的“双二四”空心墙结构，不仅节约了材料，保温效果也明显优于砖实心墙。此外，一些地区就地取材，采用板打土墙或草泥垛墙，成本低、保温性好，若注意防水侵蚀墙体，可应用于干旱少雨的西北地区。通常墙体厚度与当地冻土层最大厚度接近。在北纬 35°地区墙厚多为 30 ~60cm，38° ~40°地区则为 80 ~150cm。

后屋面 又称后坡、后屋顶。既是卷放草苫、蒲席的作业道，又起着隔热保温的作用。根据后屋面所用建材不同，可分为两大类：一是由钢筋混凝土空心板为主要材料，虽坚固耐久，施工规范，但保温效果较差；二是选用玉米秸、高粱秸、芦苇、稻草等秸草作后坡，总厚度可达到 60 ~80cm，既降低了成本，又提高了保温效果，较空心板更为实用。

屋架 是日光温室的承重结构。竹木结构温室，后屋面屋架一般由柱、檩、柁组成，前屋面骨架则由支柱、腰檩及竹拱杆组成。此种结构虽取材方便、成本低，但支柱多、室内作业不便，且经久性差。为解决这一问题，不少地区用钢筋混凝土预制件代替檩、柁和中柱。

外保温覆盖 主要指日光温室前屋面夜间保温的不透明覆盖物。传统覆盖材料有草苫、蒲席、纸被、棉被等。草苫、蒲席要求打得紧密，才能起到良好的保温效果。一般一块宽 1.5m、长 5.5m 的稻草苫，单体质量至少应为 30kg 以上，太轻则保温性能减弱，纸被多由 4 ~6 层牛皮纸缝合而成，并在外面罩一层薄膜或无纺布，防止雨雪侵蚀。近年来陕西、甘肃、内蒙古等冬季低温少雨雪地区，多以棉被代替纸被和草苫，其保温效果好，使用寿命长。

透明覆盖物 透明覆盖材料应同时具备透光好、保温好、耐用和无滴等性能，既能透过短波辐射，又能阻止长波辐射。目前常用 0.1 ~0.12mm 厚聚氯乙烯无滴膜和多功能 3 层复合的聚乙烯膜。

通风口 日光温室以自然通风为主，按通风口位置不同分为两种。一是后墙设置活动通风口，以备高温季节通风换气之用；二是在温室屋面设置通风口，按上、中、下 3 个位置开设。第一个是上排风门，又称顶风口，设在温室最高处即屋脊部，可用放风筒或扒缝放风的方式，主要起排出热空气的作用；第二个是肩部风口，设在前坡约 1m 高处，主要起进气口作用；第三个是底风口，即自温室前坡底角处向上扒开风口。一般当室外最低气温达到 15℃以上，昼夜通风时启用。

张挂农用反光幕 农用反光幕为一复合聚酯镀铝膜，利用其光亮镜面悬挂成幕布，随温室走向，面朝南，东西延长，垂直悬挂于温室后部，将射入室内后部的太阳光线反射到植株与近地表。解决了日光温室栽培床北部光照弱、温度低、植株长势弱、产量低的突出问题。

进出口 日光温室常在一端建立一个作业间，以便农事操作，同时也是一个缓冲间。应注意寒冷季节作业间防寒保温，以防冷空气侵入温室。同时，通向温室的门里侧应设一个 40cm 加高“围裙”，以免降低室温。

(3) 日光温室的性能

①光照　日光温室内光强的季节变化和日变化趋势与室外基本一致，但由于拱架的遮荫、薄膜的反射以及薄膜内面凝结水滴或尘埃污染等影响，温室内光强明显小于室外。薄膜内侧附近光强最大，中部次之，地面处最弱。

温室内的光谱成分除与太阳高度有关外，还与覆盖材料的性质有关。无色透明塑料薄膜与玻璃相比，能透过更多的紫外线，而且对长波红外线的通过能力高于玻璃，所以薄膜覆盖温室的光质对作物生长有利，但保温性能不如玻璃温室好。

日光温室内的光照时间除受外界光照时间的制约外，在很大程度上还受温室管理措施的影响。冬季为了保温的需要，草苫和纸被要晚揭早盖，人为地造成室内黑夜的延长，12 月至次年 1 月，室内光照时间一般为 6 ~ 8h。进入 3 月，外界气温已高，在管理上改为适时早揭晚盖，室内光照时间可达 8 ~ 10h。

②温度

气温　温室内气温的日变化主要受天气条件和管理措施的影响。晴天室内气温日变化比较剧烈，昼夜温差较大。室内最低气温一般出现在刚揭开保温覆盖材料之后，而后随着太阳辐射的增强，室内气温急剧上升，上升的幅度和速度都较室外大，中午前开天窗后，气温停止上升而随外界气温呈波浪式下降，一直持续到午后关窗为止。傍晚盖草苫后，室内气温短时间内会回升 1 ~ 2℃，而后缓慢地下降，直至次日揭草苫前。阴天由于光照不足，室内气温增加幅度小，日变化则较平缓，昼夜温差较小。

温室内气温的季节变化主要受室外气温变化的制约。但由于塑料日光温室采光面合理，采用多层覆盖，再配合适宜的管埋措施，室内月平均气温明显高于室外。根据河北省永年县测定，1 ~ 4 月日光温室内外月平均气温差分别为 15.2℃、15.0℃、11.1℃和 7.6℃；室内外温差最大值出现在最寒冷的 1 月，以后随外界气温的升高、通风量加大，室内外温差逐渐缩小。

温室内空间位置不同气温变化不一致。垂直方向上，一般在不通风时，温室内气温在一定范围内随高度的增加而上升。水平方向上，室内日均气温在距北墙 3.0 ~ 4.0m 处最高，由此由南向北递减；白天前坡下的气温高于后坡，夜间则反之；东西方向上，由于山墙遮荫和开门的影响，中部高于东西两端。

地温　日光温室内的地温显著高于室外。室内地温与气温的日变化趋势基本一致，但是最高和最低温出现的时间均落后于室内气温。一般来说，室内 15cm 深处地温从揭帘到盖帘低于室内平均气温，夜间则高于气温。此外室内地温日变化幅度也较室内气温小。

③空气湿度　日光温室密封性强，室内空气相对湿度较大，白天多在 70% ~ 80% 以上，夜间更大，常保持在 90% ~ 95%。气温升降是影响相对湿度的主导因素，白天室温升高，相对湿度下降；夜间室温下降，相对湿度升高，且湿度变化极小。

2.3.2.3　现代温室

现代温室主要是指大型连栋玻璃温室。

(1) 大型连栋玻璃温室结构与性能

20世纪80年代初荷兰、美国等推出适应机械化作业的大型连栋全玻璃温室，从育苗、整地作畦、浇水追肥、温光调控、通风换气、采收、运输等均实现了自动化，从而引导设施园艺植物生产朝着高投入、高产出、高效益的方向发展(图2-1)。我国于1977年开始建成和使用连栋玻璃温室。其主体单元为双屋面玻璃温室，室顶两侧有相同长度的玻璃屋面。由柱、屋架、檀、椽子、天窗、侧窗、天沟等构成，两个以上相同类型，同一规格的双屋面玻璃温室连接而成连栋玻璃温室。温室骨架材料多为一定断面的型钢、钢管材料及耐锈耐热的镀锌钢材及抗腐蚀铝合金材料等。

连栋温室一般采用南北走向，光照分布均匀，室内温度变化平缓。与单栋相比，单位建筑面积建设成本降低，抗风雪能力增强，土地利用率提高，因温室侧壁少，散热面积小，能耗少。同时，由于室内宽敞，便于机械操作和自动化管理。

(2) 连栋温室附属设备与栽培环境调控

通风换气装置 温室以自然换气为主，通过天窗、侧窗开闭来调节。一般天窗面积应占屋面面积的20%以上；侧窗面积占侧面面积的25%左右。当自然换气难以满足要

图2-1 芬兰几种温室类型

求时，需利用强制换气装置，通过送(引)风机强制交换温室内外空气。

加温设备 热水加温式温室中，加温设备主要由热水锅炉、输水管道和室内散热器或散热管组成，锅炉内水加热后，通过输送管进入温室内的散热器或散热管，再从回水管回到锅炉，重新加热，不断循环；在蒸汽加温式温室中，加温设备与热水加温设备大致相同，仅以蒸汽代替热水；热风加温温室中，主要设备是热风机、送风机、风筒，热风机用煤油、重油或液化气等燃烧加热空气，用送风机将热空气送进风筒，通过风筒上的散热孔排出，提高室温。为节约能源，各国正着力研究开发利用太阳能、地热能、风能等自然能解决温室加温问题。

降温设备 连栋温室温度过高时须强制降温。一般采用气化冷却法，即利用水的汽化带走空气中的热量，再将冷却空气送回温室。按冷却方式不同，分为喷雾冷却法、风扇—喷雾冷却法和湿帘—风扇冷却法 3 种。常用设备主要有喷雾降温系统、风机和湿帘。

双重覆盖保温装置 为加强保温，减少能耗，多在温室顶部和侧面悬挂膜帘，白天拉开，使室内光照充足；晚上闭合，加强保温。使用时，将膜帘用夹具与拉线连接，拉线缠绕在卷线筒上。通过开启装置(电动机、转动轴、卷线筒、拉线)使膜帘拉开闭合。

补光装置 当自然光照不能满足植物生长发育时，启动补光装置。常用光源有荧光灯、金属卤灯、高压纳灯。通常将灯固定在植株的正上方。

CO_2施用装置 采用装置有 CO_2 发生器和 CO_2 发生源。我国辽宁省研制的 CO_2 发生器，采用金属网式红外线炉，燃烧液化石油气。而山西省推出的 CO_2 发生器则以焦炭为原料。目前常用的 CO_2 发生源有 CO_2 压缩瓶和干冰，其释放的均为纯 CO_2，无需其他设备，可直接在温室中应用。

2.3.2.4 温室对环境的调控

(1)光照调节

补光 温室补光最简单的方法是将温室墙面涂白。此外，还可在北墙内侧设置反射镜、反射板和反射膜，利用它们对阳光的反射，增加室内光照。另外，为了使促成栽培的植物增加一定时数的人工补充光照，满足植物生长发育的生理需要，在温室内部应安设灯具等补光设施。适合于人工补充光照的灯有白炽灯、荧光灯、水银荧光灯、金属卤灯和高压纳灯等。一般将灯固定在中柱的两边或挂在栽培床的正上方，但灯泡功率的大小、安装密度及补光开启时间，依不同植物的需要而异。

遮光 温室内的遮光设置，可用来进行人工缩短光照时间。一般是用双层黑布或塑料薄膜制成的可以往复扯动的黑幕。根据不同植物对光照时间的不同要求，在下午日落前几小时，放下黑色幕布或薄膜，使温室内每天保持预定时间的短日照环境，以满足某些短日照植物对光照时间的生理要求(图 2-2)。

遮荫 其目的主要是减弱温室或塑料棚中的光照强度，降低气温或植物体温。当夏季光照太强，温度过高，对植物的生长发育产生不良影响时，需要进行遮荫。常用的遮荫材料有苇帘、竹帘、遮光纱网和手织布等。遮荫材料要求有一定的透光率、较高的反射率和较低的吸收率。

图 2-2 温室的遮光设置

我国使用的遮光纱网，多由黑色或银色聚乙烯薄膜编织而成，中间缀尼龙丝以提高强度，遮光率有从45% ~90% 的不同规格。近年来，国外使用的遮阳网有更先进的形式。其中一种为双层遮阳网，外层是银白色网，可将阳光和热量反射回外部空间；内层为黑塑料网，以遮挡部分阳光和降温。另一种是既可减小光照强度，又可以透过植物所需要的光谱，把一些不需要的光谱反射掉的新型遮阳网。国外还流行一种“流水遮阳”系统，这种系统由蓄水池、水泵和喷水管组成，适用于拱形或屋脊式温室，尤其是连拱式或连脊式温室。将喷水管安装到温室顶部，冷水由蓄水池经水泵送到管内，在玻璃或其他覆盖物表面上形成流动水幕。冷水可吸收部分的由于日光的红外线辐射所产生的热量，喷出的水由天沟回到蓄水池，经冷却后循环使用。

(2) 加温调节

烟道加热 加温方式由炉灶、烟道和烟囱3部分组成。炉灶低于室内地面90cm左右，坑宽60cm，长度视温室空间大小而定，以操作方便为宜。烟道用砖砌成方形孔道，也可由若干节直径为25cm左右的瓦管或陶管连接而成。烟道应与炉灶有一定坡度，以使烟顺利、缓慢地通过烟道，并在室内充分散热。烟囱出烟口应超过温室屋脊，其高度根据烟道长短和拔火快慢而定。烟道加温使用的燃料，一般为煤炭，其热能利用率仅为25% ~30%，且污染室内空气，并占据一部分栽培用地，是一种较落后的加温方式。

热水和蒸汽加温 热水加温多采用重力循环法。水加热到80 ~85℃后，从锅炉经水管通过水泵，运至散热管内。当管内热量散出后，水即冷却，比重加大，从而返回锅炉管道，再提高水温。蒸汽加热是利用水蒸气来供暖，不需要安装水泵。该法升温快，便于调节。加热使用的燃料有煤、柴油、天然气和液化石油气等。

加热用的散热器的形式有两类：一类是将金属散热器固定于四周墙壁，与普通住宅的供热装置相似；另一类是以金属或塑料管并排铺于地面或栽培床的下面，管内通以循环热水，其受热部位首先是植物根部区域，然后才是温室其他空间。

电热加温 有暖风机和电热线等多种加温形式。一般额定功率为2000W的电暖风器，可供30 ~50m^2 温室加温使用。电热线的加温有两种：一种是加热线外套塑料管散热，可将其安装在扦插床或播种床的土壤中，用来提高土温；另一种是用裸露的加热线，用绝缘材料固定在花架下面，外加绝缘保护，控温部分的继电器可自动调节。电热加温供热均衡，便于控制，节省劳力，清洁卫生，但成本太高，一般只作补温使用。

(3)通气降温

通风设施 目前我国使用的双面窗脊式温室和一面坡温室，没有配套的通风降温装置，一般在顶部和侧面都有通风窗，打开通风窗可使空气流通。有些一面坡温室，在后墙开有小窗，与顶部通风窗同时打开，形成对流。还有些温室为加快通风换气，在温室四周的墙脚下设进风口，温室上部设排风口，这种做法通风换气的效果更好。温室内还可装空气压缩机，可把吹风机设在下部，产生"人造风"，对通风换气、夏季降温都十分有利。

目前，现代化温室使用的通风保温墙，以镀锌钢板和铝合金为框架，支撑双层充气垫，围绕温室四周、脊窗和棚顶，采用4~6个小鼓风机和两个单双级感温器控制，全自动调节室内温度。当室内温度过高需要通风时，通风墙自动开启，吸收新鲜自然风，并排出不新鲜的或室内的热空气。在冬季和夜间，对保温通风墙充气，形成厚厚的夹层气垫，有很好的保温效果。

降温设施 一般温室降温主要依靠通风(窗和门)来进行。如果通风换气无法满足要求时，需用降温设备。目前应用最普遍的是风扇—水帘降温系统。它由水帘、循环水系统、排风扇和控制系统组成。排风扇在温室一端，水帘装在温室的另一端。水帘是由具有吸水性、透气性、多孔性的材料制成。常用的材料有杨木细刨花、聚氯乙烯、浸泡防腐剂的纸制成的蜂窝板等。当系统启动后，水从上水管沿水帘缓缓流下，从回水槽流入缓冲水池。同时，另一墙排风扇将空气抽出，温室内部形成负压状态，外部空气通过水帘进入温室，内部空气湿度增加而温度下降。此系统可通过按钮启动，也可与温室测湿系统连接，当温度达到一定程度时自动开启。一般在室外温度38℃时，通过水帘降温，可使室温降到30℃左右。另一种是微雾降温，即将水以细雾点的形式喷入温室，使其迅速蒸发，利用水蒸发时吸热大的特点，大量吸收空气中的热量，然后将潮湿空气通过风扇排出室外，从而达到降温的目的。

2.3.2.5 温室生产

温室能创造适宜植物生长发育的条件，帮助植物在不利于其生长的自然季节中正常生长发育，即使在严寒的冬季也能正常栽培生产。温室常用于花卉种苗生产和培育具有重要观赏价值和市场价值的观赏植物，包括盆花、鲜切花以及木本植物的营养繁殖、盆景制作等。

2.3.3 附属设施及器具

2.3.3.1 附属设施

(1)室外附属设施

①温床与冷床 为早春花卉繁殖育苗而建。可独立建温床，也可设在保护地内。

冷床只利用太阳辐射能以维持苗床一定的温度；温床除利用太阳辐射能外，还用酿热物、电或蒸汽等来提高苗床温度，两者在形式和结构上基本相同。可用于入冬后和早春播种耐寒力较差的一、二年生草花或冬季扦插花木，以及半耐寒性盆花的越冬。

冷床和温床的构筑材料有砖石、水泥、木框及蒿秆等。阳畦是冷床的常用形式，改良阳畦由风障、土墙、棚顶、玻璃窗、蒲席等部分构成，土墙高约1.0m，厚0.5m，棚架上先铺芦苇或玉米秆作棚底，再覆盖10cm厚的干土并用泥封固。改良阳畦的气温和地温均较高，低温持续时间短，可争取较长的生长期。温床应用最多的是木框温床，由床框、床孔和玻璃窗3部分组成。温床的加温方法有发酵、热水、蒸汽、电热等，其中以发酵和电热两种最为常见。

发酵温床 宜选在背风向阳、排水良好的场地建造温床。其外形与阳畦相似，床体加深1倍，约70cm，宽1.5~2.0m，长度视需要而定。床内培养土厚度20cm，下填50cm厚的酿热物。发酵迅速的酿热物有马粪、油饼、鸡粪等；发酵缓慢的酿热物有稻草、枯草、落叶、猪粪、牛粪等，两类材料适度配合使用，可调和温度，延长其使用时间。酿热物的厚度应以南面厚，中间薄，北面居中，以保持床面的温度均匀。床面安设玻璃或塑料薄膜，并覆盖草帘或其他保温材料。

电热温床 是电阻电热线对床土进行加温的设备，一般是在塑料大棚或温室内做成平畦，并在畦内铺设电热线。它具有发热迅速，加温均匀，可随时应用，实现自动控制、管理方便、育苗效果好等优点。电热温床所使用的电热线规格和数量，要根据温床面积、用途和设施内的环境进行选择。铺设电热线前，先在床底铺以10~15cm厚的煤渣，其上再覆以5cm厚的砂，加热线铺在砂上。电热线间距一般为10~15cm，最窄不小于3cm，布线深度10cm左右为宜。华北地区育苗温床，可选用电热功率100~120W/m^2；用于球根和宿根花卉催花的电热线功率可降低，使土温保持在15~18℃，催花效果很好。电热温床的控制是通过人工拉闸的方法或通过地温表的感温探头和探温仪实行自动控制。

②荫棚 是园林花木栽培与养护中不可缺少的设施之一。大部分温室花木都属于半荫性植物，夏季移出温室后，都需放在荫棚下养护；一些园林花木的夏季扦插和播种也需在荫棚下进行。荫棚可起到保护花木不受日灼，减少蒸腾和降低温度，避免初上盆、翻盆与扦插的花木因失水过多而萎蔫等作用。在夏季为喜阴植物在保护地外而建的遮荫设施，还具有防雨作用。荫棚由棚架和棚顶两部分组成，宽度6.0~7.0m，不宜过窄，否则遮荫效果不佳。其种类和形式可大致分为永久性和临时性两大类。

永久性荫棚 常设在温室附近，多用于温室花木栽培。棚架高度一般为2.0~2.5m，用钢管或水泥柱构成主架，因钢管要每年刷油漆，费工费料，而水泥可经久不坏，因此以水泥柱为好。棚架上覆盖竹帘、苇帘、合成纤维纺织品、遮阳板或遮阳网等。为避免上午和下午的太阳光进入棚内，荫棚的东西两端还要设倾斜荫帘，荫帘下缘要离地0.5m以上，以便通风。棚架下一般设置花台或花架，用于摆放盆栽花木，如果放置在地面上，应铺设砖或煤渣，以便于排水。

临时性荫棚 多用在露地床或播种床。棚高约1.0m，一般多用木材立柱，棚面上用铁丝拉成格，然后盖上遮阳网等覆盖材料。遮荫程度可通过选用不同透光率的遮阳网或不同的覆盖层数来调整。

夏季扦插和播种所用荫棚也多为临时性的，但相对较矮，架高0.5~1.0m，用苇帘、竹帘或遮阳网覆盖。在扦插未生根或播种未出芽前，覆盖的透光率要低，可覆盖

2～3层；当开始生根或发芽时，可逐渐减为一层；待根发出，苗出齐后，可视具体情况部分或全部拆除覆盖物。

③地窖　又叫冷窖，冬季为半耐寒植物防寒越冬的保温设施。在大型保护地生产中多设有地窖。常用于不能露地越冬的宿根、球根、水生花卉及其他花木的保护越冬，可弥补冷室及冷床的不足。地窖在夏秋两季还可作暗室，进行短日照催花处理。南方不专设地窖，常用温室后部植物台下或冷室、库房代替。

地窖大小依越冬植物数量及高矮而定，通常深约1.0m，宽2.0m，长度视需要而定。根据在地面设置位置可分为地下式和半地下式两类。地下式地窖全部深入地面，仅窖顶露出地面；半地下式则有部分高出地面，高出部分由挖出的泥土筑成土墙，上设窖顶。窖顶形式有人字式、平顶式和单坡式3种。

根据使用时间可分为临时性地窖和永久性地窖。临时性地窖冬前挖掘，用后即填平；永久性地窖，四周砌40～50cm砖石墙，上部做拱圆顶。地窖深度为当地冻土层厚度的2～3倍。覆盖秸草或薄膜，并留几个通气孔。

(2)室内附属设施

窗　屋脊式温室在脊顶两侧设成排连开的窗或间断开的窗，拱圆式温室则在顶部设外推式气窗。在侧面或檐下的气窗称地窗或侧窗。一般侧窗要占侧面的1/2以上。强行换气装置是由排风扇或通风机排出气体，配以百叶箱式或筒式进气口进气。

双层保温幕开闭装置　双层保温幕是以塑料薄膜在保护设施内再次覆盖，在寒冷的时候或夜间使用起到加强保温的作用。手动开闭装置有3种，即双向开闭式、单向开闭式和侧部开闭式。电动开闭装置亦有应用。

遮光和保温帘设施　在大棚骨架上，高于棚面0.5m左右设置遮阳网架，或直接把遮阳网覆盖在棚面上，并用压膜线压紧。保温帘常直接压在棚面，保温帘卷起很费工。已有人工卷帘装置，设置在棚顶部。

其他　加温降温系统、潜水系统、自动喷药系统、补光和遮光系统、无土栽培设施等在保护地都很重要。

2.3.3.2　工具和用具

(1)农具

灌水用具　喷壶、水舀子、水缸和水池或水槽等。

修剪用具　剪、嫁接刀、手锯等。

病虫防治用具　喷雾器、喷粉器、熏蒸器、毛刷等。

管理用具　小齿耙、花铲、铁锹、镐、平耙、筛子等。

(2)试验或观测用具

卷尺、地温计、温度计、干湿球湿度计、试管、烧杯、培养皿、电炉等。

(3)花盆

常用瓦盆(陶盆)、瓷盆、木盆、塑料盆和其他专用盆等。盆的内径和高度要依据花卉株形、大小和根系幅度选用，也要考虑到栽培和陈列盆之间的差异。

小 结

本章的基本要求：了解和掌握种苗圃地选择的条件、圃地的规划设计方案、塑料大棚和温室的种类、特点以及对环境的调控要点。

重点：圃地选择的自然条件、综合评价确定圃地、生产土地的规划、塑料大棚和温室的建设。

难点：如何综合评价确定圃地、塑料大棚和温室栽培管理技术。

思考题

1. 生产圃地的选择条件是什么？
2. 什么是生产用地？各生产区的规划要点是什么？
3. 简述辅助用地的规划。
4. 塑料大棚的种类有哪些？各结构特点是什么？
5. 谈谈塑料大棚栽培要点。
6. 温室类型有哪些？
7. 简述温室对环境的调控要点。

参考文献

1. MARY L · DURYEA & THOMAS D · Landis. 1984. The Hague/Boston/Lancaster. Printed in the USA. Martinus Nijhoff/Dr W. Junk Publisers.
2. 陈发棣，房伟民 . 2004. 城市园林绿化花木生产与管理[M]. 北京：中国林业出版社 .
3. 陈俊愉，刘师汉 . 1999. 园林花卉[M]. 上海：上海科学技术出版社 .
4. 陈其兵 . 2007. 园林植物培育学[M]. 北京：中国农业出版社 .
5. 陈耀华，秦魁杰 . 2001. 园林苗圃与花圃[M]. 北京：中国林业出版社 .
6. 郝建华，陈耀华 . 2003. 园林苗圃育苗技术[M]. 化学工业出版社 .
7. 柳振亮，石爱平，刘建斌 . 2001. 园林苗圃学[M]. 气象出版社 .
8. 卢学义 . 2001. 园林树木育苗技术[M]. 辽宁科学技术出版社 .
9. 施振周，刘祖祺 . 1999. 园林花木栽培新技术[M]. 北京：中国农业出版社 .
10. 苏付保 . 2004. 园林苗木生产技术[M]. 北京：中国林业出版社 .
11. 苏金乐 . 2003. 园林苗圃学[M]. 北京：中国农业出版社 .
12. 孙时轩 . 1990. 造林学[M]. 2 版 . 北京：中国林业出版社 .
13. 王九龄 . 1992. 中国北方林业技术大全[M]. 北京：北京科学技术出版社 .
14. 吴少华 . 2001. 园林花卉苗木繁育技术[M]. 科学技术文献出版社 .
15. 余禄生 . 2002. 园林苗圃[M]. 北京：中国农业出版社 .
16. 俞玖 . 1988. 园林苗圃学[M]. 北京：中国林业出版社 .
17. 张东林，束永志，陈薇 . 2003. 园林苗圃育苗手册[M]. 北京：中国农业出版社

3

花卉种子生产

优质花卉种子的标准是整齐度高、生活力强、没有病虫。由于穴盘苗生产技术的推广应用，对花卉种子质量的要求越来越高。花卉种子生产的一般程序是：亲本栽培、遗传质量控制、授粉管理、种子采收与处理、种子净化与贮存。

3.1 国内外花卉种子生产概况

我国已成为世界上最大的花卉种子消费市场。草花种子市场空间大，发展快。仅仅三五年，涉足草花种子经营的公司如雨后春笋般出现在各地。大连是最早打开草花种子销售市场的城市，最初不过三两家，现在已有大大小小十几家。在草花种子销售的初期，进口种子独霸天下，国产种子屈指可数。但短短几年时间，来源各异的大量国产种子涌入市场，使草花种子的市场供应量急剧增加。因为环境美化问题日益受到重视，各地纷纷从国外引进大量草花新品种。目前高品质的草花品种大多是外国进口。像以经营草花种子为主的泛美种子、高美种子等企业，都相继在中国成立了分公司或代理商。但是，由于国外的部分草花新品种适应性差，致使美化效果不理想，造成了很大浪费。

目前，我国自产草花种子有100多种，但主要是常规品种，杂交一代、二代品种很少，高质量的草花种子大量依赖进口。目前存在如下主要问题：

(1)野生花卉种质资源保护工作不足，传统的优良品种未充分利用，珍贵品种外流。

(2)植物资源的驯化、选育工作开展得不够，引进新品种新技术的力度也远远不够。

(3)缺乏系统化、规范化的育种繁殖基地。

(4)种子生产的繁育技术低，品种退化严重，品质不高；没有掌握杂种一代种子生产的关键性亲本资源和技术；在采后加工、包装、贮藏技术等方面缺乏自己的品牌和市场竞争力。

(5)市场体系不完善：种子生产、经营及进出口管理系统不健全。

据植物新品种保护国际联盟(UPOV)统计，美国、法国、荷兰、英国、日本、韩国和丹麦等是主要的花卉种子生产国。日本每年向欧共体输出花卉种子150万~250万美元，而世界上最大的花卉种子公司(泛美保尔)的年销售额均超过1亿美元。凭借其掌握的优良亲本及成熟的杂交技术侵入发展中国家，掠夺自然资源和廉价的劳动力，获取高额利润。近年来，外国种子商已进入我国昆明、四川、河南、山西、山东、辽宁、内蒙古、青海等地，建立制种基地，生产、收购草花种子，经细加工后返销中国市场以获取暴利，价格呈几十甚至百倍的增长。据不完全统计，每年我国进口国外种子、种球花掉4000万元，并且近年来形成愈演愈烈之势，造成外汇大量流失。

近20年来，广大花卉育种者开发了许多我国优良的野生花卉资源，收集了大量地方草花品种，结合引进国外品种和种质资源，开展了我国自己的花卉育种工作，先后育成一串红、三色堇、金盏菊、金鱼草等许多优良品种，这些品种具有国外品种无法比拟的抗热性强等优点，同时建立起一套“科研+农户+公司”的草花良种繁育体系。

3.1.1 花卉种子的种类和特点

花卉种子生产是一项技术含量很高的花卉生产，主要生产 F_1 代园艺杂交品种、四倍体园艺品种和部分 OP(定向杂交程度较低的)品种。草花多用于花坛与公共绿地，其用量的上升是社会经济及人类文明发展的总趋势，多采用种子繁殖，花卉种子质量决定花卉产品质量与环境美化水平，控制了种子等于控制了园林与花卉业。花卉种子工程是包括良种引育、种子生产、种子加工、种子销售和种子管理的系统工程。包括 13 个过程：

种质资源收集→引种→育种→品种试验→品种鉴定→扩繁→种子生产→收购→加工→种子特殊处理→种子检验→包装贮藏→推广。

种子的外部形态特征主要包括形状、大小(千粒重)、种皮色泽及附着物，种皮上的网纹结构等。它们是鉴别花卉种和品种的重要依据，同时也是鉴别、清洗、分级、包装、检验和安全贮藏的重要依据。

3.1.1.1 按照专业生产花卉种子的产品类型分类

(1)原型种子

种子采收后，除清洁外未经其他加工处理的种子。

(2)脱化种子

脱化主要包括脱毛、脱翼、脱尾。现代播种机从简单的针管式播种机到速度很高的滚筒式播种机，所有的机械播种机中，多数都是利用真空吸种子，大小均匀的圆形种子是最适宜工作的。而不规则的种子不利于播种，种子公司可以提供脱翼的藿香蓟、花毛茛种子，去尾的万寿菊、孔雀草种子。

(3)丸粒化种子

有些种子很小，甚至连肉眼也难辨认，经过丸粒化，颗粒增大变成圆形，大小均匀，适应播种机快速播种。丸粒化种子颜色艳丽，便于辨认，能提高播种的准确度。该类种子有四季海棠、藿香蓟、雏菊、洋桔梗、花烟草、矮牵牛、角堇、大岩桐等。丸粒化种子易碎，多采用充气包装或小塑料瓶包装。经丸粒化处理，种子粒径增大，重量增加，便于精量播种，节约种子，又为种子萌发生长创造更有利的条件。种子丸粒化加工的关键技术是提高加工工艺及选择适宜的黏接剂及种子的包衣料。

(4)预发芽种子

在一定的温度条件下，经化学物质或水的催芽处理成胚根萌动状态的种子。处理过的种子发芽迅速，发芽率高，发芽整齐。

用得比较多的是三色堇。经催芽处理的种子，大大提高了种子的发芽率和出苗整齐度，但种子的保存时间短，购买时必须与种子播种时间衔接好。

(5)包衣型种子

常在种子的表面涂上一层杀菌剂或普通的润滑剂，一般不改变种子的形状，种子更光滑同时又可使种皮软化，并可防治小苗生长过程中病菌的侵害，有助于播种机械的操作。

(6)多粒种子包衣

指一个丸里有多粒种子，即在包衣时将多粒种子包在一起。它的优点是在播种时能一次性将多粒种子播到同一个穴孔中，也是适应某些种类一个孔穴播多粒种子的需要。这样处理后，播种简单、迅速，也非常均匀，如半支莲、六倍利等。该类种子原形状不规则，经处理后形状、大小整齐，加厚变圆，表面光滑，加色便于播种；播种时流畅，不至于种子卡在播种机上；种子颜色较为鲜艳，播种便于检查和提高在穴盘中的播种准确度，如万寿菊、天竺葵等。

(7)精选种子

经过清洁、分级、刻划及其他处理的种子。经过处理后提高种子的质量，以及播种后的表现。有些种子大而种皮厚，不易发芽，经过刻划后有利于提早发芽。经过清洁的种子种类有千日红、勋章菊、补血草、天人菊等；经过刻划的种子种类有羽扇豆、文竹、鹤望兰等。

3.1.1.2 按照种子形状和大小分类

种子的形状因植物种类不同而有很大差异，主要有圆球形、椭圆形、扁形、肾形、盾形等(图3-1)。

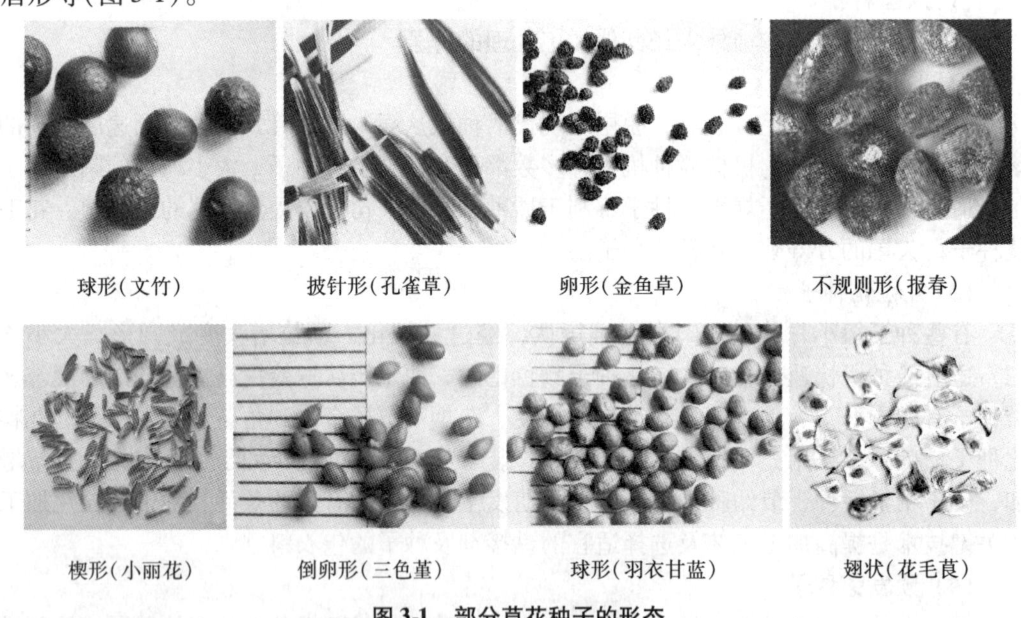

球形(文竹)　披针形(孔雀草)　卵形(金鱼草)　不规则形(报春)

楔形(小丽花)　倒卵形(三色堇)　球形(羽衣甘蓝)　翅状(花毛茛)

图3-1　部分草花种子的形态

花卉种子按粒径大小分大粒(粒径≥5.0mm)、中粒(3.0～5.0mm)、小粒(1.0～3.0mm)、细粒(<1.0mm)(图3-2)。

种子有各种颜色，在种子外表呈现出丰富的色彩和斑纹。在实践中往往可以根据颜色来鉴别品种。这些颜色还各有深浅之别，同时还常在底色上嵌有各色花纹(图3-3)。

花卉种子的常用计量单位是克(g)、千克(kg)、粒(sds)。花卉种子因种类不同有大小之别，种子大小按每克粒数分成以下几类：①大粒种子，每克数十粒，在100粒以内的种子，如牵牛；②中粒种子，每克在800～1000粒的种子，如石竹类；③小粒种

大粒种子(美人蕉)

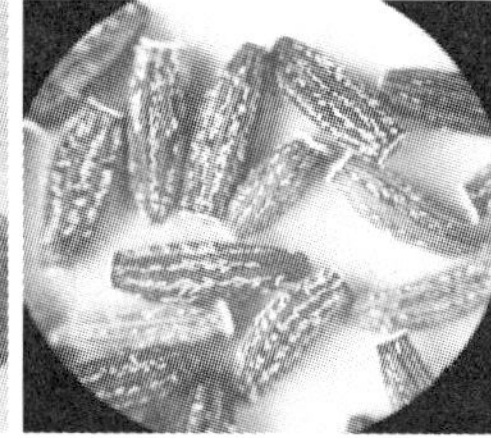
中粒种子(瓜叶菊)

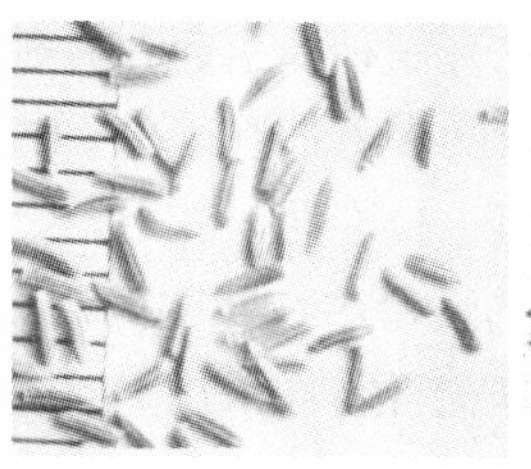
小粒种子(银叶菊)

微粒种子(欧报春)

图 3-2 部分草花种子的大小

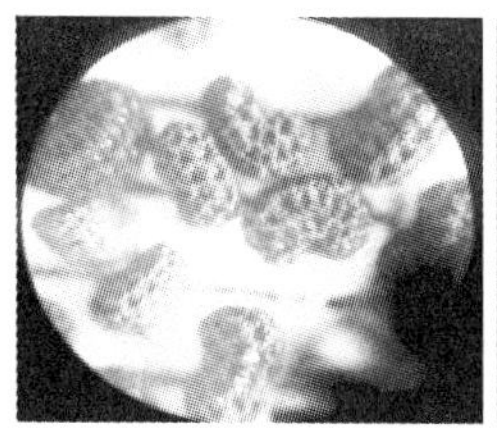
猴面花(凹凸不平)

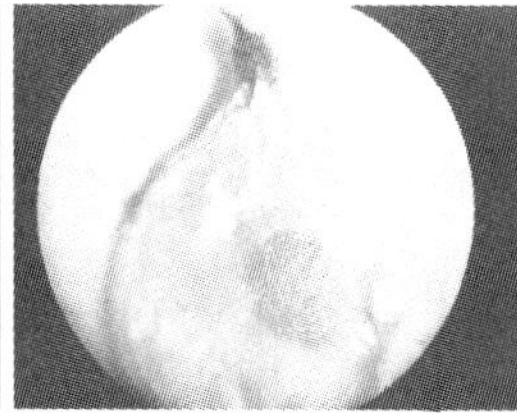
花毛茛(膜质翅)

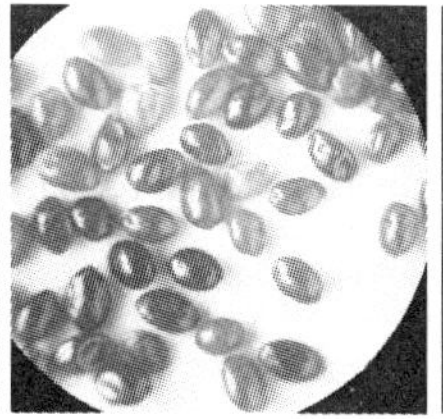
翠蝶花(光泽)

瓜叶菊(沟棱)

图 3-3 部分草花种子的外部特征

子，每克 2000 ~ 8000 粒的种子，如一点缨；④细小粒种子，每克 10 000 ~ 250 000 粒的种子，如矮牵牛(表 3-1)。

表 3-1 常见种子克粒数对照表

种类	粒(g)	种类	粒(g)	种类	粒(g)
紫茉莉	15	一串红	270	花毛茛	1300
文　竹	20	羽衣甘蓝	300	金光菊	2300
小丽花	108	香石竹	450	彩叶草	3600
百日草	110	长春花	700	四季报春	6500
天竺葵	250	三色堇	700	矮牵牛	9500
万寿菊	260	欧报春	1000	蒲包花	45 000

3.1.1.3 按照制种方式进行分类

(1)混合或自然授粉种子

比较常用的非杂交花卉有香雪球、鸡冠花、小菊、金鸡菊、波斯菊、大丽花、银叶菊、瓜叶菊、满天星、麦秆菊、孔雀草、补血草、美女樱、长春花。常规种子生产不需要杂交。

(2)自交系种子，或称常规种子与纯种

(3)F_1 代

F_1 代杂种是用两个自交系杂交产生的，通常集双亲的优良性状于一身，但因自我繁殖失去优良性状限制了其应用。花卉种子是一、二年生草花生产的基础。自 1909 年 F_1 代杂种四季秋海棠问世后，到 20 世纪 50 年代日本将杂种优势成功地应用于矮牵牛、金鱼草、三色堇等的花卉制种，引起花卉种子工业的革命。如今，绝大多数花卉尤其是藿香蓟、四季海棠、康乃馨、仙客来、石竹、羽衣甘蓝、天竺葵、矮牵牛、洋凤仙、洋桔梗、万寿菊、三色堇、报春花、花毛茛、金鱼草、百日草、半支莲等采用 F_1 代制种。“世界花坛花卉之王”的矮牵牛在我国的用量是每年5000万盆以上，三色堇在1000万盆以上。这两个著名的草花目前均采用 F_1 代制种，用于园林绿化。2000年以前我国没有自己的 F_1 代花卉良种，只是在我国的云南、内蒙古等地受国外花卉种苗公司委托生产 F_1 代种子(如万寿菊等)，产品运到国外鉴定和包装后返销到中国(如美国泛美公司)。在对外制种中，我国主要承担着劳动力密集的生产任务，还没有完全掌握有关杂种一代种子生产的关键性技术和种质资源，发展潜力巨大。

(4) F_2 代

F_2 代种子由 F_1 代植株相互杂交得到。通过对自交系的合理选择，有可能生产出性状较为一致的 F_2 代种子，其最大的优势是其生产成本低。近年来在一些花卉上开始普及 F_2 代种子，其中有金鱼草、矮牵牛和三色堇等，由于 F_2 种子比 F_1 代种子要便宜得多，更便于我国城乡花卉生产者使用。

(5) 人工种子

种子生产已经成为一个专门的领域。优质种子即良种的3个重要指标是种性纯，出芽率高，发芽势强。

此外，按照商品销售时还有一些分类方法，如认证种子和非认证种子；进口种子和国产种子；转基因种子和非转基因种子；分装种子、混合种子等。

3.1.2 草花种类和品种

草花品种流行仍主要以传统种类为主流，包括一串红、鸡冠花、万寿菊、矮牵牛、孔雀草、百日草、四季秋海棠、常春花、矢车菊、金盏菊、雏菊、福禄考、三色堇、羽衣甘蓝、二月兰、虞美人、石竹、飞燕草、彩叶草、夏堇、醉蝶花、凤仙花、蒲包花、小丽花、雁来红、波斯菊、千日红、翠菊等。但在品种观赏性，以及抗性等生理特性上都有较大改善，主要表现在：花径增大，颜色丰富，抗逆性增强，生育期缩短，受光照影响程度减弱等，观赏性和适应性更强，更适宜粗放式管理。目前，已开发出许多新兴种类，如矮生向日葵、夏堇、杂交天竺葵、香堇、香彩雀、金光菊、马蹄金等。近两年观叶植物逐渐兴起，如红苋、莲子草、伞花蜡菊等应用前景广阔。

(1) 矮牵牛(*Petunia grandiflora*)

包括系列品种，这些品种播种至开花时间大都在8～12周，种子形式为原始种子或丸粒化种子，发芽率一般在85%～90%，植株高度在25～35cm。要求全光照条件。每个系列的花色都很丰富，少则5种，有的多达20多种花色。

矮牵牛的品种有大花型Storm品种系列、大花型Ultra系列品种、大花型Frost品种系列、杂种矮牵牛 *Petunia × hybrida* 藤蔓型Ramblin品种系列、多花矮牵牛 *Petunia multiflora* 多花型Prime Time品种系列、迷你矮牵牛 *Petunia milliflora* 迷你型Fantasy品种系列。

(2)百日草(*Zinnia elegans*)

包括系列品种，有些是切花品种，有些是布置花坛用花，这些品种播种至开花时间大都在5~9周，种子形式为原始种子或包衣种子，发芽率一般在85%，植株高度在25~90cm。要求全光照条件。每个系列都有不同的花色，有的可以有9个花色。

百日草的品种有花簇低矮紧密的大花型Magellan品种系列、大株切花型Uproar品种系列、大株切花型Zowiei品种系列、花簇非常低矮紧密的大花型Short Stuff品种系列、花簇低矮紧密型且花瓣为二重色Swizzle品种系列。

(3)三色堇(*Viola wittrockiana*)

包括系列品种，这些品种播种至开花时间大都在10~12周，种子形式为原始种子，发芽率一般在85%，植株高度在12~20cm。要求全光照条件。每个系列都有不同的花色，有的可以有20多个花色。

三色堇的品种有多花型Mariposa品种系列、大花型Karma品种系列。

(4)万寿菊(*Tagetes erecta*)

包括系列品种，这些品种从播种至开花时间大都在10~12周，种子形式为去尾种子、包衣种子，发芽率一般在85%，植株高度在25~40cm。要求全光照条件。每个系列都有不同的花色。

万寿菊的品种有矮小直立型Antigua品种系列、中小直立型Inca Ⅱ品种系列、高大直立型Perfection品种系列。

(5)一串红(*Salvia spendens*)

包括系列品种，这些品种从播种至开花时间大都在9~10周，种子形式为原始种子，发芽率一般在90%，植株高度在25~40cm。要求全光照条件。每个系列都有不同的花色。

一串红的品种有花簇低矮紧密的大花型Picante品种系列、多种颜色的矮株型Salsa品种系列，此外还有株高25~30cm的株型紧凑的Vista系列等。

(6)藿香蓟(*Ageratum houstonianum*)

包括系列品种，这些品种从播种至开花时间大都在10~14周，种子形式为原始种子和丸粒化种子，发芽率一般在90%，植株高度在25~40cm。要求部分遮光或全光照条件。每个系列都有不同的花色。

藿香蓟的品种有高大型Leilani品种系列、矮株Neptune品种系列。

(7)耧斗菜(*Aquilegia caerulea*)

包括系列品种，这些品种从播种至开花时间大都在20~24周，种子形式为原始种子，发芽率一般在85%，植株高度在35~40cm。要求部分遮光或全光照条件。每个系列都有不同的花色。如Origami品种系列，该系列有8种花色。

(8)四季秋海棠(*Begonia semperflorens*)

包括系列品种，这些品种从播种至开花时间大都在12~14周，种子形式为丸粒化种子，发芽率一般在85%，植株高度在20~40cm。要求部分遮光或全光照条件。每个系列都有不同的花色。

四季秋海棠的品种有大型四季开花盆景Bayou品种系列、矮株四季开花盆景Victory

品种系列。

(9)球根秋海棠(*Begonia tuberosa*)

包括系列品种，这些品种从播种至开花时间大都在15~18周，种子形式为丸粒化种子，发芽率一般在85%，植株高度在20~25cm。要求部分遮光或全光照条件。每个系列都有不同的花色。如球根秋海棠多层大花型Go-Go品种系列有12种花色。

(10)风铃草(*Campanula longistyla*)

风铃草花园种植型和盆栽型兼用Isabella品种系列。

播种至开花时间为22~26周，种子形式为原始种子，丸粒化种子；发芽率85%，植株高度为20~25cm。要求部分遮光或全光照条件。该系列只有蓝紫色一种花色。

(11)瓜叶菊(*Cineraria senecio*)

瓜叶菊种子细小，每克可达5300多粒。粒径为3~3.5mm，属中粒种子。种子椭圆形，表面有沟状凸起，带有花纹，种子颜色与花色有一定的关联。有花簇紧密盆栽型瓜叶菊Jester品种系列。

播种至开花时间为16~18周；种子形式为原始种子，丸粒化种子。发芽率90%，植株高度为20~25cm。要求部分光照条件。该系列有10种花色。

(12)醉蝶花(*Cleome hasslerana*)

播种至开花时间为16~18周；种子形式为原始种子和丸粒化种子。发芽率90%，植株高度为100~150cm。要求部分光照条件。有遗传性矮株花园种植型Sparkler品种系列，该系列有5种花色。

(13)毛地黄(*Digitalis purpurea*)

播种至开花时间为20~26周；种子形式为原始种子和丸粒化种子。发芽率85%，植株高度为100~150cm。要求部分遮盖到全光照条件。有多年生花园种植切花型Camelot品种系列，该系列有5种花色。

(14)洋桔梗(*Eustoma grandiflorum*)

包括系列品种，主要做切花，这些品种从播种至开花时间大都在22~26周，种子形式为原始种子和丸粒化种子，发芽率一般在85%，植株高度在100~150cm。要求全光照条件。每个系列都有不同的花色。

洋桔梗的品种有多层花瓣型切花洋桔梗Cinderella品种系列、单层花瓣型切花Twinkle品种系列、矮株盆栽Lizzy品种系列。

(15)天竺葵(*Pelargonium × hortorum*)

植株紧密大花型Orbit品种系列的播种至开花时间为13~14周；种子形式为原始种子。发芽率90%，植株高度为25~30cm。要求全光照条件。该品种系列有19种花色。此外还有植株紧密的大花型Maverick品种系列、大花型且叶子为深棕色Bulls Eye品种系列、花簇紧密的矮株大花型Elite品种系列以及多花矮株型Multibloom品种系列。

(16)花毛茛(*Ranunculus asiaticus*)

包括系列品种，有些品种做切花，有些是盆花，这些品种从播种至开花时间大都在20~33周，种子形式为原始种子和包衣种子，发芽率一般在80%~90%，植株高度在15~60cm。要求全光照条件。每个系列都有不同的花色。

花毛茛的品种有盆栽型 Mache 系列、遗传性矮株盆栽大花型 Magic 品系、切花 Soleil 品系。

(17)凤仙花(*Impatiens walleran*)

花簇十分紧密低矮的大花型 Xtreme 品种系列的播种至开花时间为 10～13 周；种子形式为原始种子。发芽率 95%，植株高度为 20～25cm。要求部分遮盖式光照条件。此外，还有花簇紧密的大花型 Accent 品系、花簇紧密且花纹别致的 Mosaic 品系，以及花簇紧密的多层花瓣型 Victorian 品种系列。此系列花色丰富，多达 18 种花色。

(18)金鱼草(*Antirrhinum majus*)

包括系列品种，这些品种从播种至开花时间大都在 9～18 周，种子形式为原始种子，发芽率一般在 80%，植株高度在 15～55cm。要求全光照条件。每个系列都有不同的花色。

金鱼草的品种有龙嘴状花朵且花簇紧密 Chimes 品种系列、喉状花朵且花簇紧密 Bells 品种系列、喉状花朵且中等高度 La Bella 品种系列、龙嘴状花朵且中等高度 Liberty Classic 品种系列、龙嘴状花朵且中等高度 Ribbon 品种系列、切花且在温暖季节销售 OpusⅢ和 OpusⅣ品种系列、切花且在较冷季节销售 OvertureⅡ品种系列。

(19)报春花(*Primula* spp.)

①早花大花型欧洲报春花(*Primula acaulis*)Primera 品种系列和欧洲报春花 *Primula acaulis*，大花型，中期开花 Orion 品种系列　2 个品种系列播种至开花时间为 18～20 周；种子形式为原始种子，发芽率 80%；植株高度为 13～15cm。要求全光照条件。该系列有 10 种花色。

②四季报春花 *Primula obconica*，且没有花粉 Libre 品种系列　播种至开花时间为 16～20 周；种子形式为原始种子，发芽率 80%；植株高度为 17～23cm。要求过滤性光照条件。

(20)角堇(*Vioa cornuta*)

两年生花园种植型 Penny 品种系列的播种至开花时间为 9～10 周；种子形式为原始种子，发芽率 85%；植株高度为 10～15cm。要求全光照条件。有 28 种以上的花色。

(21)夏堇(*Torenia fournieri*)

花园种植型，夏季可作为盆栽植物 Duchess 品种系列。播种至开花时间为 11～13 周；种子形式为丸粒化种子，发芽率 90%；植株高度为 10～15cm。要求部分遮光到全光照条件。有 6 种以上的花色。

(22)仙客来(*Cyclamen persicum*)

包括系列品种，这些品种从播种至开花时间大都在 24～34 周，种子形式为原始种子，发芽率一般在 85%，植株高度在 15～40cm。要求部分遮光或过滤性光照条件。每个系列都有不同的花色。

仙客来的品种有迷你型 Midori 品种系列、迷你型 Miracle 品种系列、银叶迷你型 Silverado 品种系列、中小型 Laser 品种系列、银叶中型 Sterling 品种系列、大型/标准型 Sierra 品种系列、巨大型 Robusta 品种系列。

(23)大丽花(*Dahlia hybrida*)

大丽花100%多层花瓣的花园种植型Hello品种系列的播种至开花时间为9~12周；种子形式为原始种子，发芽率85%；植株高度在17~23cm。要求全光照条件。有7种以上的花色。

(24)石竹(*Dianthus chinensis*)

花园种植型Charms品种系列 播种至开花时间为14~16周；种子形式为原始种子，丸粒化种子，发芽率85%；植株高度为20~25cm。要求全光照条件。有6种以上的花色。

石竹矮株花园种植型Super Parfait品种系列 播种至开花时间为15~20周；种子形式为原始种子，丸粒化种子，发芽率85%；植株高度为20~25cm。要求全光照条件。有4种以上的花色。

(25)花烟草(*Nicotiana × alata*)

花园种植型Saratoga品种系列的播种至开花时间为9~11周；种子形式为原始种子，丸粒化种子，发芽率85%；植株高度在25~30cm。要求从部分遮光到全光照条件。有8种以上的花色。

(26)勋章菊(*Gazania splendens*)

大花花园种植型Kiss品种系列的播种至开花时间为13~15周；种子形式为原始种子，发芽率90%；植株高度为20~25cm。要求全光照条件。有14种以上的花色。

(27)雏菊(*Bellis perennis*)

Tasso品种系列的播种至开花时间为25~28周；种子形式为原始种子，种子4900粒/g，发芽需光，20~24℃，发芽时间7~14d。发芽率90%；植株高度为10~15cm。有5种以上的花色。

(28)金盏菊(*Calendula officinalis*)

棒棒糖系列(Bonbon)种子105粒/g，发芽嫌光，发芽适温21℃，发芽5~10d，播种到开花90~110d。7~10℃凉爽气候下生长良好，花大，是冬春花坛的重要花卉品种之一。株高25~30cm，重瓣花，花径6~7.5cm。比其他品种开花早10~14d，花期很长。

3.1.3 我国草花产业市场分析

3.1.3.1 我国草花消费市场

(1)华东、华中和华南依然是最大的草花消费市场。华东地区2006年草花种苗年生产量在2000万株以上的种苗公司有3家，而年生产量约800万株的公司也有近十家。

(2)西南、西北、华北和东北市场的用量也在迅速增加。各种草花产品已经成为各大城市消费的必需品。如重庆，每年各种节假日在重要路口、主城区广场等地摆放时令花卉150万~170万盆，还有一些公园、风景区举办的花卉展览，每年需要50万盆左右；社会单位每年需要100万盆以上，市民日常需要量每年70万盆。据报道，重庆每年需要盆花400万盆以上，2010年市场需要量将会达到2500万~3000万盆。

(3)我国已成为世界上最大的花卉种子潜在消费市场。草花种子市场空间大，发展潜力大。各地纷纷从国外引进大量草花新品种。

(4)草花由从属地位上升到主导地位，“城市花园”正在被“花园城市”的观念取代。在园林绿化工程中，草花越来越重要。

3.1.3.2 草花用量增加的原因

一、二年生草花种子以其在绿化过程中生长周期短、见效快、色彩丰富、繁殖系数大、易于推广且绿化成本较低等特点广泛被人们所接受，草花种子的需求量逐年增加。

(1)国民经济持续快速增长的拉动。

(2)城市面积的继续扩张和各地新农村建设力度的不断加强。

(3)全国各地生态文明建设的全面展开给草花市场带来巨大的需求空间，这不仅因为北京市场的需求会增长，而且还会带动其他城市的花卉用量，并且将在未来一段时间内产生持续的影响。

(4)临时性的大型活动也成为草花用量增加的又一个重要原因，如厦门每年 9 月举办的厦门投资贸易洽谈会、杭州每年 10 月举办的西湖博览会以及一些大城市承担的体育运动会、政治、文化和经济会议等。

(5)房地产的持续火爆也有效推动了草花用量的增加，特别是一些高档精品楼盘，不仅对草花的用量逐年增加，而且对品种和质量的要求也在逐年提高。

3.1.3.3 花卉种子生产的条件及趋势

花卉种子先进生产国的经验证明，生产花卉种子必须考虑以下 4 个条件，或必须具备其中某些优势：①世界花卉种子需求的稳定性，及大致的价格结构；②种子生产要选择最适宜的地区，根据全球的需求考虑种子的出口潜力；③在国内和国际市场上进行种子促销；④制定花卉种子产业发展的基本构架。

因此，世界花卉种子生产形式总是在不断地变化，总的趋势是发达国家的种子繁育地向发展中国家和地区转移，不断寻求低成本高利润的生产方式。目前发达国家的一些种子公司甚至将育种工作向发展中国家转移，采取收购品种和联合开发的形式，公司的经营重点由种子生产转向育种，现在又由育种向促销方面转移，这在客观上给我国的草花育种和种子生产留下了发展空间。

3.2 花卉种子生产方式

3.2.1 草花 F_1 代杂种制种方式

纯合自交系是通过连续自交使性状达到纯化而得到的，在制种过程中，只选择性状最好或符合要求的植株进行自交或生产自交种子。

纯合自交系是生产 F_1 代杂种的基础。根据配制一代杂种所用亲本自交系数，可分为单交种、双交种和三交种等制种方式。

(1)单交种

一代杂种种子生产主要采用单交种，将两个特殊配合力高的自交不亲和系按1∶1隔行定植，开花时任其自由授粉，即可获得杂种率高的正反交杂交种。为提高杂种种子产量，也可将结实多的亲本与结实少的亲本按2∶1相间定植。单交种的优点是杂种优势强，株间一致性强，制种手续较简单；缺点是种子生产成本高，有时对环境条件的适应力较弱。在生产单交种时，每年需要3个隔离区，即2个自交繁殖区，1个单交区。

(2)双交种

双交种是由4个自交系先配成2个单交种，再由单交种配成用于生产的一代杂种。双交种的优点是可使亲本自交系的用种量显著节省，杂交种子的产量显著提高，从而降低制种成本。同时双交种的遗传组成不像单交种那样纯，适应性较强。缺点是制种程序比较复杂，杂种的一致性不如单交种。

(3)三交种

由于纯合不亲和材料的杂交第一代为自交不亲和性，为降低原种种子用量，也可采用双交或三交的杂交方式生产一代杂种。三交种是用两个自交系杂交作母本，与第三个自交系杂交产生一代杂种的方式。三系杂交种生活力强，产量亦相当高，性状的整齐性略低于单交种，与双交种相近。由于母本是单交种，其种子生产量大，质量亦好。但要求父本自交系的花粉量要大。制种时因为有自交系参与，种子成本仍较高，但比单交种成本低。在生产三系杂种时，每年需要保持5个隔离区，即3个自交繁殖区，1个单交区和1个三交区，最少需要3个隔离区。

(4)混合型或天然授粉制种

混合型是指每份种子中均含有一种以上颜色和株型的植株，天然授粉通常产生自然混合型种子，这类种子产生混合型的植株类群。混合制种应重点考虑保证植株特性的统一性，可在开花前剔除性状不符合要求的植株。不加控制的天然授粉制种能产生大量具特殊花色的后代并得到更多的种子。不同花色植株的合理配比能维持类群的统一性，但不能从天然授粉种子中得到性状完全相同的后代。可利用花色对授粉进行调整以维持一致性，并把得到的种子混合来平衡花色，被称为"规则式混合"。包括按预先的设计比率混合自交系(F_1和F_2)以平衡花色。这种方法的最大优点是与自然混合制种相比能预测和再现后代的花色组成。对个别优良性状可通过考察其栽培和开花习性来选择。规则式混合制种很适合于矮牵牛、金鱼草等草花。

3.2.2 F_1杂种的制种方法

确定推广的优良杂交组合之后，需每年生产杂交种子供生产上应用。杂交种子的生产原则：根据各种不同花卉开花授粉习性，应用适当的制种技术，获得杂交率高的种子并节约劳力、降低种子生产成本。一般分为亲本繁殖保存和配制生产F_1代种子两部分。

3.2.2.1 天然杂交制种法

(1)混播法

将等量的父母本种子充分混合后播种，采得的种子正反交均有。此法省工，但只适用于正、反交增产效果和二亲本主要经济性状基本相似的组合。

(2)隔行种植

父母本单行或数行相间种植，如正、反交增产效果和经济性状基本相似，父母本的行数可相同，父母本植株与种子可混收混用。如正、反交 F_1 都有优势而性状不一致，则应分别收种，分别使用；如正交 F_1 有优势而反交无优势，只能以正交 F_1 用于生产，则父本行数应较少，父母本比例一般为1∶2。最好选配正反交 F_1 都有显著优势的组合，以降低制种成本。

(3)隔株种植

这种配置方式杂交百分率较高，但田间种植和种子采收很麻烦，而且容易错乱。对二亲本主要性状近似的组合，种子可混收的较适用。由于该制种法双亲都还有可能进行品种内授粉，杂种率较低，一般为50% ~70%。

3.2.2.2 人工去雄制种法

对某些雌雄异株或同株异花授粉花卉和雌雄同花花卉可将父母本按适当比例种植，利用人工拔除母本雄株，摘除母本雄花或人工去雄授粉等方法获得一代杂种种子。例如，崂山三色堇制种基地在每一个大棚内，均有1行父本及7行母本，用人工仔细地掰掉母本花的雄蕊，然后把父本的花粉抹在母本花的柱头上。

3.2.2.3 化学去雄制种法

利用化学去雄药剂，喷洒母本植株，破坏雄性配子的正常发育或改变植物的性分化倾向，达到去雄目的，再与相应父本按适当比例隔行种植生产一代杂种。

由于雌雄配子对各种化学药剂的反应不同，因此不同植物可选择特定的杀雄剂，目前应用的化学杀雄剂有2,3-二氯异丁酸钠(FW450)、2-氯乙基磷酸(乙烯利)、二氯丙酸、顺丁烯二酸联胺(MH或青鲜素)、2,4-D、2,3-异丙醚、r-苯醋酸、二氯乙酸、三氯丙酸、核酸钠、萘乙酸(NAA)等。在适当的浓度与剂量下，抑制和杀死雄配子，而对雌蕊无害。

3.2.2.4 利用雌性系的制种法

选育雌株系作为母本生产杂种种子，可使摘除雄花的工作减至最低限度，因此降低了制种的成本。

3.2.2.5 利用雄性不育系制种法

在两性花植物中，利用可遗传的雄性器官退化或丧失功能的纯系为母本，在隔离区内与相应父本按一定比例间隔种植，在不育系上采收杂种种子。雄性不育可分为雄蕊退化、花粉败育、功能不育3种类型。从遗传机制上又分为细胞质雄性不育、细胞核雄性不育和细胞核、细胞质互作雄性不育3种。核质互作不育型有雄性不育细胞质基因，细胞核内还有纯合不育隐性基因(ms)，只有这两种基因同时存在发生互作，才能表现雄性不育性。目前，花卉中存在不育性的有百日草、矮牵牛、金鱼草等。

3.2.2.6 利用自交不亲和系制种法

利用某些两性花植物中，虽花器正常但自交不实或自交结实低的遗传特点，用2个这样的品种作亲本，双亲隔行种植，所得正反交种子均为一代杂种。制种主要分原种繁殖和一代杂种种子生产两部分。自交不亲和系植株在开花前2~4d的蕾期，柱头上抑制花粉管生长的物质还未形成，因此在蕾期对不亲和系植株进行自交，可获得自交种子。利用这一特性，自交不亲和系的原种，主要采用蕾期授粉法繁殖。

3.2.3 花卉制种的一般程序

花卉制种分为温室内杂交制种和露地大田天然杂交制种。两个有很多不同之处，所以分别介绍两种制种方式的程序。

3.2.3.1 温室内花卉杂交种子的生产

绝大多数花卉杂交种子生产是在温室内进行的，所以首要的是建立适合杂交工作的设施，而且制种的集约化程度很高，投入比较高，要求有比较高的回报，需对工人进行培训以熟练进行人工杂交授粉。由于每一种花卉种类杂交制种的数量有限，可以对制种整个过程每天进行监控。其制种程序如下：

(1)亲本植株的培育

总体上，温室内花卉杂交制种的亲本植株的栽培操作是按照花坛花卉和切花商品生产已有的栽培指南进行的。但是已经发表可供参考的指南都是适合温带气候类型下的，使用的栽培基质是泥炭。而对于在没有泥炭可以使用的地区，尤其是在热带地区，这些栽培指南并不能直接使用。所以首先要选择在当地可以容易获得的便宜的栽培基质。椰糠和稻壳是常用栽培基质的重要组成成分。其他的有机材料和火山灰也可以采用。不同的基质会大大影响土壤的肥力，所以在不同地区的花卉制种者必须建立适合当地栽培基质和气候条件的独特的灌溉和配方施肥的方案。

大部分花卉的杂交亲本都采用种子繁殖，一般采用穴盘或播种营养钵在温室特定的区域播种。对于有些花卉，如凤仙花和矮牵牛，属于雄性不育系的亲本，往往采用扦插这一营养繁殖方式。有时如报春花和石竹则采用组织培养的方式繁殖其亲本。当杂交是采用一个用种子繁殖的亲本和一个用营养繁殖的亲本之间进行时，就需要精心设计和调整开花时期以使父母本的花期同步。

发育良好的亲本幼株移植到花盆内摆放在制种温室的苗床上。花盆可以采用普通塑料盆，大小依花卉的种类而定，苗床高低适合人工授粉、种子采收和管理为宜。

植物营养、病虫害防治是亲本栽培中最重要的环节，一般花卉种子生产都有训练有素的专业技术人员进行管理，定期的土壤和叶片营养分析数据为营养施肥提供科学指导。不同的制种地应该有适应当地条件的施肥方案。综合的病虫害防治，以及对栽培基质、容器、温室进行消毒处理是必要的。可使用黄色害虫粘贴板检测害虫的数量，同时对种子进行表面消毒处理以杀灭通过种子传播的病虫害。对于亲本种子的遗传纯度要求是很高的。此外当亲本植株开花后还要剔除变异株，为了防止从田间飞入的昆虫把非目的花粉带入温室内授粉，对于制种温室要设立防虫网。

(2)授粉管理

授粉是制种过程中最重要的环节。要明确商业种子的产量和纯度要求，授粉工作是一个劳动强度大而且需要专业训练的工作，而且也是整个制种过程中投入最高的一项工作。授粉包括以下3个独立的步骤：①花粉采集；②去雄；③授粉。不同花卉授粉过程有很大的差别，这取决于不同花卉种类花器官形态和开花生物学特性。

(3)种子采收

温室内 F_1 代花卉种子的采收往往是手工采收，并且是分种子不同成熟期多次采收。由于是手工采收，种子一般情况下纯净度比较高。

3.2.3.2 露地大田天然杂交花卉种子生产

(1)选择适宜的制种田

由于是露地大田制种，所以要选取排水良好、耕层深厚、富含有机质的土地。最忌连作、重茬。基肥最好用腐熟的鸡粪，其次为羊粪，再次为杂肥。注意有机肥与无机肥配合。无论父母本都要施基肥。667m^2 的施入量：有机肥 2000～3000kg、磷酸二铵 25kg、硫酸钾 10kg。在选择地点时，要充分考虑到隔离以防止授粉混杂，隔离可分为距离隔离，一般在 360～720 m 安全距离，或采用地形地势隔离，如山丘、大山等。

(2)适时播种亲本

根据两个亲本的熟性早晚安排播种期。父母本熟性相同或相近，通常父本品种要早播1周；若父本品种比母本品种晚熟，父本须早播种 10～15d。父母本种植比例为 1∶(4～5)。适时播种十分重要，播种过早，苗龄过长，控苗时间长，生长停滞，定植后缓苗时间长，第1花序落花严重；播种过晚，苗龄太短，营养物质积累少，幼苗不健壮，授粉最佳时期正值高温天气，坐果很差。另外病虫害严重等情况都可导致种子产量降低。

(3)培育亲本壮苗

优质壮苗的外部形态为植株茎秆粗壮，茎秆上绒毛浓密，分布均匀，节间短。叶片肥厚，深绿，根系发达。5～6片真叶，花序发育健壮。要培育壮苗必须全面调节各种条件，使它们适当地配合起来。如育苗初期，若外温低、日照弱、床温低，一切措施就应围绕提高床温工作来进行。增加覆盖物，争取光照，适当控制灌水，间隙放风，放小风等，严防造成低温高湿的环境污染，免受猝倒病的危害；至育苗后期，日光增强，外温升高，蒸发量也加大，管理上必须注意温湿度的调节，提供足够的营养和光照条件。加强定植前的“炼苗”，避免徒长和老化，使秧苗有健壮的营养生长和一定程度的花芽分化。

(4)父、母本管理

母本缓苗后每 667m^2 施尿素 10kg，制种结束后时施复合肥 20～25kg，促杂交果早期发育。第一批果实采收后追施尿素 10kg。防止早衰进行 4～5 次叶面肥喷施。用 0.2%的磷酸二氢钾加 0.1%尿素以及其他微量元素化肥。父本一般比母本早 7～10d 定植。对父本植株可不进行整枝打杈，任其生长，保证有充足的花粉量，灌水及整枝至少要保证三肥四水。坚持隔行灌、露顶灌。浇增产水，不浇救命水。灌后及时松土保墒，雨后注意及时排水。保持土壤湿度 80% ~85%，最适于授粉、受精和坐果。最好搭人字架，而且要拉腰杆，使枝叶充分展开和发展及时整枝。采用双杆整枝或改良单杆整枝，防止中后期叶量不足。

(5) 防治病虫害

制种田容易发生的病害主要有早疫病、晚疫病和叶霉病。有些花卉后期还容易发生病毒病，应提倡综合防治的办法，合理施肥。不单纯施用氮肥，要增施磷、钾肥。严格实行轮作。适当深耕，及时中耕除草，改良土壤结构，促进植株苗壮生长，增强抗病虫能力。合理排灌，采用垄植，尽可能不使水接触植株茎叶，减少病害的发生。在综合防治措施的基础上，适当地进行药剂防治。药剂防治要把握好防治的时机，做到以防为主。保护性药剂可以提前喷施，首先从发病(虫)中心开始防治。应及时更换农药种类，选择最佳药剂防治，避免产生抗药性。

(6) 杂交授粉

花卉一般是虫媒花或风媒花，所以大田内花卉天然杂交授粉制种，在选择制种地应考虑这些因素，气候条件如温度和湿度适合蜜蜂和其他传粉的昆虫活动，在授粉期间要严禁使用杀虫剂，以免杀死传粉昆虫，影响授粉受精，最终影响花卉种子的质量和数量。

(7) 采种

田间检验合格的地块，发放采收证后采收种子。采种的果实应以完熟期为采收的最佳时期，这时种子的发芽率最高，质量好。外界温度高时种子的发酵时间一般为 24h，温度低时最多 36h。发酵过度的种子，不仅色泽发黑，而且发芽率也会降低。经发酵的种子用清水冲洗净后，浸泡在 pH 2 的盐酸中 10min。冲洗干净后，均匀地摊在尼龙纱或者筛子上置于通风干燥处晾晒，使种子保持鲜亮的颜色。

3.2.3.3 制种管理及应注意事项

(1) 制种区立地条件

要选择土壤肥沃，地势平坦，肥力均匀，有排灌条件的地方，以便旱涝保收，获得数量多的杂种种子。制种区要安全隔离，严防非父本的花粉飞入制种区，干扰授粉杂交，影响杂交种子质量。如有可能，可分散给经过培训的专业农户制种，公司供给父母本，一般一个农户制一个种，以保证杂种种子的质量。

(2) 制种区内，父母本要分行相间播种

父母本的行比因花卉不同而异，通常在保证有足够父本花粉前提下，应尽量增加母本行数，尽可能多采收杂种种子。父母本播种的时间必须能使父、母本的开花期相遇，这是杂交制种成败的关键，尤其是花期短的花卉。一般情况下，若父、母本花期相同，父母本可同期播种；若父母本开花不一致，应分期播种。制种区要力求做到一次性播足全苗，使苗龄一致，既便于去雄授粉，又可提高种子收获量。播种时必须严格把父本行和母本行区分开，不得错行、并行、串行和漏行。

(3)制种区要采用先进的栽培管理措施

在出苗后要经常检查，根据两系生长状况，判断花期能否相遇。在花期不能良好相遇的情况下，要采用补救措施，如生长缓慢的可采取早间苗、早定苗、留大苗、加强肥水等方法来促进生长；而对生长快的可采取晚间苗、晚定苗、留小苗，控制肥水等办法来抑制其生长。

(4)对制种区的父母本要认真去杂去劣

这样做的目的是为了获得纯正的杂种和保持父本的纯度与种性。对不饱满的籽包要及时掰掉，这样以便养分集中供应留下的种子。

(5)根据花卉特点和去雄授粉技术掌握情况

采用相应的去雄授粉方法，做到去雄及时、干净、授粉良好。对风媒花花卉，辅以人工授粉，以提高结实率，增加种子产量。

(6)成熟种子要及时采收

父、母本必须分收、分藏，严防人为混杂，一般先收母本再收父本。采收杂种种子自然晾干，装花籽的纸箱要码放整齐，并编上号码，纸箱内垫上2~3层纱布。种子晾干后要进行筛选，除去瘪籽，然后将纯净饱满的杂种种子分装出口或内销。

3.3 花卉制种基地的选择

花卉制种基地的选择是一项十分重要的工作。如果选择不当，将会给今后的种子生产带来很多困难和造成不可弥补的损失。所以，在选择圃地时，要全面考虑当地自然条件和经营条件等因素。花卉制种基地选择的大多数因素和条件的要求与种苗生产的圃地相近，可参见本教材"第2章 种苗圃地的规划与建设"的相关内容。此外，花卉制种基地选择还应着重考虑气候条件和劳动力成本。

3.3.1 良好的气候条件

价值高的温室花卉种子的理想制种基地应该在热带高原，如印度尼西亚、印度、墨西哥、津巴布韦、肯尼亚、危地马拉、斯里兰卡、智利等国家。近十几年来，一些世界著名的花卉育种企业在智利、中国和印度开始周年生产花卉种子。近几年，温室花卉种子的需求数量在不断增加。而露地生产花卉种子的最理想的地点是具有灌溉条件的气候干燥的地区，如中国、法国、荷兰、美国、墨西哥以及东欧国家匈牙利。

温室内生产花卉种子与露地大田生产花卉种子相比，无论是生产规模还是对环境条件的控制方面都有很大的不同。如种子小的凤仙花 F_1 代杂交种子可在温室内生产，而万寿菊天然杂交种子只要用露地大田生产即可。比如温室内生产凤仙花杂交种子的数量少，以克为计量单位，而露地大田生产万寿菊天然杂交种子的数量大，以千克为计量单位。这样生产万寿菊种子可以使用大型设备，相反，凤仙花在温室内生产则要求集约化的劳动条件。此外，很多杂交制种的花卉是虫媒花，所以一定要有昆虫隔离设施来避免异型杂交的发生。在露地大田内的隔离采用距离或地理天然屏障如山丘、高山或树木以使异型杂交减小到最小程度。在温室内制种可以在特殊的环境控制条件下进行，而露地大田制种需要选择最理想的地点以满足花卉制种所需要的最佳温度和湿度条件。绝大多数杂交制种需要进行人工授粉等手工操作。天然杂交授粉生产花卉种子数量较大，通常是花卉种子公司与制种者合作进行的，花卉种子公司对整个制种过程进行质量监控。

甘肃省充分利用河西地区的光热资源建设制种基地，打造全国花卉制种的优势区域，集中连片规模发展，稳步推进标准化、规范化生产，发展现代制种产业。河西走廊地区，土地广阔，气候干燥，光照充足，灌溉便利，昼夜温差大，天然隔离条件好，是国内花卉种子生产和贮藏的理想场所。

内蒙古赤峰是我国草花重要制种基地之一，产量和价格对全国均有较大影响。赤峰欧亚园艺良种基地主要生产万寿菊、一串红、小丽花。该公司种子销售主要集中在黄河以北地区以及南方大城市。内蒙古喀旗王爷府镇富裕地村的花卉种制业，早在 1995 年不断摸索制种技术，努力熟悉市场，陆续成功引进了孔雀草、美女樱、三色堇、矮牵牛等市场上受欢迎、销售价格高的品种，目前已经形成了“市场 + 基地 + 农户”的产业化生产格局，并且已经掌握了国内领先的花卉种子繁育技术，订单纷至沓来，群众收入稳定，产业发展态势良好。

四川省攀西地区具有得天独厚的气候条件。其年均气温比昆明高 2℃，无霜期少 10d，是天然大温室，也是育种的好地方。根据国家开发攀西地区的规划，花卉业作为重点产业之一，“十五”期间花卉种植面积将达到 2000hm^2 左右，重点是建设花卉种苗、种子、种球生产基地。西昌已成为规模较大的花卉种子生产基地。四川明日风园艺有限公司现自繁草花种子的种类有蒲包花、四季报春、向日葵、天竺葵、石竹、金盏菊、矮性大丽花、矮性金鸡菊、瓜叶菊、雏菊、白晶菊、美女樱、金鱼草、多花葵、大牵牛花、凤尾球、彩叶草、一串红(‘帝王’)、一串红(‘展望’)、三色堇、旱金莲、美人蕉等 22 种。一些名牌优质花种、花籽还远销日本、韩国、马来西亚和泰国等。近几年，三和公司引进的法国大丽花，在国外每公顷最高产种子 150kg，在西昌每公顷产量达到 450 ~ 750kg，而且无污染、品质好。现在每年运至荷兰的 3000kg 大丽花种子，已销往世界各地，销量占整个国际市场的 65%。日本、德国、英国、荷兰、美国等花卉大国都愿意把许多花种交给三和公司在西昌为他们制种和生产种子。四川省自产草花种子基本上全是常规品种，如蒲包花、四季报春、瓜叶菊、旱金莲等。农业部在成都设立的种子、种苗引种隔离示范场负责西南片区引种内检。四川省杂种一代种子基本上全由经销商转口国外(日本、荷兰、美国、德国等)种子或从其他省份(台湾、香港、北京、上海、内蒙古、杭州等)引进。种类多，如香雪球、矮牵牛、千日红、羽衣甘蓝等。但总的来说引进新品种的力度还不够。花卉育种技术、种子加工技术仍是目前亟待解决的问题。四川省取得农业部核发的《农作物种子经营许可证》、有从事花卉种子销售的企业达 10 家，其中有 2 家外商独资(台资)公司(成都高顿农业高新技术开发有限公司和农友种苗有限公司)，1 家中外合资(港资)公司(成都台蓉农业高新技术开发有限公司)。

此外，山西省种子公司拥有花卉良种繁育基地 3.3hm^2，生产草花种子 300 多个品种，多是受美国、法国、荷兰和中国香港的委托进行生产。

3.3.2 廉价的劳动力

我国地域辽阔，农业气候资源及劳动力资源丰富，近20年来发展了许多规模化的种子生产基地，但主要是为国外制种的。日本种子商最先在昆明和青海成功地建立了基地，持续进行草花种子生产。之后有美国、意大利、丹麦、荷兰等国的种子商进入昆明、江苏、四川、河南、山东、河北、辽宁、甘肃、青海、内蒙古、山西、北京等地建立种子生产基地，主产的草花品种有万寿菊、三色堇、矮牵牛、香堇、福禄考、金鱼草、桔梗、仙客来等。另外在江苏镇江农科所、河北香河县、山东青岛等地为日本繁种也有一定的规模。国外花卉制种企业选择中国来制种的原因除了有适宜的气候条件外，更主要的是有廉价的劳动力。

此外交通运输便利，通信设施齐备，社会经济稳定，在土壤改良、基地基础设施、专业化的机械设备肯投资，培训进行杂交制种的工人等。

3.4 常见一、二年生草花的制种

3.4.1 万寿菊(*Tagetes erecta*)制种技术

3.4.1.1 育苗

育苗场地为了延长种子采收期，提高种子产量，可于2月中下旬采用日光温室和加温温室育苗。此时由于外界气温较低，温室要覆盖草帘等保温设备。

(1)苗床准备

苗床的规格以便于操作的原则设计，床土要富含有机质，以通气良好的砂壤土为宜，播前施尿素10g/m^2。另外，用50g/kg高锰酸钾溶液或40%福尔马林50倍液25kg/667m^{2}喷洒杀菌，也可用65%敌克松可湿性粉剂25g兑水15kg在床面喷洒消毒。

(2)播种

播种前先将苗床平整好，并浇足底水，待水渗下后，将种子均匀撒播在苗床上，种子发芽率在80%以上时，杂交种繁育播种量父本为1g/m^2。每穴播1粒种子，母本为2g/m^2(在始花期剔除50%可育株)，穴播2粒种子，穴距8cm×8cm。父本和母本要分床播种，父本育苗量为母本的4~6倍。播种后把准备好的河砂均匀筛在苗床上，厚度为0.3cm。2月25日左右播种，为使父母本花期相遇，为授粉提供足量花粉，一般父本应分3批播种，第一批比母本早播4~5d，第2批比母本晚播2~3d，第3批比母本晚播7~10d(父母本播种间隔具体时间还应根据不同组合确定)。

(3)苗期管理

播种覆土后随即在苗床上覆盖一层地膜保温保湿，并在苗床上加设小拱棚保温，出苗后及时撤除地膜。出苗后到定植前温室内空气湿度高、昼夜温差较大，应加强管理，防止幼苗受冻或高温徒长。气温达30℃时要注意遮荫、通风，以防止高温伤苗，并注意控水，苗出齐后适当洒水，及时清除杂草。育苗过程中除必要的土壤、种子消毒外，还要在幼苗出土后喷洒苗菌敌可湿性粉剂600~800倍液，防止发生猝倒病。防治蝼蛄等地下害虫可用辛硫磷微胶囊剂 150 ~ 200g 拌谷子等饵料 5kg 左右或辛硫磷乳油 50 ~ 100g 拌饵料 3 ~ 4kg，撒在苗床表面诱杀。

3. 4. 1. 2 移栽

(1) 整地做畦

整地时为保证生育期的营养供应，均匀撒施腐熟农家肥 60 ~ 75t/hm^2、过磷酸钙 450kg/hm^2。然后翻耕与土壤混匀。母本畦距为 50cm，沟宽 50cm，父本畦宽 40cm，沟宽 30cm。在定植畦上搭好拱棚。

(2) 移栽

移栽前 10d 左右闷棚，提高地温。4 月 15 日左右，拱棚内最低温度在 5℃以上即可移栽。根据组合要求，父本和母本的配置比例为(4 ~ 6): 1，父本与母本要分别定植在不同的拱棚内。由于一般采用 AB 系制种，母本要去掉 50% 可育株，应双株定植，株距 35cm，父本株距 25cm，单株定植。父母本均为每畦 2 行。

3. 4. 1. 3 田间管理

花苗适宜的温度夜间为 13 ~ 16℃，白天为 16 ~ 26℃，为使拱棚内移栽苗缩短缓苗期，定植后及时通风，并根据外界温度的高低来调节通风时间。光照过强时用 50% 遮阳网遮光。浇水以见干见湿为原则。施肥要薄肥勤施，缓苗后每隔 7 ~ 10d 叶面喷施 2 g/L磷酸二氢钾溶液 1 次。植株过高时应设支架保护，以防倒伏，并及时摘除下部的老叶。

3. 4. 1. 4 生长期病虫害防治

万寿菊生长期常见病虫害有灰霉病、白粉病、潜叶蝇。防治灰霉病用 50% 灰霉克可湿性粉剂 1000 倍液喷雾，防治白粉病用粉锈宁可湿性粉剂 1000 倍液喷雾，防治潜叶蝇用阿维菌素乳油 4000 ~ 6000 倍液喷雾。

3. 4. 1. 5 授粉

开花前先清除父本中的杂株，母本区的植株为可育株，开花后将可育株从基部剪除，保留雄性不育株。花序由外向内次第开放，每隔 1 ~ 2d 授一次粉，共授 3 ~ 4 次粉。花粉采集采用吸附法，即在电吹风的外部罩一层细绵纱，然后将叶轮的转动方向调整为反向，对着父本开放的花序吸下花粉，并及时剪去父本残败花。

3. 4. 1. 6 采种

采种前应先去杂，采种自 7 月中旬开始至霜前结束。待花朵内种子变黑即可将整个花序带 10cm 长花梗剪下，然后晾晒脱粒、清选，分级包装，注意做到阴雨天不采，带露水不采，霉烂果不采，不成熟果不采。

3. 4. 2 金鱼草(*Antirrhinum majus*)杂交制种技术

金鱼草属玄参科金鱼草属 1 年生草本。适合做鲜切花、花坛用花、盆栽、陈列及地被种植。因此，很受大家的青睐，在世界各地广为栽培。金鱼草的育种也比较早，19世纪育种家就育成了各种花色、花型和高矮的品种。

金鱼草性喜凉爽气候、耐寒、不耐酷暑、能耐半荫。为典型长日照植物，但是有些品种为相对性长日照植物，晚生种对长日照敏感，长日照明显地促进花芽分化。温度对株高、花穗和花数有明显影响。生长适温白天 15 ~ 18℃；夜间 10℃左右，也能忍耐 5 ~ 6℃低温。现蕾后若遇 0℃左右的低温，会受寒害，则表现有“盲花”。花色鲜艳丰富，花由花茎基部向上逐渐开放，花期长，喜光，水分要求中等。适于在排水良好、富含有机质、肥沃的壤质土壤生长，也可在稍遮荫下开花。土壤 pH 6.0 ~ 7.5 为宜。

金鱼草作切花用的品种，以重瓣系列为主，多为杂交品种。制种采用人工杂交授粉技术，技术要点如下。

3.4.2.1 育苗

金鱼草制种一般采用育苗移栽方法，一些生育期长的品种，在 1 月育苗，4 月中、下旬移栽定植；一般品种 3 月中、下旬育苗，5 月上、中旬移栽定植。露地栽培在 2 月下旬至 3 月上旬育苗；大棚移栽授粉在 1 月上、中旬温室育苗。父母本分畦播种，同期点播。也可以在发芽箱内播种，出苗后 6 ~ 7d 分置于 228 孔穴盘内育苗，注意遮荫缓苗。3 月中旬 5 ~ 6 叶时，将苗移栽于 10cm × 10cm 的营养纸袋。缓苗后打顶、整枝，高秆品种留 3 个分枝，矮秆品种留 5 ~ 6 个分枝。营养土用田园土 3 份 +1 份过细筛的厩肥 +1 份细沙混合均匀，或用园土 5 份 + 腐叶土 3 份 + 沙 2 份混合。4 月 10 ~ 20 日移栽定植。

3.4.2.2 定植管理

定植前 7 ~ 10d 搭建好拱棚，地膜覆盖低垄栽培。矮秆、中秆品种株距 30 ~ 35cm，行距 40 ~ 50cm，垄沟宽 50cm，高秆品种行距 50 ~ 60cm，株距 35 ~ 40cm。父、母本比例 1∶1 ~ 1∶2，同期依次定植，定植后及时灌水。缓苗后中耕、蹲苗，促进根系发育，培育壮苗。株高 20 ~ 25cm 时，施尿素 10kg/667m^2，磷酸二铵 10kg/667m^2，磷酸二氢钾 3 ~ 4kg/667m^2，盛花期后再施 1 次。后期多施钾肥，促进开花。

3.4.2.3 整枝

5 月中旬撤去拱棚，在 6 月上旬搭建防虫网及遮阳网。父本不整枝，母本整枝减少养分消耗，一般选留 3 ~ 4 个侧枝，其余摘除。以后及时摘除陆续出现的侧芽，集中养分供应。当父、母本花期不协调时可以通过摘心，促进侧枝萌发，延迟花期；或者通过整枝，促进开花。也可以通过控制灌水、施肥、中耕以及使用赤霉素（GA_3）或开花期喷施硼砂促进开花，保证父、母本花期相遇。

3.4.2.4 人工去雄授粉

清杂在定植时、开花授粉前严格按照品种特性进行清杂，可以根据植株高矮、花朵颜色等清杂 6 月下旬开始杂交授粉，由于金鱼草花序上花朵从下向上依次开放，各级分枝花序开放时间长，杂交授粉时间长达1个月。金鱼草花朵在花开的前一天就有授粉能力，选花去雄应在蕾期花瓣没有开张前去雄授粉。授粉期间田间不能有开放的花，每天去雄授粉前彻底清除已开放的花朵。金鱼草花序基部花朵在低温时形成，部分退化为"盲花"，即只有花冠，而无雌蕊、雄蕊，或雌、雄蕊发育不全；另外，由于花序小、花数多，花序上部花朵小，果实小，种子发育不良。因此，杂交授粉时清除花序基部数朵花和上部花朵，选留中、下部20~30个花朵去雄授粉，边去雄边授粉。去雄授粉去雄时母本雄蕊要去干净，可用小镊子去雌、去雄后，采父本开放的花朵，剥去花冠，在去雄花朵上涂抹花粉。当父本花不足时应采花制粉，摘取第2d将开放的大花苞制粉，方法与番茄制粉相似。每天早晨9~12时用毛笔蘸粉涂抹去雄的雌花柱头，授粉花朵撕去2~3个萼片做标记，并剪除花瓣防止昆虫传粉。授粉结束时每个花枝坐20~30个果实，然后摘心打顶。授粉全部结束后撤去防虫网和遮阳网，灌水施肥。田间管理与常规制种相同。

3.4.2.5 病虫害防治

金鱼草病害主要有叶枯病、疫病、细菌性斑点病、炭疽病、根结线虫病等，侵染叶、茎。叶枯病、疫病、炭疽病可用波尔多液400倍液，或甲基硫菌灵悬浮液500倍液防治。细菌性斑点病用琥胶肥酸铜1000倍液，或可杀得可湿性粉剂与农用链霉素4000倍液交替使用防治。根结线虫病用溴甲烷对土壤消毒，或用甲基异硫磷600倍液在定植后灌根1~2次。金鱼草虫害主要有蚜虫、菜青虫和夜盗虫。开花期天气炎热，蚜虫、菜青虫易危害，可用90%晶体敌百虫1000倍液，或蚜虱净可湿性粉剂4000~5000倍液连续防治2~3次，间隔7~10d。

3.4.2.6 收获留种

金鱼草一般自播种至开花70~90d，6~7月间开花。开花后果实成熟需要60~80d，果实成熟不一致，前期分批采收。果实变黄至褐色时即可采收，后期一次性收割完花枝。果实或花枝放在阴凉处干燥，充分干燥后拍打果实脱粒，精选。种子贮藏在阴凉、干燥、透气的地方。

3.4.3 三色堇(*Viola tricolor*)人工杂交制种栽培技术

三色堇属堇菜科的多年生草本，常作二年生栽培。原产于欧洲南部，喜凉爽，忌酷热，在炎热夏季生长不良，在昼温15~25℃、夜温3~5℃的条件下发育良好。较耐寒，能耐-15℃的低温。喜光，略耐半荫。对土壤要求不严，喜肥沃、排水良好、富含有机质的中性壤土或砂壤土。

3.4.3.1 制种三色堇的栽培技术

(1)育苗

于6月播种育苗，一般亩需苗床面积20m²。床上可用肥沃田园表土(小麦、豆茬等)6份，腐熟的有机肥(禁用鸡、羊粪)3份，河沙或草木灰1份，再加少量磷二胺

(0.5kg/m^3)，打碎、过筛、混匀，按10cm厚度铺于苗床或用营养钵进行育苗。播种时父本比母本适当早播1周~1个月不等。播前可用30℃以下温水浸种24h，沥干水分后放在18℃的条件下进行催芽，等种子露白即可播种。播时每穴1~2粒种子，然后覆沙或潮湿土0.5cm左右，并灌透水分，一般10~15d即可出苗。出苗后正值高温季节，需用遮阳网进行遮荫，温度保持在15~20℃，湿度50%~60%，经常保持土壤湿润，出现土壤表土干燥时，可用喷壶洒水保湿，切不可大水漫灌。

(2)定植

当植株4~6片真叶时及早定植于温室中。定植前1周深翻整地，亩施腐熟有机肥5000kg、磷酸二铵40~50kg，地整平后南北向起垄，垄宽50~60cm，沟宽40cm，垄高15~20cm。定植时父、母本不要隔离，可隔行定植，实行垄作。父本每垄定植3行，母本每垄定植2行，株距25cm左右，或因品种而异。

(3)开花结果期的管理

三色堇从播种到开花约需150d，开花期较长，一般在11月底到翌年的4~5月花大而繁为开花盛期。开花期的最适温度为18~22℃，超过25℃不开花，且要保持一定的湿度，如气候干燥、温度过高会立即枯死。开花结果时比较喜肥，一般供给足量的磷、钾肥，少施氮肥，此期母本的需肥量大于父本。

3.4.3.2 杂交制种技术

(1)去杂

授粉之前应对父本和母本进行去杂，根据株高、株型、叶形和叶色等特征特性进行鉴别，对不符合亲本性状的不良株、变异株和可疑株要全部拔除，在整个生长季节内要反复进行除杂工作。

(2)去雄与授粉

三色堇显蕾至开花约需9d，授粉时，母本选择含苞欲放的花蕾，除去最下面的一片承受花粉的花瓣以去雄，3~5d后使其自然生长开展；父本选开放的花，摘取最下面带有花粉的花瓣，用指甲或其他授粉器具刮下花粉，授到母本花瓣中央柱头的“洞”内。授粉技术一定要严格，去雄要彻底，不能让其母本有未去瓣而开放的花，以免形成假杂果，影响种子纯度。

(3)种子采收

授粉后7~10d果实开始膨大，小花品种20~30d，大花品种30~40d果实开始成熟。三色堇果实成熟前后不一，种子易散失，故应及时采收。蒴果未成熟前呈下垂状，成熟后果实果柄上昂，待果皮由青绿变为黄白色，种子赤褐色时采收。

3.4.3.3 病虫害防治

病害主要有灰霉病、枯萎病等，灰霉病除了应及时通风排湿外，发病初期可用10%的速克灵烟剂，每667m^2 200~250 g；或45%百菌清烟剂，每667m^{2}约250 g，熏3~4h；也可用50%速克灵可湿性粉剂1500~2000倍液、50%扑海因可湿性粉剂1000~1500倍液或50%可杀得可湿性粉剂1000倍液交替进行。枯萎病可用20%甲基托布津可湿性粉剂1000倍液或10%双效灵Ⅱ200倍液等进行灌根。

虫害有红蜘蛛、白粉虱、蚜虫等，可用10%一遍净可湿性粉剂2500倍液或40%菊杀乳油2000～3000倍液进行防治。

3.4.4 小丽花(*Dahlia* × *hybrida*)常规制种技术

小丽花为菊科多年生草本，是国内外常见花卉之一，花色艳丽，花型多变，应用范围较广，宜作花坛、花境及庭前丛栽。该品种最宜盆栽观赏，是花篮、花圈和花束的理想材料。随着人们对花卉需求量的日益增加，传统的扦插和分株繁殖方法，因其繁殖成活率低，繁殖系数低，只有通过制种繁殖大量的种子，才能满足生产需求。

3.4.4.1 形态特征及习性

小丽花地下部分具粗大纺锤状肉质根，叶对生，1～2回羽状分裂，裂片卵圆形；头状花序具总长梗，顶生；外周为舌状花，一般中性或雌性，常不结实，中央为筒状花，两性，易结实；总花托扁平状，具颖苞；花期夏季至秋季。瘦果黑褐色，压扁状的长椭圆形，冠毛缺。既不耐寒又畏酷暑而喜干燥凉爽、阳光充足、通风良好的环境。土壤以富含腐殖质和排水良好的砂质壤土为宜。矮生小丽花为短日照植物，夏末秋初气温渐凉、日照渐短时进行花芽分化，通常10～12h短日照下便急速开花。

3.4.4.2 适期播种，培育壮苗

(1)准备苗床

一般采用阳畦育苗。在冬前做好阳畦，按腐叶土4份、河沙2份、园土4份配制好培养土，最好用1.5cm孔径的土筛筛过，配制好的培养土按25cm厚度填入苗床，再将苗床耙平，播种前7～10d扣膜烤畦，夜间加盖草苫。

(2)种子处理

播种前首先精选种子，剔除杂质和秕籽，确保种子饱满度，其次用50℃的温水浸种30min，增强种子活力，进行种子灭菌，防止后期病害发生。适时播种，甘肃河西地区一般在2月中旬开始播种育苗。将浸泡过的种子掺入少量河沙均匀地撒播在苗床上，而后在上面覆盖0.5～1cm厚的培养土，最后用水将整个苗床浇透。盖严阳畦薄膜，傍晚加盖草苫，上午揭开。

(3)苗期管理

播种后要尽力提高苗床温度，促进出苗。待幼苗长到4片叶左右，按10cm × 10cm的株行距进行间苗，苗床管理的关键是温度，白天温度控制在18～22℃，夜间温度控制在1～5℃为宜。随着外界气温升高，白天逐渐加大通风量，草苫要早揭晚盖，直到不盖，育苗后期逐渐撤去农膜进行炼苗，以适露地定植。

3.4.4.3 整地作畦、适时定植

小丽花性喜肥，一般选取通风向阳的干燥地，要求每667m^{2}施氮肥（以N计算）10～15kg，磷肥(以P_2O_5计)5～10kg，腐熟有机肥约3000kg，进行充分深翻，采用起

垄覆膜栽培，垄高30cm，垄面宽30cm，垄底宽40cm，垄间距40cm。垄表面拍碎拍实，用70cm的薄膜进行覆盖，膜要绷紧压实，防止大风揭膜。在5月1日前后，地表温度稳定在13～18℃、外界日平均气温稳定在15℃以上开始定植，定植前5～6d对苗床进行浇水，便于带土坨移苗，移苗时尽量带好土坨，以利于缓苗。而后采用直径10cm的薄壁钢管制成的打孔器在垄面中间进行单行打孔，孔间距50cm，孔深10cm左右，然后将带土坨的幼苗放入垄面上的定植孔中，间隙填入细土，最后浇定植水，将整个垄面浇透。

3.4.4.4 肥水管理、防治病虫

小丽花不耐旱，也不耐涝，一般定植后需浇水3～4次，严禁在后期大水漫灌，防止地下肉质块根腐烂。小丽花性喜肥，但忌过量，生长期一般以底肥为主，结合灌水，追入适量的有机肥、尿素、硫酸亚铁等，应掌握先淡后浓的原则。同时，在初花后叶面喷施3～5次磷酸二氢钾，可以增加种子的千粒重和干物质含量，提高制种产量和质量。小丽花一般易害根腐病主要原因是土壤过湿、排水不良或空气湿度过大，防治办法是避免连作，合理浇水和排水，保持通气通风良好。

3.4.4.5 整枝摘蕾、保护结实花

采用摘心多枝培养法，当主枝长到15～20cm时，自2～4节处摘心，促使侧枝生长开花，一般全株保留侧枝10～15枝，以便保证花朵生长旺盛，有利于结实，小丽花各枝的顶蕾下常同时发生两个侧蕾，为避免意外损伤，可在顶侧蕾长至黄豆粒大小时，挑选两个饱满者，余者剥去，再待花蕾发育较大时，从中选择1个健壮花蕾，留作开放花朵。小丽花是异花授粉花卉，四季均可开花，但是小丽花夏季因湿热而结实不良，故种子多采自秋凉后而成熟者。外轮的舌状花雌蕊较先成熟，因多数无完整胚珠，不易结实；内轮的管状花两性，发育由外向内，渐次成熟，同一管状花则雄蕊比雌蕊早成熟2～3d，易结实，并且又以外侧2～3轮筒状花结实最为饱满，越向中心的筒状花结实越困难。因此将外侧2～3轮筒状花作为采种花。因舌状花不结实，凋萎后及时拔除。

3.4.4.6 及时采种

矮生大丽花的种子一般经过40d左右即可成熟，若在成熟前遇严重霜冻，便丧失发芽力，所以在霜冻前及时切取吊挂于向阳通风处催熟。采收下来的种子应及时晾晒、脱粒、清理后放置2～5℃低温下保存，同时，对露地生长的矮生大丽花，经霜打叶凋后，割除茎叶，保留15cm根茎，将块根原墩挖出，在阳光下晾晒2～3d，置于3～5℃温室内贮藏。

3.4.5 福禄考（*Phlox drummondii*）制种技术

花荵科福禄考属一、二年生草花，别名草夹竹桃、五色梅。喜光、耐寒、喜温和湿润气候、不耐酷暑、炎热；喜排水良好、轻松土壤、不耐干旱、忌涝、忌盐碱，北京地区花期为6～9月，是绿化的极好材料。

3.4.5.1 播种

在3月底4月初温室里进行第一批育苗，由于杂交制种，此时可先播母本和一期父本，待一个月后再播二期父本，这样可保证后期授粉质量。首先进行土壤消毒，可用高锰酸钾、福尔马林、敌克松等，配成适当比例的水溶液喷洒苗床。床土经过细筛筛过，床平整好，浇足底水，待水渗下后，将种子均匀地撒播在苗床上，种子每克约750粒，播前最好做一下催芽处理。种子撒播完毕后，把准备好的砂性土均匀筛在苗床上，覆土厚度为0.3cm，然后用塑料薄膜、拱棚式覆盖，经7~10d即能发芽成苗。

3.4.5.2 苗期管理

待苗长出后，要精心管理，这时温室温度较高，注意控水，避免小苗徒长。当苗长到6~7cm高时进行移栽，可移栽营养钵内，当苗长到10cm时，可直接定植在制种棚内，整个制种在保护地塑料大棚内进行。定植前施足底肥，肥料使用氮、磷、钾复合肥为好，株行距按30cm×30cm进行栽植，在栽植方式上采用高畦栽植，这样有利于排水、通风透气，避免病虫害发生。栽植地667m^2可植6000株苗，父母本比例为1∶2较合适。

定植后，要注意浇水、施肥、通风、病虫害的防治等管理。浇水根据苗期的不同，浇水量也不同，视土壤情况而定。定植后一个月开始追肥，少量施复合肥，农家肥更佳，保证苗期茁壮成长，福禄考苗期易感猝倒病、根腐病等。防真菌感染病害，通常使用波尔多液、多菌灵、百菌清等，一周打一次药。

3.4.5.3 杂交授粉

首先去雄，由于福禄考为两性花，避免母本自花授粉，在母本柱头未开裂前，将雄蕊全部摘除掉。授粉方式有两种：一种为取父本花，用小镊子将5个花粉粒，分别放到4~5个雌蕊柱上，这样较费人工，但结籽率较好，产量较高，667m^2产可达6kg以上；另一种授粉方法为筒授法，必须在父本撒粉的条件下，边去雄边授粉，在柱头未开裂去掉父本花冠，剩下父本花的基部全筒状（花筒）将有粉部分露出。用父本有粉部分接触母本柱头，进行授粉，这种方法较省人工，结实率高，速度快，但产量较前一种低一些。杂交时期避免温度过高，超过30℃则影响坐果及种子含量，授粉时间整天都可进行，花粉量充足，授粉后可于花朵上摘去一片萼片，以做日后采收种子时之识别。

3.4.5.4 种子采收

专人负责及时采收，在花朵经杂交后4~5周便可采收种子。掉落地上的种子，宁可舍去，以免混杂。种子采收后标上品种名称，装种子的容器必须干净，晒种时各品种应间隔一定距离，以免被风吹动而混杂。把采收种置于阴凉处晾晒。

3.4.6 百日草(*Zinnia elegans*) F_1 代制种

3.4.6.1 育苗

百日草属不断开花类型，只要父本开了花，就不必担心花期不遇，所以为使母本开花时父本有充足的花粉保障，父本分两批播，每批播一半。母本3月中旬播种。因为其中有1/2的可育株开花时要去掉，所以实际播种量是计划数的2倍。3月末播第一批父本，4月中播第二批。

3.4.6.2 定植

整个制种过程都在保护地内进行，否则不易采集花粉。定植比例：父本∶母本 = 8∶1。这里的8∶1指的是有效株数，因为母本中还有50%的可育株开花时要去掉。所以原始定植比为4∶1。为便于田间管理，采取父、母本分别定植方式。母本每畦栽2行，株距25cm。将可育株拔除(分出可育株与不可育株时)后，平均株距为50cm。父本每畦栽4行，株距25cm。

3.4.6.3 授粉

(1)去除母本可育株

开花时，认真检查母本田，及时除去雄性正常可育的植株。鉴别方法很简单，雄性不育株没有花瓣。一半左右的可育株，正常开花，有花瓣，及时去除。授粉过程中每天认真检查母本田，及时发现可育株马上去除。以免影响种子纯度，招致制种失败。

(2)授粉

母本开始开花后及时进行。用吸粉器从父本花上采集花粉，而后授予雄性不育株。一天当中，授粉最佳时间为上午露水干后至下午气温明显下降时。一般从10:00～16:00。温度高、光照强时花粉充足。百日草开花从外圈向内圈进行。其不育株柱头也是不断从外向内发育成熟，要多收获种子就需不断授粉。制种过程中需每天授粉，以满足处于不同发育阶段的柱头受精最佳时期不同的要求。

3.4.6.4 田间管理

因为百日草怕涝，所以不是十分干旱不浇水。又因为它耐瘠薄，怕渗透压大，特别是幼苗期更敏感。所以，施肥、打药都十分小心。一般都低浓度处理。高温雨季制种大棚上放置50%遮阳网，以降低棚内温度。防止生长发育不良，影响开花结实。

3.4.6.5 种子采收及处理

种子成熟后，及时采收。百日草的种子成熟较慢，整个花苞下面的萼片全部失去绿色后适时采收。采摘下的种子苞放干燥阴凉处，自然风干。防止高温暴晒，以避免降低芽率。这项工作也是天天进行。

3.4.7 一串红(*Salvia splendens*)制种

一串红为唇形科鼠尾草属多年生草本植物，但在我国多作一年生栽培。总状花序顶生，长20~30cm，花萼钟状宿存，多与花冠同色；密集成串着生，每花序4~6朵，矮生型6~8朵，雄蕊4枚，2枚退化，2枚着生花药，花冠唇形，长筒状伸于萼外，小坚果尖卵形。常规栽培花期8~10月，果期9~11月，种子黑褐色，千粒重约3g，种子寿命2~4年。一串红喜温暖，不耐寒，生长适温20~25℃，温度低于15℃，叶黄脱落，高于30℃时花叶变小。因此，夏季高温期需降温或适当遮荫来控制一串红的生长。一串红喜湿润不耐干旱，孕蕾期、开花期不可缺水。一串红栽培土壤要求疏松、肥沃及保水性好，一般用园土、腐殖土、有机肥按5∶2∶1的比例混合配制，pH 5.5~6.0为好。

3.4.7.1 育苗

一串红用花盆育苗。播前用肥沃园土和充分腐熟的有机肥各半，再加少量过磷酸钙，混匀打细过筛，基质混入必速灭颗粒30g/m^{2}进行消毒，然后覆膜，5d后把膜揭开，再透气4d，把消毒以后的基质装入盆径15cm的花盆，盆土离盆口2cm左右。

将净度发芽率90%以上父母本的种子，分别在30℃温水中用纱布包裹浸泡6h，然后清洗搓掉种子表面黏液，用多菌灵300倍液再浸泡30min，然后放入40℃温水浸泡12h，水中加磷酸二氢钾，使浓度为0.5%，捞出后拌细沙揉搓。

父本比母本提前10~15d播种。将盆土喷水淋湿，直到盆底有水流出为止，把处理好的种子，播于经消毒的盆中土表，覆上一层薄的基质，以刚盖过种子为宜，然后将盆移入温室，在盆上覆膜，保持20~25℃且光照充足，每天上午喷水1次保持土壤湿润，不可大水漫灌。5~7d陆续萌芽出苗。

当播种盆苗长出1~2片真叶时，适当控水，每4d喷1次根外追肥，用0.1%的尿素和0.2%的磷酸二氢钾喷施。温室温度控制在15~25℃之间，以免节间过长。一串红幼苗生长缓慢，待幼苗长出3片真叶时，可分苗移栽。移栽苗床在塑料大棚中，苗床的床土要施足腐熟的有机肥料，混匀整细，按10cm厚度铺床，再把幼苗以10cm×10cm株行距栽植于苗床中，栽后用多菌灵粉剂溶液喷洒床面，使床土充分湿润。此后注意中耕松土。

3.4.7.2 定植

当幼苗5~6片真叶时带土移栽进行定植。定植前整地，每1m^{2}施腐熟的有机肥5~8kg，磷酸二铵60g，施肥后深翻、平整，以30cm^{2}见方挖穴栽苗，株行距30cm×30cm，浇上定植水盖土覆盖地膜。先栽父本，后栽母本，父、母本比例为1∶1，定植密度为每667m^{2}栽植5500~6000株。幼苗根部带土移栽，栽后立即浇透水。定植后2~3d内要遮荫，避免日光直射。地表见干及时中耕，提高土温。

3.4.7.3 管理措施

定植缓苗后，结合预防病虫害每3~5d喷1次0.2%磷酸二氢钾加0.3%尿素液。

当新枝每长 3 对新叶摘心 1 次，使其分生多个侧枝，共摘心 2 次。正常情况下，播种苗移栽至初花期需 60 ~ 80d。

一串红喜温畏寒，忌干热，最适温度为 20 ~ 25℃，当温度超过 30℃时，根系生长受到抑制，出现叶小，花小现象，甚至枯死，当温度下降到 15℃ 以下时，一串红会发生黄叶、落叶现象。

一串红是喜光性花卉，栽培场所阳光充足，对一串红的生长发育十分有利，若光照不足，植株易徒长，茎叶细长，叶色淡绿，如长时间光照差，叶片变黄脱落。一串红对光周期反应敏感，具短日照习性。

一串红根部怕积水、雨季注意排水，以防烂根或死亡。田间持水量应保持在60% ~ 70%，湿度太小容易落叶落花，湿度太大容易烂根烂叶。干旱时，最好在清晨或傍晚浇水。温度高的天气一般每天浇水 2 次。

要使一串红株形丰满，花朵硕大，除移栽时施足基肥外，植株进入旺盛生长期，每周追施 2 次液肥，花前增施磷、钾肥，孕蕾期增施 0.2 % 的磷酸二氢钾的尿素混合液，每 10d 喷洒叶面 1 次，使花枝繁茂。浇水要见干见湿，生长旺期遇高温，可适当增加次数，并进行叶面喷水。

移栽后，有 6 片真叶时进行第 1 次摘心促使分枝，生长过程中需进行 2 次摘心，使植株矮壮，促生分枝，花序增多。对母株花穗提前于父本的植株可进行除蕾使父母本花期相遇。

一串红易发生腐烂病、灰霉病，应注意调节温、湿度，使空气流通，并在整个生长过程中，定期喷洒 65% 代森锌可湿性粉剂 500 倍液药剂防治。另外，一串红易发生红蜘蛛、蚜虫和白粉虱等虫害，可用 10% 一遍净可湿性粉剂 2500 倍液进行防治。

3.4.7.4 杂交授粉

去杂、去劣是保证一串红杂交种纯度的主要措施。应于定植、开花前、开花后，根据品种典型特征、特性，分 3 次集中去杂、去劣。植株定植 2 个月以后开始开花，授粉之前对不符亲本性状的不良株、变异株和可疑株要全部拔除，在整个生长季节内要反复进行除杂工作。

一串红开花期长，花序多，花期需要营养量大，如果枝条留得过多，花序多，花期养分不足，则每序结果少，且每花的种子不饱满。因此，必须在开花期及时疏去部分花枝。方法是：选择晴天，每株选留 5 ~ 6 条分布均匀、粗壮的一级分枝，割去分布过密的分枝；10d 以后，在上次选留的 1 级分枝中选留 2 ~ 3 条二级分枝；并摘去花穗末端的小花及花蕾。

在母本植株每朵小花开花前剪掉花萼的 1/2，挑开柱状花冠，剪掉雄蕊，注意用力适度，不能伤及雌蕊。

最佳授粉时间在 10：00 前和 16：00 后。当已去雄的母本花柱头发亮(内有分泌液)时，即可授粉。采下父本即将盛开的花朵，剪开花冠，将花粉轻轻授在母本的柱头上；一般一朵雄花授一朵雌花。如果雄花多，可用两朵雄花授一朵雌花，这样可提高坐果率及果实内种子的数量。

一串红从播种到开花需 85 ~ 90d，开花后花期较长。一串红天然杂交率高，风对传粉很重要，杂交期间要注意通风透光；此期光照不足花朵易脱落。开花期的最适温度为 20 ~ 25℃，且要保持一定的湿度，如气候干燥、温度过高开花不良。一串红开花结果时比较喜肥，一般供给足量的磷、钾肥，少施氮肥，此期母本的需肥量大于父本。

3.4.7.5 种子采收

授粉后 20 ~ 25d 受精胚珠发育称为成熟的种子，一串红种子成熟前后不一，采收过早，种子成熟度差，瘪粒多；太晚种子弹出花萼，要掌握采收时期。成熟的果实花萼为白色，坚果(园艺上称为种子)外皮由绿白色变为黑(黄)褐色，即可采收。将花萼采下后，阴干收集种子，去掉秕粒、杂质，装入布袋中置于通风干燥处贮存。

3.4.8 羽衣甘蓝(*Brassica oleracea* var. *acephala* f. *tricolor*)制种

羽衣甘蓝为十字花科芸苔属甘蓝种的变种，二年生观叶草本植物。观赏期长达 3 ~ 4 个月(从 12 月至翌年 3 ~ 4 月)。羽衣甘蓝叶片形态美观多变，从叶色来分，边缘叶有翠绿色、深绿色、灰绿色、黄绿色等；中心叶片颜色更加丰富，有纯白、黄白、黄绿、粉红、淡紫红、玫瑰红、紫红等。整个植株色彩绚丽如花、形如牡丹，故又称为“叶牡丹”。由于其耐寒性强，叶色鲜艳，所以是冬季及早春重要的花坛布置材料。

羽衣甘蓝原产欧洲，习性耐寒，喜冷凉气候环境，冬季气温低时，叶片颜色更加鲜艳；不耐高温，炎热的夏季生长不良。喜充足的阳光，光照不足易使叶片徒长、色彩黯淡，降低观赏价值。对土壤要求不严，疏松肥沃的砂质壤土或富含有机质的黏质壤土均能生长良好。较抗旱，怕涝，忌低洼积水的环境。生产上，羽衣甘蓝杂交制种，多采用自交不亲和系做母本、自交系做父本。在第一年秋季播种，第二年春天(种株在 2 ~ 10℃温度下，30d 以上通过春化阶段)转入生殖生长，开花、结果。羽衣甘蓝 F_1 代种子生产，在河南、山东、山西南部等地区可采取种株露地越冬的栽培方式进行。实践证明，采取这种方式制种，技术简单、易于掌握，制种成本低，且能保证一代杂种的种子质量和产量。

3.4.8.1 育苗

羽衣甘蓝杂交制种，应于 8 月中、下旬播种。苗床要选在土层深厚、土质肥沃、排灌水条件良好的地块。结合翻地，苗床施入腐熟厩肥 5 ~ 6kg/m^2、复合肥(氮: 磷: 钾为 15 : 15 : 15)1.0kg/m^2。土、肥拌匀后整平，做成宽 1.2m，长 7 ~ 8m 的长畦。播前浇足底水，水完全渗下后，把干种子均匀地撒在畦面上，种子间距 4 ~ 5cm，播后盖 0.5 ~ 1.0cm 厚细土。每 667m^2 制种田，母本用种量为 20g，父本用种量为 5g，共需育苗床 15 ~ 20m。

播种后，用遮阳网和塑料布在苗畦上搭架小拱棚，以防暴雨冲刷和日光暴晒。幼苗出齐后，及时将遮荫物去掉，防止长成高脚苗。出苗前一般不浇水，幼苗期保持床土湿润；移栽前，土壤见干见湿。

3.4.8.2 定植

(1)选地、隔离

采种田应选在3~4年未栽种过十字花科作物的田块，防止土传病害。羽衣甘蓝为异花授粉植物，必须严格隔离，制种田2000m以内无甘蓝类作物(如花椰菜、芥蓝)及其他甘蓝品种采种栽培。

(2)分苗

定植前15d左右(幼苗3~4片真叶)，对苗床内的大苗进行一次分苗。分苗前一天，苗床浇足水，减少伤根。应于晴天15：00后分苗，幼苗间距10cm，栽植后浇足水，并遮荫保护。剩下的小苗增施水肥，促进生长，使之在定植时与大苗达到相近的苗龄。

(3)定植

定植田要施足基肥，一般每667m^2施用腐熟优质农肥3000~4000kg、复合肥(氮:磷:钾为15:15:15)1.0kg/m^2。然后，做成行距50~60cm、高20~25cm的大垄。

播种40d左右，幼苗长到5~6片真叶时进行定植。采取垄上栽植，父、母本行比为1:4。定植时，要带土移栽，先栽母本，后栽父本，以防栽错。每667m^2定植父本1000株、母本4000株左右(株距25~30cm)。

3.4.8.3 田间管理

(1)肥水管理

定植后，及时浇水，保持土壤湿润；缓苗后浇一次大水，抽薹前后要适当控制水分，以免生长过旺。进入盛花期后，要求见湿不见干，种子收获前开始减少水分供应。平时经常进行中耕保墒；多雨天，要注意排水防涝。追肥以磷肥、钾肥为主，少施氮肥。缓苗后，结合浇水，每667m^2追施尿素20kg；在封行时，结合中耕，每667m^2施用磷酸二铵30kg、氯化钾15kg；抽薹至开花结荚期，每隔10d叶面喷施一次0.5%的磷酸二氢钾、0.2%的硼酸溶液，每667m^2用液量60kg。

(2)病虫害防治

羽衣甘蓝的主要病害是霜霉病、黑根病、软腐病。霜霉病在发病时应及时喷施1~2次40%乙磷铝可湿性粉剂500倍液(或25%的瑞毒霉800倍液)；黑根病可用75%的百菌清可湿性粉剂800倍液进行灌根防治；软腐病用200mg/L农用链霉素、75%百菌清可湿性粉剂600倍液交替喷洒，7~10d喷1次，连续喷2~3次即可。主要虫害为蚜虫、菜青虫、美洲斑潜蝇。虫害要以预防为主，及时防治，一般要求在开花前集中防治，严格控制害虫发生，尽量避免花期喷药，如必须花期用药，则应在傍晚进行，以免伤害蜜蜂等传粉昆虫。蚜虫和菜青虫可用40%氧化乐果1500~2000倍液与80%敌敌畏乳剂800倍液混合喷雾；也可用20%氰戊菊酯乳油2500倍液喷洒防治。开花前(4月上、中旬)，用虫螨克1500倍液喷雾防治美洲斑潜蝇。

(3)越冬管理

定植缓苗后，要及时中耕松土，促进根系发育，培育壮株，增强植株抗冻能力。“霜降”前后，可浇一次越冬水，水后划锄。“小雪”前10d开始封土，注意覆土不要过厚，封整棵的1/3为宜，使羽衣甘蓝的大部分茎、叶片外露。封冻前加盖畜粪、麦草(或严寒前用塑料薄膜覆盖)等，以防冻害，确保露地安全越冬。

2月底~3月初开始返苗，视气温情况逐渐去掉覆盖物。并进行中耕，松土保墒，提高地温，促进根系生长，及早返青。

(4)去杂、去劣

去杂、去劣是保证观赏羽衣甘蓝杂交种纯度的主要措施。应于定植、抽薹、开花前，根据品种典型特征、特性，分3次集中去杂、去劣，去除父(母)本杂株、可疑株、病劣株。开花期，如出现花球色泽改变、花枝枝形异常的种株，需及时拔除。

(5)整枝

羽衣甘蓝开花期比较集中，如果枝条留得过多，养分不足，则每序结荚少，且每荚的种子少、不饱满。因此，必须在抽枝期及时疏去部分花枝。方法是：选择晴天，每株选留10~12条分布均匀、粗壮的一级分枝，割去分布过密的分枝；10d以后，在上次选留的1级分枝中选留2~3条二级分枝；开花末期，摘去枝条末端的幼荚、小花及花蕾。

(6)人工辅助授粉、搭架防倒伏

为提高结荚率和种子数量，开花期最好采用人工辅助授粉，即从开盛花期开始，每天上午用鸡毛掸子来回拨动父、母本花枝，使父本花粉抖落到母本柱头上。授粉动作一定要轻，以免碰伤母本柱头。也可以结合放蜂(1箱/667m^2)，提高结实率和种子产量。为防止种株倒伏减产，在开花结荚期用竹竿搭架，固定植株及过长花枝。

(7)割除父本

母本开花结束后，及时割除父本，改善田间通风透光条件，提高母本种籽产量。同时，杜绝父本种子混入，保证杂交种质量。

3.4.8.4 采种

当母本种荚黄熟、种子棕黑色或红褐色时即可分批采收，并及时晾晒，以防后期遇雨，种子在种株上发生胎萌或霉烂。脱粒后的籽粒要及时晾晒(不能在水泥地面或铁板上暴晒)，防止霉变。当种子含水量低于6%时，即可包装、贮存。

3.5 花卉种子管理与销售

商品花卉种子的生产，实行《种子生产许可证》制度。凡进行商品花卉种了生产的单位和个人，须在花卉种子播种前一个月向各地农业行政主管部门提出申请，填写《种子生产申请表》，经审查符合条件，发给《种子生产许可证》，按规定的地点、品种、面积、数量生产。生产者交售种子时应附有该批种子的田间检验结果。如生产的种子不合格，不得作为种子出售或交换。《种子生产许可证》的有效期为该批种子的一个生产周期。

花卉种子的经营，实行《种子经营许可证》制度。凡从事花卉种子经营的单位和个人，均须向当地农业行政主管部门提出申请，填写《种子经营许可证申请表》(一式两份)，经审核合格，发给《种子经营许可证》，凭证向当地工商行政管理机关申请办理《营业执照》，按指定的花卉种类和地点经营。持有《种子经营许可证》的单位和个人，每周年须到发证单位办理验证。

经营花卉种子实行《种子质量合格证》制度。从事花卉种子经营的单位和个人，须进行种子售前检验，经持有省级农(林)业厅核发的《种子检验员证》的检验员检验合格后，发给《种子质量合格证》方可销售。

花卉种质资源受国家法律保护。与国外交流花卉种质资源的单位和个人，必须遵守国务院农业、林业等有关部门关于种质资源对外交流的规定。

违反花卉种子管理有关规定的，按《中华人民共和国种子管理条例》及其《实施细则》的有关规定执行处罚。

花卉种子管理与销售包括以下环节：收购→检测→定批号→贮藏→精选冷藏→按订货分装→按订单配货→审查打包→邮局终端→传递中心→销售网及代理商→用户→售后服务。

3.5.1 花卉种子的采收与加工

种子采收后连株或连壳在通风处阴干，去杂、去壳、清除各种附着物，再经种子外形质量检验。常用风选、色选和粒选等方法。

(1) 风选

风选指利用各种花卉的正常种子的重量，通过风力将优质种子和劣质种子，包括一些杂物分开。传统花卉栽培用竹编畚箕人工进行，现代花卉栽培有专门设计的选种子的风车。

(2) 色选

色选指利用各种花卉的正常种子的色质，经过摄像探头和电脑内的正常种子的色质比较后选择。

(3) 粒选

粒选指利用各种花卉的正常种子的大小、形状，经过专门设计的筛子将符合标准的种子选出。

(4) 花卉种子丸粒化

花卉种子丸粒化是种子加工上的一项专门技术。它是利用有利于种子萌发的药料及对种子没有副作用的辅助填料，经过充分混拌，均匀地包裹在种子的表面，使其成为圆球形。种子丸粒化加工的关键技术是提高加工工艺及选择适宜的粘接剂及种子的包衣料。目前国外常用的种衣包料主要构成成分为：

填料 常用的有硅藻土、蛭石粉、滑石粉、膨胀土、炉渣灰等；

营养元素 如磷矿粉、碳酸钙等钙镁肥料及硼等微量元素；

生长调节物质 如细胞分裂素、乙烯利等；

化学药剂 如多种杀菌剂、杀虫剂、除草剂、驱鼠剂等；

吸水性材料 如活性炭及淀粉链连接的多聚物等。必须水溶性好，对种子萌发无副作用，既保证种衣强度，又能使种衣遇水后迅速破裂。

3.5.2 花卉种子检疫与检验

花卉种子检疫主要根据国家制定的植物检疫法规，由专门机构和人员对调运的活体材料以及附着物进行检疫。检疫分田间检查和室内检查。室内检验法即按照规定比例取样，可目视直接检查或解剖镜检，或用灯光透视法、X 光、化学染色法检查，对于花卉种子携带的病原物要用病理组织切片法、分离培养法、萌芽检验法、直接试种法检验，对于病毒可以采用指示植物接种检验、血清学检验、DNA 检测等。

花卉质量检验包括取样、检验和签证 3 个步骤。根据品种来源、收获年度和季节，以及贮藏条件，随机取样，一般取供检验种子的 1/10 ~ 1/50，少数样品可取 1/2 ~ 1/5。检验分田间检验和室内检验，田间检验的项目包括品种真实性和纯度、病虫害感染程度、杂草和异科植物混入程度等。纯度检验的时间应在品种特征特性表现最明显的时期进行，如显蕾期、开花期至种子成熟期。但是今后的趋势是利用分子生物学技术进行检测，这样快而准确。室内检验的项目包括种子净度、千粒重、发芽力、发芽势、含水量等。最后由种子检验管理部门签发报告种子检验结果的文书凭据——签证，供种子调拨、交易和使用的依据。

3.5.3 花卉种子的包装

按照《中华人民共和国种子法》要求，花卉种子应当加工、包装后销售，花卉种子加工、包装应当符合有关国家标准或者行业标准。

(1) 花卉种子包装要求

花卉种子的包装必须做到清洁、计量准确、真空密闭、防潮防湿，这项工作也是专业性的，直接影响到贮藏种子的质量。

(2) 花卉种子包装袋上标签的要求

花卉种子的标签应该真实、合法、规范。真实就是指种子标签标注内容应真实、有效，与销售的花卉商品种子相符。合法就是指种子标签标注内容应符合国家法律、法规的规定，满足相应技术规范的强制性要求。规范就是指种子标签标注内容表述应准确、科学、规范，规定标注内容应在标签上描述完整。

标注所用文字应为中文，除注册商标外，使用国家语言文字工作委员会公布的规范汉字。可以同时使用有严密对应关系的汉语拼音或其他文字，但字体应小于相应的中文。除进口种子的生产商名称和地址外，不应标注与中文无对应关系的外文。

种子标签制作形式符合规定的要求，印刷清晰易辨，警示标志醒目。标注内容包括应标注内容和根据种子特点和使用要求应加注内容。

(3) 标签上标注的内容

标签应标注内容包括花卉种类、种子类别、品种名称、生产商进口商名称及地址、质量指标、产地、生产年月、种子经营许可证编号和检疫证明编号。

花卉种类 除了中文名称外，要附加拉丁学名；

种子的类别 按常规种和杂交种进行标注，其中常规种可以不具体标注，常规种按育种家种子、原种、大田用种进行标注，其中大田用种可以不具体标注，杂交亲本种子应标注杂交亲本种子的类型。属于授权品种或审定通过的品种，应标注批准的品种名称；不属于授权品种或无需进行审定的品种，宜标注品种持有者(或育种者)确定的品种名称。标注的品种名称应符合国际栽培植物命名法规对栽培品种名的要求。

生产商进口商 国内生产的种子应标注生产商名称、生产商地址以及联系方式。生产商名称、地址，按花卉种子经营许可证注明的进行标注；进口种子应标注：进口商名称、进口商地址以及联系方式、生产商名称。进口商名称、地址，按花卉种子经营许可证注明的进行标注；联系方式，标注进口商的电话号码或传真号码。生产商名称，标注种子原产国或地区能承担种子质量责任的种子供应商的名称。

质量指标 标注值按生产商或进口商或分装单位承诺的进行标注，但不应低于技术规范强制性要求已明确的规定值。

产地 国内生产种子的产地，应标注种子繁育或生产的所在地，按照行政区域最大标注至省级。进口种子的原产地，按照“完全获得”和“实质性改变”规则进行认定，标注种子原产地的国家或地区(指香港、澳门、台湾)名称。

生产年月 标注种子收获或种苗出圃的日期的基本格式：YYYY - MM。例如，种子于2001 年 9 月收获的，生产年月标注为：2001 - 09。

种子经营许可证编号 标注生产商或进口商或分装单位的农作物种子经营许可证编号的表示格式：(X)农种经许字(XXXX)第 X 号，其中第一个括号内的 X 表示发证机关简称；第二个括号内的 XXXX 为年号；第 X 号中的 X 为证书序号。

标注检疫证明编号 产地检疫合格证编号(适用于国内生产种子)；植物检疫证书编号(适用于国内生产种子)；引进种子检疫审批单编号(适用于进口种子)。根据种子特点和使用要求应加注内容包括：国内生产的花卉种子应加注花卉种子生产许可证编号和花卉品种审定编号。进口的花卉种子应加注在中国境内审定通过的花卉品种审定编号。生产许可证编号的表示格式：(X)农种生许字(XXXX)第 X 号，其中第一个括号内的 X 表示发证机关简称；第二个括号内的 XXXX 为年号；第 X 号中的 X 为证书序号。审定编号的表示格式：审定委员会简称、花卉种类简称、年号(四位数)、序号(三位数)。进口种子应加注：进口企业资格证书或对外贸易经营者备案登记表编号；进口种子审批文号。转基因花卉种子应加注：标明“转基因”或“转基因种子”；农业转基因生物安全证书编号；转基因花卉种子生产许可证编号；转基因品种审定编号；有特殊销售范围要求的需标注销售范围，可表示为“仅限于 XX 销售(生产、使用)”；转基因品种安全控制措施，按农业转基因生物安全证书上所载明的进行标注。药剂处理种子应加注：药剂名称、有效成分及含量；依据药剂毒性大小(以大鼠经口半数致死量表示，缩写为 LD50)进行标注：若 LD50 < 50mg/kg，标明“高毒”，并附骷髅警示标志；若 LD50 = 50 ~ 500mg/kg，标明“中等毒”，并附十字骨警示标志；若 LD50 > 500mg/kg，标明“低毒”。药剂中毒所引起的症状、可使用的解毒药剂的建议等注意事项。

分装种子 分装单位名称、地址、分装日期。混合种子应加注：标明“混合种子”；每一类种子的名称(包括花卉种类、种子类别和品种名称)及质量分数。

净含量 应当包装销售的花卉种子应加注净含量。净含量的标注由“净含量”(中文)、数字、法定计量单位(kg 或 g)或数量单位(粒或株)3 部分组成。使用法定计量单位时，净含量小于 1000g 的，以 g(克)表示，大于或等于 1000g 的，以 kg(千克)表示。花卉商品种子批中不应存在检疫性有害杂草种子；其他杂草种子不应超过技术规范强制性要求所规定的允许含量。如果种子批中含有低于或等于技术规范强制性要求所规定的含量，应加注杂草种子的种类和含量。杂草种子种类应按植物分类学上所确定的种(不能准确确定所属种时，允许标注至属)进行标注，含量表示为：XX 粒/kg 或 XX 粒/千克。

(4)作为标签的印刷品的制作要求

形状 固定在包装物外面的或作为可以不经包装销售的花卉种子标签的印刷品应为长方形，长与宽大小不应小于 12cm×8cm。

材料 印刷品的制作材料应有足够的强度，特别是固定在包装物外面的应不易在流通环节中变得模糊甚至脱落。

颜色 固定在包装物外面的或作为可以不经包装销售的花卉种子标签的印刷品宜制作不同颜色以示区别。育种家种子使用白色并有左上角至右下角的紫色单对角条纹，原种使用蓝色，大田用种使用白色或者蓝红以外的单一颜色，亲本种子使用红色。

印刷要求 印刷字体、图案应与基底形成明显的反差，清晰易辨。使用的汉字、数字和字母的字体高度不应小于 1.8mm。警示标志和说明应醒目，“高毒”、“中等毒”或“低毒”以红色字体印制。生产年月标识采用见包装物某部位的方式，应标识所在包装物的具体部位。

(5)对种子质量判定规则

对种子标签标注内容进行质量判定时，应同时符合下列规则：

①花卉种类、品种名称、产地与种子标签标注内容不符的，判为假种子；

②质量检测值任一项达不到相应标注值的，判为劣种子；

③质量标注值任一项达不到技术规范强制性要求所明确的相应规定值的，判为劣种子；

④质量标注值任一项达不到已声明符合推荐性国家标准(或行业标准或地方标准)、企业标准所明确的相应规定值的，判为劣种子；

⑤带有国家规定检疫性有害生物的，判为劣种子。

验证方法采用 GB/T 18247.4—2000 主要花卉产品等级 第 4 部分“花卉种子中的方法”。

3.5.4 花卉种子的贮藏

花卉种子的贮藏条件：干燥、密闭、低温、阴暗。少量的种子可放在家用冰箱内。大量的种子应贮藏在专门的冷库内，温度为 4℃，湿度为 40%，而且每半年需将库存种子进行发芽率试验，保证种子的质量。

现代花卉栽培均采用专业生产的种子。根据种子的不同类型包装后贮藏于专门的种子仓库内。一般花卉的种子在充分干燥去杂后，用种子袋密封，存放在低温干燥的条件下，以减少种子的呼吸作用，降低养分的消耗，保持其活力。

种子贮藏必须掌握以下几个技术关键：

(1)密封

用不透水的种子袋将洁净的良种密封包装。种子袋上必须标明种子的种名，品种名，数量以及编号。

(2)低温

种子必须贮藏在冷凉的环境条件下，冷库温度保持在15℃以下。少量贮藏，可存放在冰柜中，保持在5℃左右。

(3)低湿

一般指在大的种子仓库，空气要流通，湿度较低，保持在40%。种子寿命是有限的，种子贮藏的时间也是有限的。绝大多数的草本花卉种子寿命在1~2年，因此，每隔6~12个月必须做抽样的发芽率试验。确保提供良种用于生产。

3.6 花卉种子生产标准

3.6.1 概况

种子生产的标准化是农产品生产过程控制中最为严格的。目前，很多国家都是国际认证项目经济合作与发展组织(OECD)的成员。澳大利亚种子质量认证方案主要采用OECD标准，具体认证工作由官方种子检验室负责，实行有偿服务，认证合格的种子发放认证标签，分为OECD标签和本国认证标签两种。

目前，美国的种子生产基本上由大型种子公司和经过审定的种子生产专业农户共同承担。种子公司与农民签订合同，由种子公司出亲本材料(或基础种子)、技术人员等，农民出地和劳力，农民根据种子公司技术人员的安排进行操作和管理，种子收获后直接交种子公司精选加工。品种的投放程序是：育种单位或个人提出种子投放的申请，由主管部门初审后，再由各州的作物品种改良协会(品种认证机构)或国家品种审定委员会审定。美国各州认证机构实行董事会制，由州种子协会、大学、农业局代表组成，认证品种方案采用四代生产方案：育种家种子、基础种、登记种和认证种，认证机构要进行田间检验、种子检验和种子标签等种子质量控制程序。

为加快我国花卉产业化发展步伐，国家技术监督局从2001年4月1日开始实施《主要花卉产品等级》国家标准，这是我国首次执行有关花卉产品的系列标准。

《"主要花卉产品等级"国家标准》遵循以下几个原则制定：

(1)花卉产品质量指标，是我国花卉生产企业通过努力可以达到的指标，既考虑与国际接轨，又考虑我国花卉产业发展的现状。

(2)花卉产品质量标准，既符合我国人民的审美习惯，又充分考虑东西方文化差异，特别是吸取了中国几千年花卉文化的精华。

(3)花卉产品质量标准，有利于花卉产业的发展，不断提高产品质量。

《"主要花卉产品等级"国家标准》由国内有关高等院校、科研单位、花卉生产和流通企业等单位的专家，经过几年大量的调研和论证，结合我国花卉生产现状和消费水平，并在参考了上海、昆明、深圳、沈阳等地方标准和日本、美国、中国台湾等国家和地区花卉产品质量标准的基础上完成的。

《"主要花卉产品等级"国家标准》中的每个标准不仅规定了产品的等级划分原则、控制指标，还规定了质量检测方法，对我国花卉产业化发展起到积极良好的推进作用。

《“主要花卉产品等级”国家标准》共分为7个标准，标准号和标准名称分别如下：

(1)《主要花卉产品等级第一部分：鲜切花》；

(2)《主要花卉产品等级第二部分：盆花》；

(3)《主要花卉产品等级第三部分：盆栽观叶植物》；

(4)《主要花卉产品等级第四部分：花卉种子》；

(5)《主要花卉产品等级第五部分：花卉种苗》；

(6)《主要花卉产品等级第六部分：花卉种球》；

(7)《主要花卉产品等级第七部分：草坪》。

3.6.2 中国花卉种子生产的国家标准及相关法律法规

《主要花卉产品等级第四部分：花卉种子》(编号：GB/T 18247.4—2000)规定了48种主要花卉种子产品的一级品、二级品、三级品的质量等级指标，及各种种子含水率的最高限和各级种子的每克粒数。

《农作物种子质量监督抽查管理办法》：抽查不合格的种子生产企业应作为下次抽查重点，连续两次不合格应吊销生产经营许可证向社会公布，追回不合格种子，封存不合格种子。

《商品种子加工包装》规定：有性繁殖作物的籽粒、果实，包括颖果、荚果、蒴果、核果等应加工包装后销售并应符合国家标准和行业标准。

《中华人民共和国种子法》：规范种子生产经营新品种审定保护等方面内容。

3.7 花卉种子进出口贸易

3.7.1 中国花卉种子进口贸易

(1)进口花卉种子的种类

一串红、矮牵牛、三色堇、非洲凤仙、球根海棠、彩叶草、孔雀草、百日草、鸡冠花、雏菊、瓜叶菊、羽扇豆等100多个种，平均每年约1300kg，450万~550万美元。

(2)进口的基本程序与方法

决定进口的前提 在国内目前没有，但可能有发展前途的种类；国内有客户订货；科研与教学需要。进口的基本程序：询价，根据订货的数量向外方询价；磋商，还盘和反盘；成交，经过还盘和反盘后达成协议，签订合同。合同签订的内容包括：品种、价格、数量、规格及质量要求、包装、发货期、运输方式、付款方式、保险及险别。

进口单证的准备与申请 凭合同与发标向国家林业局造林司病虫害防治处申请办理《引进林木种子、苗木和其他繁殖材料检疫审批单》；凭合同、发标与植物种类(学名)或国外允许出口濒危物种证书，或国外植物检验证书(未加入国际物种保护条例的国家)向国家濒危物种管理办公室申请《非濒危物种证明》或《濒危物种证明》；若进口种子要办理免税：申请单位应持有《种子生产许可证》或《种子经营许可证》，先从当地的省或直辖市、自治区开始办理种用证明，申请表经省或直辖市、自治区同意后，报国家林业局种苗总站审批，然后凭《国家林业局种子苗木进口审批表》在当地海关换出海关的免税表。

进口货物的报关与提货 进口单据的合同，发标(随机或提前寄到)，《引进林木种子、苗木和其他繁殖材料检疫审批单》《非濒危物种证明》或濒危物种《允许进出口证明书》，植物进口报检单，要求办免税的需提供海关出具的《进出口货物免税证明》，空运或海运提单，报关委托书及报检委托书，从日本、美国进口的货物应提交非木制包装证明书。报关由报关员或报关行向海关申报。提货时须经海关查验及港口国家质量检验检疫局抽样检疫后放行。

(3)进口后的工作

产品到达以后的工作，如发现质量及其他问题还要做好理赔与起诉工作。

(4)花卉进口过程中必须注意的几个问题

应明确货款是否包含了品种的专利权；应明确货款是否包括售后服务的费用；合同条款中应规定具体品种的规格，界限不可含糊；应明确所进的物种是否是濒危物种；应明确必须提供进口国的植物检疫证书；不可带土和不可用木制包装；若进口的植物带有介质，介质应提前寄至国家出入境检验检疫局检验，经检验通过后方可进口。

3.7.2 中国花卉种子出口

(1)出口的花卉种子种类

波斯菊、野棉花、紫花地丁、二月兰、三色堇、万寿菊等数十个种与品种。

(2)出口的程序与方法

花卉种子生产企业根据与需求客户签订的供货合同，确定发货品种和数量后，进行组货，委托具有进出口权的代理公司(以下简称发货人)进行检验检疫、报关货运方面的操作，具体程序如下：

①询价；②签订合同；③植物产品的处理和包装，准备单证；④报关出货；⑤结汇。

(3)出口报验

根据出入境检验检疫局的要求，种子出口应提前1~2d，进行报验，并提供准确的数量、件数、毛重、净重等有关资料，由检验检疫局专门培训的报检员，填写报检单，向检验检疫局检务处进行报验，由检务处输入计算机，通知检疫处专门人取单，由检疫处派检疫人员进行检疫，验货完毕后，制定通关单，出检疫证，完成检验检疫任务后，由检疫处将单证转到检务处，由检疫处审核发证。报检人员先交费，再取证，在检验检疫局有一定的信誉的企业，可以每一个月结算一次。整个报检时间最快需0.5~2d完成。

质量检验：报验人提供的批次、规格和数量等与实际堆存货物相符后，在堆垛的不同部位按应取数量抽取代表性样品，注意产品的包装及一致情况，如有异常，应酌情增加抽样比例及数量，抽样后，做好取样标签，标明报验号、数量、重量，输往国别等。需要核实重量的，抽取10%的样品，放在校准的衡器上称重，误差允许范围-1%~+3%；按贸易合同的要求进行检验。

3.7.3 花卉种子生产者

草花种子市场是一个很大的市场。国际上许多著名的园艺公司如美国的泛美(Pan-

American)、伯爵(Bodger)和日本坂田(SAKATA)等都从事这方面的生产。草花种子业不但创造很大的经济价值，也反映一个国家花卉业的发展水平。

与大田农作物和蔬菜相比，花卉种子生产者的数量和规模是比较小的，绝大多数花卉栽培生产者对所使用的花卉种子的来源一无所知，大多是从种子经销公司购买花卉种子，而经销花卉种子的公司是从花卉育种公司和花卉种子生产公司购买这些花卉种子的。总之，一共有3种花卉种子生产者，分别是花卉育种企业、合同花卉种子生产企业和花卉种子生产个体户。

3.7.3.1 花卉育种企业

因为花卉种子生产规模比较小而且要求的技术水平比较高，所以一些著名的花卉育种企业不仅自己育种，而且公司会拥有整个花卉种子生产的设施和设备，从而实现对整个花卉种子生产所有环节的质量监控。这些设施包括专门用来生产高质量盆花和切花花卉种子的温室。这类企业有如下几家：

(1)美国泛美种子公司

泛美种子公司(PanAmerican Seed Company)总部位于美国伊利诺伊州的西芝加哥市，是当今世界最著名的花卉育种、种子生产和种子批发的专业公司之一。该公司从1946年创立，1962年被保尔园艺公司兼并至今，也是当今世界最大最著名的花卉育种和种子生产的专业公司。泛美种子公司常年向国际市场提供2000多个品种的种子。有100多年的草花育种历史，拥有丰富的草花育种资源，掌握相当成熟的育种技术，不断推出新品种。目前，该公司拥有6家子公司和12家合资公司，是全世界最大的优质花卉种子供应者，被称为“世界草花育种巨人”。泛美种子公司每年为市场提供大量的花坛花卉、切花、盆花植物种子，其新品种获奖次数和每年推出的新品种数量，在同类公司中均雄居榜首。其培育的花卉种子以优秀的品质和新颖的性状畅销全世界65个国家和地区，并在中国设有4家代理商。

杭州美洋花卉经营部 成立于2000年9月，是美国泛美种子公司的一家专业代理。产品主要有一串红、矮牵牛、孔雀草、百日草、三色堇、羽衣甘蓝等几百种草花种子，还提供优质的盆花和草花。

大连世纪种苗有限公司 提供中英文标识的原装进口泛美花卉种子，经营品种多达2000多个，所售花卉种子皆经严格的温室及露地栽培试种验证，并由美国泛美种子公司提供质量保证。其主要产品有各种花卉种苗、进口切花种子、草坪种子、进口花卉种子、蔬菜种子、瓜果种子等。

郑州贝利得花卉有限公司 美国泛美种子公司的区域经销商。花卉种子主要有：一串红、矮牵牛、鸡冠花、万寿菊、百日草、孔雀草、彩叶草、三色堇、大花马齿苋、羽衣甘蓝、大丽花、香石竹、花毛茛、欧洲报春、勋章菊、凤仙等。

北京科美园艺有限公司 是美国泛美种子公司在中国的销售代理商，销售原包装进口优质花卉种子近2000种。

(2)先正达(S&G)花卉种子公司

先正达是由瑞士诺华农业公司和英国捷利康农化公司合并而成，先正达在瑞士

(SYNN)和纽约(SYT)股票交易所上市，是全球第一大植保公司，第三大种子公司，旗下有世界第二大草花种子公司——创建于1867年的荷兰S&G。先正达有百年的育种史，以种子质量优、品种多、花色全而出名，经销的主要种类有仙客来、矮牵牛、长春花、非洲凤仙、一串红、万寿菊、金鱼草、四季海棠、欧洲报春等一、二年生草花。国际著名跨国企业与北京金润禾科技有限公司达成了代理销售S&G种子的协议。继美国泛美种子公司进入中国之后，世界草花种子公司的“榜眼”也正式进入中国市场。

(3)美国 Goldsmith Seeds

Goldsmith Seeds 于1962年在加利福尼亚基尔洛市成立。最初培育金鱼草、石竹类、矮牵牛和天竺葵的新品种。该公司在研究和生产花卉杂交种子方面处于全球领军者地位。Goldsmith 分别拥有美国加利福尼亚基尔洛（Gilroy）和欧洲荷兰（Goldsmith Seeds Europe B. V.）两个育种研究分公司。公司采用家族式的管理模式。该公司几乎所有花卉种子都是选择具有最适宜气候的地区建造的温室内生产的。危地马拉和肯尼亚是公司主要的种子生产基地。Goldsmith Seeds 公司具有高效可靠的种子生产运作体系。Goldsmith Seeds 已经成长为一个拥有4000名员工且其下属分公司分别位于三个大洲的跨国公司。

(4)日本坂田种子公司(Sakata Seed Corporation)

SAKATA(坂田种苗株式会社)1913年创立。1930年育成了世界首创重瓣矮牵牛新品种，使SAKATA在世界上一举成名。SAKATA是日本最早将种子出口到国外的公司。通过矮牵牛、三色堇等草本花卉种子和西兰花、大白菜、白花菜、胡萝卜、辣椒、番茄等蔬菜种子的出口，公司获得了世界各国的高度评价，取得了巨大的成功。现在，SAKATA向世界130多个国家提供种子。SAKATA的花卉及蔬菜种子遍及全球。近年来，为扩大国际市场，SAKATA已经在世界17个国家建立了子公司。

3.7.3.2 合同花卉种子生产企业

这些企业一般都坐落在特别适宜生产优质花卉种子的气候条件的地区并且已从事多年的花卉种子生产。温室制造商往往就是花卉种子生产者。而对于专门生产天然杂交花卉种子的合同企业，则会进一步与其他农民签订生产花卉种子的子合同，由这些农民来完成花卉种子的生产。

甘肃花卉制种产业已初具规模，目前面积达1万hm^2，产种量400万kg，远销美国、法国、日本等10多个国家和地区，出口种子100万kg以上。甘肃省祁连山北麓的民乐县新天镇许庄村有花卉制种温室26座。花卉品种繁育纯度高、杂交技术规程严格规范。沿山乡村花卉杂交制种温室已经发展到了40多座，成了荷兰客商在当地的花卉繁育重点基地。技术要求也特别严格，花卉原种由荷兰客商提供，栽培繁育不允许有一株杂苗，每天从早到晚都要进行人工杂交授粉。花卉杂交制种的收入高，三色堇每千克的合同收购价是4000元，仙客来种子每千克6000元，一座占地面积仅0.03hm^2的花卉制种温室，最高收入为2.2万元，最低收入1.2万元。甘肃省酒泉市拥有花卉良种繁育基地667hm^2，生产草花种子的公司有十几家，草花品种1000多个，年生产草花种子逾6万kg；多是受美国、法国、荷兰和中国台湾委托进行生产。

3.7.3.3 花卉种子生产个体户

这些花卉种子生产个体户与专门的花卉育种企业或合同花卉种子生产企业签订花卉种子生产合同。这些个体户往往并不是全日制地生产花卉种子，他们主要的业务是作物生产。所使用的花卉种子生产温室往往是观赏植物生产企业的，这些个体户有些是某种花卉的专家。

以上3种类型的花卉种子生产累加起来构成数量不小的花卉种子生产者。从管理的角度分析，花卉育种企业生产的种子的质量是最好最有保证的，因为他们可以做到对整个种子生产过程的监控，然而，由于不同种类的花卉需求的数量不同，所以合同花卉种子生产企业是非常有必要存在的。对于单一作物，绝大多数花卉种子生产的数量都是非常小的。如四季秋海棠的生产规模在温室内才几分地，而对于万寿菊在露地生产也不过几公顷，对于价值比较高的 F_1 代杂交花卉种子生产单位一般是克，而对于价值比较低的天然杂交花卉种子生产单位一般为千克。所以对于花卉生产者往往在一个设施内同时生产多种花卉种子。

小　结

本章围绕花卉种子生产理论与技术展开介绍，对国内外花卉种子、生产现状、花卉种子分类、生产方式、花卉种子质量标准、花卉种子进出口贸易、花卉企业种类和世界著名花卉种子生产企业、制约我国花卉制种的关键问题都进行了阐述，给予花卉种子生产以全貌的了解。

思考题

1. 哪些花卉商品生产采用种子繁殖？花卉种子有哪几种分类方式？具体是如何划分的？
2. 花卉种子生产的基本程序是什么？
3. 温室花卉 F_1 代种子生产和露地大田天然杂交授粉制种有什么不同？
4. 目前世界上有哪些花卉种子生产企业？各有什么特点？

参考文献

1. 中华人民共和国种子法(2000年7月8日第九届全国人民代表大会常务委员会第十六次会议通过 根据2004年8月28日第十届全国人民代表大会常务委员会第十一次会议《关于修改〈中华人民共和国种子法〉的决定》修正。)

2. 中华人民共和国植物新品种保护条例(1997年3月20日国务院令第213号发布，自1997年10月1日起施行。)

3. 程金水. 2000. 园林植物遗传育种学[M]. 北京：中国林业出版社.

4. 戴思兰. 2007. 园林植物育种学[M]. 北京：中国林业出版社.

5. 刘燕. 2009. 园林花卉学[M]. 2版. 北京：中国林业出版社.

6. 董丽. 2003. 园林花卉应用学[M]. 北京：中国林业出版社.

7. 张启翔. 2004—2009. 中国观赏园艺研究进展[M]. 北京：中国林业出版社.

4

花卉穴盘苗生产

穴盘育苗是一项现代育苗技术，是指在特制的育苗容器"穴盘"中，采用一定的栽培基质，使用优质的繁殖材料(种子、插穗、组培苗)，通过科学细致的栽培程序和管理技术，生产出高品质的种苗。穴盘育苗技术在花卉种苗繁育中不仅可以用于实生苗，也可以用于扦插苗繁殖和组培苗炼苗。这项现代化的育苗技术已被广泛地应用于园艺业，同时也进入了农林业。美国和欧洲花卉业几乎100%使用穴盘育苗。穴盘育苗的技术要点主要有3个方面：首先，穴盘中的穴孔呈"倒金字塔"型，这种形状的空间最有利于植物根系迅速而充分的发育。根据需要，穴孔可大可小，一个约70cm×35cm的穴盘上，可有72~800个穴孔。其次，采用专业化的育苗基质，这是穴盘育苗的关键部分。其所用的育苗基质主要由泥炭组成，同时还加入珍珠岩、蛭石、树皮、保湿剂等基本养分。在花卉发达国家，穴盘育苗的基质已高度专业化，不同花卉采用不同的育苗基质，以保证幼苗生长的特殊需要。最后，精细的栽培技术是穴盘育苗技术的核心。根据种类的不同，育苗时间通常是3~6周，不同时期对养分、水分、pH值、EC值、温度、光照以及植物生长调节剂的管理要求也不尽相同。

4.1 穴盘苗的发展状况与应用前景

4.1.1 穴盘苗生产发展的历史与现状

穴盘苗起源于欧洲，发展于美国。20世纪50年代，欧洲采用基质块来生产种苗，即把基质置于一个较浅的容器内，再挤压并分隔成一块块正方形基质块，每一个基质块栽植一棵种苗，由于块与块之间有细小空间隔开，取苗时块与块各自分开，取苗较为方便。这是最初穴盘苗的雏型。但是，由于基质块之间没有阻挡物，植物的根系容易延伸到邻近的基质块内，移植时仍有断根，形成伤口，延长了缓苗时间，增加了成本。20世纪60年代中期，美国受欧洲基质块育苗的影响，发明了泡沫穴盘，使培育种苗的单个穴孔的基质块之间有了隔断物。同时利用泥炭、蛭石作为种苗生产介质。随着播种机、肥料配比机、浇水与喷雾设备、新型穴盘(如硬塑胶穴盘)的不断发明与改进，以及与专业种苗生产相配套的种子处理技术的提高，穴盘种苗生产便成为花卉及蔬菜园艺生产的一个新的专业分工。

穴盘种苗技术引进我国时间为20世纪80年代中期。"九五"期间，我国穴盘育苗获得了较好的发展机遇。全国各地建立起了许多科技园区和高新农业区，几乎都规划布局了穴盘种苗项目。但是，最初主要是国家的科研机构在尝试，很少有商业机构参与，所以真正大面积的推广一直没有实现。后来，伴随国内花坛花卉、盆花的发展，外加一些商业公司的参与，如最初由浙江虹越花卉有限公司以花卉种苗为切入点，开始推广这项技术，穴盘种苗蓬勃发展起来。随后，世界种苗业巨头美国Speedling公司来中国投资成立中国维生种苗公司，更推动了穴盘种苗技术的推广。目前，从事穴盘种苗生产的公司不少，如分布各地的维生种苗、上海种业、虹越种苗、大连园林实业、大连世纪、森禾种业等。由于有较多商业公司的参与，一方面降低了生产成本，另一方面与穴盘育苗相关的配套技术、设备、资材等都有专业合作和开发者。因此，穴盘种苗业才在国内真正发展起来。

4.1.2 花卉穴盘苗生产的应用前景

传统花卉播种采用盆播育苗、苗床条播或撒播等方式。种子发芽长至可移植时，一般连着土壤被成团挖起，然后手工分成单棵的裸根苗或带土苗，移栽到容器或定植到苗床上。这种育苗方式，会使根系受到不同程度的伤害。伤害的根系很容易感染土壤致病菌，如腐霉苗、疫霉病、廉孢菌、根串珠霉菌等，最后引起部分根系腐烂。因此移植后常常有一个根重新生长的缓苗期，导致长势不一。这种育苗方法耗费大量人工，操作比较粗放，育苗全凭个人经验，把握性差，不利于种苗生产规模的扩大和生产技术的提高，不适应现代园艺规模化、精确化发展趋势。

种子经由机器分播于穴盘的穴孔里，发芽后，幼苗在各自的微型穴孔里生长直到可以移植。移植时，将穴盘苗从穴孔里拉出来或顶出，就可以将其完好无损地移栽到较大的容器或露地。与传统的生产方式相比，穴盘苗不仅能够使花卉植株的质量和活力明显改善，而且也能够大大提高花卉生产的效率和效益。穴盘苗幼苗的根系被隔离在穴孔中，根部保全了大量根毛，有利于根系的发展。移栽时，带着基质团的种苗从穴孔中脱出，移植到较大的容器中，植株和根系一般不会受到损伤。由于根系不受伤或仅产生轻微损伤，产生根腐的机会少，植株生长整齐度高。由于移植时不易伤根、不窝根，移植后缓苗期短，可使植株开花提前、生长整齐，生产期缩短。

穴盘苗生产充分展示了现代园艺产业的专业化、规模化、系统化及机械化的特点，将会在园艺生产上得到越来越广泛的应用。

4.2 穴盘苗生产所需的主要设施设备

4.2.1 温室

由于穴盘种苗生长阶段对温度、湿度及光照要求较为严格。因此，选作穴盘苗生产的温室必须具有能够一定程度控制环境因子的设备。温室一般要配备遮阳、加温、降温、光照、通风、苗床、道路、地布等系统或设施。具体可参见本教材第 2 章的相关内容。

4.2.1.1、遮阳系统

在很多地区，从晚春到初秋温室内的光照水平都高于育苗生产所需要的最佳光强。强光对温室形成的辐射热会对降温系统产生很大热荷载，强光也可能灼伤种苗。因此穴盘种苗温室一般配备外遮阳系统和内遮阳系统，用于反射或遮挡部分太阳光。由于外遮阳系统具有一定的降温效果，在夏季较炎热的地区，必须配备外遮阳系统。夏季较凉爽地区，可以只配备内遮阳系统。根据夏季光照强度，可选用遮光率 20% ~90% 遮阳网，最常用的是 50% 遮光率的遮阳网。现代温室可以根据光照传感器的反应自动控制遮阳网的启闭。

4.2.1.2 加温系统

冬天穴盘苗生产温室的平均温度不低于18℃，最低气温不低于15℃（有些种苗场在穴盘苗生产的第四阶段最低气温可降至12℃）。为了保证上述温度要求，国内大部分地区的穴盘苗生产温室需配备加温系统。

大型育苗温室，常采中央锅炉加热系统。中央锅炉加热系统分为热水管道加温，或者蒸汽管道加温的。热水加温是将锅炉中的水加热到82℃或95℃，加压后送到温室。因为水的热容量较大，热水加温系统的空气温度更稳定，锅炉出现故障时，温室温度不致于很快降低。一般将热水翅片管安置在栽培床下面加热，或采用EDPM软管固定在紧贴栽培床的钢板网下加热，这两种方式保证了较好的根区加热，不把热量浪费在空气中。若采用地面种植系统，一般将加热水管埋入碎石或多孔混凝土地面。蒸汽管道加温的优点是所需锅炉小、无需循环泵、无需维护水管；缺点是热量消散快，锅炉出现故障时系统降温快。

局部加热系统是另一种加热系统。小规模育苗温室常采用局部加热系统。它包括热风加热系统和红外辐射加热两种。热风加热系统较适合于空气湿度较大的我国南方地区，也较适用于育苗的后期。辐射加热是在温室顶部安装辐射加热器，向外发射红外辐射而加热。由于容易造成育苗区内不同地点的热辐射不均匀，会导致种苗生长不整齐，因此育苗中辐射加热应用得并不多。

4.2.1.3 降温系统

夏季高温对于穴盘苗生产也会产生不利影响。降温系统一般分为自然通风系统、机械通风系统、湿帘风机降温系统和弥雾降温系统。自然通风系统是指用采顶通风窗、侧墙通风窗或侧墙卷膜通风，利用自然风进行通风降温。在夏季较凉爽地区，可仅采用自然通风系统。在夏季较热地区，还需结合其他措施降温。上述自然通风系统，如果配置风机，可提高风速，增强降温效果，这种通风降温则演变为机械通风系统。

湿帘通风降温系统，是在温室的某一面墙上安装湿帘，在对面的墙面安装几个大型的排风扇。潜水泵在将水分送至湿帘时，排风扇抽吸湿帘中湿汽，因水汽蒸发而使温室内空气温度降低。

弥雾降温系统，在高压下水被雾化为直径小于40μm的细雾，在温室一侧安装风机，细雾由风机引入喷施到室内的高温空气，随着雾粒的蒸发，空气得到冷却。沿温室长度方向再布置第二组雾化喷头，前面的冷却的空气在第二组喷头喷雾下继续降温。弥雾降温系统要求控制好喷雾量，如果因为喷雾造成温室内湿度过高，将会造成穴盘苗徒长。

4.2.1.4 光照系统

在一些地区，冬天或雨季温室光照强度不足，低于穴盘苗的最佳光照要求（小于16 140lx）。补充光照可以增加光合速度，促进种苗生长。较为普遍地采用高压钠灯

(HPS)，HPS 灯光照效率高，能将输入电能的 25% 转变为可见光，有 400W 和 1000W 两种规格。穴盘苗的总光照时间要求为 16～18h，其中包括自然光照时间加上补光灯照明时间。穴盘苗对补充光照的最佳反应是在幼苗期，其中第一片真叶最强烈，以后逐渐减弱。冬季使用高压钠灯补光，可以缩短生产周期，更好地控制生长。有些花卉，在种苗阶段需光周期处理以提前开花。温室必须配置白炽灯或 HPS 灯来打破长夜延长日照时间。

4.2.1.5 通风系统

冬天温室密闭时，或者雨季时，温室内空气湿度高，会增加种苗发生病虫害的几率。良好的通风系统对减少种苗病虫害发生非常重要。湿帘风扇系统中的大型通风扇是其中的一种通风设施。另外，在温室内部安装加强型通风机，强制温室内部空气循环，降低叶面湿度，减少病虫害的侵染。另外，在管道加温过程中，配备环流风机，能使温室内的温度分布均匀，降低温室加热成本。

4.2.1.6 栽培床系统

栽培苗床是穴盘的承载体。分为地面床、固定式栽培床、滚动式栽培床。

荷兰和美国的一些大规模种苗商采用混凝土地面育苗，灌溉采用上部喷灌或地面潮汐灌溉，这些种植者大多采用聚乙烯泡沫穴盘。地面铺装成具有适宜透水性的多孔混凝土地面，聚乙烯泡沫穴盘摆放在混凝土地面上。这种系统在连跨温室中应用较多，空间利用率高(达 90%)，对于用同一种规格穴盘苗大面积生产同一生长期的相同作物时最为合适。这种系统的缺点是穴盘底部空气流通性差，不易控制基质湿度，有时根系易伸出穴盘底部。另外，摆放和挪动穴盘时主要靠手工作业，劳动效率低。

固定式栽培床用于小规模温室。栽培床高度一般为 81～91cm，宽度为 1.22～1.52m(最宽不宜超过 1.83m)；主走道宽为 91～152cm，栽培床之间走道宽度常为 50～70cm。为利于通风，采用钢丝网作栽培床的底板，网下设置支撑以避免栽培床床面下陷和不平整。这种布置方式温室利用率为 59%～80%。

滚动式栽培床是将栽培床支撑在可以滚动的镀锌钢管上，栽培床可向左右移动，这样每跨温室只需留一条操作通道，节省的操作通道空间用于布置苗床，使温室利用率升至 75%～85%。但此种床架的设计也有一些缺陷：如工人需要拖着水管人工浇水，不能多人同时在一个工作区域工作。此外，温室工作人员和种植者在栽培床中穿梭走动时衣服经常被栽培床边沿的尖锐毛刺所刮破。

4.2.2 发芽室

种子的萌发分两个阶段：阶段 1，从播种到胚根的出现；阶段 2，胚根出现到子叶展开。其萌发的关键因素包括：土壤、湿度、水分、光照和氧气。穴盘苗要快速、整齐发芽，最好根据花卉不同种类，提供最适的环境条件。然而，大型温室不容易精确控制温度等环境条件。有条件的种苗场应另外建设一个小型发芽室，发芽室能精确控制温度、湿度等发芽条件。穴盘苗的第一阶段和第二阶段前期在发芽室中渡过。

运用催芽室的优点是种子发芽率高、发芽速度快、发芽均匀度高、占用温室空间小、不需要投入很多精力控制适宜的温度湿度水平；缺点是建造催芽室的成本高、生产流程中需要搬运穴盘、时间控制要求严格，必须密切监视以便穴盘能及时从催芽室转移到温室，只有这样才能获得最好的发芽，避免种芽过分伸展。因此，催芽室的设计不会是完美的，要建造何种类型的催芽室取决于：①需要的空间；②需要的几种温度；③一年中使用催芽室的时间长短；④准备投资多少。根据以上四点确定要建设的催芽室的类型后，进行建设应重点考虑下列因素：

(1)发芽室空间尺寸

发芽室的尺寸取决于在给定的时间内需要催芽穴盘的数量和所设定的温度梯度。催芽室的高度应使穴盘苗架或穴盘车上部有足够的空间以便加湿气雾能顺畅通过，避免在穴盘上凝结。如果不设降温系统，催芽室的高度至少应保证2.4m。如果在顶棚下安装降温系统，则至少应保证3.0m。

(2)发芽室保温效果

要求墙体和屋顶保温效果好，隔热对保持室内温度总是有益的。保温材料种类较多，进行选择时要求隔热系数R最低为20。通常可利用原有建筑或利用保温彩钢板建成，发芽室四壁材料及屋顶利用7.5～10.0cm厚保温彩钢板，顶棚设计成倾斜型以避免水滴直接滴落到穴盘上。发芽室内水泥地面厚度10～15cm，向中央轻度倾斜一定坡度以利于排水。

(3)发芽室温度控制系统

发芽室温度控制主要分为加热系统和降温系统。小型的发芽室可用空调来加温，如果使用白炽灯，可由灯光发出的热量供热。大面积的发芽室的加温采用独立的供热系统，一般控制的最高温度为26.5℃。在较热的月份，或者种子萌发需要较低温度时，发芽室要配置降温设施，小型发芽室同样可通过空调来降温。对于大型发芽室，应选择适合高湿度、低气流的降温设备，需要注意的是，如果装有喷管系统，选用该设备时两个系统的温度设定值至少相差1℃，否则两个系统会交替不停地运行。

(4)发芽室湿度调控系统

发芽室内的湿度控制通常采用自动控制喷雾系统加以解决。一般按10～15cm^2面积配备一个喷头，喷头安装在发芽室顶棚，喷出的是完全雾化的水气，这样整个发芽室内的湿度分布会比较均匀，同时还要控制室内气流使之保持在最小水平。对于小型的发芽室中，采用加湿器即可满足要求。所需湿度范围可以自动控制，可采用电子编程定时器，或简单的时钟控制器、湿度传感器等。

(5)发芽室光照系统

在墙面四壁安装低压荧光灯以提高种子发芽所需的光照条件，双灯光管垂直安装，灯座为防水灯座。发芽室内最重要的设施是移动发芽架。发芽架分带荧光灯和不带荧光灯两种。尺寸可根据需要定制。不带荧光灯的发芽架每个架子设15层左右，层间距为10cm；带荧光灯的发芽架每个架子设6～7层，层间距为25cm(图4-1)。较大的发芽室由于四壁安装的光照设施不能保证室中央种苗获得充足的光照，一般采用带荧光灯的发芽架；而较小的发芽室可采用不带荧光灯的发芽架。应定期对发芽室进行清洗保洁，必

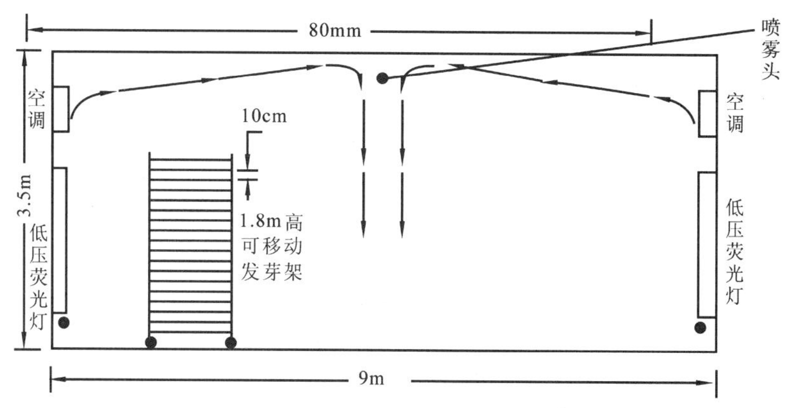

图4-1 发芽室剖面图

要时安装紫外灯定期进行杀菌。

4.2.3 准备房

大型种苗场有与温室配套的准备房，准备房中布置贮藏区、播种区、发芽室、控制室、操作间、包装间等。

(1)播种区

大型种苗场通常在此区安装有播种流水线，如介质混合机、介质运输机、介质填充机、播种机、覆料机及淋水机等，在此区内完成播种操作。小型种苗场常利用温室的一角进行播种，主要设备为播种机，其他操作为人工所代替。

(2)控制室

穴盘苗生产中，有许多控制温室环境、控制浇水施肥操作、控制发芽环境的仪器、设施，这些一般布置在控制室内。

(3)贮藏区

贮藏区主要用于堆放各种介质、农药肥料、育苗容器、包装材料等，占地面积较大。

(4)包装间

穴盘苗上市前要进行检验、整理，再进行包装。大型种苗场常配置运苗架或传送带、种苗分离机和包装用具。

4.2.4 播种机

穴盘苗生产如果采用人工播种，会造成速度慢、精确度低。现代穴盘育苗一般采用播种机播种，以达到精确、便捷、高效的目的，提高种苗质量和整齐度。播种机采用的是真空吸附原理，通过开启真空马达或气泵造成的真空，将种子吸附到播种机的针管口(或面板小孔，或滚筒小孔)上，待针管口或小孔对准穴盘的穴孔时，关掉气泵，被吸附的种子即落到穴孔之中了。选用播种机时要考虑的因素有：①穴盘规格及数量；②种植者在穴盘苗生产方面的专长；③种子的类型与数量；④播种机的使用频率。只有综合这些因素，种植者才可从最初的投资中获得最大的经济效益。常用播种机有手持管式播

表 4-1 常用播种机特性比较

类　型	自动化程度	播种原理	播种速度(盘/h)	参考价格(万元/台)	播种特点
人工播种	手工		10~12		1 次播 1 粒种子
手持管式播种机	手工	真空吸附	40~60	0. 15	1 次播 1 行
板式播种机	手动	真空吸附	150	2. 2	1 次播 1 盘
板式播种机	半自动	真空吸附	250~400	5	1 次播 1 盘
针式精量播种机	全自动	真空吸附	100~120	20~30	1 次播 1 行
滚筒式播种机	全自动(大)	真空吸附	1200	70~80	滚一圈播 1 盘
滚筒式播种机	全自动(小)	真空吸附	800~900	20~30	滚数圈播 1 盘

种机、板式播种机、针式精量播种机及滚筒式播种机(表 4-1)。

手持针管式播种机　属于真空模板类型，由播种管、针头、种子槽、气流调节阀、连接软管和吸尘器等部件组成，操作者手工将种子分散到带有小孔的模板上，单个种子被吸在真空状态下的小孔里，小孔填满后，模板置于穴盘上方，手工释放真空状态，种子掉落穴盘。此种机器价格便宜，使用方便，适合于中小型穴盘苗生产商进行穴盘生产(图 4-2)。

板式播种机　由气泵、连接软管和播种板等部件组成，一般根据种子的种类、形状及大小配备几种规格的铝制播种板。同一播种板通过调整真空压力控制一次播种 1 粒种子或多颗种子。其特点是操作简单，价格低(图 4-3)。

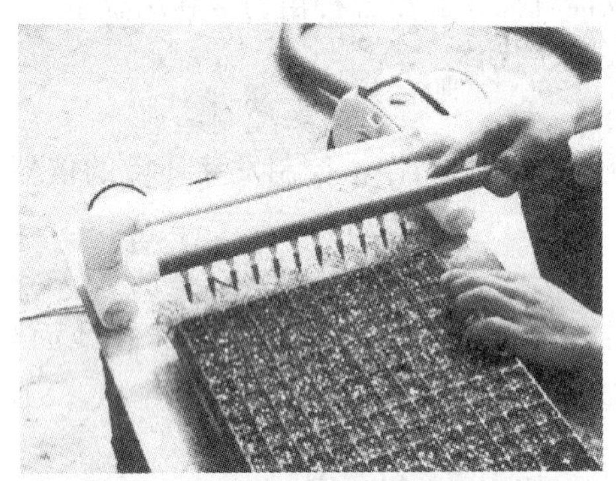

图 4-2　手持针管式播种机

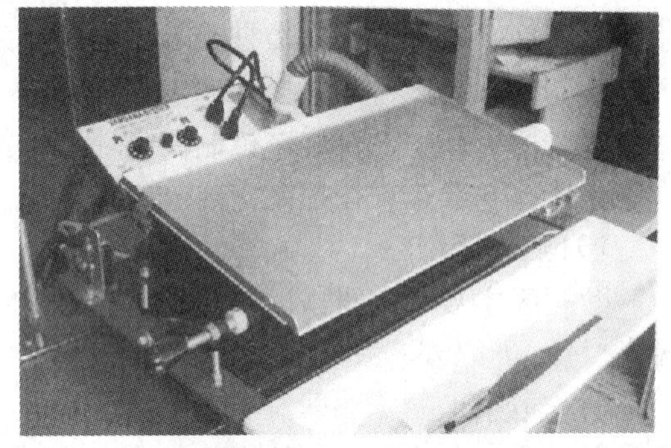

图 4-3　板式播种机

针式精量播种机　是利用电子眼技术将种子以计数的方式分拣出来并放入穴盘。这些电子眼数种机可以在种子进入斜槽，经过电子眼的时候准确地进行辨认，然后种子进入对准穴孔的管子，通过气压阀把种子播入穴盘内。此种播种机自动化程度高，播种精确度高，但价格昂贵(图 4-4)。

滚筒式播种机　具有一个可以滚动的带孔圆筒，真空泵开时种子吸附到滚筒的小孔上，通过排气或排水释放真空状态，种子会落入穴盘中。滚筒转的速度与穴盘先行进的速度一样。其特点是速度快，精度高(图 4-5)。

图 4-4　针式精量播种机

图 4-5　滚筒式播种机

4.2.5 水肥系统

在生产中，水肥管理不善会给穴盘生产带来巨大的损失。植物对水分的吸收主要由植物的生长类型和生长温度决定，不同阶段对土壤的湿度要求不同，对穴盘内幼苗的施肥很困难，因为容积小、淋洗快、基质 pH 值变化快，盐分容易积累而损伤幼苗的根系。施肥量及施肥的方法都要随着不同植物类型、植物的生长阶段、基质的 pH 值及预期生长速度的变化而变化。穴盘苗生产中的水肥系统有水处理设备、浇水设备、肥料配比机、喷雾器，以及各种灌溉管道和各种容器。

(1)水处理设备

若水源采用雨水或自来水，安装一般的过滤器即可。采用河水、湖水或地下水(进水)时，需先对重要水质指标进行分析；若 pH 值、EC 值、杂质含量等指标达不到要求时，应进行水处理。水处理设备有沉淀池、过滤器、离子树脂交换器，反渗透水源处理器、加酸配比机等。具体水处理办法见后文水处理相关内容。

(2)浇水设备

一般来说，在作物萌发初期，需要较高且均衡的湿度。一旦胚根出现，湿度应该降低，此时让基质表面略微干燥，根系会深入基质。萌发阶段完成后，叶和根开始活跃生长。平均起来，这个阶段的湿度较低，干湿变化范围比较大。炼苗期，幼苗可以进一步干化，有时直到略见萎蔫时才浇水。

大型种苗场一般使用自走式浇水机(图 4-6，图 4-7)，即臂式灌溉，就是在一根水管上安装几个或几十个喷头，架于苗床上方。其优点是：省水、省工、速度快，浇水整齐均匀。均匀一致地灌水和施肥，才能保证作物的高质量生产，这点对穴盘育苗尤为重要。通过选用不同类型的喷头达到控制发芽期和生长期的灌溉水量。自走式浇水机由 3 个系统组成。

控制系统　通过电脑编程设置浇水指标：浇水次数、水量大小、浇水时间和地点，通过磁性开关控制浇水工作。

动力系统　采用电机控制浇水系统的移动、减速、停止等动作。

浇水系统　动力系统在浇水机的中间，两旁各有一根浇水横杆，由中间延伸到两

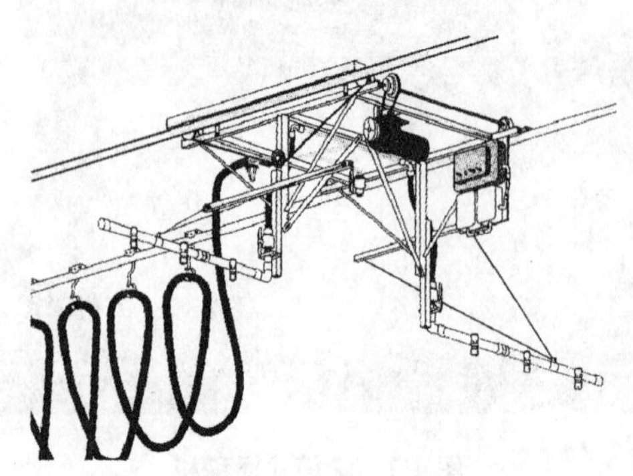
图 4-6 自走式浇水机示意(侧面)

图 4-7 自走式浇水机

侧。浇水横杆上有等距离浇水喷头，相邻喷头喷出的扇型水区相互重叠，能保证整跨温室都能浇到水。

(3)自动肥料配比机

自动肥料配比机可以保证按设定的比例施肥。其原理是由于水流作用而产生真空吸收作用，从浓缩原液桶里吸取肥料，按设定比例与水混合，以满足种苗某阶段生长所需的肥料浓度要求。自动肥料配比机含有进水管、出水管及吸肥管。施肥完毕后需继续吸取清水 5min，清洗残存肥料，保护相关密封件。

(4)喷雾器

在穴盘苗生产温室，还需配备几个喷雾器，分别用于喷施农药、矮壮素、叶面肥。

4.3 穴盘育苗所需的关键生产资料

4.3.1 种子

为了适应现代穴盘苗生产中的专业化、机械化及规模化生产的需要，用于穴盘苗生产的种子一般经过如下特殊处理。

(1)筛选种子

种子在收获后都要清除灰尘、花粉和种子外皮，并根据种子的大小、形状、颜色、质量和密度进一步分离，从而提高种子活力的均匀度，进而才有可能培育出长势均匀的幼苗。

(2)“脱化处理”

穴盘苗采用机械化播种，多数是利用真空进行吸种，大小均匀的圆形种子是最适合机械播种的。经过脱化处理的种子，机械播种时流动性更好，播种到穴盘中的位置更准确。但是脱化处理会对种子外皮造成机械损伤，因而会缩短这类种子的贮藏时间。若无适宜贮藏条件，应当季购买，当季播种。

(3)“水化处理”

对种子进行机械化精加工处理后，为了使穴盘苗快速整齐发芽，种子常进行过“水化处理”。“水化处理”即将种子放到渗透溶液中，以激活种子发芽的新陈代谢活动，但阻止完全萌发的发生。在生根(胚根)前将种子重新烘干，使种子的水分含量恢复到水化处理以前的水平，然后将种子像原种子一样进行其他方面的处理。播种后种子重新处于水合状态，由于许多新陈代谢过程已完成，种子的发芽速度大大提高，发芽率改善，小苗长势茂盛。

不同作物的前萌动处理不一样，表现为处理时间的长短、渗透潜力、温度、光照和氧气的控制都不同，而且同一品种不同批号的处理也不同。因此在萌动前后，必须测试萌发率和活力。

(4)“包衣化处理”

植物的种子多种多样，不圆的种子会给真空播种机的高速、准确的工作效率带来影响，因此在进行播种前，许多种子都被加工成丸粒或包衣种子。这样可以快速、准确地播种，也便于检查播种效果。对种子丸粒化和包衣化的另一个原因是为在用杀菌剂、杀虫剂、生物控制剂和生长调节剂处理种子提供安全、有效的载体。

种子贮藏的两个最重要的因素是湿度和温度。好的贮藏条件应保持相对湿度在20%～40%，种子的含水量在5%～8%，这也是大多数种子的最佳贮藏湿度。若种子含水量过低，会影响其寿命和萌发力；若含量过高，会滋生霉菌和虫子，破坏种子的成活力。穴盘苗种植者可以用除霜冰箱或人工气候室把温度调到5℃来贮藏全部种子。只要锡箔袋和金属罐是密封的，就可以达到防潮的目的。一旦打开，就必须采取措施防止种子从空气中吸收潮气。把锡箔袋简单扎上放在冰箱里不能防止种子从空气中吸收多余水分。应当将种子放在防水又密封的容器里，在底部放一层薄薄的硅胶干燥剂，然后放在冰箱里。

4.3.2 介质

介质是指用于支撑植物生长的材料。植物生长所需的全部水分和矿物质都由根系从基质中吸收而来，因此，生长基质中必须有足够的营养、适宜的pH值范围，以及良好的根系生长环境。研究表明，植物生长最理想的介质应含有50%的固形物、25%的空气和25%的水分。穴盘育苗用的介质，应达到如下要求：

(1)透气性、排水性好，持水能力也较强；

(2)EC值低，有足够的阳离子交换能力；

(3)尽可能达到或接近理想的固、气、液相标准；

(4)不含有毒物质、病菌、害虫及杂草种子。

4.3.2.1 介质的常见特性

选用介质时要考虑到介质的物理性质和化学性质。介质的物理性质主要有容重(密度)、总孔隙度、大小孔隙比及颗粒大小。容重指单位体积介质的重量。容重太大，穴盘苗太重，影响穴盘苗的搬运操作；容重过小，则介质过于疏松、透气性好，有利于根系的伸展，但不利于固定植物。总孔隙度，是指介质中持水孔隙和透气孔隙占介质体积的百分比。总孔隙度大的介质较疏松，较利于植物根系的生长，但对于植物根系的支持固定作用较差，易倒伏；总孔隙度较小的介质较重。实际生产采用混合介质，目的之一是克服单一介质总孔隙度过大过小的缺点。大小孔隙比是指通气孔隙(大孔隙)与持水孔隙(小孔隙)之比，它反映的是介质中的气、水比状况，其最理想的比率是1∶1。介质的颗粒大小影响上述3个指标。同种介质，颗粒越粗，则容重越大、总孔隙度越小、大小孔隙比越大。只有介质颗粒大小合适，才能形成合理的气水比。

介质的化学性质主要包括酸碱性、阳离子交换量、缓冲能力及电导率。介质的酸碱性会影响到种苗的生产及肥料施用的有效性，使用前应进行酸碱性测定。阳离子交换量反映的是介质保存养分的能力，CEC值过低，介质保肥能力差；CEC值过高，介质保存养分离子的能力过强，会造成基质可溶性盐离子含量的增高。缓冲能力是指介质加入酸碱物质后，介质本身所具有的缓和酸碱变化的能力。电导率(EC值)是指介质未加入营养液前，本身原有的电导率。它反映介质中原来带有的可溶性盐含量，会影响到植物的根系的生长及营养液的平衡。

4.3.2.2 穴盘苗生产常用的介质

穴盘苗生产常用的介质有泥炭、蛭石、珍珠岩。

(1)泥炭

泥炭是一种特殊的半分解的水生或沼泽植物，可分为两类。一类是草炭(sedge)，形成于莎草或芦苇，我国东北产的草炭便属于此类。此类泥炭虽然被国内有些单位用于生产穴盘苗，但其指标与穴盘苗生产的介质要求相差甚远。另一类是泥炭藓(peat moss)，形成于较原始的泥炭藓属植物，其物理和化学性质稳定，是国际间一种理想的商品用种苗介质。优质泥炭有如下特性：保水性和通气性均好；保肥能力强；清洁、没有杂草；再分解困难，作为介质较为稳定；没有肥分；强酸性。目前生产上常用的原产加拿大东部的泥炭的物理和化学性质如下：pH 3.4～4.4；EC 0.1～0.3 mS/cm；含水量35%～55%(按质量计)；容重0.1～0.14g/cm^3；CEC 100～140mmol/100g；总孔隙度95%～97%；自由孔隙度12%～40%；持水量55%～83%；吸水能力为自身干重的8～20倍。

各种泥炭和草炭用做基质之前，需要测试物理和化学特性。水藓泥炭比较适合作基质，因为它的纤维结构好于其他泥炭，有利于通气和排水。泥炭中加入其他物质有利于增加基质的排水性和透气性，通常的添加物有：蛭石、珍珠岩和煅烧土。

(2)蛭石

是一组叶片状的矿物，外表类似云母，经1100℃高温处理，体积膨大8～20倍而成。膨胀蛭石具有较好的物理特性，如良好的保温、隔热、通气、保水、保肥作用。作为园艺用的蛭石最好是较粗的膨胀蛭石，质轻，容重仅为100～130kg/m^3，呈中性至碱性(pH 7～9)；具有良好的通气性、保水性及化学缓冲能力。每立方米蛭石能吸收500～650L水。蛭石不耐压力、易碎，随着使用时间的延长，大块片状蛭石变成细碎蛭石，容易使介质变得致密而失去通气性和保水性。因此，生产穴盘种苗用蛭石应选择粗的薄片状蛭石，即使细小种子，播种用介质及覆盖用介质，均以较粗的为好，片径最好在3～5 mm。蛭石在种苗生产中属于短期使用，理化性质改变不大，所以较为合适。

(3)珍珠岩

珍珠岩是由硅质火山岩在1200℃下燃烧膨胀而成。质轻，容重仅50~60kg/m^3，通气良好，无营养成分，质地均一，不分解，无化学缓冲能力，阳离子交换量低，pH 7~7.5，对化学和蒸气消毒都是稳定的，能吸收自身重3~4倍的水。园艺种苗生产用的珍珠岩最适粒径为2~4 mm，加入介质中主要用来增加介质中的通气量。由于珍珠岩过轻，浇水后常会浮于介质表层，造成介质"分层"；同时也会使基质过于疏松，根系不能与介质紧密贴合，造成换盆后成活率下降。因此，在配制混合介质时要控制珍珠岩的比例。

煅烧土也可以加到混合基质中，以增加颗粒的大小变化，提高基质的透气性。煅烧土在高温下聚集。形成较硬的颗粒，这些颗粒较大，从而提高了基质的疏松性，增加了排水和透气的大孔。值得注意的是，煅烧土可基质的阳离子交换量和钠的水平，在使用前，一定要对煅烧土进行测试。

穴盘苗生产用介质一般是上述几种介质按一定比例混合而成。在选择使用时要注意如下问题：检查泥炭的含量；使用前及使用时每周检测介质的pH值及EC值；要经常对浇灌用水质进行检测，检测硬度及纯度，硬度一般保持在60mg/kg，不得低于40mg/kg。

4.3.3 水

传统播种育苗不重视水质。现代穴盘苗生产，由于人工配制的基质缓冲能力差，水质对穴盘苗生长的影响非常大。水质差在穴盘苗生产中会造成如下后果：破坏介质结构(使介质透气性、透水性变劣)；对根系和叶产生危害；可能导致微量元素中毒；可能导致某种程度缺素；改变介质的pH值；导致和传播病害；引起植株发育不良等。现代穴盘苗生产要进行水质的检测，对于不合格的水质要进行水质调整。

影响穴盘生长质量的水质指标主要有4大类：pH值和碱度，可溶性盐含量，钠吸收率，水中营养成分含量。水质检测主要对上述4类指标进行检测。

(1) pH值

穴盘育苗水的适宜pH值范围应该在5.5~6.5，在此范围内，大部分营养元素、生长调节剂、杀菌剂和杀虫剂的溶解度是比较好的。灌溉水pH值不会影响到介质的pH值，但水的酸碱度则直接对生长基质和植物的营养吸收有影响。两种水源，pH值均为5.5，但碱度可能不同，例如一个为60mg/kg，另一个为280mg/kg。这两种水对介质的pH值影响极其显著。如表4-2所示，浇灌1周后，前者使介质pH值略升，变为5.8；而后者使介质pH值略急剧上升，变为7.8。可见碱度是灌溉水水质不可忽略的指标之一。

表4-2 灌溉水的碱度对介质pH值的影响

灌溉水水质特性		介质pH值的变化	
pH值	碱度(mg/kg)	开始时	1周后
5.5	60	5.5	5.8
5.5	280	5.5	7.8

(2)可溶性盐含量

在穴盘育苗中，可溶性盐类是水质的重要组成部分，地位仅次于碱度。可溶性盐含量是指单位溶液内所有可溶性离子的总量，常用电导率(EC值)来计量，计量单位为毫西门子每厘米(mS/cm)。通常我们要求灌溉用水的可溶性盐浓度应低于0.8mS/cm。可溶性盐浓度过高有可能会损坏植株的根或根毛，降低种子发芽率；还有可能会灼伤植株的叶子。如果对水进行测试的结果是含有高浓度的盐类，应该弄清楚的是何种盐类，多半是来自钠、氯、硼、氟及硫酸根离子。许多穴盘苗对因使用劣质灌溉用水而导致种植介质过高的可溶性盐过敏。

(3)钠吸收率

钠离子吸收率(SAR)量化了钠与钙、镁含量的关系。其计算公式如下：

$$SAR = Na/[(Ca + Mg)/2]1/2$$

在这个公式中，钙、镁、钠的值必须用毫克当量(meq)表示，当这些元素的值用mg/L表示时，需将钙值除以20，镁的值除以12.15，钠的值除以23转化成meq表示。

钠吸收率能评价长期使用某种水源对介质渗透能力的影响。如果钠吸收率(SAR)低于2.0，钠离子的浓度低于40mg/kg，则说明吸收率完全正常。钠离子浓度高会造成介质结构越来越密实，通气量减少、含水量增加，最终妨碍根系的正常生长。钠离子与钙、镁离子产生竞争，如果灌溉水的中钠离子吸收率相对偏高，可以在介质中加入石灰、石膏或硫酸镁来增加钙和镁离子的含量。在穴盘苗生长的初期，应添加钙、镁和钾多的肥料，确保每次浇水能排出5%～10%的水，就可以将过多的钠洗去。

(4)其他营养成分

除了影响可溶性盐含量外，硼(BO_3^{3-}，$B_2O_7^{4-}$)、氯(Cl^-)和硫酸(SO_4^{2-})等离子对穴盘苗的成苗质量也会产生很大影响。硼离子浓度若高于0.5mg/kg，会导致部分花卉叶烧尖或叶尖发育不全；氯离子浓度若高于80mg/kg，会导致根尖烧伤、根腐和下层叶子出现枯斑或坏死。铁离子浓度过高会引起叶片失色，雾喷头阻塞、藻类植物滋生，并束缚了锰、钙和镁的利用。穴盘苗适宜的水质指标见表4-3。

表4-3 穴盘苗生产的水质标准

水质指标	标准值	水质指标	标准值(mg/kg)
pH值	5.5～6.5	氯化物(Cl^-)	80
碱度	60～80mg/kg，CO_3^{2-}	硫酸盐(SO_4^{2-})	24～240
可溶性盐(EC)	<0.8 mS/cm	硼(BO_3^{3-}，$B_2O_7^{4-}$)	<0.5
钠吸收率(SAR)	<2	氟化物(F^-)	<1
硝酸盐(NO_3^-)	<5mg/kg	铁(Fe^{3+}，Fe^{2+})	<5
磷(HPO_4^{2-}，$H_2PO_4^-$)	<5mg/kg	锰(Mn^{2+})	<2
钾(K^+)	<10mg/kg	锌(Zn^{2+})	<5
钙(Ca^{2+})	40～120mg/kg	铜(Cu^{2+})	<0.2
镁(Mg^{2+})	6～25mg/kg	钼(MoO_4^{2-})	<0.02
钠(Na^+)	40mg/kg		

4.4 温室穴盘苗生产的环境条件控制

4.4.1 温度

温度通过影响光合作用、呼吸作用、蒸腾作用及植物体内生化反应酶的活性等方面影响植物的生长发育。

植物生长对温度有一个“三基点”反应，即最低温度、最佳温度、最高温度。低于最低温度，植物不能生长；高于最低温度，植物生长速度会随着温度的升高几乎呈线性增加，然后达到一个最佳温度，在最佳温度条件下，植物生长最快。

不同植物的最佳生长温度不一样，温带、亚热带及热带植物的最佳生长温度分别依次升高。不同发育阶段的最佳温度不一样。多数植物发芽时所需温度比发育过程要高。穴盘育苗4个阶段所需温度也不尽相同。第一阶段所需温度较高，以后各阶段温度都有所降低，第四阶段温度最低，以适应炼苗的需求。例如，矮牵牛在穴盘育苗的4个阶段，所需最适温度分别如下：发芽期：温度24～26℃；过渡期：温度22～26℃；快速生长期：温度17～20℃；炼苗期：温度17～18℃。

叶片数决定着穴盘苗的上市时间。在最低温度到最佳温度范围内，日平均温度与叶片增加速度、植物生长速度成正比。因此，确定了温室的日平均温度，便能确定穴盘苗在温室生长所需的时间，并确定上市时间。

节间长度影响穴盘苗高度，从而影响穴盘苗质量。昼夜温差加大会造成节间长度的增加。节间伸长对清晨2～3h(从太阳升起前的半小时算起)的温度比较敏感。快速降低这2～3h的温度能明显降低节间长度的伸长。

日平均温度和昼夜温差也会影响穴盘苗的其他形态指标。茎杆粗度随着日平均温度下降及昼夜温差增加而变粗，叶片大小随着日平均温度及昼夜温差增加而增加，叶色随着昼夜温差增加而加深。在穴盘苗温室生长过程中，我们更重要是的考虑到日平均温度对生长速度的影响，以及昼夜温差对种苗高度的影响。

温度会与其他因素互作影响种苗的生长。温度适宜但光照不足时，光合作用受到限制，而呼吸作用正常，碳水化合消耗增加、积累减少，种苗虚弱徒长。在最佳温度下，高 NH_4^+ 会引起节间伸长速度及叶片增加速度加快，导致种苗生长柔弱细长；基质温度过低时，高 NH_4^+ 不能被土壤中的细菌分解转化为硝态氮、不能被植物吸收，对种苗产生毒害，导致根系、叶片发生损伤。

4.4.2 光照

光照以光质、光周期、光强及光量4种形式影响种苗生长发育。种苗的生长和产量(植株大小等)主要受一天内接受光量的影响。植株形态(高度和株型)主要与光质有关。光合作用受光量和光强度影响。

(1)光质

光质指光的波长，一般分为可见光(400～700nm)、红外线(750～800nm)和紫外线

(300～400nm)，可见光中的红光促进植物长得短粗、分枝多；远红光促进植物节间加长，分枝少。温室内穴盘上方放置吊篮时，或者穴盘内植物过于拥挤时，叶片的重叠过滤掉了大部分红光，使植物主要接受远红光照射，结果使穴盘苗茎节伸长，减少了在低位节间的分枝。

(2)光周期

部分花坛植物的开花对光周期敏感，有的需要长日照，有的需要短日照。在穴盘苗生产过程，满足某花坛植物对于光周期的要求，就能促进穴盘苗移栽后提前开花。百日草是短日照植物，在穴盘苗生产期间需提供3周15h的长夜，以加速花芽诱导与发育，促进移栽后的提早开花。半边莲是长日照植物，穴盘育苗时期需提供<10h的短夜，促进花芽诱导和移栽后的提早开花。注意，有些花坛植物，既有长夜型，还有短夜型。如一串红，品种'Farinacea''splendens'是短夜型，'Red pillar''Bonfire elite'是长夜型，'Scarlet pygmy'是中性植物。在穴盘苗生产中要注意同种花卉不同品种的光周期敏感类型，提供相应光周期处理措施。短日照处理措施是通过遮盖黑布来实现的，一般从17：00～18：00开始遮盖，翌晨7：00～8：00时打开；夏天遮盖黑布会产生热害，可以尽可能推迟下午遮盖的时间，推迟翌晨揭开的时间，或者采用透气性遮盖物。长日照处理一般在午夜利用荧光灯或高强度放电灯提供2～4h的光照，即可打破长夜，一般不采用白炽灯，因为白炽灯的远红光较多可能导致种苗的节间过快伸长。

(3)光强度

光照强度低时，蒸腾作用低，根系吸收水分弱，种苗对钙的吸收随之降低，导致种苗生长较弱：茎段细长、叶子薄、根系不发达。在冬季或多雨季节，需采用一些措施提高温室光照强度：如使用透光率高的温室覆盖物(如使用玻璃屋面)，并保持覆盖物清洁；穴盘苗上方不挂吊篮；金属架涂白色的反光漆；穴盘不要摆得太密。光照超过饱和点时，光合作用也不会增加，而且会产生多余的辐射热，使种苗叶片变白、灼伤，气孔部分或全部关闭，光合作用降低或停止，植物生长缓慢，严重时导致种苗死亡。许多高档育苗温室夏季采用自动遮阳帘，通过人工或微机控制温室内的光照光强。

(4)光量

植物一天内接受的光，即为总的光量。光照持续时间乘以光强度即为光量。光量影响光合作用、植物生长及开花。光量低，植物合成的碳水化合物少，迫使植物将这些碳水化合物主要分配给叶片，促使长出更多的叶片进行光合作用，这时根系很难得到碳水化合物的供应。开花时，光合作用形成的碳水化合物首先供应给花朵和正在形成的种子，接着是茎叶，最后是根部。所以在穴盘苗阶段开花的种苗，移栽后很难继续进行营养生长。因为植物的大部分营养已被花朵吸收，而非茎叶和根系。

夏季，光照强度很大，叶片的温度过高时植物会自行停止光合作用。光量高时，幼苗需要的养分也多，有时植物在较高的光量下生长，光合作用达到最高，蒸腾作用也比较强，需经常给植物浇水和施肥，以防止萎蔫现象的出现。

冬天，进入短日照，太阳光变弱，因此光照有限，种苗所有生理过程(特别是光合作用)降低，植物生长减慢、茎段细长、节间长。补光能促使茎段粗短、健壮，枝叶茂盛，根系发达，株型紧凑，提高穴盘苗质量。冬天种苗总的需光时间一般为16～18h，一般在16：00开灯，到午夜关灯。幼苗期植物对光照敏感，第一片或第二片真叶出现后的2~6周补光效果最好，会加速生长，提高种苗质量。过了6周后，补光对植物生长的促进作用不大。金属卤灯和高压钠灯是冬季补光功效较好的两种补光灯，前者发出的光波较好，但价格稍贵；后者价格及操作费用都较便宜。荧光灯冬季补光也有效，但由于需要安装的数量多(弥补光强低的缺点)、灯架镇流器占地，会遮去部分自然光。

4.4.3 湿度

空气湿度高时，蒸腾作用降低，水的吸收减少，钙的吸收降低(因为钙是溶在水中随水的吸收进入植物体内的)。植物细胞壁加厚需要钙，高湿度引起的钙吸收减少会导致穴盘苗长得细长而弱。空气湿度低时，蒸腾作用加快，种苗对钙和镁的吸收加强，穴盘苗茎枝粗壮，抗逆性强，根系发育好，穴盘苗质量得到了提高。在穴盘育苗过程中，如果由于忽略，使已处于阶段2或阶段3的穴盘仍置于阶段1(催芽阶段)所在的喷雾区，将会引起种苗的徒长。夏天利用喷雾法降温时，要特别注意湿度提高可能导致种苗的徒长。

4.4.4 二氧化碳

二氧化碳是光合作用中合成碳水化合物的来源。将温室中二氧化碳浓度提高3~5倍，会增加产量、提高质量、缩短栽培周期。试验表明，三色堇、天竺葵、秋海棠的穴盘苗在较高浓度二氧化碳温室生长，可使移栽期及开花期提前。但是，在考虑二氧化碳对种苗生长的促进作用时，必须考虑到其他光合作用因子的协作影响。有足够的光，更多的二氧化碳才能发挥促进作用；光受限过多的二氧化碳就不会对植物有利。空气湿度高，减少蒸腾作用并减少气孔开张，不利于二氧化碳的吸收利用。二氧化碳浓度增加，光合作用加强，碳水化合物的合成加快，需要提供更多的营养和水分，能保证根和茎叶的加速生长。温室中可以通过施用液体二氧化碳或燃烧矿物燃料法产生二氧化碳。前一种方法常将液体二氧化碳在温室外保存，通过塑料管吹温室内；后一种方法常在温室中使用开放式火炉来产生二氧化碳。建议在第一片真叶出现后，补充600~1200 μl/L二氧化碳，能使穴盘苗长得更好。

4.5 穴盘育苗技术

4.5.1 播种

播种是穴盘育苗生产的第一步，它主要包括如下步骤：种子选购，介质和穴盘选购；制贴标签；填料，打孔；覆料和淋水等。

(1)种子的选购

目前，有能力生产高品质专业园艺用商品花卉种子的公司全世界仅少数几个大公司，主要集中在美国、德国、日本、荷兰、英国等国的几个大的花卉制种公司。如美国的PanAmerican，Goldsmith，德国的Benary，日本的Sakata、Takii，英国的Colegrave、Floranova，丹麦的Daehnfeldt等。一般这些花卉制种公司生产的质量是比较稳定的。作为大规模穴盘育苗生产，选用这些公司的种子比较可靠。国内的草花制种技术相对落后，某些公司可能在某一两种花卉制种上有所突破，质量可以，其他的均为代销国外知名品牌的草花种子。

商用花卉种子分为两大类：一类是家庭园艺用的，一类是专业园艺生产用的。前者的发芽率、整齐度等性能不太稳定，往往以彩袋小包装形式销售。后者往往有如下特征：包装量大；包装袋上除公司和品牌外，还印有种名、品种名、颜色、数量、批号、发芽率、种子来源等；一般非彩色有图包装。作为穴盘苗的生产，必须选购专业园艺生产用种子。

(2)介质和穴盘选择

泥炭是穴盘育苗介质的最主要成分，除了从供应商的产品说明了解外，还应对其颗粒大小、阳离子交换量、总空隙度和大小空隙比，以及持水量进行逐一试验，以充分了解其品质。蛭石和珍珠岩是穴盘育苗用介质的常用添加物，只需要对其颗粒大小和粗细进行选择，其他性状的差异不是很大。

选择介质时，可以选择专业介质生产商生产的介质，虽然成本高，但品质稳定、使用安全。生产者可以自己配制介质，这要求单一介质的来源可靠，品质稳定，未受污染；原料中最好不含有任何不确定的营养成分。自行配制的介质往往稳定性差。

穴盘的穴孔可以是圆形、方形、六边形、八边形或呈星状。穴孔越小，穴盘苗对土壤中的温度、养分、氧气、pH 值及可溶性盐的变化就越敏感。通常穴孔越深，基质中的空气越多，这样就有利于透水和透气，有利于根或根毛的生长。有些穴盘在穴孔间还有通风孔，这样空气可以在植株间产生流动，使叶片干爽，减少病害，干燥均衡。选择穴盘要考虑所选用的穴盘与播种机、移苗机等相配。穴盘容积的大小，要考虑到种子的大小与形状、植物的特点及客户对种苗大小的要求。在选择穴盘生产厂家之前，先要取一些样品，测试其耐用性。高温、较强的阳光和化学物质都会使聚苯乙烯老化、开裂、变脆。

(3)填料打孔、播种、覆料及淋水

填料打孔 指的是将配制好的介质用人工或机械的方法将其填充到选择好的穴盘中并按压穴孔，让介质略微下凹的过程。

填料的要点是：填料前首先要将介质充分疏松、搅拌，同时将介质初步湿润；填充量要充足、填料要均匀；防止同批介质在填料机中反复循环，以免介质颗粒大小出现明显差异；对穴孔中的介质略施镇压，但不要过度压实。

打孔的目的是让介质在穴孔内略微凹下，播种时可让种子平稳地停在穴孔中间，并有足够空间覆料以及浇水后种子不会被冲到邻近穴孔或流失。凹下的程度视种子形状和大小而定，长型种子其凹下部分愈平愈好。

播种 指把种子播种至穴盘的孔穴内的过程。根据操作方式的不同可分为人工播种、手持管式播种机、板式播种机和全自动播种机播种。人工播种，即人为地将种子一粒一粒播于穴盘孔穴中。手持针管式播种指用大拇指按住控制孔，其余手指握住播种管，当控制孔被封住后，因真空作用针头产生吸力，将种子吸附到针头上；然后将播种管移到穴盘的上方，对准穴孔，松开拇指，真空作用消失，种子即掉入穿孔之中，重复吸和放种子这一过程即可完成整个播种过程。穴盘育苗的快速化和工厂化体现在全自动播种机播种。不论是针式还是滚筒式，都是流水作业，按照播种机的说明书进行操作。但是，在大规模播种前，都要根据气流量大小等进行反复调试，以适合该种花卉的播种。

淋水 在生产线上完成播种、覆料之后，便进行穴盘种苗生产过程中的第一次浇水——淋水。采用播种流水线作业时，淋水是由机器自动完成的，机器可以控制水滴的大小、水流的速度，淋水非常均匀。如果是人工浇水，则要注意选择喷头流量的大小。太大会冲刷介质，甚至冲走种子；太小则浇水过慢，效率太低。

4.5.2 温度管理

播种后，种苗在穴盘中的生长要经历发芽期、过渡期、快速生长期、炼苗期4个阶段。

在上述4个阶段，要注生温度、湿度、光照、营养和病虫害等环境条件的调控。下文先讲温度管理。

发芽期(阶段1)最适基质温度随着花卉种类不同而异，一般原产热带、亚热带的花卉发芽温度要高，原产温带的花卉发芽温度要低(表4-4)。大多数花卉，基质最适温度在21～24℃；少数种类如毛地黄、福禄考和香豌豆基质适温是16～18℃。基质温度过高，会因为热休眠等原因致使种子发芽不好。基质温度过低会降低萌发速度，导致种子不能按时萌发或不萌发，致使发芽不整齐。水分蒸发可能导致基质温度低于空气温度3～6℃，由喷雾系统出来的冷水也会降低基质温度，而基质温度降低需要8h以上的时间才能恢复到21℃。所以要经常对基质温度进行检查。

发芽室温度可采用如下方法进行控制：通过空调、暖气及穴盘苗下埋设电热丝等措施加温；通过空调、湿帘风机系统、深井冷水管降温及空气喷雾等措施降温。

表4-4 常见花卉种子发芽时对遮光、温度及发芽时间的要求

中　名	拉丁名	对光照要求	发芽温度(℃)	发芽时间(d)
毛地黄	*Digitalis purpurea*	光	15～18	5～10
雏　菊	*Bellis perennis*	光	21～24	7～14
羽衣甘蓝	*Brassica oleracea*	覆盖	20	7～14
金盏菊	*Calendula officinalis*	覆盖	21	10～14
紫罗兰	*Matthiola incana*	光或覆盖	18～24	7～14
三色堇	*Viola tricolor*	轻微覆盖	18～21	7～14
大花三色堇	*Viola × wittrockiana*	轻微覆盖	18～24	7～10
欧洲报春	*Primula vulgaris*	光	16～18	21～28
报春花	*Primula malacoides*	光	16～18	21～28
四季报春	*Primula obconica*	光	20	10～20
蒲包花	*Calceolaria Herbeohybrida*	光	21	10～16
金鱼草	*Antirrhinum majus*	光	21～24	7～14
须苞石竹	*Dianthus barbatus*	轻微覆盖	16～21	7～10
中国石竹	*Dianthus chinensis*	轻微覆盖	21～24	7

（续）

中　名	拉丁名	对光照要求	发芽温度(℃)	发芽时间(d)
花菱草	*Eschscholzia californica*	—	21～22	4～8
麦秆菊	*Helichrysum bracteatum*	光或覆盖	21～24	7～10
多叶羽扇豆	*Lupinus polyphyllus*	覆盖	18～24	6～12
翠　菊	*Callistephus chinensis*	—	21	8～10
长春花	*Catharanthus roseus*	轻微覆盖	24～27	7～15
鸡冠花	*Celisia argentea*	覆盖	24	8～10
千日红	*Gomphrena globosa*	光或覆盖	22	10～14
万寿菊	*Tagetes erecta*	轻微覆盖	22～27	7
孔雀草	*Tagetes patula*	轻微覆盖	22～27	7
美女樱	*Verbena* × *hybrida*	轻微覆盖	24～27	10～20
小百日草	*Zinnia angustifolia*	覆盖	21～22	4～8
百日草	*Zinnia elegans*	覆盖	21～22	3～7
硫华菊	*Cosmos sulphureus*	覆盖	21	5～7
凤仙花	*Impatiens balsamina*	轻微覆盖	21	8～10
布落华丽	*Browallia speciosa*	光	24	7～15
半支莲	*Portulaca grandiflora*	光	24～27	7～10
五星花	*Pentas lanceolata*	光	21～22	5～12
矮牵牛	*Petunia* × *hybrida*	光	24～26	10～12
一串红	*Salvia spenlends*	光	24～25	12～15
四季秋海棠	*Begonia semperflorens*	光	26～27	14～21
球根秋海棠	*Begonia tuberhybrida*	光	24～26	15～30
心叶藿香蓟	*Ageratum houstonianum*	光	26～28	8～10
观赏辣椒	*Capsicum annuum*	光或覆盖	22	10
矢车菊	*Centaurea cyanus*	轻微覆盖	18～21	7～14
紫茉莉	*Mirabilis jalapa*	覆盖	22	4～6
向日葵	*Helianthus annus*	覆盖	20～22	5～10
天竺葵	*Pelargonium* × *hortorum*	覆盖	21～24	7～10
盾叶天竺葵	*Pelargonium peltatum*	覆盖	21～24	5～10
桔　梗	*Platycodon grandiflorus*	光或覆盖	16～21	7～14
大花飞燕草	*Delphinium grandiflorum*	覆盖	15～20	12～18
落新妇	*Astilbe* × *arendsii*	光	16～21	14～21
耧斗菜	*Aquilegia caerulea*	光	21～24	21～28
凤尾蓍	*Achillea filipendulina*	光	18～21	10～15
风铃草	*Campanula medium*	轻微覆盖	21	14～21
大花金鸡菊	*Coreopsis grandiflorum*	光	18～24	9～12
紫松果菊	*Echinacea purpurea*	光或覆盖	18～22	14～21
火炬花	*Kniphofia uvaria*	光	18～24	21～28
蛇鞭菊	*Liatris spicata*	光	18～21	21～28
情人草	*Limonium latifolia*	—	18～24	14～21
蓝亚麻	*Linum perenne*	光或覆盖	18～24	10～12
毛叶金光菊	*Rudbeckia hirta*	光或覆盖	21	5～10
非洲菊	*Gerbera jamesonii*	覆盖	20～24	10～14
大丽花	*Dahlia* × *hybrida*	覆盖	26～27	5～10
大花美人蕉	*Canna* × *generalis*	覆盖	21～24	8～12
仙客来	*Cyclamen persicum*	覆盖	16～20	28～35

种子发芽的最初阶段，需要较高的温度，穴盘苗的第一阶段和第二阶段都是在发芽室进行的，发芽室的温度较高。种子若经过基质覆盖，在第一阶段(长胚根阶段)往往看不到发芽迹象；到第二阶段，当胚芽长出覆料时，才会看到较明显的发芽迹象。当有50%的胚芽开始顶出覆料(介质)时，穴盘苗需移至温度较低的育苗温室。若待全部胚芽顶出介质时再移出发芽室，可能会导致幼苗的徒长。一些发芽和生产特别快的花卉(如百日草)，需在天黑前将发芽室的穴盘检查一次，如发现部分种苗胚芽顶出介质，应马上从发芽室移至温室；若迟至第二天再移，种苗则发生徒长。

4.5.3 水分管理

穴盘苗的水分管理非常重要，穴盘基质过于干燥或水分过于饱和对发芽或种苗质量产生不利影响。

穴盘基质过于干燥时，植物光合作用速率降低，生长迟缓，叶片小，茎短，植株表皮坚硬；有的叶缘或根尖出现灼伤，有的植物下部的叶子会脱落。在阶段1、阶段2的湿度水平太低时，有些植物的发芽率会大大降低。

浇水次数过多时，新生茎叶容易长得大而弱，植株徒长，不利于运输或储存。基质的水分过于饱和会减少基质透气性，造成烂根，增加患猝倒病、葡萄孢菌腐烂病及各种叶斑病的几率。

阶段1，阶段2的湿度太高，也会减少美女樱、长春花、大丽花等花卉的发芽率。

一些种苗企业认为浇水是件简单的工作，会雇用一些没有经验的工人来做这件工作，但会给穴盘苗生产带来巨大损伤。没有经验的“喜湿”工人害怕干旱引起幼苗萎蔫死掉，浇水次数多，造成种苗生长弱、徒长、根系不发达、缺少根毛，需要较多次地施用杀菌剂控制病害。没有经验的“喜干”工人要等到最后一刻才浇水，可能会引起发芽率降低，或者引起穴盘边缘的种苗出现永久性萎蔫。

4.5.3.1 种苗生长的需水特点

要学会正确的浇水，首先需要了解不同阶段种苗的需水特点。

在阶段1，为了保证种子的吸胀和迅速萌发，需要提供较高且均衡的湿度。为保证种子周围有足够的水分又不缺氧，通常在种子上覆盖一层粗蛭石或珍珠岩。

在阶段2的前期，种苗还在发芽室中，介质仍保持较高湿度，水分管理较简单。但等胚根长出介质表面后，进入阶段2中后期阶段，须把穴盘移至育苗温室中，此时要降低基湿度，以促进根系向下生长；湿度过高，会影响根系的生长，同时会使胚轴徒长，种苗易产生倒伏、受损伤，出圃前种苗因“脚”太高而影响质量。但要注意观察不能使介质表面变干，否则会导致幼苗干枯、子叶不能“脱帽”(不能脱种皮)或胚根根尖干枯等不良现象的出现。

在阶段3，萌发过程已完成，叶和根开始活跃生长。种苗对水分的需求较高，但由于干湿变化范围比较大，这个阶段的湿度平均较低。浇水原则是“见干见湿”，即浇水时使种苗有一个干湿交替的过程。在基质表面完全干燥(但里面基质未完全干透)时，浇透水直至穴底部有水流出；待基质表面再次完全干燥后再浇透水。这样既能满足种苗快速生长对水分的需求，也能使基质中有较多的空气。这一阶段若浇水过多，会导致基质太湿，种苗根系发育不良，患猝倒病、根腐病等苗期病害的机率增大，甚至会导致基质表面长出青苔(青苔又会导致基质里的氧气交换不足、基质干后不容易浇透水而影响种苗的生长)。但是浇水过少，会导致植株矮短、成苗率降低。但是，也有一些特殊情况，四季秋海棠的根系仅在基质表层生长，在过渡期和快速生长早期，生产者要特别注意表层的水管理，不宜过干或过湿。洋桔梗在过渡期和快速生长期根系生长快，很快扎到穴盘孔的基部，不能仅注重基质表面的水分，更重要视整个穴孔的水分；基质表面可以较干一些(防止青苔的产生)，表层下面的基质应“见干见湿”。

阶段4为炼苗期，穴盘苗可以进一步干化，有时直到萎蔫才浇水，但此阶段的干湿度变化比阶段3更剧烈。种苗对水分的需求为“宜干不宜湿”，这一时期要控制浇水，让种苗尽可能干一些，有时会让种苗干到萎蔫状态再浇水。以控制种苗的株高，防止徒长挤苗，提高种苗的抗性。但有些品种不能采用控水的措施来炼苗，如鸡冠花会因水分供应不足形成“小老苗”(小苗开花)。

4.5.3.2 如何判断基质湿度

要正确浇水，还需学会判断基质湿度情况。若没有用薄膜等对穴盘进行覆盖，当基质表面颜色轻微的由深变浅，说明基质已开始变干。在萌发阶段(阶段1、阶段2)，上面的经验显得更为重要。还有几种经验用于判别基质湿度：①先用手触摸基质表面，然后把手指插进基质里，可以感觉基质的湿度；②较深的穴盘，浇水前挖出穴孔基质一部分，观察下半部分是否有一定的湿度；③穴盘在湿度水平不同时(湿、中等、干)的重量不一样，有经验者托起穴盘依其重量来估计基质湿度。

4.5.3.3 穴盘的湿度与环境因子相关

要正确浇水，还需了解穴盘基质湿度与温度、光照、空气湿度及营养的相互作用有关。高温和强光会引起水分的蒸发和蒸腾作用加快，加快穴盘基质变干。多云天气、温室通风差、低温等会产生高湿，穴盘失水慢，但光合作用活跃，幼苗出现徒长的几率增大；有些肥料会明显增加基质中可溶性盐含量，需使用清水淋洗以降低可溶性盐含量，这会使基质较长时间处于较湿的状态，因此要考虑化肥的种类和施用次数的调整。穴盘苗根系及茎叶发育完好时，会吸收或蒸腾更多的水分，此时穴盘苗比预计的干得快。

4.5.4 光照管理

根据发芽期光照对种子萌发的影响可分为中性种子，喜光种子和嫌光种子。多数花卉种子为中性种子，在光照或覆盖(黑暗)条件下均可萌发。喜光种子只能在有光照下才能萌发。嫌光种子见光抑制萌发，在黑暗的环境下能有较好的萌发，播种后需用粗蛭石、珍珠岩等覆盖种子。

种子萌发后，为防止茎的徒长，应及时提供充足的光照。根据植物对光照强度的反应，可分为阳性植物、阴性植物及中性植物。大部分花坛花卉属于阳性植物，种子萌发后应提供充足的光照。藿香蓟、洋凤仙等属中性花卉，需提供半阴半阳环境，夏季生产洋凤仙穴盘时，需提供遮荫环境。根据植物对光周期的反应不同，可分为短日照植物、长日照植物和日中性植物。可以通过在种苗期提供光周期处理措施，使花卉提早或推迟开花。如春夏播种的万寿菊，应在发芽结束后提供2周的短日照(每天8h短日照)，可提早开花且开花整齐。

穴盘苗进入练苗阶段，应加强光照和通风。如果是夏季育苗，还要逐渐缩短遮荫时间，减低遮荫强度，让种苗适应强光照等自然条件。

4.5.5 肥料与养分管理

种苗在穴盘里要生长达6周之久甚至更多，在穴盘苗生长的第2，3，4阶段都可能需要施肥。

4.5.5.1 营养元素的作用

肥料中不同的营养元素对种苗的生长发育起着不同的作用。

(1)氮

氮被植物用来合成氨基酸、蛋白质、酶和叶绿素。植物缺氮时绿色的叶绿素会褪色到浅绿色，最终变成黄色(失绿病)。由于氮是一种移动性元素，失绿病首先会在较老的叶子上发生。一些花卉如彩叶草、秋海棠可形成红色或同色色素，当氮缺乏时，常形成淡红色甚至是粉色的色素，而不是正常的颜色。

(2)钾

钾对植物细胞的生长、蛋白质的合成、酶激活及光合作用都是非常重要的。植物对钾的吸收有高度的选择性，并且与植物的代谢有密切的关系。钾在植物体内始终是游离的，缺钾的第一症状是在老叶的边缘出现失绿病。此外，缺钾的植物对霜冻或霉菌侵染更敏感。

进行肥料配比时，应使钾的含量与氮和钙相当，钾容易被淋洗，需经常添加。应注意的是，过量的氮(2N∶1K)和钠会抑制钾的吸收；钾过剩时，会抑制氮、钙、镁的吸收。

(3)磷

缺磷会使植物的叶子变成暗绿色或阻止植物顶端的生长。缺磷的症状不容易觉察，需通过附近正常生长的植物的对比。许多作物缺磷时还会出现老叶有紫斑，特别是内侧，接着发生干枯。

粉末状的过磷酸钙比较适合于穴盘苗基质。若穴盘浇水次数过多，要注意及时补充少量的磷。此外，升高土壤温度或把pH值降低到6.5的水平会大大提高植物对磷的吸收。

(4)钙

钙主要参与细胞壁的合成，对细胞膜的稳定、细胞分裂和生长有重要的作用。钙能提高植物对细菌与霉菌的抗性，同时在植物的生长发育过程中起着信号转导的作用。

钙在植物体内是不移动的，因此缺钙的症状首先出现在顶端。幼叶的边缘不能形成，有时形成条形叶。生长点终止发育，生长缓慢。幼叶发育成浅绿色或出现失绿。根的生长衰退，根部短厚。

钙的吸收也受 pH 值和钾、钠、磷、铵态氮等其他阳离子的影响。当泥炭为主的基质的 pH 为 6.0 时，植物既能吸收钙，又不会造成对微量元素的过多吸收。在水和基质中含有足够的钙，一般为增加泥炭基质的 pH 值需加入石灰石或白云石灰石，石灰石在 2 ~4 周内释放钙，供幼苗使用。

(5) 镁

镁是光合作用所需要的叶绿素分子的组成成分，植物缺乏时表现出的症状首先从基部开始，然后逐渐向上发展。老叶或刚成熟的叶片变黄或在叶脉间发生失绿症。植物根部对镁的吸收受到钾、钙、锰、钠及铵态氮等其他阳离子的抑制。此外，基质 pH 较低时(<5.5)也会降低对镁的吸收。无土基质中，可以使用含钙和镁的白云石灰石对 pH 值进行调节，增加镁的含量。含蛭石的基质中通常有充足的镁，因为蛭石中天然含镁。

(6) 其他微量元素

硫、铁、锰、硼、锌、铜等微量元素，虽然含量很低，但对穴盘苗的生长发育也起到重要的作用。铁和锰都是植物生理活动如光合作用的重要元素，酶的激活还需要锰作为催化因子。锰还可以增强植物根部对易感染的病原体的抗性。硼对植物的授粉、坐果和种子的发育是十分重要的，在糖的运输、碳水化合物的合成，细胞壁的合成中都发挥重要的作用。锌在一些酶和酶反应中起着重要作用，可以保护细胞膜。铜对植物的呼吸作用和光合作用是十分重要的。

缺硫的症状于氮缺乏相似，所以不容易诊断出来。缺铁时幼叶上的叶脉失绿，当失绿现象下移时，幼叶已变成黄叶并进一步枯化；铁中毒会导致锰的缺失。缺锰的症状是幼叶上出现叶脉间失绿，与缺铁相似，但失绿现象会在叶脉间发展成为小的、浅棕色的随机分布的斑点。缺硼表现在植物生长的初期，子叶的叶片向下卷曲，看似萎蔫；幼叶变黄，叶片上面分布铁锈色或橘黄色的坏死斑点。缺锌表现为幼叶变黄，节间变短，叶子变小。在严重的情况下茎尖发育不完全。缺铜的情况并不多见，也变现为叶脉间失绿，但叶子尖端仍未绿色，严重时随叶片的扩展叶边组织坏死，导致叶片极小，小叶上常有灼伤现象。

微量元素除了防止缺失引起的症状外，还应注意微量元素含量过高引起的中毒症状。例如，锰中毒后，植株的老叶的尖端或边缘出现干枯、坏死或老叶上出现一些坏死斑点；硼中毒主要是老叶叶缘表现为失绿病，灼伤，嫩枝和根都停止生长。

氮和硫之间存在着一种平衡关系，若没有足够的硫，植物将不能有效利用氮和其他养分，硫和氮的比例应为 1∶10。硫主要以硫酸盐的形式被吸收。在无土基质中可以通过加入硫酸钙或过磷酸盐(含石膏)来补充硫。最常用的水溶性化肥不含硫，植物种植后添加的微量元素，如 STEM，是硫酸盐的形式，可以提供额外的硫。给基质中添加一些微量元素的组合就可以满足植物对各种微量元素的需要。

4.5.5.2 肥料的类型与配制

穴盘苗生产中，无论是使用商品肥料还是自己配制肥料，有 3 个重要因素要加以考虑：铵态氮在全氮中所占的百分比，肥料的酸碱性，肥料中钙和镁的含量。

(1)铵态氮在全氮中所占的百分比

不同类型的氮对于穴盘苗的生长有不同的影响。铵态氮促进节间伸长、叶片变大变绿，但不促进根的生长，促进营养生长的作用超过生殖生长。铵态氮在全氮中所占的百分比超过25%时，植物进行营养生长；超过50%时会对植物产生毒害。低温和低pH值时，铵态氮难被土壤中的细菌转化，造成超量积累而产生铵毒害。

硝态氮使植物的株型紧凑，叶片小而厚，节间短，茎杆较粗壮。

在使用商品肥料或自配肥料时，既要考虑总氮含量，又要考虑铵态氮占总氮的百分比。例如，Scotts公司生产的20-10-20肥料，氮(N)、磷(P_2O_5)及钾(K_2O)的含量分别为20%，10%，20%，其中铵态氮占全氮40%，此肥料适宜于种苗的快速生长使用，在冬天要减少用量。肥料14-0-14是种苗生长中另一种常用的肥料，氮(N)、磷(P_2O_5)及钾(K_2O)的含量分别为14%，0%及14%，此肥料中的氮以硝态氮为主(铵态氮仅占全氮8%)，能促进种苗根系生长，植株生长缓慢而茎杆健壮。在种苗生产中，一般20-10-20肥料(铵态氮含量高)和14-0-14肥料(硝态氮含量高)常交替使用。

(2)施肥与基质的pH值控制

穴盘苗基质的pH值在穴盘苗生长过程会发生变化。使用碱度高的水会使pH值升高。水溶性肥料中氮的不同类型会对基质pH值产生不同影响。铵态氮和尿素含量高的肥料会在土壤溶液中引起酸性反应，使用一段时间后会使基质pH值降低，如硝酸铵、硫酸铵和磷酸铵会引起较强的酸性反应，尿素仅会引起微酸性反应。硝态氮含量高的肥料会在土壤溶液中引起碱性反应，例如，使用硝酸钙、硝酸钠和硝酸镁、硝酸钾会升高基质pH值。商品肥料中由于铵态氮/硝态氮的比例不同会呈性有差异的酸碱性。国外公司生产的肥料一般会在标签上标明该肥料的酸碱性。如Scotts公司的20-10-20肥料的铵态氮占全氮量40%，标签上标明该肥料酸性为422，说明在1t此肥料中需要添加191.1kg(422lb)的石灰石中和其中的酸；15-0-15肥料硝态氮含量占全氮量87%，标签的碱性为420，表明施用1 t该肥料相当于在基质中添加了190.5kg(420lb)石灰。可见，水溶性肥料的使用对穴盘基质pH值的影响是较大的。可以通过使用不同的肥料来降低、保持或增加种植后基质的pH值。

(3)肥料中的钙和镁

钙和镁对穴盘种苗的生产具有特别重要的意义。钙能促进细胞壁形成，使茎叶加厚、健壮，促进根系生长。镁促进叶绿素的形成，影响光合作用和叶片颜色。钙和镁营养会影响到穴盘苗的质量。

早期的酸性肥料中不含钙和镁，因为钙与硫酸根离子及磷酸根离子反应，形成硫酸钙和磷酸钙沉淀，镁与磷酸根离子反应形成磷酸镁沉淀。人们用两个不同的肥料罐并用一个双头注射器同时添加20-0-20(酸性肥料)和14-0-14(碱性肥料)，可以解决钙镁与磷酸和硫酸形成沉淀的问题。也有一些种苗场交替使用两种作用相反(酸性和碱性)的肥料。目前，国外一些肥料供应商，生产出能同时供应磷、钙、镁，但不产生沉淀的肥料，例如Scotts牌13(N)-2(P_2O_5)-13(K_2O)-6(Ca)-3(Mg)肥料能同时提供2%的磷、6%的钙、3%的镁，而不会产生沉淀。还有一点要注意，钙和镁是相互拮抗的，其中一种元素的提高会抑制另外一种元素的吸收，最好始终保持钙和镁的比例为2∶1。

(4) 自配肥料或购买园艺商品肥料

园艺商品肥料水溶性强，既可供应氮、磷、钾营养，又可供应钙、镁和微量元素营养。直接购买园艺商品肥料，省去了人工配制所需要的劳力，但是购买成本较高。自配肥料可以根据植物的需要灵活掌控配制成分及浓度，但要考虑会增加劳力，增加肥料罐、多头喷射器等额外设备。自配肥料时，要注意自配肥料的铵态氮的含量、肥料的酸碱性，肥料中应配入钙、镁及微量元素营养。

4.5.5.3 根据作物及生长阶段施肥

在阶段1，有些花卉种苗生产前，可以预先把少量控释性肥料掺入到基质中(即加上启动肥料或称基肥)，这些肥料浓度较低，但足以持续到7～10d，故在此种情况下阶段1不需施肥。有些基质的初始养分很低或没有初始养分，待种子长出露出胚根即需施肥，以氮浓度25～50mg/kg的低铵肥料一直施用直到阶段2。

在阶段2，从胚根出现到子叶完全伸展，幼苗进行光合作用。每周应施用含50～75mg/kg氮的肥料1～2次(如果此阶段浇水次数多，由于淋洗作用施肥次数也要相应增多)，交替使用铵态氮含量高的肥料(如Scotts牌20-10-20肥料)和硝态氮含量高的肥料(如Scotts牌14-0-14肥料)。此阶段，由于湿度水平较高，又施用了铵态氮肥料，有些种类会表现出徒长现象。

在阶段3，植物叶片和根系生长旺盛，幼苗需肥料量较多，每周施用氮含量50～75mg/kg的肥料1～2次，同样避免单一施用铵态氮含量高的肥料，应继续交替使用铵态氮含量高及硝态氮含量高的肥料。有些花卉在此阶段需肥料较多，施肥浓度可达到100～150mg/kg，如一串红、鸡冠花、百日草、矮牵牛、秋海棠、非洲菊、天竺葵等。有些花卉需肥料较少，施肥浓度可控制在50～100mg/kg，如非洲凤仙、三色堇、金鱼草。另外，有些在这阶段喜含铵态氮较多的可溶性肥料20(N)-10(P_2O_5)-20(K_2O)，如秋海棠、彩叶草、非洲菊、矮牵牛。有些花卉喜含硝态氮较多的可溶性肥料14(N)-0(P_2O_5)-14(K_2O)，如仙客来、羽衣甘蓝、非洲凤仙、金鱼草等。应根据不同的花卉种类，有区别地施用不同浓度或种类的肥料。由于浇水及施肥会影响到基质的酸碱度及可溶性盐含量，要定期检测基质的pH值及EC值，应保证pH值在5.8左右、EC值在1.0 mS/cm左右较为合适。

在阶段4，开始炼苗，应提供低温(＜18℃)，加强光照和通风，控制基质湿度。同时，减少肥料供应，尤其是减少铵态氮的供应。有必要的话，可施用氮含量为100～150mg/kg的高硝态氮肥料及钙含量高的肥料。硝态氮和钙含量高的肥料会促进种苗生长健壮、茎杆粗矮、根系发达、叶厚，适合移植与运输。有些种植者在此阶段根本不施肥，这会造成根毛减少、叶绿素减少，并且会导致移栽后不能很好的生长等损失。此阶段为了防止微量元素缺乏，应使基质pH值低于6.5，EC值小于1.0 mS/cm。

4.5.5.4 根据环境条件与基质湿度施肥

当温度低于15℃时，铵态氮被细菌转化成硝态氮的速度就非常慢，导致铵在基质中累积，产生铵中毒。因此温度低时，一方面由于生长量小可适当减少肥料的施用，另一方面应使用铵态氮含量低的肥料，如 Scotts 牌肥料 13(N)-2(P_2O_5)-13(K_2O)-6(Ca)-3(Mg)或 Scotts 牌肥料 14(N)-0-14(K_2O)。当土壤温度较高(如基质温度高于 18℃)时，植物对铵态氮的利用率提高。此时要防止铵态氮供应量太多引起的枝条过度生长、根的滞后生长。当穴盘苗处于强光和高温下时，硝态氮不能满足植物光合作用的需要，植物需要更多的铵态氮用于生长及保持叶片深绿色。有的生产商采用 DIF(昼夜温差)控制穴盘苗高度，当使用负 DIF 时，日平均温度可能接近 15℃，此时不用铵态氮含量高的肥料，多用硝态氮含量高的肥料。

冬天，有时连续几天光照会很低，处于生长阶段 3，阶段 4 的穴盘苗出现徒长：叶子大而软，根生长慢、茎生长快。此时应相应调整施肥计划，降低施肥量和施肥次数，施用高硝态氮并含钙的肥料。当光照大于 26 900 lx 时，穴盘苗光合作用较强，因此需要更多养分，应施用铵态氮含量高的肥料，来满足快速生长的需要。

温室湿度较高时，蒸腾作用减少，钙吸收减少(而钾吸收不变)引起钾钙不平衡，幼苗徒长。采用降低温室内空气湿度(尤其夜间湿度)的措施，使叶子保持干燥并促进蒸腾作用，并且改用高钙、低钾、低铵态氮肥料等施肥措施来使种苗变得壮实。

4.5.5.5 水溶性肥料(速效性肥料)和控释性肥料

在穴盘种苗生产中用的肥料有水溶性肥料(速效性肥料)和控释性肥料。

水溶性肥料为速效性肥料，适合于种苗培育等短期生长过程。其特点是：分布均匀，适合于施用于小型孔穴容器；较易通过施肥量和施肥种类控制植株生长速度；为配方肥料，既含有大量元素，又含有微量元素；但是易从生长介质中淋失，造成浪费和污染。配方水溶性肥料一般以 XX-YY-ZZ 形式来标示肥料成分，其中 XX、YY、ZZ 分别代表 N，P_2O_5 及 K_2O 等肥料成分在此肥料中的百分比。如 20-10-20 是最常用的种苗肥料，它表示此肥料中氮(N)含量为 20%、磷(P_2O_5)含量为 10%、钾(K_2O)含量为 20%，此肥料适宜于种苗的快速生长使用，在冬天要减少用量。肥料 14-0-14 是种苗生长中另一种常用的肥料，表示氮(N)、磷(P_2O_5)及钾(K_2O)的含量分别为 14%，0% 及 14%，此肥料中的氮以硝态氮为主，适合于生长后期及冬天生长较慢时使用。在种苗生产中，一般 20-10-20 肥料和 14-0-14 肥料常交替使用。

控释性肥料是将营养成分包裹在一种聚合物形成的膜内，通过介质水分渗入到膜内将其溶解后再慢慢释放出来。控释性肥料长期缓慢释放营养，适合于生长周期长的植物如盆花、苗木。也有一些苗期长的穴盘苗采用控释性肥料。由于控释性肥料无法像水溶性肥料一样容易控制植物生长。如天热、多雨季节植物本身生长快，控释性肥料释放营养成分的速度也快，无法较快地使植物生长速度减慢下来。控释性肥料施用时间超过一半有效期后，大部分肥料已经释放，此时欲使种苗快速生长，控释性肥料能起的作用不大。因此，穴盘苗生长中，还是以水溶性肥料为主，控释性肥料用得少。

4.5.5.6 水质、基质和肥料的相互作用

施肥计划的制订取决于水和基质的质量。

水的质量包括三方面：碱度、可溶性盐和水中的养分。碱度可衡量水的缓冲能力，

水的碱度越大基质的pH值就会越高；可溶性盐的含量不应超过0.75 mS/cm。可溶性在水、基质、肥料中的积累会阻止根的发育，导致烂根。

基质的质量也会对pH值的控制、可溶性盐、养分水平产生影响。例如，石灰石可以用来提高基质的pH值；基质吸收的养分越多，供幼苗利用的养分就越多；基质的孔隙度会影响浇水的频率和养分的淋洗。

由可溶性盐组成的化肥会使水和基质中可溶性盐的水平提高到使幼苗的根系受到影响的程度。基质中全部可溶性盐的水平低会抑制幼苗的营养生长，若水平过高，幼苗会生长过快。使用肥料时首先应当明确，水和基质已经提供了部分养分，肥料的添加应当根据幼苗生长状况计算。

4.5.6 穴盘苗生长的控制

优质的穴盘苗有以下的特征：①叶色健康，无黄叶或黄斑；②高度适中，节间短，分枝多；③没有明显的花芽和花；④充分伸展的叶片及与穴盘苗的规格相一致的叶片数量；⑤健康、发达的根系，根上有明显的根毛，基质潮湿时苗容易拉出；⑥无病虫害；⑦移栽后能及时开花；⑧穴盘苗比较整齐；⑨经过炼苗期，苗坚挺。

要生产出优质穴盘苗，需把水质、基质质量、环境、养分和水分管理对地上部和根部的影响综合考虑，获得合适的地上部与根部的比率。

4.5.6.1 地上部的生长指标

(1) 种苗高度

基质以上苗的高度是衡量种苗质量的一个重要指标。单茎植物苗高主要由节间长度决定，丛生植物苗高由花茎长度或叶片长度决定。

(2) 叶片颜色

非彩叶植物正常的种苗叶片颜色是纯绿色。低位叶变黄暗示营养不够，或者烂根。叶子深绿色表明铵态氮太多，浅绿色的叶子表示缺氮、铵中毒或缺镁。

(3) 叶片大小和伸展度

每种植物在特定大小穴盘里叶子都有一定的伸展度。移栽或运输前，叶片应该把穴盘完全覆盖。非正常的小叶会使穴盘看起来稀稀拉拉，小叶可能是铵肥不足。叶片大、薄、软是徒长的表现，徒长的叶片容易患病、移栽或运输中易受伤。

(4) 真叶数量

真叶数量反映种苗的生理年龄，真叶数量太多暗示穴盘苗年龄较大，或者温室温度高，或者铵态氮肥施用过多。

(5) 花芽和花

一般而言，穴盘苗出现花芽或开花，表明苗龄过大或受到环境胁迫。单茎、单花植物的穴盘苗若形成花芽，移栽后的营养生长会非常缓慢。多分枝植物的穴盘苗形成花芽对移栽后的营养生长不会产生太多影响，一些用户希望购买多分枝有花芽的穴盘苗，这样可以缩短栽培周期。

4.5.6.2 根的生长指标

(1)可拉性

正常生产的穴盘苗，移栽前和运输前1周，浇水后应有一定的可拉性：即根系发展能够充分把基质聚集在一起完好地拉出，然后一同移栽。

(2)根的数量和位置

根主要位于基质的外部或穴的底部。浇水量小且次数少，会造成穴盘基质团下半部分太干，大部分根都位于基质团的上半部分；下半部太湿，也只有上半部分根系生长正常。上述两种情况均会造成根的可拉性差。

(3)根毛和根的粗细度

根毛增加了根的表面积，能提高根吸收水分和养分的效率。浇水过度、基质不透气，会造成基质外侧和穴盘底部的根长得细长、根系混乱模糊、根毛稀少。生长正常的根毛受到高盐或干旱胁迫时也会坏死掉。根毛的损坏会导致根系腐烂、迟滞幼苗生长，延长移栽后的缓苗期。

4.5.6.3 调整地上部和根部比例的措施

(1)调整地上部的生长过量

穴盘苗质量差的一个主要表现是地上部生长过量或地上部与根部的比例太大。其不良症状表现有：苗长得较高、茎徒长、叶片大而软，根系差。从地上部分观察似乎可以移栽，但根系生长不佳，根的可拉性差，实际移栽困难。纠正地上部分生长过量的技术措施有：①减少浇水；②增加光强；③降低温度；④改用含硝态氮和钙多的肥料；⑤使用生长延缓剂；⑥水分管理中保持良好的干—湿循环。干—湿循环既能促进根系生长，又能抑制地上部分的过快生长。

(2)调整根的生长过盛

穴盘苗质量差的另外一个表现是根的生长过盛。其不良症状表现有：根系过于发达，地上部分太小，地上部与根的比率过低。而叶小，颜色浅；节间短且顶端小，根多，穴盘苗可拉性好。纠正根生长过量的技术措施有：①增加穴盘苗周围的湿度；②降低光强；③增加环境温度；④改用含铵和磷多的肥料，少用含硝态氮和钙多的肥料；⑤减少生长延缓剂的使用。

4.5.6.4 调整生产滞后与超前

有时，由于某些原因穴盘苗的生长晚于计划的生长时间，不能按时出圃销售。可以采取如下措施加速种苗的生长：①将日平均温度增加3℃；②使用铵态氮含量高的肥料(如Scotts牌20-10-20肥料)，将氮的水平调整至150～200mg/kg；③增加光强(至16 140～26 900 lx)；④浇水采用干—湿循环法。在上述过程中，定期检查pH值和EC值，以避免根的生长和养分的吸收出现障碍。

有时，穴盘苗的生长会提前于计划，可以采取如下措施延缓种苗的生长：①将日平均温度减少3℃甚至更多；②使用硝态氮含量高和含钙的肥料(如Scotts牌13-2-13-6-3

肥料或 Scotts 牌 14-0-14 肥料)；③浇水前使基质干燥一些。

4.5.7 穴盘苗高度的控制

高度适当是穴盘苗质量好坏的一个标准。穴盘苗过高导致苗弱易折断，不耐储运，根系差，不耐移栽，不能尽早开花。穴盘苗太低导致苗太小、叶片数量少、根系差、很难移栽，购买后生产者需在穴盘内继续培育一段时间才能移栽。在穴盘苗高度的控制上，首选的措施是通过控制环境条件(非化学的控制方法)来控制株高；其次才是采用生长延缓剂(化学的方法)来控制株高。

4.5.7.1 环境调控的生长控制

穴盘苗生产商更重视利用对温度、光照、水分和营养等环境条件的调控来控制穴盘苗的生长高度。

温度 适当降低环境温度，可以降低高度生长，但是降低日平均温度，有可能使穴盘苗的生产周期延长。昼夜温差 DIF 对株高影响最大，在清晨太阳升起的最初两三个小时使用 DIF 技术对于株高控制非常有效。降低清晨太阳升起后两三个小时的温度(可以通过控制加热来实现)，使 DIF 变小，从而能降低穴盘苗的高度。

湿度 温室内空气湿度高会使蒸腾作用蒸发作用减少，从而引起植株徒长。日落前对温室进行短时间的加热和通风可以降低温室空气湿度，采用强行通风机或循环风机加快空气流通也能降低温室空气湿度。阶段 3 的苗，要防止湿度大引起的徒长。

营养 基质未播种前若已含有较高的肥料，会引起幼苗早期徒长，导致后期(阶段 3)很难控制植株高度。因此，在使用基质前，要测试溶解盐的水平，EC 值应低于 0.75 mS/cm(1∶2 稀释法)。对穴盘苗易徒长的某些花卉，要降低肥料的使用量，特别是铵态氮的使用量。

光照 进入阶段 3，光强应接近 26 900 lx。如果接连数天由于阴天等原因使光强低于这个水平，种苗很快表现出徒长。冬天温室光照不足时，可采用 HID 灯提供 4842 ~ 64 56lx 补充光照，使冬天的光照时间延长到 16 ~ 18h，通过延长光照时间弥补光强降低造成的光量不足。这种额外的补充光加速了植物的生长，同时保证在冬季植株也能长得矮壮，有较好的分枝。

机械方法 通过拨动、振动及增加空气流动等方法，使种苗产生摆动弯曲，可以诱使植物体内产生乙烯，抑制顶端生长，促进侧枝发生，降低植株高度。

4.5.7.2 使用生长延缓剂调控植株生长高度

生长延缓剂抑制植物体内赤霉素的产生，通过减少分生组织下的节间长度来控制植株高度。

穴盘苗生产上常用的生长延缓剂有如下几种：

比久(B_9)(Daminozide) 是丁酰肼的商品名。多叶面喷施，使用浓度 1250 ~ 5000mg/kg，对大部分花卉种苗的高度控制有效，但对三色堇、非洲凤仙、天竺葵、万寿菊及百日草的作用效果小。温度高时，B_9 容易从叶片上散发掉，因此温度高的季节或地区，作用效果不明显。

矮壮素(Cycocel 或 CCC) 是氯化氯胆碱的商品名。可以叶面喷施及灌根，使用浓度 750～3000mg/kg。稍高浓度会出现叶面受伤的症状，如叶片出现黄色斑点，或新叶产生晕环斑。有时，将 B_9(约 2500mg/kg)和矮壮素(约 1500mg/kg)混合使用，其效果比单独使用效果要好。

A－Rest(有效成分为 Ancymidol) 是嘧啶醇的商品名称。其活性大于矮壮素和 B_9，用于穴盘苗的浓度一般为 5～25mg/kg。叶面喷施或基质浇施都容易被植物吸收利用。几乎对所有花卉有效。

多效唑(Bonzi)**和烯效唑**(Sumagic) 前者常用灌根法，种苗生产中也可使用喷施法；后者兼可用做喷施或浇施。对花卉的矮化效果比 B_9 及 CCC 好，只施一两次就会产生明显的矮化效果。但施用过量有时会使植物停止生长。多效唑的使用浓度在 2～90mg/kg(实际操作为保险起见，常用 2～15mg/kg。烯效唑的用量为多效唑的一半)。

矮壮素和 B_9 为水不溶性的，透过叶片的蜡层的速度较慢，只有在叶片湿的时候才能进入蜡层。一旦叶片变干，就不再移动。因此，最好在傍晚或湿度较高的时候施用矮壮素和 B_9，并使这个湿度保持 12～18h。若此期间从顶部浇水，会把药品冲掉。A－Rest、多效唑和烯效唑是脂溶性的，透过蜡层的速度较快，能很快进入植物体内，在几分钟内完全被植物吸收。叶片上喷完该药剂后，几分钟后便可浇水，不会把药剂冲掉。多效唑和烯效唑对施用的浓度和用量比较敏感。每次喷施时，不仅要考虑浓度，而且要考虑用量，建议每次使用量为 1 $L/5m^2$。

4.5.8 穴盘苗病虫害的防治

(1)病害

穴盘苗的病害常由真菌、细菌或病毒引起。生产中易出现的病害是猝倒病、菌核病、叶斑病、霉病、软腐病等。防止病害发生的最好措施是预防，即采取严格的卫生防疫措施、使用无病基质。所有的育苗盘、标签及其他工具须消毒干净。繁殖地应干净，没有杂草和石块。发现任何感病植株或苗盘，就立即从育苗场地移走，可以减少病原物的数量。

猝倒病 是由于真菌侵染萌发的种子或侵染幼苗引起的。镰刀菌属、葡萄孢菌属、丝核菌属、腐霉属等都可能单独或共同作用引起猝倒病，查明具体是哪种病原物较困难。萌芽前猝倒病在幼苗从基质萌发出来之前就已经感染病害；萌芽后猝倒病发生在幼苗从基质萌发出来后，这时可以看见褐色或黑色的真菌菌丝。发芽率低常被认为是由于“坏”种子造成的，但很可能是由于萌前猝倒病引起的。基质温度过低或过高、浇水或喷雾过多，基质未消毒或使用感病基质等因素都有可能增加患猝倒病的几率。

对于猝倒病的防治，预防是最好的办法，可以通过介质的消毒、提高介质排水性、合理浇水、增加空气流通等方法来降低猝倒病发生的几率。间隔一段时间喷施一些保护性杀菌剂也是有效的预防措施。一旦发生猝倒病，应及时清除受感染种苗，用敌克松或普力克浇灌介质，喷施甲基托布津、百菌清、甲霜灵等药剂。但是种子或幼苗对杀菌剂特别敏感，浓度稍高就可能造成伤害。要注意使用浓度、间隔次数。

菌核病 显著特征是出现一种白色的棉花状的菌核，它能很快感染整个苗盘。菌核病在冷湿条件下容易发生。它是一种土壤致病菌，创造良好的卫生条件、对基质进行消毒是控制这种病发生的有效办法。

叶斑病 穴盘生产过程中，常产生叶斑病。由细菌引起的叶斑病呈现水渍状或黄色晕纹。由真菌引起的叶斑病呈现出棕色、黑色、灰色病斑，菌丝体和孢子较明显，先在基部叶片感染，然后蔓延到整个种苗。最常见的真菌叶斑病菌有炭疽病菌、链格孢菌和葡萄孢菌。防治的栽培管理措施有减少低温潮湿、高温潮湿及光照不足等，化学措施有喷施百菌清、代森锰锌、甲基托布津、多菌灵及扑海因等杀菌剂。

霉菌与白粉病 在穴盘苗生产中并不常见，但在湿度过大、昼夜温差很大的情况下易发生。霜霉病可用普力克、代森锰锌、甲霜灵来防治，灰霉病可用速克灵和菌核净来防治。白粉病可用甲基托布津来防治。一般常采用几种农药交替防治。

软腐病 是由细菌引起的，叶或茎产生水渍状，组织软腐黏滑，常伴有臭味，整个植株很快死亡。发病初期，可喷洒或浇灌农用链霉素或土霉素液，控制病害的扩展。

(2)虫害

穴盘苗易感染的温室害虫主要有蚜虫、蓟马、螨虫及白粉虱等刺吸性害虫及菜蛾等咀嚼式害虫。前者可使用内吸性杀虫剂进行防治，后者可使用胃毒性杀虫剂进行防治。另外也可以采用一些物理措施，如温室的天窗及风机口加防虫网，进出温室时及时把门关上。温室中可以安置诱虫灯或粘虫板。

4.5.9 穴盘苗的保存

有时候，由于计划不周、气候差，或者销售不佳，导致穴盘苗到了移栽的生理年龄而无法种植，这时需考虑对穴盘苗进行保存。

常规保存穴盘苗会产生如下不良效果：①容易发生徒长。由于种植密度大，幼苗对光照的竞争十分激烈，幼苗会快速增高。幼苗长得过高，移栽后很难提高成花的质量；②超期保存穴盘苗，会使单茎单花类植物在穴盘内形成花芽或过早开花，会导致移栽后营养生长推迟，延迟成花时间，降低成花质量；在运输过程，开花穴盘苗的花朵易患葡萄孢菌病；③穴盘苗保存时间长，会导致根系盘缠在一起，当苗从穴盘内拉出时，甚至看不到基质，根比较长、根粗、根毛少、生长不活跃；④过老的苗叶片非常拥挤，低位叶上的水分散发不出去，容易患病。

鉴于上述情况的发生，要采取一些措施，尽量减少损失的发生。下文概述一下在温室内保存穴盘苗及在冷藏室内储存穴盘苗所采取的一些技术措施。

(1)在温室内保存穴盘苗

由于温室保存区的环境条件变化较大，很难使穴盘苗的生长完全停止，因此在温室内的保存期不应超过2周。百日草、鸡冠花和飞燕草等花卉的穴盘苗就不能在温室内保存。温室保存第一要素是提供10～15℃低温(在晚春、夏季和初秋可能无法提供上述低温条件)；第二，在不升高温室温度的前提下，提供大于26 900lx的强光。强光能部分关闭光合作用，减少同化物的合成，从而降低生长速度(但要防止光照过强造成的灼伤)；第三，控制湿度，等基质完全干了再浇水。若土壤EC值小于0.75mS/cm(1∶2

稀释法），多数植物可以等到萎蔫临界点再浇水。不要傍晚前浇水，保持夜晚叶片干燥能防止疾病的发生。第四，只有在需要的时候才施肥，施用含 100～150mg/kg 氮的硝酸钙和硝酸钾肥，在这种低温条件下不要施用铵态氮肥。第五，在保存期，要监控基质 EC 值和 pH 值，保持 EC 值<0.75mS/cm（1∶2 稀释法），pH 6.0～6.5。第六，由于低温以及叶片密度高，要防止根腐病、叶斑病或霉病的发生，必要时使用杀菌剂处理。

（2）在冷藏室内储存穴盘苗

在冷藏室内储存穴盘苗可以保存更长的时间。在进入冷藏室前，需做一些准备工作。入冷藏室前，要提供充足的养分，使穴盘苗健壮，以便冷藏期间能抵抗病菌等不良条件。进入冷藏室前进行最后一次浇水时，应使用百菌清对苗进行浇灌或彻底喷湿。但浇水或喷药后，要等叶片干燥后才能进入冷藏室。健康、健壮的穴盘苗对贮藏条件的适应性比徒长苗要强。

冷藏室提供一定的低温，使入室的穴盘苗保持较低的生长速率。表 4-5 是不同花卉穴盘苗最适贮藏温度和最长贮藏时间。

表 4-5 部分花卉穴盘苗最适贮藏温度和最长贮藏时间

花卉	最适贮藏温度（℃）	暗室最长贮藏时间（周）	加光室最长贮藏时间（周）	花卉	最适贮藏温度（℃）	暗室最长贮藏时间（周）	加光室最长贮藏时间（周）
香雪球	2.5	5	6	一串红	5.0	6	6
仙客来	2.5	6	6	大花藿香蓟	7.5	6	6
天竺葵	2.5	4	4	非洲凤仙	7.5	6	6
三色堇	2.5	6	6	大花马齿苋	7.5	5	5
矮牵牛	2.5	6	6	观赏番茄	7.5	3	3
四季海棠	5.0	6	6	美女樱	7.5	1	1
球根海棠	5.0	3	6	羽状鸡冠花	10.5	2	3
大丽花	5.0	2	5	长春花	10.5	5	6
半边莲	5.0	6	6	新几内亚凤仙	12.5	2	3
孔雀草	5.0	3	6				

受冷藏室数量的限制，有时需在同一个冷储室贮藏不同的花卉，这时可以取一个折中的温度：7.5℃。但新几内亚凤仙绝对不能贮藏在这种折中温度下，7.5℃会导致其受冷至伤。冷藏时持续提供 54lx 的冷白荧光灯，可以延长某些花卉的可贮藏时间。

冷藏室的湿度会影响到穴盘苗变干的速度。湿度高时，易导致葡萄孢菌病的发生。一般要持续使用风扇保持良好的通风和均匀的温度分布。穴盘苗一般放在推车或架子上，但应留出空隙通风和透光。当穴盘苗干燥时，将推车推出低温区，用过顶灌溉和盆底吸水方式浇透水，但需等叶子干燥后再进入低温区。

在冷藏期间不必施肥。

4.6 穴盘苗生产管理与销售管理

穴盘苗生产企业依靠销售穴盘苗实现利润。穴盘苗是鲜活园艺产品，整盘集成式生产和销售，除了遵循普通的营销规律外，还具有自己的特有规律。为实现良好的销售管理，必须精心进行生产管理以获得高质量的穴盘苗。

4.6.1 销售计划的制订

销售管理中最重要的一个环节是销售计划的制订。一般参考上年度销售情况，依据本年度市场预测，计算出本年度增加或减少的品种和数量，制订出本年度的销售计划表(表4-6)。计划表需列出需要销售的种类、品种、颜色、数量，并把年度的销售总量分解到年度的某些销售周中(一般根据订单或用苗规律确定销售周)。

4.6.2 播种计划的制订

播种计划应根据销售计划来制订。销售计划确定某个品种需在哪个周中销售后，根据该品种种苗生长所需的周数来计算并确定该品种需在某个周播种。种苗生长周数既不包括销售当周，也不包括播种的当周，播种周数 = 销售周数 - 种苗生产周数 - 1。例如，表4-6所示孔雀草'杰妮黄'品种有一个订单是在第37周销售，由于孔雀草'杰妮黄'生长周数为5，故需在第31周进行该品种的播种。由于播种苗的成苗率一般不会达到100%，所以播种时要考虑到损耗问题。实际播种量计算公式如下：某品种播种量 = 该品种计划销售量/该品种的成苗率。多数品种的穴盘苗成苗率按75%计算。如上例，计划在第37周销售孔雀草'杰妮黄'30千株，则需在第31周播种该品种30千株/0.75 = 40千株(表4-7)。少数发芽率偏低的品种，需在上面的基础再增加20%的播种量。确定某个品种在某个时间的播种量后，还需根据订单或市场情况，选用合适规格的穴盘(如288穴盘或128穴盘)，最后确定需要播种的穴盘数。如上例，孔雀草'杰妮黄'拟采用288穴盘，则在第31周播种该品种139盘(40 000/288)。

生产主管根据年度播种计划，在某周安排下一周的播种实施方案，进行生产资料的准备。生产工人按生产主管提供的播种实施方案进行播种操作。

4.6.3 生产程序设计

生产管理中的另一个重要环节是生产程序的设计。生产程序包括从播种开始到穴盘苗库存的每个步骤。生产程序可分为4个阶段。下面以金盏菊为例，说明穴盘苗的生产程序。见表4-8。

由表4-8可见，生产程序基本与种苗生长的4个阶段对应。金盏菊生长周数为6周。第0周在准备房播种，播种后由准备房进入发芽室。第1周内发芽完成，从发芽室移至温室进行生长；第2周施一次50mg/kg 20 - 10 - 20的肥料，第3周施一次75mg/kg 20 - 10 - 20的肥料，第2周、第3周至少进行一次打药、喷水。第4周至少施一次75mg/kg10 - 0 - 10肥料，同时在第4周要进行补苗和移苗。补苗，即是在某些穴盘中，由于发芽率达不到100%，会出现部分空穴，将其他穴盘中的同品种同批次同规格的种苗补充到这些空穴，使该盘苗能达到满穴的数量。移苗，即计划要移换穴盘的将种苗从小孔穴盘移至大孔穴盘，如将288目穴盘移至128穴盘中。第5周进行巡苗，即由有经验的人员检查并确认这一批苗的成苗情况，确认可以正式出售种苗的数量，做好库存计划，将苗送至炼苗区。第5周根据种苗生长情况，考虑施或不施1次75mg/kg10 - 0 -

表 4-6 花卉穴盘苗销售计划表（示范）

月份				1				2				3					4				5				6					7				8				9					10				11				12					
种类	系列和颜色	穴盘规格	生长周数	第1周	第2周	第3周	第4周	第5周	第6周	第7周	第8周	第9周	第10周	第11周	第12周	第13周	第14周	第15周	第16周	第17周	第18周	第19周	第20周	第21周	第22周	第23周	第24周	第25周	第26周	第27周	第28周	第29周	第30周	第31周	第32周	第33周	第34周	第35周	第36周	第37周	第38周	第39周	第40周	第41周	第42周	第43周	第44周	第45周	第46周	第47周	第48周	第49周	第50周	第51周	第52周	小计
金盏菊	棒棒黄	288	6																																					30		30		60												120
四季海棠	奥林亚红	128	12																			60			90				60					30						60					90									90		480
孔雀草	杰妮黄	288	5										30		30						30				30						60				30			30																		240
百日草	梦境红	288	5										30					60												30																										120

表 4-7 花卉穴盘苗播种计划表（示范）

月份				1				2				3					4				5				6					7				8				9					10				11				12					
种类	系列和颜色	穴盘规格	生长周数	第1周	第2周	第3周	第4周	第5周	第6周	第7周	第8周	第9周	第10周	第11周	第12周	第13周	第14周	第15周	第16周	第17周	第18周	第19周	第20周	第21周	第22周	第23周	第24周	第25周	第26周	第27周	第28周	第29周	第30周	第31周	第32周	第33周	第34周	第35周	第36周	第37周	第38周	第39周	第40周	第41周	第42周	第43周	第44周	第45周	第46周	第47周	第48周	第49周	第50周	第51周	第52周	小计
金盏菊	棒棒黄	288	6																														40		40		80																			160
四季海棠	奥林亚红	128	12						80			120				80					40						80					120									120															640
孔雀草	杰妮黄	288	5				40		40						40				40						80				40			40																								320
百日草	梦境红	288	5				40					80												40									40		40		80																			160

10肥料。第6周进入炼苗区，适当控制肥水。第7周适当控制肥水，进入种苗销售阶段。

表4-8 金盏菊种苗生产程序表

生产程序	对应种苗生长的4个阶段	时间(周)	地点	工作要点
		0	准备房	播种进发芽室
第1阶段	发芽期：播种到胚根的出现	1	发芽室	注意发芽条件的控制
第2阶段	过渡期：从胚根出现，到子叶完全展开、第一片真叶出现	2	温室	肥水管理、病虫防治
第3阶段	生长期：从子叶完全展开、第一片真叶出现，到种苗长出4～6枚真叶时为止	3	温室	肥水管理、病虫防治
		4	温室	补苗或移苗，肥水管理，病虫防治
		5	温室	巡苗，做好库存，肥水管理，病虫防治
第4阶段	炼苗期：符合标准的种苗进行运输或移植前的驯化	6	炼苗区	炼苗，适当控制肥水
		7	炼苗区	种苗销售，适当控制肥水

4.6.4 种苗销售

穴盘苗销售可分为现苗销售和订单销售。其中订单销售又分为播种前订单销售和播种后订单销售。国外以播种前订单销售为主，国内以现苗销售和播种后订单销售为主。

在国内，一些大订单及特殊品种订单只能采取播种前订单销售，行此种销售方式时，应该与客户签订好合同，收取一定比例订金，然后严格按合同规定的品种和数量生产种苗。

播种后订单销售，只能销售生产计划中已安排生产的种苗，每周应及时从总量中扣除已确认的订单种苗数量，及时掌握还有多少可供销售种苗的品种和数量，避免后来的订单客户提不到某些种苗的情况发生。

现苗销售，应提前开拓客户，当种苗长至可以销售的规格时，力争在有效销售期内完成大部分现苗的销售。

4.6.5 种苗包装与运输

对于异地销售，种苗的包装与运输显得非常重要。一般需做好如下工作：

选择好包装箱 穴盘苗采用纸箱包装，安放4或6个穴盘，上下层穴盘用经过防潮处理的纸板隔层分开(未经防潮处理的纸板受潮后软化，导致上层穴盘压塌在上层穴盘苗上，造成种苗的损坏)。包装箱外标注“种苗专用箱”和向上放置、勿使倒置的标记。

种苗装箱 装箱前应控制穴盘介质在合适的水分范围，过干可能会导致运输过程中种苗失水，过湿可能会导致纸箱软塌。装箱时勿使种苗朝向与包装外的朝向标记相反，否则会导致搬运过程中穴盘的颠倒。穴盘苗在包装箱内一层层叠放好后，用胶布封口，用打包带扎紧。

种苗的运输与到达 最好采用专用车进行运输，也可采用空运、火车和汽车等其他运输方式。以其他方式运输时，最好一站到达，尽量减少转运环节。转运环节越多，出现穴盘颠覆的几率越高。种苗达到后，应及时开箱，将种苗置于阴凉通风处，喷水，使种苗尽快恢复生机。

若不重视包装运输，可能会出现穴盘颠倒，种苗干瘪，叶黄失绿，品种混淆等不良现象。

小　结

本章论述了穴盘苗生产发展的历史与现状，以及穴盘苗生产的应用前景；阐述了穴盘苗生产所需的主要设施设备(温室、发芽室、准备房、播种机、水肥系统)、穴盘育苗所需的关键生产资料、温室穴盘苗生产的环境条件控制、穴盘育苗技术，以及穴盘苗生产管理与销售管理。

思考题

1. 与传统播种育苗技术相比，穴盘育苗技术有什么优缺点？
2. 穴盘苗生产所需的主要设施设备有哪些？在生产中对这些设施设备有什么特殊要求？
3. 生产穴盘苗所用的介质需要考虑哪些物理性质和化学性质？
4. 生产穴盘苗所用的灌溉水的水质指标有哪几种？各指标对穴盘苗的生长影响体现在哪些方面？
5. 穴盘种苗生长包括哪 4 个阶段？
6. 穴盘种苗生产过程中，如何进行温度、光照和水分管理？
7. 穴盘种苗生产过程中，如何进行肥料与养分管理？
8. 穴盘种苗生产过程中，如何进行地上部与根部生长的控制？如何进行穴盘苗高度控制？
9. 穴盘苗生产管理和销售管理中需要注意哪些环节？

参考文献

1. KORANSKI. 1997. Plug & Transplant Production：A Grower's Guide by Roger[M]. Ball Publishing.
2. 葛红英，江胜德. 2004. 穴盘种苗生产[M]. 北京：中国林业出版社.
3. R·C·斯泰尔，等. 2007. 穴盘苗生产原理与技术[M]. 刘滨，等译. 北京：化学工业出版社.

5

专业扦插苗生产

扦插繁殖(cutting propagation)是利用花卉营养器官的再生能力，能发生不定芽或不定根的习性，切取植物体的根、茎、叶的一部分，插入基质中，使之生根发芽，发育成一个独立的新植株的繁殖方法。扦插所用的一段营养体称为插穗，通过扦插繁殖所得的种苗称为扦插苗。

5.1 扦插繁殖的意义及分类

5.1.1 扦插繁殖的意义

自然界中只有少数植物具有自行扦插繁殖的能力，栽培植物多是在人为干预控制下进行。种子繁殖，特别是异花授粉时，经常会得到与母本不一样的后代。但扦插繁殖和种子繁殖相比较，具有如下优点。

第一，扦插能够将亲本的遗传性状很好地保存下来，通过扦插可以培育出个体之间遗传性状比较一致的无性系。例如，如果发现有价值的芽变，通过扦插可以育成优良的无性系；如银杏等雌雄异株植物，可以通过扦插有目的地繁殖雌株或雄株；可以用扦插来繁殖杂交第一代的优良个体；对于具有斑点或花纹的麝香百合、虎尾兰和叶子花等，可通过根插、叶插或鳞片插，来保持这些品种的斑点或花纹等特征，也可以用不带斑纹的组织分化出的新芽，通过扦插培育没有斑纹的品种。月季等花卉为提高其抗病性、耐寒性，以及调节其长势，常选择嫁接在相应的砧木上来达到此目的。而这些砧木要保持其优良性状，用种子繁殖也比较困难，但是扦插繁殖就可以保持这些砧木的优良特性。

第二，有些花卉重瓣品种和不育性强的品种或多年才能达到结实的品种等，都可用扦插繁殖。许多花卉在遗传上都是杂合体，比如菊花、现代月季等，种子繁殖的实生后代性状分离很严重，除育种之外，一般不用种子繁殖。所以采用扦插等方式通过诱导植物枝条等器官产生不定根，从而产生大量与母本完全一样的新个体。

第三，扦插繁殖可提早开花、结实。在一个生活周期内，大多数花卉要经过一定的幼年期后才能达到具有开花结实能力的成熟期。木本花卉从幼年期到成熟期的时间很长，一般需要数年的时间。如果从发育已达成熟的母本上采取插穗进行扦插繁殖，不必经历幼年期，就会提早开花、结实。

第四，如果条件适合，扦插繁殖可以节省劳力，降低成本。正常的扦插苗根系生长良好，栽植成活率高、生长快。因此，可以缩短种苗培育时间。

但由于有些扦插苗缺乏主根，根系较差，固地性也较差，易出现树形杂乱、偏冠现象。扦插苗寿命比实生苗短。很多时候扦插苗的抗性比嫁接苗差些。

总之，用扦插繁殖方法培养的植株比播种苗生长快、开花时间早，短时间内可以育成多数较大的幼苗，并可以保持原有品种的特性，因此具有简便、快速、经济、大量的优点，在花卉生产中应用十分广泛。

5.1.2 扦插繁殖的分类

依插穗的器官来源不同，扦插繁殖可分为茎(枝)插、叶插和根插等类型。在花卉种苗培育中，最常用的是茎(枝)插。此外，根据插穗的方向，又可以分为直插、斜插、平插、船状扦插(适用于匍匐性植物，如地锦等)。

(1)茎(枝)插

以带芽的茎(枝条)作插穗的繁殖方法称为茎插，亦称枝插，是应用最为普遍的一种扦插方法。依枝条的木质化程度和生长状况又分为以下几类。

硬枝扦插(hardwood cutting)　以生长成熟的休眠枝作插穗的繁殖方法，常用于木本花卉的扦插，许多落叶木本花卉，如芙蓉、紫薇、木槿、石榴、紫藤、银芽柳等均常用。插条一般在秋冬休眠期获取。

半硬枝扦插(semihard wood cutting)　又称为半软枝扦插，以生长季发育充实的带叶枝梢作为插穗的扦插方法。常用于常绿或半常绿木本花卉，如米兰、杜鹃花、月季、海桐、黄杨、茉莉、山茶和桂花等的繁殖。

软枝扦插(softwood cutting)　又叫绿枝扦插或嫩枝扦插。在生长期用幼嫩的枝梢作为插穗的扦插方法，适用于某些常绿及落叶木本花卉和部分草本花卉。木本花卉如木兰属、蔷薇属、绣线菊属、火棘属、连翘属和夹竹桃等，草本花卉如菊花、天竺葵属、大丽花、满天星(锥花丝石竹)、矮牵牛、香石竹和秋海棠等。

芽叶插(leaf - bud cutting)　是以一叶一芽及芽下部带有一小片的茎作为插穗的扦插方法。此法具有节约插穗、操作简单、单位面积产量高等优点，但成苗较慢，在菊花、杜鹃、玉树、天竺葵、山茶、百合及某些热带灌木上常用。亦常应用于一些珍贵和材料来源少的观赏树木。在生长季节选叶片已成熟、腋芽发育良好的枝条，削成带一芽一叶作插穗，以带有少量木质部最好。

(2)叶插(leaf cutting)

叶插是用一片全叶或叶的一部分作为插穗的扦插方法，适用于叶易生根又能生芽的植物，许多叶质肥厚多汁的花卉，如秋海棠、非洲紫罗兰以及虎尾兰属和景天科的许多种，叶插极易成苗。具体扦插方法有整片叶扦插(包括平插、直插)、切段叶插、刻伤与切块叶插等。

(3)根插(root cutting)

根插是用根段作为插穗的扦插方法，如随意草、丁香、美国凌霄、福禄考属、打碗花等。插条在春季活动生长前挖取，一般剪截成10cm左右的小段，粗根宜长，细根宜较短。扦插时可横埋土中或近轴端向上直埋。

5.2 扦插的成活原理

植物的细胞具有全能性，同一植株的细胞都具有相同的遗传物质。在适宜的环境条件下，具有潜在的形成相同植株的能力。另外，当植物体的某一部分受伤或被切除而使植物整体受到破坏时，能表现出弥补损伤和恢复协调的能力。植物扦插就是利用离体的植物组织器官，如根、茎、芽、叶等的再生性能，在一定条件下经过人工培育使其发育成一个完整的植株。用花卉茎、叶等进行扦插繁殖，首要任务就是让其生不定根。

许多花卉插穗的母株上已形成了根的原始细胞，插穗在适宜条件下易发展成根原基生根。而有些花卉，从母株上剪下的插条中尚不具有根的原始细胞，只有在剪下后并处于适宜条件下细胞才开始分生、分化并发育成根原基，最后产生不定根。这一进程的快慢，植物间的差异很大，如菊花扦插后3d便产生根的原始细胞，最快的7d就能生根；香石竹5d才产生原始细胞，约20d才生根；另一些植物始终不产生根的原始细胞，便不能生根。因此，不能以插条从母株上剪取时是否具有根的原始体或根原基来判定将来能否生根。某些极易产生不定根的种类，当处于湿润大气中或枝条平卧时，便会产生不定的气生根。从母株上剪取时，具有根原基的花卉，如无花果属、八仙花属、茉莉属、柳属、千里光属等易扦插生根。

5.2.1 不定根形成的机理

5.2.1.1 不定根的生根类型

扦插成活的关键是不定根的形成，而不定根发源于一些分生组织的细胞群中，这些分生组织的发源部位有很大差异，随植物种类而异。根据不定根形成的部位可分为两种类型：一种是皮部生根型，这种皮部生根较迅速，生根面积广，与愈合组织没有联系，一般来说，这种皮部生根型属于易生根花卉。草本花卉最常见起源于最邻近形成层的次生韧皮部。首先由这些细胞继续或恢复分生形成一团未分化的不定根原始细胞群，原始细胞群因植物种类及环境条件不同，或继续分生或经休眠后，分生、分化成不定根的根原基。根原基的结构与根尖的相同，包括根冠和分生区，继续生长就产生伸长区，最后突出于茎的表面。

（茎上）不定根主要起源于某些尚处分裂阶段的细胞或分化程度很低的薄壁组织，如产生于维管束鞘、形成层或射线等，还有表皮、皮层等。在枝（茎）插过程中，茎段上都带有芽，可由此产生不定根。

另一种是愈伤组织生根型，即以愈伤组织生根为主，从基部愈伤组织（或愈合组织），或从愈伤组织相邻近的茎节上发出很多不定根。愈伤组织生根数占总根量的70%以上，皮部根较少，甚至没有，如银杏、雪松、黑松、金钱松、水杉、悬铃木等。这两种生根类型，其生根机理是不同的，从而在生根难易程度上也不相同。

不定根也可以从插条切口上方的节间或节上出生，但愈向上愈少。许多单子叶植物，如禾本科、天南星科及匍匐生长的双子叶植物，不定根常从节部出生，天竺葵的插穗也常自节上生根。

5.2.1.2 扦插生根的生理基础

在研究扦插生根的理论方面，有许多学者做了大量工作，从不同的角度提出了很多见解。

(1)植物发育

在植物生长周期内，尤其是多年生花卉、木本花卉等，均需要经过一定的幼年期，然后才能具备成花能力。在幼年期扦插，插穗具有很强的生根能力，很容易形成大量不定根。

(2)植物激素

花卉扦插生根以及愈合组织的形成都是受生长素调控的，细胞分裂素和脱落酸也有一定的关系。刚扦插后，插穗的内源生长素急剧增加，主要是在枝条幼嫩的芽和叶上合成，然后向基部运行，参与根系的形成。初生根原基形成前达到峰值，到生根时反而减少了。植物嫩枝扦插，容易成活，就是因为其内源生长素含量高，细胞分生能力强。有研究表明，带叶扦插后，其根系非常发达，如果事先把芽和叶摘除掉，生根能力就会受到显著的影响，或者根本不生根，说明影响插穗生根有重要物质，这就是植物的叶和芽能合成生长素和其他生根的有效物质，并经过韧皮部向下运输至插穗基部促进生根。目前，在生产上使用的有吲哚丁酸(IBA)、吲哚乙酸(IAA)、萘乙酸(NAA)、萘乙酰胺(NAD)及广谱生根剂 ABT、HL-43 等，用这些生长素类调节剂处理插穗基部后提高了生根率，而且也缩短了生根时间。

赤霉素、细胞分裂素等植物激素抑制插穗生根，在扦插中一般不使用。

(3)生长抑制物质

一般情况下，扦插时所说的生长抑制物质是指代谢产物，尤其指酚类物质，会影响扦插生根。因此，生产实际中，可采取相应的措施，如流水洗脱、低温处理、黑暗处理等，可以消除或减少抑制剂，以利于生根。

(4)营养物质

插穗的成活与其体内养分，尤其碳素和氮素的含量有一定的关系。扦插生根过程首先利用插穗中贮藏碳水化合物，接着也能分解插穗组织得到的营养补充。扦插实践表明：成熟度好，粗壮、长度大而节间短的插穗易生根，未充分成熟、细弱、短插穗不易成活；具有花芽的插穗，如果先开花，则推迟生根或不易生根等，这说明插穗中碳水化合物多则有利于愈伤组织的形成和不定根的产生。因此，生产中常采用蔗糖液浸蘸插穗基部切口，以增加组织中碳水化合物的含量，可促进生根。但外源补充碳水化合物，易引起切口腐烂。

氮素也是插穗生根必需的营养物质之一，既可以促使根原体形成，又能促进根系以及地上部分的生长。

不过，实际上插穗的生根成活不是简单地决定于其体内碳水化合物或氮素营养的含量，而是受其相对比率影响的。一般说 C/N 比高，也就是说植物体内碳水化合物含量高，相对的氮化合物含量低，对插穗不定根的诱导更有利。

总之，插穗营养充分，不仅可以促进根原基的形成，而且对地上部分生长也有促进作用。

5.2.2 不定芽发生机理

叶插成苗需产生不定根与不定芽，缺一不可。一般情况，生根比出芽容易，能生根的不一定能出芽，但能出芽的总能生根。某些花卉，如菊花等，叶插容易生根，但难产生芽，生根的叶有时生活一年也不形成不定芽。叶插成苗有两种类型，一种是叶柄基部或主叶脉伤口处的薄壁组织，可以叶插的绝大多数植物属于此类型。叶柄基部或主叶脉与茎相似，不定根的来源也相同。另一类是叶缘上着生叶胚，如落地生根类花卉，在母株上的叶片成熟后，在叶缘缺刻处，由发育早期便存在的一群细胞反复分生形成一个胚状体，称为叶胚。叶胚继续发育突破表皮，在叶缘发育成带叶的芽，最后脱落生根形成幼苗。对这类花卉进行人工叶插时，将成熟叶取下扦插几天后，叶胚的根原基首先突破表皮，接着再出芽成苗。

多年生木本花卉可采用根插，要在根段上产生不定芽才能成长为新植株。一些花卉在未离体的根上已产生不定芽，特别是当根受伤后更容易形成不定芽。在幼根上，不定芽是在靠近维管形成层的中柱鞘内产生；在老根上，不定芽是从木栓形成层或射线增生的，类似愈伤组织里产生的。芽原基还可能从插穗茎或根的伤口处愈伤组织中产生。扦插再生形成新植株，不仅要产生不定芽形成茎，而且还要在根段上重新产生根。不同植物种类根插后产生不定芽的途径有所不同，通常是根段首先发生不定芽，在新的不定芽的基部再发生根，而不是在原根段上发生新根。有些植物是在根段上发育出良好的根系时才产生不定芽。也有些只发根不发芽或只产生不定芽而不产生根，遇到这种情况插穗就不能成活。

5.3 影响扦插成活的因素

扦插繁殖，首要任务就是让其生根。在插穗生根过程中，插穗不定根的形成是一个复杂的生理过程。插穗扦插后能否生根成活，除与植物本身的内在因子外，还与外界环境因子有密切的关系。

5.3.1 内在因素

(1) 植物种类

不同植物间遗传性也反映在插穗生根的难易上，不同科、属、种，甚至品种间都会存在差别。如仙人掌、景天科、杨柳科的植物普遍易扦插生根；木犀科的大多数易扦插生根，但流苏树则难生根；山茶属的种间反应不一，山茶、茶梅易，云南山茶难；菊花、月季等品种间差异大。

不同花卉生根的难易，只是相对而言，随着科学研究的深入，有些很难生根的花卉可能成为可扦插的树种，并在生产上加以推广和应用。所以，在扦插育苗时，要注意参考已证实的资料，没有资料证实的品种，要进行试插，以免走弯路。在扦插繁殖工作中，只要在方法上注意改进，就可能提高成活率。如一般认为扦插很困难的花卉，通过对萌芽条的培育和激素处理，在全光照自动喷雾扦插育苗技术条件下，可提高生根率。一般属于扦插容易的月季品种中，有许多优良品系生根很困难，如在扦插时期改为秋后带叶扦插，在保温和喷雾保湿条件下，生根率可达到 95% 以上。这说明许多难生根的树木或花卉，在科技不断进步的情况下，根据亲本的遗传特性，采取相应的措施，可以找到生根的好办法。

(2) 插穗的成熟程度

插穗的生根能力是随着母株年龄的增长而降低的，这是由于植物新陈代谢作用的强弱，是随着发育阶段变老而减弱的，其生活力和适应性也逐渐降低。相反，幼龄母树的幼嫩枝条，其皮层分生组织的生命活动能力很强，所采下的枝条扦插成活率高。所以，在选条时应选取枝条生长健壮，组织发育充实，叶芽发育饱满的 1 ~2 年生枝条，这样容易生根。此外，扦插枝条的粗度、长度、生长期、扦插时的留叶量、插条内部的抑制物质等，对生根都有一定的影响。

不同营养器官的生根、出芽能力不同。有试验表明，侧枝比主枝易生根，硬木扦插时取自枝梢基部的插穗生根较好，软木扦插以顶梢作插穗比下方部位的生根好，营养枝比结果枝更易生根，去掉花蕾比带花蕾者生根好，如杜鹃花。

对于一些稀有、珍贵树种或难繁殖的树种，为使其在生理上"返老还童"可采取以下有效途径：

绿篱化采穗　即将准备采条的母树进行强剪，不使其向上生长。

连续扦插繁殖　即连续扦插 2 ~3 次，新枝生根能力急剧增加，生根率可提高 40% ~50%。

用幼龄砧木连续嫁接繁殖　即把采自老龄母树上的接穗嫁接到幼龄砧木上，反复连续嫁接 2 ~3 次，使其"返老还童"，再采其枝条进行扦插。

用基部萌芽条作插穗　即将老龄树干锯断，使幼年(童)区产生新的萌芽枝用于扦插。

插穗的成熟程度不同，其生根能力也不同。一般都从当年生枝条上剪取带叶的嫩枝插穗，更易生根成活，这是由于嫩枝处于生长旺盛时期，枝条代谢能力较强，而且嫩枝上的芽和叶能合成内源激素和碳水化合物，有利于不定根的形成。充分成熟的休眠枝条积累碳水化合物多，芽体饱满，发育完善，在正常通过休眠期后，并给予插穗基部外源生长素，也能促进发芽和生根。1 年生枝的再生能力也较强，但具体年龄也因树种而异。

(3) 枝条的着生部位及发育状况

有些树种树冠上的枝条生根率低，而树根和干基部萌发条的生根率高。因为母树根颈部位的 1 年生萌蘖条其发育阶段最年幼，再生能力强，又因萌蘖条生长的部位靠近根系，得到了较多的营养物质，具有较高的可塑性，扦插后易于成活。干基萌发枝生根率虽高，但来源少。所以，做插穗的枝条用采穗圃的枝条比较理想，如无采穗圃，可用插枝苗、留根苗和插根苗的苗干，其中以后二者更好。硬枝插穗的枝条，必须发育充实、粗壮、充分木质化、无病虫害。

(4) 枝条的不同部位

同一枝条的不同部位根原基数量和贮存营养物质的数量不同，其插穗生根率、成活率和苗木生长量都有明显的差异。但具体哪一部位好，还要考虑植物的生根类型、枝条的成熟度等。一般来说，常绿树种中上部枝条较好。这主要是中上部枝条生长健壮，代谢旺盛，营养充足，且中上部新生枝光合作用也强，对生根有利。落叶树种硬枝扦插中下部枝条较好。因中下部枝条发育充实，贮藏养分多，为生根提供了有利因素。若落叶树种嫩枝扦插，则中上部枝条较好。由于幼嫩的枝条，中上部内源生长素含量最高，而且细胞分生能力旺盛，对生根有利。

(5)插穗的粗细与长短

插穗的粗细与长短对于成活率、苗木生长有一定的影响。对于绝大多数树木来讲，长插穗根原基数量多，贮藏的营养多，有利于插穗生根。插穗长短的确定要以植物生根快慢和土壤水分条件为依据，一般木本花卉硬枝插穗 10～25cm，草本花卉 5～10cm。随着扦插技术的提高，扦插逐渐向短插穗方向发展，有的甚至一芽一叶扦插，如茶树、葡萄采用 3～5cm 的短插穗扦插，效果很好。

对不同粗细的插穗而言，粗插穗所含的营养物质多，对生根有利。插穗的适宜粗细因树种而异，多数针叶树种直径为 0.3～1cm；阔叶树种直径为 0.5～2cm。

在生产实践中，应根据需要和可能，采用适当长度和粗细的插穗，合理利用枝条，应掌握粗枝短截，细枝长留的原则。

(6)插穗的叶和芽

插穗上的芽是形成茎、干的基础。芽和叶能供给插穗生根所必需的营养物质和生长激素、维生素等，对生根有利。尤其对嫩枝扦插及针叶树种、常绿树种的扦插更为重要。插穗留叶多少一般要根据具体情况而定，一般留叶 2～4 片，若有喷雾装置，定时保湿，则可留较多的叶片，以便加速生根。

另外，从母树上采集的枝条，对干燥和病菌感染的抵抗能力显著减弱，因此，在进行扦插繁殖时，一定要注意保持插穗自身的水分。生产上，可用水浸泡插穗下端，不仅增加了插穗的水分，还能减少抑制生根物质。

(7)插穗极性

插穗是有极性的，不论怎么扦插，总是上端发芽，下端生根。枝条的极性是距离茎基部近的为下端，远离茎基部的为上端。根插穗的极性则是距离茎基部近的为上端，远离茎基部的为下端。有人做过试验，无论是枝插，根插，也不管是正插、倒插、横插都不能改变上端发芽和下端生根的规律，这就是极性的表现。扦插时要注意插穗的极性，不要插错了方向。

5.3.2 影响插穗生根的外界因子

影响插穗生根的外因主要有温度、湿度、通气、光照、基质等。其因子之间相互影响、相互制约，因此，扦插时必须使各种环境因子有机协调地满足插穗生根的各种要求，以达到提高生根率、培育优质苗木的目的。

(1)基质

基质直接影响水分、空气、温度及卫生条件，是扦插的重要环境。理想的扦插基质是排水、通气良好，又能保温，不带病、虫、杂草及任何有害物质。人工混合基质常优于土壤，可按不同植物的特性而配制。

扦插常用的土壤和基质材料有砂土、沙、炉渣、珍珠岩、蛭石、泥炭、水苔以及水(水插)，雾(雾插)等，总称为插壤。有关这些基质的特性见 4.3.1 节。一般对易生根的植物，若需要大量的扦插，多用大田直接扦插，但要求土壤肥沃，保水性和透气性较好的壤土或砂质壤土。对一些扦插较难生根的植物要实施插床扦插，一般选择清洁无菌、不含养分的河沙、珍珠岩、蛭石等作为基质。

(2)湿度

在插穗生根过程中，空气的相对湿度、插壤湿度以及插穗本身的含水量是扦插成活的关键，尤其是嫩枝扦插，应特别注意保持合适的湿度。

空气相对湿度 对难生根的针、阔叶树种的影响很大。插穗所需的空气相对湿度一般为90% 左右。硬枝扦插可稍低一些，但嫩枝扦插空气的相对湿度一定要控制在90%以上，使枝条蒸腾强度最低。生产上可采用喷水、间隔控制喷雾等方法提高空气的相对湿度，使插穗易于生根。

插壤湿度 插穗最容易失去水分平衡，因此要求插壤有适宜的水分。插壤湿度取决于扦插基质、扦插材料及管理技术水平等。据毛白杨扦插试验，插壤中的含水量一般以20% ~25% 为宜。含水量低于20% 时，插穗生根和成活都受到影响。有报道表明，插穗由扦插到愈伤组织产生和生根，各阶段对插壤含水量要求不同，通常以前者为高，后者依次降低。尤其是在完全生根后，应逐步减少水分的供应，以抑制插穗地上部分的旺盛生长，增加新生枝的木质化程度，更好地适应移植后的田间环境。

(3)温度

对扦插生根快慢起决定作用。多数植物生根的最适温度为15 ~25℃，以20℃最适宜。一般木本植物插穗愈伤组织和不定根形成与气温的关系是：8 ~10℃，有少量愈伤组织生长；10 ~15℃，愈伤组织产生较快，并开始生根；15 ~ 25℃，最适合生根，生根率最高；25℃以上生根率开始下降；28℃以上，生根率迅速下降；36℃以上，插穗难以成活。气温太高，插穗的养分和水分消耗大，常会发芽而不发根，且易滋生病菌，引起插穗腐烂；气温太低，发根慢，插穗易遭受寒害。

不同花卉插穗生根对土壤的温度要求也不同，一般土温高于气温3 ~5℃时，对生根极为有利。这样有利于不定根的形成而不适于芽的萌动，养分集中在不定根形成后芽再萌发生长。在生产上可用马粪或电热线等做酿热材料增加地温，还可利用太阳光的热能进行倒插催根，提高其插穗成活率。

温度对嫩枝扦插更为重要，30℃以下有利于枝条内部生根促进物质的利用，因此对生根有利。但温度高于30℃，会导致扦插失败。一般可采取喷雾方法降低插穗的温度。插穗活动的最佳时期，也是病菌猖獗的时期，所以在扦插时应特别注意通气条件，插穗生根时需要氧气。

(4)光照

光照对扦插繁殖也很重要。扦插生根需要一定的光照条件，尤其是带叶的嫩枝扦插和常绿植物的扦插，需要光照进行光合作用来制造有机物质和生长素以促进生根。对这些插穗，在发根初期应给予充足的日光，但忌日光直射，防止水分过度蒸发而导致插穗枯萎，一般接受40% ~50% 的光照为佳。如果用花盆和浅箱扦插，要放在“见天不见日”的地方。光照度的强弱和光照时间的长短对插穗生根、萌芽有很大的影响。带叶绿枝扦插的插穗，在基质水分充足时，日照较长和一定光照度能促进生根，提高生根率和发芽率。

研究表明，许多草本花卉如大丽花，以及木槿属、杜鹃花属、常春藤属等木本花卉，采自光照较弱处母株上的插穗比强光下者生根较好，但菊花却相反，采自充足光照下的插穗生根更好。扦插生根期间，许多木本花卉，如木槿属、锦带花属、荚蒾属、连翘属，在较低光照下生根较好，但也有许多草本花卉，如菊花、天竺葵及一品红，适当的强光照更有利于生根。

5.4 扦插苗生产

5.4.1 促进插穗生根的方法

(1)激素及生根促进剂处理

激素处理 一般用生长素类激素处理。常用的生长素有萘乙酸(NAA)、吲哚乙酸(IAA)、吲哚丁酸(IBA)、2,4-D 等。一般可用少量酒精将生长素溶解，然后配置成不同浓度的药液。低浓度(如 50～200mg/L)溶液浸泡插穗下端 6～24h，高浓度(如 500～10 000mg/L)可进行快速处理(数秒到 1min)。此外，还常将溶解的生长素与滑石粉或木炭粉混合均匀，阴干后制成粉剂，用湿插穗下端蘸粉扦插；或将粉剂加水稀释成为糊剂，用插穗下端浸蘸；或做成泥状，包埋插穗下端。处理时间与溶液的浓度随植物和插穗种类的不同而异。一般生根较难的浓度要高些，生根较易的浓度要低些。硬枝浓度高些，嫩枝浓度低点。

生根促进剂处理 目前使用较为广泛的有中国林业科学院林业研究所王涛研制的“ABT 生根粉”系列；华中农业大学林学系研制的广谱性“植物生根剂 HL－43”；山西农业大学林学系研制并获国家科技发明奖的“根宝”；昆明市园林所等研制的“3A 系列促根粉”等。它们均能提高多种树木如银杏、桂花、板栗、红枫、樱花、梅、落叶松等的生根率，其生根率可达 90% 以上，且根系发达，吸收根数量增多。

(2)洗脱处理

洗脱处理一般有温水处理、流水处理、酒精处理等。洗脱处理不仅能降低枝条内抑制物质的含量，同时还能增加枝条内水分的含量。

温水洗脱处理 将插穗下端放入 30～35 ℃的温水中浸泡几小时或更长时间，具体时间因树种而异。某些针叶枝如松树、落叶松、云杉等浸泡 2h，起脱脂作用，有利于切口愈合与生根。

流水洗脱处理 将插穗放入流动的水中，浸泡数小时，具体时间也因植物不同而异。多数在 24h 以内，也有的可达 72h，甚至有的更长。

酒精洗脱处理 用酒精处理也可有效地降低插穗中的抑制物质，大大提高生根率。一般使用浓度为 1%～3%，或者用 1% 的酒精和 1% 的乙醚混合液，浸泡时间 6h 左右，如杜鹃类。

(3)营养处理

用维生素、糖类及其他氮素处理插穗，也是促进生根的措施之一。如用 5%～10% 的蔗糖溶液处理雪松、龙柏、水杉等树种的插穗 12～24h，对促进生根效果很显著。若用糖类与植物生长素并用，则效果更佳。在嫩枝扦插时，在其叶片上喷洒尿素，也是营养处理的一种。

(4)化学药剂处理

有些化学药剂也能有效地促进插穗生根，如醋酸、磷酸、高锰酸钾、硫酸锰、硫酸镁等。如生产中用0.1%的醋酸水溶液浸泡卫矛、丁香等插穗，能显著地促进生根。用0.05%~0.1%的高锰酸钾溶液主要用来浸泡木本花卉的插穗，一般浸泡12h左右，除能促进生根外，还能抑制细菌发育，起消毒作用。

(5)低温贮藏处理

将硬枝放入0~5℃的低温条件下冷藏一定时期(至少40d)，使枝条内的抑制物质转化，有利生根。

(6)增温处理

春天由于气温高于地温，在露地扦插时，易先抽芽展叶后生根，以致降低扦插成活率。为此，可采用在插床内铺设电热线(即电热温床法)或在插床内放入生马粪(即酿热物催根法)等措施来提高地温，促进生根。

(7)倒插催根

一般在冬末春初进行。利用春季地表温度高于坑内温度的特点，将插穗倒放坑内，用沙子填满孔隙，并在坑面上覆盖2cm厚的沙，使倒立的插穗基部的温度高于插穗梢部，这样为插穗基部愈伤组织的根原基形成创造了有利条件，从而促进生根，但要注意水分控制。

(8)黄化处理

在生长季前用黑色的塑料袋将要作插穗的枝条罩住，使其处在黑暗的条件下生长，形成较幼嫩的组织，待其枝叶长到一定程度后，剪下进行扦插，能为生根创造较有利的条件。

(9)机械处理

在树木生长季节，将枝条基部环剥、刻伤或用铁丝、麻绳或尼龙绳等捆扎，阻止枝条上部的碳水化合物和生长素向下运输，使其贮存养分，至休眠期再将枝条从基部剪下进行扦插，能显著地促进生根。

5.4.2 插穗的准备与扦插

5.4.2.1 插穗的准备

(1)采条母株处理

许多木本花卉扦插生根比较困难，为了使其扦插时容易生根，使插穗在采条前积累较多营养或者幼龄化，为扦插生根创造良好条件，在采集插条之前，对母株进行人工预处理，可以取得好效果。其处理办法如下：

绞缢处理 即将母树上准备选作插穗的树枝，用细铁丝或尼龙绳等在枝茎部紧扎，这样因绞缢阻止了枝条上部叶片光合作用产生的营养物质向下运输，使得养分贮存在枝条内部，经15~20d后，再剪取插穗扦插，其生根能力有显著提高。

环剥处理 即在母树树枝的基部，进行0.5~1cm宽的环状剥皮，环剥皮15~20d后，剪取插穗扦插，有很好的生根效果。

重剪处理 冬季修剪时，对准备取条的母树进行截干重剪，使母树下部的茎干产生萌条，采用这种幼年化萌条作插穗，可以克服从老龄母树上直接剪取插穗难以生根的缺点。

此外，还可以进行前述的黄化处理。

(2)穗条的采集处理与贮藏

从母树上采取的穗条，还没有经过剪切加工的称为插条。插条一般应当选取年轻粗壮、节间延伸慢且均匀的枝条。首先应采取萌芽枝或当年生枝条作插穗。采集插穗可结合母树夏、冬季修剪进行，通常应采用母树中上部枝条。夏剪的嫩枝，生长旺盛，光合作用效率高，营养及代谢活动强，有利于生根。冬剪的休眠枝已充分木质化，枝芽充实，贮藏营养丰富，也利于生根。

采集的插条应分树种及品种捆扎，拴上标签，标明品种，采集地点和采集时间等。带叶的嫩枝条或草本花卉，应随剪随用，不可久留。采后应立即放入盛有少量水的桶中，使插条基部浸泡在水中，让其吸水以补充因蒸腾而失去的水分，以防插条萎蔫。如果从外地采集幼嫩枝条，可将每片叶剪去一半，以减少水分蒸腾损耗，并用湿毛巾或塑料薄膜分层包裹，基茎部用苔藓包好，运到后应立即解开包裹物，用清水浸泡插条茎部。休眠枝较耐干旱，一般将插条放在阴凉处，用湿帘子盖好，若无风吹，即使放4～5d也无妨。如果插条需存放1周以上，就要用洁净土或其他材料掩埋，其基部用清水浇浸。另外，皮孔粗大、髓心空、易失水的插条，需要全部埋入湿沙中贮藏。

春插所需插条量大时，常将休眠枝或种根事先采集并贮藏，待扦插适期再用。这样既能保持良好的插穗条件，又能使劳力合理安排。

在插条的贮藏中，开始的2周放在约15℃的条件下，然后再在0～5℃低温条件下正式贮藏，这样可保持日后的生根率。在贮藏的过程中环境温度尽量保持在10℃以下。具体贮藏方法：

假植 又分为浸水假植和壅土假植。浸水假植是将枝条的1/3插入清水中，在清洁的流水中更好，但水的流速不能快，同时要注意遮荫，防止水温升高。壅土假植就是选择排水良好，较背风的地方，挖掘窄沟，将枝条倾斜排放在沟内，回填细土，轻轻踏实。这种方法易受温度变化影响，不宜长时间贮藏。

土中埋藏 尽量选背阴且排水良好的地方，挖40cm深的土坑，坑底铺2cm厚的稻草，上面放12cm厚的枝条，再铺2cm厚的稻草，最后加盖30cm厚的土，踏实，周围开排水沟。

穴藏 在斜坡中部或山谷内挖穴，将插条贮藏在穴内。在穴内先铺10～20cm厚的湿细沙，将插条排入细沙中贮藏。

(3)插穗的剪截与处理

①选取插穗的原则 茎插应选幼嫩、充实的枝条，要利用节间还未伸长的，粗细均匀的部分。叶插和叶芽插应首先选取萌发枝条上的叶片和叶芽，其次，再选取主枝上充实的新生叶。根插应选用直径为0.6～2.0cm粗的幼嫩且充实的部分作插穗。草本花卉应当选用还没有木质化的，再生能力强的幼嫩部分作为插穗(图5-1)。

②插穗的剪截 关于插穗的长度，随着植物的种类或培育苗木的大小而有很大的变

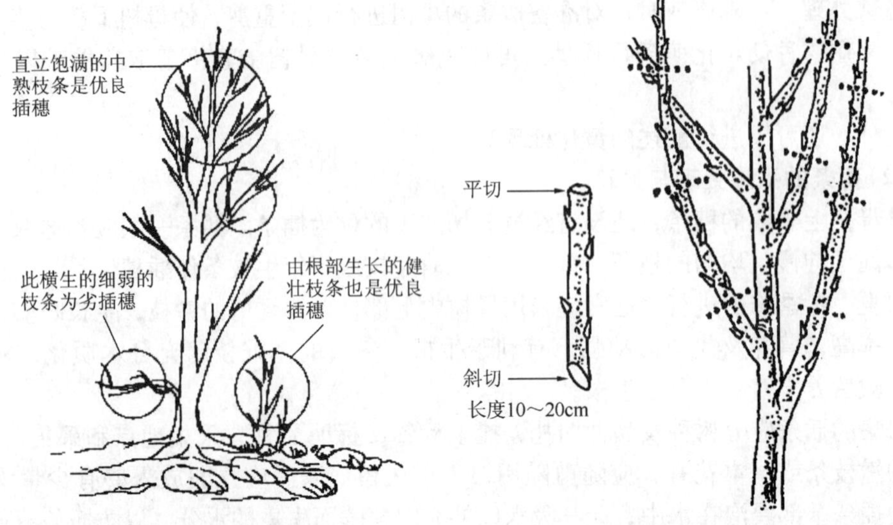

图 5-1　插穗的选择
（引自刘宏涛等，2005）

图 5-2　落叶木本花卉插穗的剪取
（引自刘宏涛等，2005）

化。一般嫩枝插比休眠枝插的插穗要短些。插穗的标准长度可以考虑为：针叶树 7～25cm，常绿阔叶树 7～15cm，落叶阔叶树种 10～20cm，草本 7～10cm，也可以按芽眼数量剪截成单芽、双芽、三芽、多芽的插穗(图 5-2 至图 5-4)。

插穗的剪口大多剪成马耳形单斜面的切口；木质较硬的插穗剪成楔形斜面切口和节下平口，更有利于生根(图 5-5)。

为了减少插穗基部切口的腐烂和有利于生根，插穗剪切应当用锋利的枝剪、小刀，对于柔嫩的草本类花卉，用锋利的剃刀更好。

③插穗的处理　剪切后的插穗需根据各种植物的生物学特性进行扦插前的处理，以提高其生根率和成活率。

浸水处理　所有经过一冬贮藏的休眠枝，其插穗内水分都存在一定损失，扦插或进行处理前，均应用清水浸泡 12～24h，使其充分吸水，以恢复细胞的膨压和活力。

消毒与防腐处理　为防止插穗因病菌的侵染而腐烂，必须进行消毒处理。其方法是：常用不会引起药害的 300 倍等量式波尔多液浸泡插穗 30min，阴干；用 0.1%～0.3% 高锰酸钾溶液进行插壤消毒。

增进扦插生根能力的前处理分两大类，一类是将插穗中含有生根障碍的物质(包括单宁、树胶、松节油、香脂及其他树脂、具有挥发性的特殊成分和氧化酶等)清除掉或

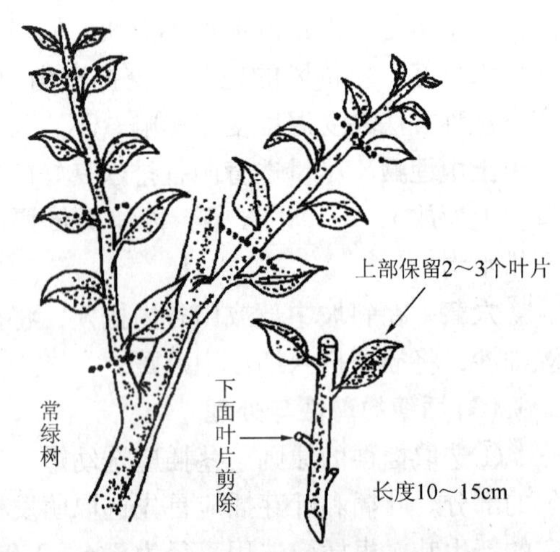

图 5-3　常绿木本花卉插穗的剪取
（引自刘宏涛等，2005）

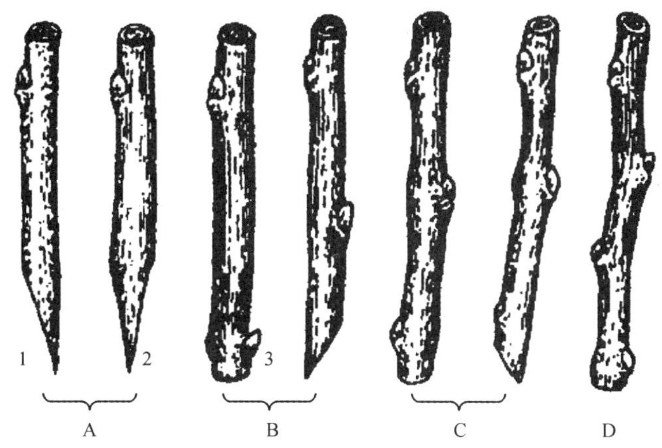

图 5-4 插穗的剪截方法

（引自刘宏涛等，2005）

A. 单芽插穗 B. 双芽插穗 C. 三芽插穗 D. 多芽插穗

1. 单斜面切口 2. 双斜面切口 3. 靠近节部平剪

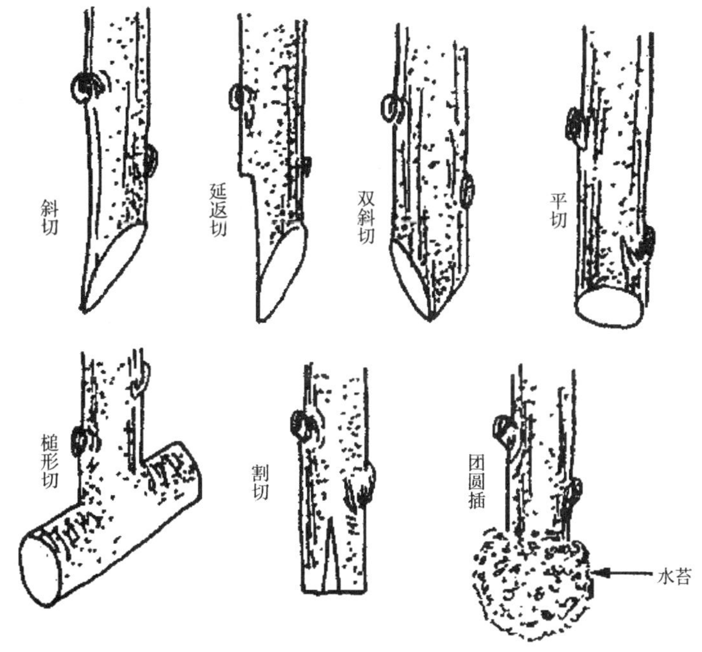

图 5-5 插穗剪切法

（引自刘宏涛等，2005）

者消除其有害作用。另外，也可打破插穗的休眠促进其再生流动。通过这一类处理，对插穗的生理活动进行调整，从而达到增强插穗生根的能力。使用的主要办法是：先将插穗的 1/3 ~ 1/2 浸入 30 ~ 35 ℃的温水中浸泡 4 ~ 12h，再放入浓度为 1% 的酒精、乙醚混合液中浸泡约 6h。另一类是对插穗中含量不足而又是生根的必需物质进行补充，从而提高其生根能力。主要方法是对植物施以生长激素，以促进生根；也可用维生素、糖类、含氮化合物进行处理。

除上述方法之外，在生产实践中，广泛应用的还有加温催根法。其方法主要有电热温床催根法和火炕催根法。电热温床催根法一般采用地下式温床，保温效果好，便于管理。用此法催根，开始 1 ~ 2d，把温度调到 15 ~20 ℃，2d 以后调到 25 ℃左右，见插穗基部产生愈伤组织，发出幼根后，停电锻炼 1 ~2d，可取出扦插。火炕催根法，炕温不得超过 28℃，通过往砂上浇水控制高温。当插穗基部产生愈伤组织，幼根刚突起后立即停火，锻炼 1 ~2d 后扦插。

5.4.2.2　扦插

不同的地区对于不同的花卉可选择不同的时期。在温室条件下，可全年保持生长状态，不论草本或木本花卉均可随时进行，但根据花卉的种类不同，各有其最适时期。一些宿根花卉的茎插时期，从春季发芽后至秋季生长停止前均可进行。在露地苗床或冷床中进行时，最适时期约在夏季 7 ~8 月雨季期间。多年生花卉作一、二年生栽培的种类，如一串红、金鱼草、三色堇、美女樱、藿香蓟等，为保持优良品种的性状，也可进行扦插繁殖。

落叶木本花卉的扦插，春、秋两季均可进行。但以春季为多，春季扦插宜在芽萌动前及早进行。北方在土壤开始化冻时即可进行，一般在 3 月中下旬 ~4 月中下旬。秋插宜在土壤冻结前随采随插，我国南方温暖地区普遍采用秋插。在北方干旱寒冷或冬季少雪地区，秋插时插穗易遭风干和冻害，故扦插后应进行覆土，待春季萌芽时再把覆土扒开。为解决秋插困难，减少覆土等越冬工作，可将插条贮藏至次春进行扦插，极为安全。落叶树的生长期扦插，多在夏季第一期生长终了后的稳定时期进行。生产实践证明，在许多地区，许多木本花卉四季都可进行扦插。如蔷薇、野蔷薇、石榴、金丝桃等在杭州均可四季扦插。

南方常绿树种的扦插，多在梅雨季节进行。一般常绿树发根需要较高的温度，故常绿树的插条宜在第一期生长终了，第二期生长开始之前剪取。此时正值南方 5 ~7 月梅雨季节，雨水多，湿度较高，插条不易枯萎，易于成活。按植物不同器官作扦插材料的扦插方法有以下几种：

(1) 枝插(或茎插)

软枝扦插　又叫绿枝扦插或嫩枝扦插。大部分一、二年生花卉以及一些花灌木采用此扦插繁殖法。在环境条件适宜时，软枝扦插很快能生根，20d ~ 1 个月即可成苗。具体方法是：选健壮枝梢，剪成 5 ~10cm 长的插穗，每个插穗至少要带一片叶子，叶片较大的剪去叶片的一部分。剪口以平剪、光滑为好，通常多在节下剪断，剪下的插穗要随剪随插。扦插前应在插床上开沟，将插穗按一定株行距摆放沟内，或者放入事先打好的孔内，然后覆盖基质，插完后浇水。扦插不宜过深，一般插入基质的深度为插穗的 1/3，最多为 1/2。扦插初期应遮荫并保持较高的湿度(图 5-6)。

半软枝扦插　这种扦插一般是指用半木质化，正处在生长期的新梢进行嫩枝扦插，具有生根快、成活率高、能当年培育成苗的优点。露地半软枝扦插，江南地区多在 6 月中旬至 7 月上旬梅雨季节进行。其插穗应尽量从生长健壮，无病虫害的植株上剪取当年生半木质化的嫩枝。采插条的时间最好在早晨有露水而且太阳未出时，采下的插条用湿布包裹，放在冷凉处，保持新鲜状态，切不可在太阳下暴晒。插穗长10～25cm，下部剪口齐节下，剪口要平滑，剪去插穗下部叶片，顶部留地上部分枝叶或不带叶。扦插不宜过深，插穗要剪后立即扦插（图5-7）。半软枝扦插应先开沟或打孔，其密度以叶片不拥挤、不重叠为原则，插入后用手指将四周压实，插后遮荫，经常喷水（每天喷3～4次水），待生根后逐步去除遮荫。

硬枝扦插　又称休眠扦插，是用已充分木质化的一二年生枝条作插穗进行扦插。由于这种扦插用的

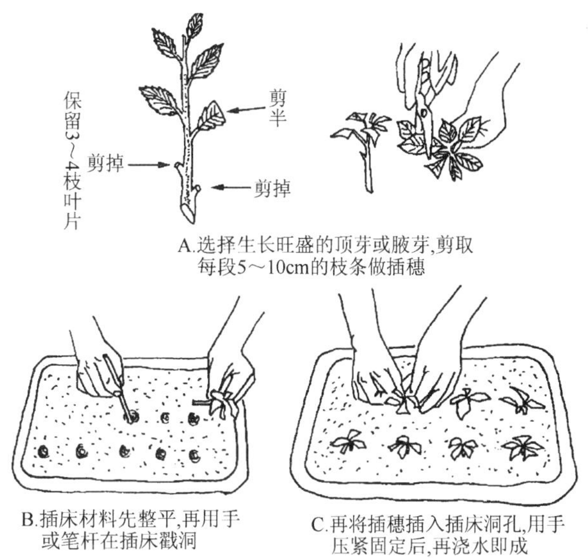

图5-6　软枝扦插

（引自刘宏涛等，2005）

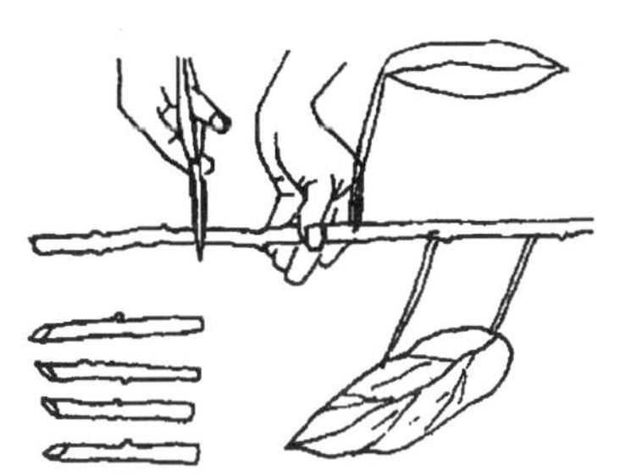

A.选择中熟饱满的半木质化枝条,剪取每段10～15cm作的枝条作插穗

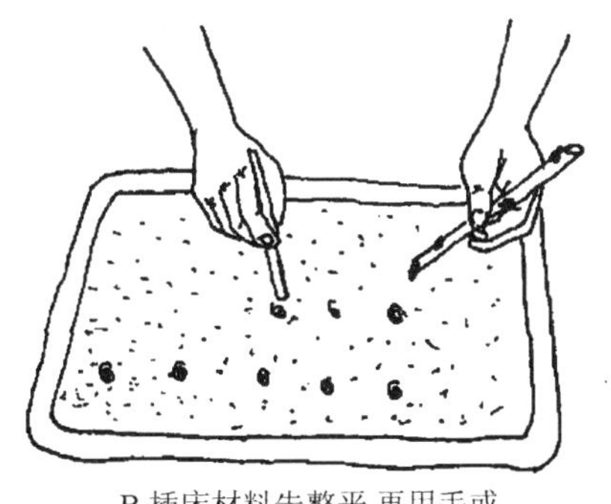

B.插床材料先整平,再用手或笔杆在插床上戳洞

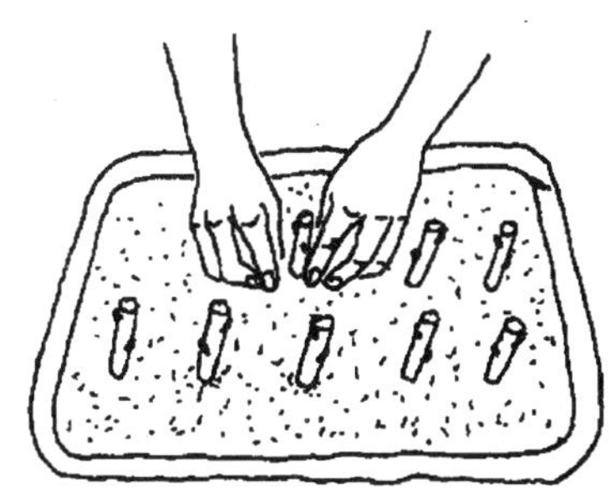

C.再将插穗插入洞中(注意切勿倒插),用手压紧固定后,再浇水即成

图5-7　半软枝扦插

（引自刘宏涛等，2005）

枝条是已进入休眠期的枝条，一般是秋季落叶后，或是早春树液流动前剪取的。这种枝条内营养物质最丰富，细胞液浓度最高，呼吸作用微弱，易维持插条内的水分代谢平衡。用这种枝条扦插，有利于插条的愈伤组织形成和分化根原基及产生不定根。硬枝扦插通常分为3种方法：即长枝扦插、短枝扦插、单芽扦插。

长枝扦插 其插穗一般超过4节，长度大于20cm。依据插穗长短、粗细、硬度和生根难易，选择不同的扦插方式和技术。

短枝扦插 这种插穗要具有2～3节，穗长为10～20cm。采取直插或斜插，在基质面上仅留一个芽露出，插后要覆盖，以保持芽位湿度，防止插穗风干影响发芽。这是扦插繁殖中最简便、最有效的方法。

单芽扦插 又称芽叶插，插穗为一节一芽，长度为5～10cm。在菊花、杜鹃花、玉树、天竺葵、山茶、百合上常用，也适用于一些珍贵和材料来源少的观赏树木。它对插穗质量和扦插技术要求高，最好是先在保护地内采用营养钵或育苗盘扦插，待生根并长出4～6片叶时，再移植到露地管理。如果直接在露地进行单芽扦插，要求扦插后覆盖稻草或河沙，要经常往稻草或沙上喷水，注意保湿，防止插穗风干，待生根、萌芽开始后，撤除覆盖物(图5-8)。

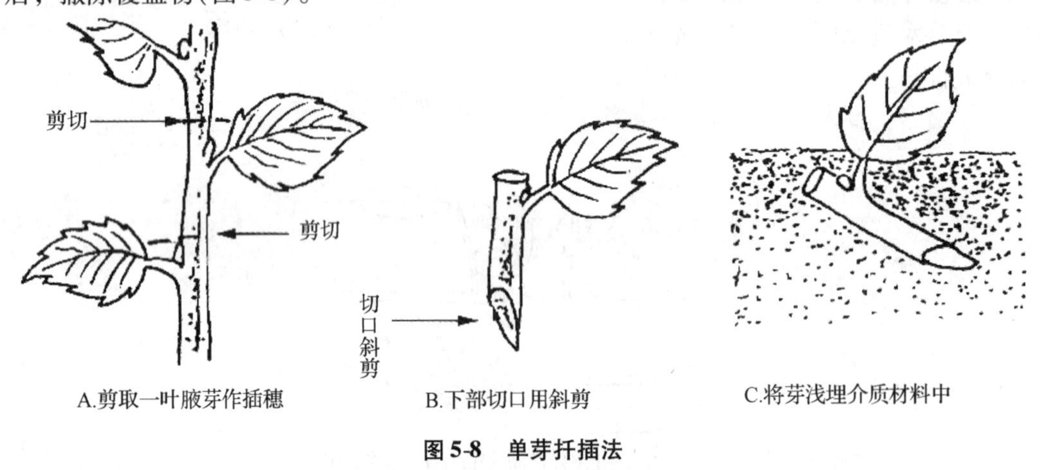

图5-8 单芽扦插法
(引自刘宏涛等，2005)

(2)叶插

能自叶上发生不定芽及不定根的植物都能进行叶插(图5-9)，但实际上仅用于少数无明显主茎，不能进行枝插的种类。多数木本植物叶插苗的地上部分是由芽原基发育而成。因此，叶插穗应带芽原基，并保护其不受伤，否则不能形成地上部分。

整片叶扦插 最常用的方法，全叶插适用于草本植物，如落地生根、秋海棠、大岩桐、景天、虎尾兰、百合等。近年来，利用弥雾等扦插设施以及改善扦插基质的透气性等措施，有些木本花卉，如夹竹桃等，也可以进行叶插。许多景天科植物的叶肥厚，但无叶柄或叶柄很短，叶插时只需将叶平放于基质表面(即平插)，不用埋入土中，用铁针或竹针加以固定(图5-10)，不久即从基部生根出芽。落地生根属则从叶缘生出许多幼苗。另一些花卉，如非洲紫罗兰、草胡椒属等，有较长的叶柄，叶插时需将叶带柄取下，将基部埋入基质中(即直插法)(图5-11)，生根出苗后还可以从苗上方将叶带柄剪

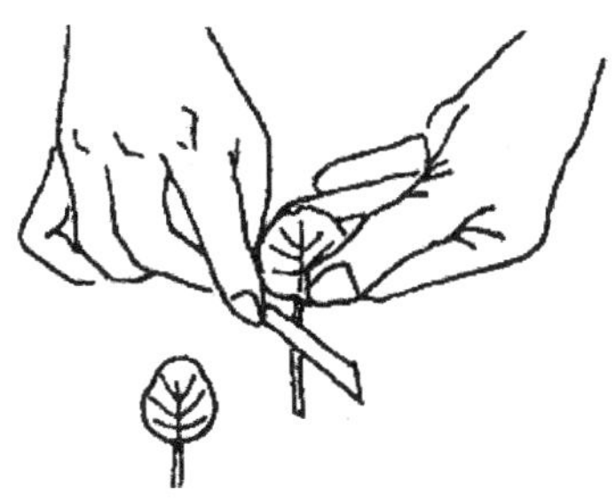

A.剪取生长健壮成熟肥厚的叶片，
连叶柄2～4cm做插穗

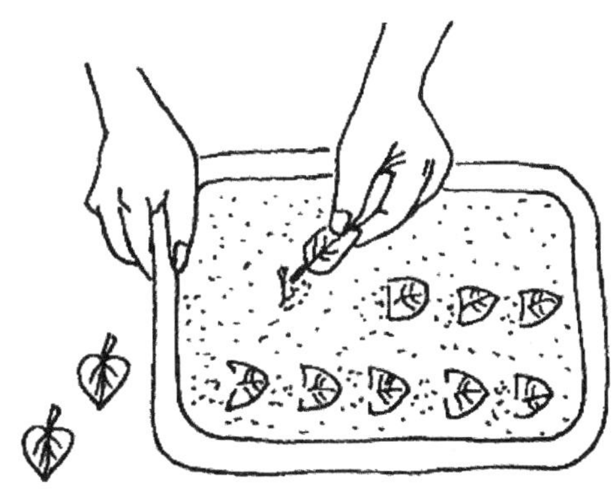

B.叶柄切口蘸上发根剂后，立即斜插
于介质中，用手压紧再浇水

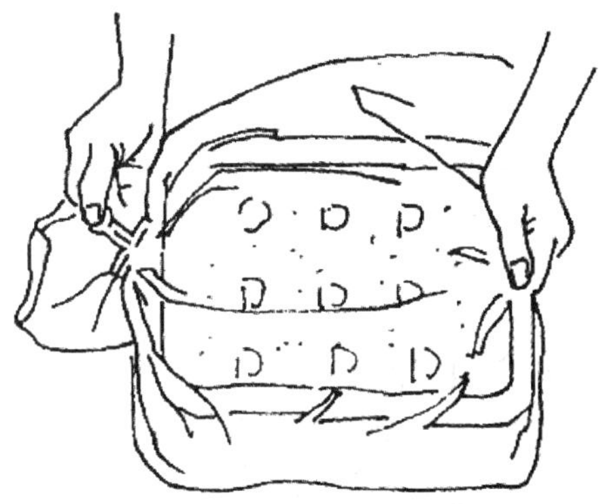

C.再用大型塑料袋把整个
插穗封起来，如此可长好

图 5-9　叶插法

（引自刘宏涛等，2005）

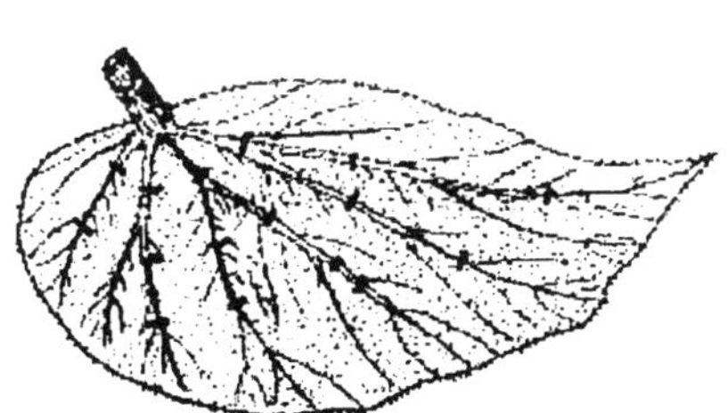

A.固定叶片

B.叶插成活后长出新植株

图 5-10　叶插的平插法

（引自刘宏涛，2005）

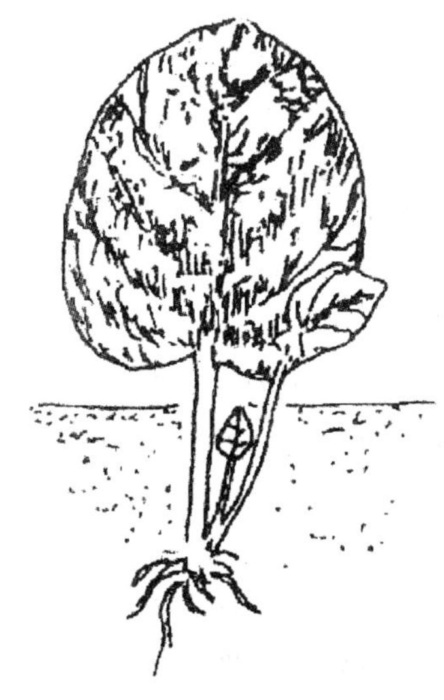

图 5-11　叶插的直插法

（引自刘宏涛等，2005）

下再度扦插成苗。

切段叶插 又称为片叶插，用于叶窄而长的种类，如虎尾兰叶插时可将叶剪切成7～10cm的几段，再将基部约1/2插入基质中。为避免倒插，常在上端剪一缺口以便识别。网球花、风信子、葡萄水仙等球根花卉也可用叶片切段繁殖，将成熟叶从鞘上方取下，剪成2～3段扦插，2～4周即从基部长出小鳞茎和根。椒草叶厚而小，沿中脉分切左右两块，下端插入沙中，可自主脉处发生幼株。而蟆叶秋海棠、大岩桐、豆瓣绿、千岁兰等叶片宽厚，亦可采用切段叶插。将蟆叶秋海棠叶柄从叶片基部剪去，按主脉分布情况，分切为数块，使每块上都有一条主脉，再剪去叶缘较薄的部分，以减少蒸发，然后将下端插入沙中，不久就从叶脉基部发生幼小植株。大岩桐也可采用片叶插，即在各对侧脉下方自主脉处切开，再切去叶脉下方较薄部分，分别把每块叶片下端插入沙中，在主脉下端就可生出幼小植株。千岁兰的叶片较长，可横切成5cm左右的小段，将下端插入沙中，自下端可生出幼株。千岁兰分割后应注意不可使其上下颠倒，否则影响成活(图5-12)。

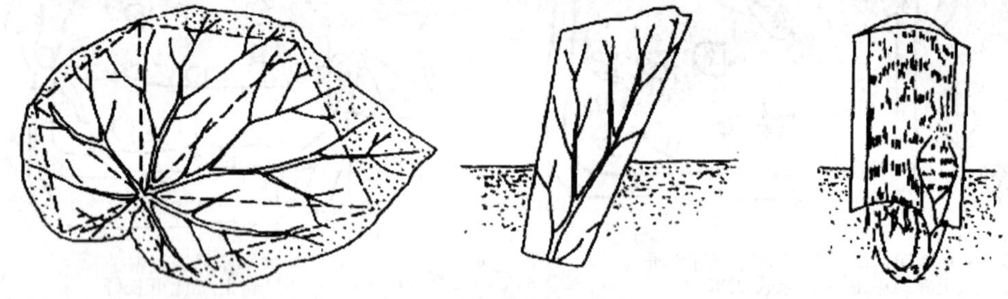

图5-12 叶插的切段叶插

(引自刘宏涛等，2005)

刻伤与切块叶插 常用于秋海棠属花卉上。具根茎的种类，如毛叶秋海棠，从叶片背面隔一定距离将一些粗大叶脉作切口后将叶正面向上平放于基质表面，不久便从切口上端生根出芽。具纤维根的种类则将叶切割成三角形的小块，每块必须带有一条大脉，叶片边缘脉细、叶薄部分不用，扦插时将大脉基部埋入基质中。

某些花卉，如菊花、天竺葵等，叶插虽易生根，但不能分化出芽。有时生根的叶存活1年仍不出芽成苗。

叶插法应注意叶片也有极性现象，千万不可插倒，颠倒叶段则发根难，生芽也难。

(3)根插

也是木本花卉常用的一种扦插方法。一类是用于枝条不易扦插成活种类，如泡桐、漆树类、香椿、牡丹等；另一类是用于根部再生能力较强的种类，如凌霄等，多采用根插繁殖。蓍草、牛舌草、秋牡丹、灯罩风铃草、肥皂草、白绒毛矢车菊、剪秋罗、宿根福禄考等也可以采用根插繁殖。

根插繁殖技术因植物种类不同而异。一般应选择健壮的幼龄树或生长健壮的1～2年生苗作为采根母树，根穗的年龄以一年生为好。通常是在晚秋或冬季植物休眠期间天气相当温暖时采根，若从单株树木上采根，一次采根不能太多，否则影响母树的生长。

采根时勿伤根皮，采后及时假植在沙土中妥当保存，以保持其根部的良好状态，待到次春截成插穗进行扦插。插根较粗、较长者营养丰富，易成活，生长健壮。根插也有极性现象，注意扦插时不要颠倒了。在南方最好早春采根随即进行扦插。

我国南方气候温暖地区及北方有温室或塑料大棚等设施的地方，根插一年四季均可进行，不受季节的限制。根插的适温是 10～16℃，供扦插的根条选择较粗大者为好。根段长为 5～8cm 或 10～15cm。草本植物根较细，但不应小于 5mm，根段长 5～10cm 不等。根段剪切时，上口剪平，下口剪斜。

根插法可在露地进行，也可在温室内和温床内进行。具体插法与硬枝插相似（图 5-13），插后立即灌水，直到发芽生根前最好不灌水，以免地温降低和由于水分过多引起根穗腐烂。有些易发不定芽的植物的细短根段还可以用播种的方法进行育苗。一般10～15d 可发芽。

根据根的类型，根插有 3 种方式：

细嫩根类根插 将根切成 3～5cm 长的插穗，散布于插床的基质上，然后再覆盖一层基质。为遮荫保湿，可盖上玻璃或塑料薄膜，外侧盖上报纸等，待发根出芽后移栽。

肉质根类根插 将根剪截成 2.5～5cm 长的插穗，用沙做插床基质，插于沙内，上端与基质面齐或稍突出。

粗壮根类根插 这种粗壮根可直接在露地进行扦插，插穗长 10～20cm，横埋于土中，深约 5cm（图 5-14）。

此外，以水作为扦插基质的水插法（图 5-15），一般是将插穗固定于有孔的木板或其他轻质物体上，支撑插穗浮于水面，或者直接插于盛水的玻璃瓶中。经常注意保持水的清洁，待生根后及时上盆栽培。

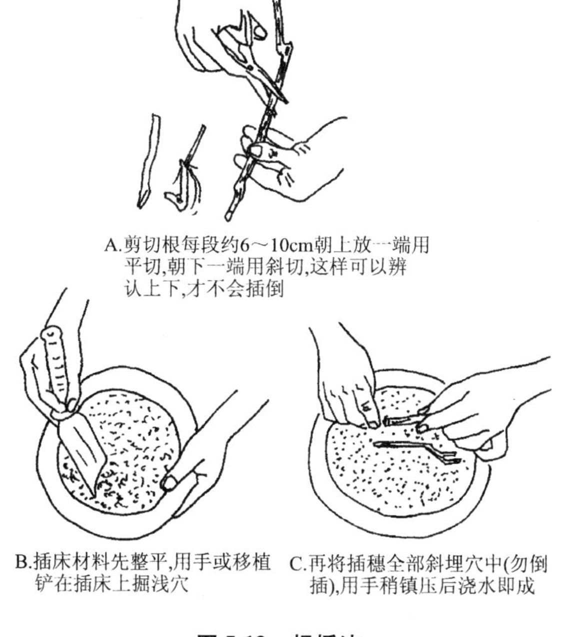

图 5-13 根插法

（引自刘宏涛等，2005）

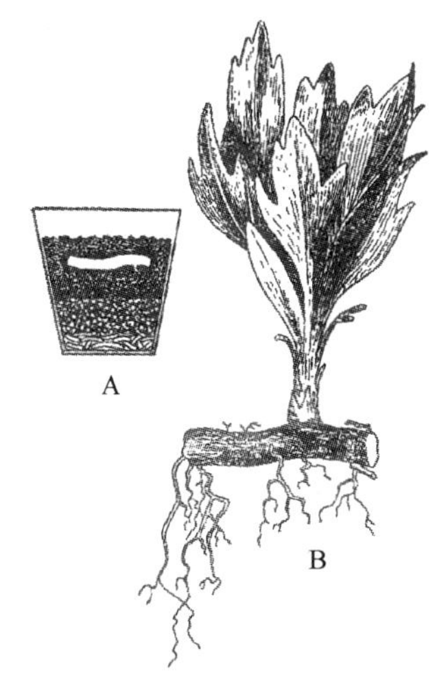

A. 左为根条钵插情况

B. 右为根插成活后的情况

图 5-14 粗壮根扦插

（引自刘宏涛等，2005）

5.4.3 扦插后的管理

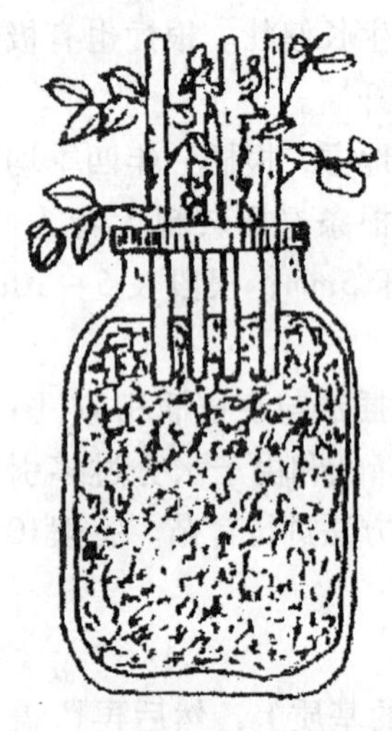

图 5-15 水插法

（引自刘宏涛等，2005）

扦插繁殖的生根率和成活率的高低，不仅取决于扦插前对插穗和插壤的处理方法是否科学，扦插期和扦插方法是否合理，而且在很大程度上也取决于扦插后的管理是否有效。俗话说“三分栽，七分管”，这是实践经验的总结。扦插后的管理同样重要，应引起足够的重视。扦插后到生根前其管理的重点是水分、光照和温度的管理。

扦插后管理也很重要。一般扦插后应立即灌一次透水，以后注意经常保持插壤和空气的湿度，做好保墒及松土工作。插穗上若带有花芽应及早摘除。当未生根之前地上部已展叶，则应摘除部分叶片，在新苗长到15～30cm时，应选留一个健壮直立的枝条，其余抹去，必要时可在行间进行覆草，以保持水分和防止雨水将泥土溅于嫩叶上。硬枝扦插对不易生根的树种，生根时间较长应注意必要时进行遮荫，嫩枝露地扦插也要搭荫棚遮荫降温，每天10：00～16：00遮荫降温，同时每天喷水，以保持湿度。用塑料棚密封扦插时，可减少灌水次数，每周1～2次即可，但要及时调节棚内的温度和湿度，插穗扦插成活后，要经过炼苗阶段，使其逐渐适应外界环境再移到圃地。在温室或温床中扦插时，当生根展叶后，要逐渐开窗流通空气，使逐渐适应外界环境，然后再移至圃地。

温度的控制也是插穗生根的重要方面。植物最适生根的温度一般是20～25℃，早春扦插时的地温较低，达不到适温要求，往往要用地热线增加插壤土温来催根；夏季和秋季扦插，地温较高，气温更高，需要通过遮荫和喷水来降气温，设法达到适宜温度；冬季扦插时气温地温都很低，则需要在温室内进行。

(1)插床扦插后的管理

通常在插穗未生根成活之前(1～2个月)，插床应严格用塑料薄膜密封。尽量减少开启塑料薄膜次数，每日喷水3～4次，以保持床内较高的空气湿度。在这个期间，每天早晚可打开约10min通气，并借此机会检查插床情况，清除枯枝落叶。在夏季高温期，每天中午温度过高，要在插床外面和顶上洒水降温。

用自动喷雾插床，在扦插前的1～2周应加大喷雾强度和增加喷雾的次数，以后逐渐减少。插床内喷水要根据扦插基质的保水性能区别对待。排水好的多喷几次；保水好排水差的应少喷。

普通插床要适当遮荫，尤其是春末至秋季这一时期内。阳光过强会使床温增高和湿度降低，这对扦插成活十分不利，一定要注意遮荫。

扦插一段时间后，要检查生根情况，检查时不可硬拔插穗，要轻轻将插穗和基质一起挖出，重新栽入时要先打洞再栽，避免伤害主根和愈伤组织。

插穗生根后，应逐渐减少喷水，降低温度，增强光照，以促进插穗根系的生长，若根系已生长发达，就要适时移栽，否则在无营养的基质中生长时间过长，新植株会因缺乏养分而老化衰弱。

(2)露地扦插后的管理

一般露地扦插后不需要任何特别的保护设施，有时只需在露地插床上铺一层草，以保持土壤的湿润，防止表土迅速干燥。常绿植物及嫩枝扦插，在插后要架设遮荫棚，并注意浇水、洒水，以增加空气湿度。待扦插成活后，长到20cm，可稍施稀薄粪水，勤除杂草以促进生长。如果一株上有2~3个芽，应选优良健壮者保留一个，其余都抹去。有时插穗下端产生愈合组织，但变为紫红色的球状体且不发根，发现这种现象时，应把插穗拔出剪削，削至青绿色的皮层为止，经消毒后重新插入土中，即可刺激生根。

5.5 扦插育苗新技术

5.5.1 全光照自动喷雾技术

5.5.1.1 全光自动喷雾扦插的由来

插穗在长时间的生根过程中，能否生根成活，最重要的是保持枝条不失水。扦插过程中所采取的各种措施都是为了保持枝条的水分，为了给脱离母株的枝条创造不失水，而且还要补充枝条生命活动所需的水分，及适宜生根的其他营养和环境条件。

早在1941年美国的莱尼斯、卡德尔和弗希尔等同时报道了应用喷雾技术可以保持枝条不失水分，而且促进了插穗生根的效果。20世纪60年代美国研究人员发明了用电子叶控制间歇喷雾装置，并证明其效果及经济效益皆优，才使扦插的喷雾装置进入生产应用阶段。1977年国内开始报道并引用了这种新技术。在我国，80年代初南京林业大学谈勇首先报道了“电子叶”间歇喷雾装置的研制和在育苗中的成功应用。湖南省林业科研所和其他单位相继研制了改良型“电子叶”和“电子苗”，北京市园林局、中国科学院北京植物园等也先后研制成功“电子叶”间歇喷雾装置。1983年吉林铁路分局许传森研制了干湿球湿度计原理的传感器及其全套喷雾装置，并推广到全国许多育苗单位使用。1987年林业部科技情报中心研制了2P-204型自动间歇喷雾装置的水分蒸发控制仪也向全国推广。仅十几年时间，全光雾插遍及全国许多育苗单位，1995年中国林业科学院又推出了旋转式全光雾插装置，大大提高了育苗苗床的控制面积，产生了很好的育苗效果和经济效益。

5.5.1.2 全光自动喷雾装置

(1)湿度自控仪

接收和放大电子叶或传感器输入的信号，控制继电器开关，继电器开关与电磁阀同步，从而控制是否喷雾。湿度自控仪内有信号放大电路和继电器。

(2)电子叶和湿度传感器

电子叶和湿度传感器是发生信号的装置。电子叶是在一块绝缘板上安装上低压电源的两个极，两极通过导线与湿度自控仪相连，并形成闭合电路。湿度传感器是利用干湿球温差变化产生信号，输入湿度自控仪，从而控制喷雾。

(3) 电磁阀

电磁阀即电磁水阀开关，控制水的开关，当电磁阀接受了湿度自控仪的电信号时，电磁阀打开喷头喷水。当无电信号时，电磁阀关闭，不喷水。

(4) 高压水源

全光自动喷雾对水源的压力要求为 1.5 ~ 3kg/cm，供水量要与喷头喷水量相匹配，供水不间断。小于这个水的压力和流量，喷出的水不能雾化，必须有足够的压力和流量。

全光自动喷雾装置如图 5-16。

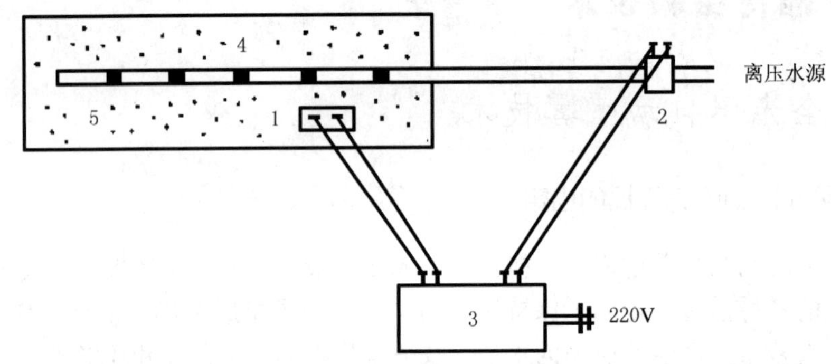

图 5-16　全光自动喷雾装置图

1. 电子叶　2. 电磁阀　3. 湿度自控仪　4. 喷头　5. 扦插床

5.5.1.3　工作原理

喷头能否喷雾，首先在于电子叶或湿度传感器输入的电信号。电子叶和湿度传感器上有两个电极，当电子叶上有水时，电子叶或湿度传感器闭合电路接通，有感应信号输入，微弱电信号通过无线电路信号逐级放大，放大的电信号先输入小型继电器，小型继电器再带动一个大型继电器，大型继电器处于有电的情况下，吸动电磁阀开关处于关闭状态。当电子叶上水膜蒸发干了时，感应电路处于关闭状态，没有感应信号输入小型继电器和大型继电器。大型继电器无电，不能吸下电磁阀开关，电磁阀开关处于开合状态，电磁阀打开，喷头喷水。水雾达到一定程度时，又使电子叶闭合电路接通，有感应信号输入，又经上述信号放大，继电器联动、吸动电磁阀开关关闭。这样周而复始地进行工作。

5.5.1.4　全光自动喷雾扦插注意事项

全光自动喷雾扦插的基质必须是疏松通气、排水良好，床内无积水，但又保持插床湿润。

全光自动喷雾扦插的插穗，一般来讲，插穗所带叶片越多，插穗越长，生根率就随之提高，较大的插穗成活后苗木生长健壮，但插穗太长，浪费插穗，使用上不经济。因此一般以10～15cm左右为宜。相反，插穗叶片少，又短小，成活率低，苗木质量差，移栽成活率低。插穗下部插入基质中的叶片、小枝要剪掉。

全光自动喷雾扦插若采用生根生长调节剂处理，更能促进插穗生根，特别是难生根的树种采用生长调节剂处理能提高生根率，可提前生根，增加根量。自动喷雾扦插容易引起插穗内养分溶脱，原因是经常的淋洗作用，使插穗内激素也被溶脱掉。使用生长调节剂处理可增加插穗养分，并提前生根，因此采用喷雾扦插加生长调节剂处理就显得更为重要。

全光喷雾扦插苗床的使用，在不同纬度和地区，存在着时间的差异。北京地区每年5～8月为使用的黄金季节，过早或过晚因气温低而生根难。但是如果将苗床建在温室或塑料大棚内，可以提早和延长使用时间各1个月；如果插床底部铺装电热线与湿控仪接通，则可一年四季使用。也就是说把全光喷雾苗床与电热温床结合使用，在温室内建造永久性的水泥扦插苗床。在人工控制温、湿度的条件下，一年四季都能进行扦插繁殖。

各地水质条件不一，利用地下水的地区，多因矿化度高，使用时间超过两个月时，常因杂质堵塞喷头的喷嘴，电子叶上积存水垢，使喷雾不匀，喷程缩短，电子叶感应不灵，影响使用效果。因此，每两个月将喷头及电子叶卸下，用15%的稀盐酸浸泡喷头和电子叶的叶面。电子叶切不可全浸入稀盐酸中，以免对无垢部分造成腐蚀。

5.5.2 基质电热温床催根育苗技术

电热温床育苗技术是利用植物生根的温差效应，创造植物愈伤及生根的最适温度而设计的。利用电加温线增加苗床地温，促进插穗发根，是一种现代化的育苗方法。因其利用电热加温，目标温度可以通过植物生长模拟计算机人工控制，又能保持温度稳定，有利于插穗生根。在花卉扦插、林木扦插、果树扦插、蔬菜育苗等方面，都已广泛应用。先在室内或温棚内选一块比较高燥的平地，用砖作沿砌宽1.5m的苗床，底层铺一层黄沙或珍珠岩。在床的两端和中间，放置7cm × 7cm的方木条各1根，再在木条上每隔6cm钉上小铁钉，钉入深度为小铁钉长度的1/2，电加温线即在小铁钉间回绕，电加温线的两端引出温床外，接入育苗控制器中。其后再在电加温线上辅以湿沙或珍珠岩，将插穗基部向下排列在温床中，再在插穗间填铺湿沙(或珍珠岩)，以盖没插穗顶部为止。苗床中要插入温度传感探头，感温头部要靠近插穗基部，以正确测量发根部的温度。通电后，电加温线开始发热，当温度升为28 ℃时，育苗控制器即可自动调节进行工作，以使温床的温度稳定在28±2 ℃范围内。温床每天开启弥雾系统喷水2～3次以增加湿度，使苗床中插穗基部有足够的湿度。苗床过干，插穗基部皮层干萎，就不会发根；水分过多，会引起皮层腐烂。一般植物插穗在苗床保温催根10～15d，插穗基部愈伤组织膨大，根原体露白，生长出1mm左右长的幼根突起，此时即可移入田间苗圃栽植。过早过迟移栽，都会影响插穗的成活率。移栽时，苗床要筑成高畦，畦面宽1.3m，长度不限，可因地形而定。先挖与畦面垂直的扦插沟，深15cm，沟内浇足底水，插穗以株距10cm的间隔，将其竖直在沟的一边，然后用细土将插穗压实，顶芽露在畦面上，栽植后畦面要盖草保温保湿。全部移栽完毕后，畦间浇足一次定根水。

该技术特别适用于冬季落叶的乔灌木插穗，枝条通过处理后打捆或紧密竖插于苗床，调节最适的插穗基部温度，使伤口受损细胞的呼吸作用增强，加快酶促反应，愈伤组织或根原基尽快产生。如石榴、桃、银杏等植物皆可利用落叶后的光秃硬枝进行催根育苗。具有占地面积小，高密度的特点(每平方米可排放插穗 5000 ~10 000 株)。

电热温床应注意的事项：

(1)如与电热温床结合，在温室用水泥制作永久性苗床，应考虑排水问题。

(2)扦插前应用喷壶喷水，使基质充分吸水，扦插后再喷 1 次水，起到压实的作用，使基质与插穗紧密联结在一起，以利生根。

(3)停用时，应将湿控仪及电磁阀、电子叶拆卸下来，擦拭干净存放于干燥处保存，以备下一季节使用。管内存水应排干净，喷头也应卸下擦拭干净保存留用，主管口应包封。

(4)插床在第二个季节使用前，应对基质进行消毒。同时整个装置应该进行 1 次调试，以便及时发现停用期间管道铁锈堵塞喷头等问题。

(5)保持插床清洁，及时清除枯叶及未生根的插穗，以免在床内高温、高湿下发霉腐烂。

(6)起苗时不要用花铲等铁制工具，避免切断或划破电热线。最好用手扒苗(带上基质)。

(7)电热苗床温度高，为了使幼苗适应外界环境，起苗上盆的前 7 ~10d 可停电炼苗，提高扦插苗的成活率。

5.5.3 雾插技术

又称空气加湿加温育苗技术。若于冬季寒冷的季节育苗，就需开启空气加热系统。用于加热的热源有空气加热线或燃油燃气热风炉，安上热源后，再与植物生长模拟计算机连接后实现自控，使空气温度达到最适。另外用于植物快繁中的雾插(或气插)技术，为密闭的雾插室提供稳定的生长生根温度。

5.5.3.1 雾插的特点

雾插(或气插)是在温室或塑料棚内把当年生半木质化枝条用固定架把插穗直立固定在架上，通过喷雾、加温，使插穗保持在高湿适温和一定光照条件下，愈合生根。雾(气)插因为插穗处于比土壤更适合的温度、湿度及一定光照环境条件下，所以愈合生根快，成苗率高，育苗时间短，如珍珠梅雾插后 10d 就能生根，如土插就要 1 个多月。雾插法节省土地，可充分利用地面和空间进行多层扦插。其操作简便，管理容易，不必进行掘苗等操作，根系不受损失，移植成活率高。它不受外界环境条件限制，运用植物生长模拟计算机自动调节温度、湿度，适于苗木工厂化生产。

5.5.3.2 雾插的设施与方法

(1)雾插室(或气插室)

一般为温室或塑料棚，室内要安装喷雾装置和扦插固定架。

(2)插床

为了充分利用室内空间，在地面用砖砌床，一般宽为1～1.5m，深20～25cm，长度以温室或棚长度而定，床底铺3～5cm厚的碎石或炉渣，以利渗水，上面铺上15～20cm厚的砂或蛭石作基质，两床之间及四周留出步道，其一侧挖10cm深的水沟，以利排水。

(3)插穗固定架

在插床上设立分层扦插固定架。一种是在离床面2～3m高处，用8号铅丝制成平行排列的支架，行距8～10cm，每根铅丝上弯成U字形孔口，株距6～8cm，使插穗垂直卡在孔内。另一种是空中分层固定架，这种架多用三角铁制作，架上放塑料板，板两边刻挖等距的U形孔，插穗垂直固定在孔内，孔旁设活动挡板，防止插穗脱落。

(4)喷雾加温设备

为了使雾插室内有插穗生根适宜及稳定的环境，棚架上方要安装人工喷雾管道，根据雾喷距离安装好喷头，最好用弥雾，通过植物生长模拟计算机使室内相对湿度控制在90%以上，温度保持25～30℃，光照强度控制在600～800lx。

5.5.3.3 雾插繁殖的管理

(1)插前消毒

因雾插室一直处于高湿和适宜温度下，有利病菌的生长和繁衍。所以必须随时注意消毒，插前要对雾插室进行全面消毒，通常用0.4%～0.5%的高锰酸钾溶液进行喷洒，插后每隔10d左右用1：100的波尔多液进行全面喷洒，防止菌类发生，如出现霉菌感染可用800倍退菌特喷洒病株，防止蔓延，严重时可以拔掉销毁。

(2)控制雾插室的温、湿度和光照

要使插穗环境稳定适宜，如突然停电，为防止插穗萎蔫导致回芽和干枯，应及时人工喷水。夏季高温季节，室内温度常超过30℃，要及时喷水降温，临时打开窗户通风换气，调节温度。冬季，白天利用阳光增温，夜间则用加热线保温，或用火道、热风炉等增温。

(3)及时检查插穗生根情况

当新根长到2～3cm时就可及时移植或上盆，移植前要经过适当幼苗锻炼，一般在遮荫棚或一般温室内，待生长稳定后移到露地。

5.6 部分花卉商业扦插苗生产

5.6.1 一品红扦插苗生产

现在高档的一品红(*Euphorbia pulcherrima*)种苗一般都采取在温室大棚中以泡棉或

泥炭土为基质、以嫩梢作为插穗栽培，用这种方法培育出的种苗长势整齐、根系发达、成活率高。现将以泡棉作为基质的扦插技术介绍如下。

5.6.1.1 插穗的剪取

剪穗前应准备的工具：干净的塑料袋，在袋上打 8 ~ 10 个直径约 5mm 的通气小孔，袋中铺一张已经消毒的湿报纸，若干把剪苗用刀具，装有 0.3% ~ 0.5% 高锰酸钾消毒液的小盆子。

取苗前先将工作区域的遮阳网打开，取苗的母株应是专门培育的优良品种，切忌从开过花的植株上取苗，用刀具从母株上剪取生长健壮、无病虫害的嫩梢，长度为 3 ~ 4cm(包括芽的长度)，摘去嫩梢下部一至两片叶，每剪取 10 条嫩梢应立即放入袋中，以免嫩梢失水过多，每剪 5 棵母株应换一把刀具，使用过的刀具放回装有高锰酸钾消毒液的盆子中，经消毒后方能再次使用，刀具的拿、放要按先后顺序。

每袋大约可装嫩梢 150 条，每装满一袋插穗后，用湿报纸包裹好插穗，再将袋口封好，在袋外面贴上写有采取插穗的品种、数量、采收人等事项，这样做的目的是为了防止品种的混淆及采收的插穗质量的监控。插穗采收完后应对母株喷施杀菌剂。

采收好的插穗要尽快地运到温度为 18℃左右的库房或空调房中，存放约 1d 后，再拿出来扦插。切忌采取完后立即拿来扦插，如果不等嫩梢的切口流出的胶液凝固、阴干就扦插，则会影响将来插穗的出根。

5.6.1.2 扦插

扦插前要对摆放用的铁床、卡槽、穴盘(新穴盘可免消毒)进行消毒处理。铁床可用常见的消毒剂喷雾消毒，卡槽、穴盘可用 0.3% ~ 0.5% 高锰酸钾溶液浸泡消毒。

在铁床上将卡槽摆放、固定好，卡槽间间隔约 6cm，再将穴盘钳入卡槽中，后将泡棉放置于穴盘内。扦插前对泡棉淋透 3 次水，目的是为了使泡棉充分软化及冲淋掉泡棉中的粉渣以免以后根部积水。

在白天进行扦插操作时应将工作区域的遮阳网打开，用经高温消毒的红泥加适量的吲哚丁酸(IBA)拌成糊状，作为生根剂。扦插时将插穗蘸一下生根剂，插穗蘸生根剂的深度约为 1cm，扦插深度以恰好露出整个嫩芽为好。扦插完后要尽快淋透水。

5.6.1.3 后期管理

(1)拨心

即拨开遮住嫩芽的叶片和过于阴蔽的叶片。在扦插完的当天或第二天对扦插苗进行拨心，拨心的作用是为了让嫩芽、叶片更好地接受光照。这项工作在此后的育苗管理工作中视种苗的生长情况再进行 1 ~ 2 次。

(2)肥水管理

一品红喜微酸性，浇灌用水 pH 值应在 6.0 ~ 6.5，保持基质湿润，出根前白天经常向叶面喷雾，正常情况大约 30min 一次，每次 1 ~ 3min，保持叶面湿润。傍晚停止喷雾，以免夜间湿度过大引发病害，这点在气温较低的季节尤为重要。

出根后停止喷雾，根据基质(泡棉)的湿润情况，大约1~2d淋一次水肥，此阶段一般不需单独淋水。水肥EC值为0.8，每次淋水肥都要检测流出液的EC值、pH值，如流出液的EC值过高，改为淋清水，待EC恢复正常后再淋水肥。大约在扦插15d后，将水肥的EC值上调为1.0mS/cm，水肥所用的肥料最好是一品红生长期专用肥。

(3)光、温、湿管理

除夏季光照较强外，一般情况下不需遮荫，秋冬季育苗夜间进行3~4h的补光。白天湿度保持在85%左右，晚上棚内湿度适当降低一些。白天棚内温度以25~28℃为宜，晚上以20℃左右为宜，冬季晚上温度不能低于15℃，如低于15℃，应加盖薄膜或用加温设备加温。

(4)病虫害防治

常见的病害有根腐病、茎腐病，可使用福美双、苯来特防治。常见的虫害有白粉虱、蚜虫，可用扑虱净等防治。每隔10d左右进行一次病虫害防治，采取叶背面喷雾法。

插穗经过7~10d即可生根，25~30d苗高6~8cm即为最佳的上盆时机。

5.6.2 新几内亚凤仙扦插生产

新几内亚凤仙(*Impatiens hawkeri*)种子通常很难获得，除杂交一代用种子繁殖外，几乎全部通过扦插繁殖。花卉生产者可以通过多种途径获得新几内亚凤仙插穗，但必须保证是不带病虫害的高质量的繁殖材料。

5.6.2.1 插穗的选择

选择生长良好，无病虫害的植株作为母株，专门用于剪切插穗。2~2.5cm的带顶芽插穗是最佳的繁殖材料，要求带有不超过2片完全展开的叶片和3~4片未完全展开的叶片。最下部叶片以下留1.0~1.3cm茎段，以便能插入基质。扦插密度以插穗叶片不相互覆盖为宜。若插穗已经出现花蕾，应将所有花蕾摘除，或弃置不用。国内进行新几内亚凤仙扦插繁殖时，插穗有时长达6~7cm，甚至超过10cm，造成母株养护困难，浪费繁殖材料。另外较长的插穗成熟度高，可能已经完成了花芽分化，生根困难，且带有各种病虫害的可能性较大，破坏植株生长的整齐度。插穗应随剪随插，若不能及时扦插，则应放在开口袋中，连续喷雾。新几内亚凤仙插穗生根率接近100%，一般不需使用生根素处理。

与扦插有关的所有物品均需保持洁净状态，一切与插穗接触的物品均需消毒。扦插器具可用10%医用消毒剂浸泡60min，也可用10%家用漂白剂消毒30min。

5.6.2.2 扦插基质

可以采用多种扦插基质，如泥炭、蛭石、珍珠岩、河砂等，但所有基质必须排水良好，具有较高的透气性。实践证明泥炭与蛭石按1∶1的体积比混合非常适宜新几内亚凤仙插穗生根。扦插基质可溶性盐含量低于0.75mmhos/cm(EC=0.75mS/cm)，pH值维持在5.5~6.5之间。

5.6.2.3 管理

扦插期间光照强度控制在14 000lx左右。生根以后可将光照强度增大到23 000lx左右，以提高根的生长速度。白天温度24℃，夜温控制在21～22℃。基质温度为22～24℃时最适宜生根，最好通过地温加热。如果采用室内全光喷雾扦插，随着天气的不同，喷雾频率从晴天的每15min喷雾5s递减到阴天的每两小时喷雾5s；夜间没必要喷雾，否则对生长不利。若采用小拱棚扦插，则每天喷雾1～2次，白天适当通风，夜间覆盖。在高温高湿条件下，5～7d形成愈伤组织；10～14d根长达到0.6cm，喷雾频率减至每半小时一次；3～4周后，根长至足够长度，可进行移栽上盆。扦插期间不必施肥。插穗根长至足够长度以后应立即移栽上盆，否则将限制根的自由发展。

5.6.3 香石竹扦插生产

香石竹(*Dianthus caryophyllus*)切花生产用苗，在国外进行规模生产时，一般都由专业化的扦插苗生产企业提供商品苗。我国目前香石竹生产除了从国外引进部分种苗外，也已逐步形成了种苗生产的产业。

5.6.3.1 母株养护

(1)母株栽植的环境

经过组织培养获得的脱毒苗，离开无菌环境的玻璃试管瓶之后，是作为香石竹栽培苗的组培原种，栽植于组培原种圃。在组培原种圃采取插穗，扦插成活的幼苗称为原种，也称扦插第一代苗。由母本圃生产切花商品用苗，也即为第二代扦插苗，用于大田生产。

香石竹在栽培过程中极易感染病毒病与细菌性的萎蔫病、立枯病，因而从试管苗移植到栽植环境必须严格进行无菌消毒。在原种圃同样应在有较好隔离设施的大棚或温室内栽培，必须与切花生产分离，母株定植宜用离地的栽培高床，栽培基质可用泥炭与珍珠岩混配，并进行严格消毒。有条件的栽植床要用防虫网隔离昆虫侵入，定期喷洒药物，预防病害发生，采穗、摘心等各项操作，尽量带一次性手套进行手工操作。

(2)母株栽植与管理

母株的定植期、定植密度、定植后的管理对插穗的生产效率与品质有很大影响。

定植时期 母株定植期应该根据生产上定植用苗的时期而定。1棵母株作周年栽培，可采到40～50枝插穗。通常在6月定植，采穗质量最好。

定植密度 母株定植株行距为15～20cm，25～40株/cm^2。降低栽培密度，采穗总量会有所减少，但每单株产量会有增加，插穗茎节增粗，质量有所提高。

母株栽植量 母株栽植量一般为切花栽培用苗量的1/30～1/40。即每一母株育苗30～40株。每公顷切花栽植约为6000～8250株，采穗母株用地为300～375m^2。

母株栽培管理 母株栽植后的肥水管理要求对氮素营养稍高一些，每次采穗后作2次氮磷钾复合肥的补充。土壤灌水以使用滴灌方式为好，可避免叶面沾水。并定期喷洒药剂，防止病害发生。母株定植后15～20d，当苗高20cm左右时，留茬10cm左右，在

4～5个节位处摘除顶芽，以促进侧枝萌发。一棵母株一般供采插穗的年限为1年，以后应更换母株。

5.6.3.2 插穗的采收

通常母株栽植后，经1～2次摘心，然后开始采穗。前期摘心下来的顶芽一般因发育不整齐，均不留作繁殖用。当摘心后20d左右，侧枝萌发伸长到15～16cm以上、有8～9对叶时，即可在每一分枝上留2～3个节采摘插穗。香石竹标准插穗应长12～14cm，鲜重4～5g以上，茎粗大于3mm，有4～5对展开的叶。所取插穗大小长短要整齐，长势健壮，无病。插穗可每周掰摘一次，同时去除弱芽，调整植株生长势。采穗前1～2d先对母株喷洒一次百菌清等杀菌剂，以防插穗带病。

5.6.3.3 插穗处理

采取的插穗需要进行整理，插穗基部折断的位置，应在茎节处，这有利于发根。每枝插穗保留顶端3对叶，其余叶全部摘除。按每20～30枝扎成一把，浸入清水中30min，使插穗吸足水分后再扦插，或用500～2000mg/L的萘乙酸(NAA)、吲哚丁酸(IBA)等生长调节剂浸泡插穗基部后再行扦插。

5.6.3.4 扦插

香石竹扦插苗床大都设置于温室或大棚内，用砖砌或木板围槽，宽度为1m左右，基质用清洁消毒的蛭石、珍珠岩或碳化稻壳、河沙等。插床基质厚度为8cm左右，并尽量设置全光照喷雾装置。扦插苗的株行距为2～3cm，深度2cm左右，插后浇水使插穗与基质密接。

当基质的温度在20～25℃时，香石竹的生根速度较快，温度过高或过低会延迟植株生根，因此在不同的季节要充分利用设施来满足植株对温度的要求。在高温季节中，可以通过遮阳网遮荫、喷雾、通风、浇水等措施来降低温度；而在低温季节则尽可能通过加强保温、透光以及加温的方式来满足对温度的要求。扦插以春秋两季生长快，成活率高，一般15～20d左右即能生根起苗。冬季30～40d起苗。夏季在全光照喷雾条件下约10～12d即可成苗，但在高温高湿与排水不良情况下，很易感病烂苗。苗期仍然要重视喷杀菌剂防病。

5.6.3.5 插穗冷藏

香石竹插穗的采收是分批进行的，但为了在预定幼苗定植的时期，能比较集中地扦插苗出圃，可以将不同时期陆续采收的插穗，进行冷藏后同时扦插。另外采取插穗冷藏的措施，也可减少母株栽植数量，增加插穗产量，降低生产成本。

香石竹插穗的冷藏应注意下列一些问题：

(1)在秋季到春季的短日照条件下，生产的插穗质量较好，6～8月的插穗较差，要把握好采穗的有效佳期。

(2)采收插穗宜在晴天进行。

(3)采穗前一天对母株要喷洒杀菌剂。

(4)冷藏温度为 -0.5 ~1.5 ℃。

(5)为防止插穗失水，在冰箱内冷藏插穗上可盖湿布。

(6)在稳定的低温条件下插穗冷藏3个月，幼苗的发根率仍然良好，在特殊情况下冷藏期可达6个月，但冷藏期超过3个月，插穗易发生腐烂，高温期定植，幼苗易受伤。

(7)香石竹已发根的扦插苗也可通过冷藏，集中定植。但一般不如插穗冷藏安全。生根扦插苗冷藏期限为2个月。

5.6.3.6 成苗移栽

自扦插之日起，20 ~25d 后，香石竹的扦插苗95%以上长出了新根，可以移栽。移植到土质疏松，有机质含量丰富，pH5.8 左右的土壤中，移栽时将种苗的根部顺着根部的生长方向轻轻地放入地穴中，再用土将根埋起来，用手指捏紧土壤与种苗结合部，使土壤与种苗结合紧密。在移栽过程中避免将根折断，或将根盘成团。定植深度不宜过深，刚刚把根埋起来为好，避免将茎部植入土中，定植后要及时浇透第一道定根水，以后的7 ~10d 内要保证叶面湿润。

5.7 国际商业扦插苗的生产现状

20 世纪 90 年代以来，随着我国花卉产业的迅猛发展，组培和现代化育苗设施在花卉生产中广泛运用，花卉种苗的生产规模和数量迅速增加，香石竹、菊花等大多数花卉种类都基本实现了种苗本地化。但是，不同种苗生产企业的产品，甚至同一企业不同时期产品的质量良莠不齐，特别表现为很高的带毒、带病率。究其原因之一，是目前我国缺乏统一的健康扦插种苗生产技术标准和有效的检验认证机制及程序，从而无法对整个种苗生产流程进行严格的质量控制。

欧美等发达国家是世界花卉繁育生产的中心，经过上百年的发展，具有了完备的花卉生产体系和认证程序。在这些国家和地区，花卉扦插苗都必须严格按照品种的获得及选择(作为专业种苗企业是不能随便克隆未经授权的商业品种的)、采穗母株系统病害的检测(包括维管束病菌检测及病毒检测)、采穗母株的获得及栽培养护、采穗计划的制订(根据市场需求、栽培季节等确定采穗数量、最佳采穗时期等)以及在保证卫生条件的基础上进行扦插繁殖等生产程序进行生产。

为防止植物病虫害在国际间蔓延，欧美等发达国家地区在充分考虑植物卫生安全的原则下，根据各自不同的情况，在花卉中逐项提出严格的种原健康生产标准，以便该地区农产品的安全流通。虽然欧美和日本的种苗生产标准不完全一样，但其基本内容是一致的。

5.7.1 种苗生产体系

一般健康种苗生产程序分为以下3个阶段：

(1)核心种苗生产

新品种或现有品种以及杂交种都可作为候选材料。扦插繁殖的花卉品种基本上都应采用茎尖培养以消除大多数的病原。

核心种苗的生产 用于生产核心种苗的候选材料应栽培保存在独立的防蚜虫温室中，并与核心种苗隔离开。所有植株应分别种植在装有灭菌生长基质的花盆中，并严格防治病原菌的侵染。这些病原菌以及其他病害是否对植株造成侵染可通过目测作定期检测。所有植株要分别进行病毒检测，并在生长至花期进行品种真实性检查。

核心种苗的保持 核心种苗通过组培进行保持与扩繁，这样可以保持核心种苗特性一致。此外，也可以栽培在专用于保存核心种苗的适宜防虫温室中。核心种苗应每年进行1~2次的病毒复检。从核心种苗上获得的插穗，只要种植在与核心种苗相同环境并分别通过病原检测，可以视为核心种苗。对检测中表现为阳性或出现任何感病症状(真菌、细菌、病毒)的植株应立刻清除。

任何一个株系的核心种苗都应保留几株和将所有植株栽种在栽培槽中，以进行病原检测。如果发现任何一株带病，所有这些植株则取消其核心种苗的资格，并进行复检。

(2)原种的扩繁

核心种苗在严格的保持条件下可以扩繁二代以上，扩繁的繁殖苗要栽培在防虫温室中的花盆或栽培槽中。所有植株的来源应记录清楚，这样每株种苗都可根据繁殖的代数追溯到核心种苗。

栽培期间，定期进行病虫害的防治。在目测检测时，所有表现病症的植株都要清除，并定期对原种随机抽样进行检测病毒。对所有检测出的带毒植株都要清除，如有必要应进行第二次检测。

(3)母本苗生产

从原种上生产的扦插苗经生根即为母本苗，母本苗生产的扦插苗即为鲜切花或盆花生产用种。母本苗应种植在隔离土壤的栽培槽中。定期进行病虫害防治，发现带病植株立刻消除，并对病毒进行随机抽样检测，对于真菌和细菌病害要经常进行目测检查。此外，经繁殖和母本苗生产的植株要检测品种纯度及是否发生变异。

5.7.2 检疫认证

(1)核心种苗

所有植株都进行病毒检测，不能检测出病毒，亦不能检测出病菌，并且无任何植株表现有病毒、真菌、细菌等症状，否则不予认证。

(2)原种种苗

每一批次植株的病毒检测须为阴性，即未检测出病毒。否则，本批次中的每株都必须复检。无任何植株表现有病毒、真菌、细菌等感染症状，否则本批不予认证。

(3)母本苗

随机取样测定病毒，所有感染的植株必须被清除。如果同一批次的带毒率超过5%，则不予认证。目测观察的有病毒病症状的植株应低于1%，并且不能感染有各种真菌和细菌病害，否则此批次种苗不予认证。

5.7.3 种苗繁殖机构的注册和认证

在欧美，所有从事生产花卉核心种苗、繁殖苗、种苗的企业或机构需事先申请，经过官方注册认证，方可进行生产。注册单位每年需进行年审，如果结果达到要求，可以延续一年。生产机构应遵守认证规则，申报产品生产地点，并在每个生长阶段随时接受官方检查。根据从业者的设施设备情况，各国规定有所差异，一般可分为A、B两级。

(1)A级生产机构

要求批准生产和繁殖核心种苗和原种的机构为A级生产机构，此类机构必须达到：①采用以上规定的生产方法进行材料繁殖，并具有必要设施设备和受过培训的人员。如果茎尖脱毒转包给其他实验室，此实验室也应进行注册。②根据要求，提供完全隔离而封闭的设施以确保满足生产核心种苗生产。③另外提供隔离而封闭的空间以繁殖植株和生产扦插苗，核心种苗、原种的生产和繁殖都应分散在不相连的地方进行，以符合要求。④要配备必要的设备，以便花卉的生产及繁殖时期能有效地执行病原的检测。操作人员必须有足够的生物学及血清学检测经验。如果生物学及血清学检测是转包其他实验室执行，相关的实验室也必须经过注册。⑤如果生产过程中有组织培养，或转包给另外实验室执行，其相关项目都必需注册。

(2)B级生产机构

注册只可生产母本插穗的企业或机构即B级生产机构。生产条件应符合母本繁殖和生产的设施设备要求。

小　结

本章首先阐述了扦插的意义、分类、原理、影响扦插成活的因素等基础理论，然后详细介绍了扦插苗生产及最新技术等，并介绍了一品红、新几内亚凤仙、香石竹等商业扦插苗的生产技术。最后简单介绍了国际商业扦插苗的生产现状。

思考题

1. 扦插的分类方法有哪些？各分为几类？
2. 影响插穗生根的因素有哪些？如何促进生根？
3. 扦插前应如何准备插穗？如何进行扦插育苗？
4. 扦插育苗新技术有哪些？

参考文献

1. JOHN M D, JAMES L G. 2006. Cutting Propagation: A Guide to Propagating and Producing Floriculture Crops[M]. Ball Publishing.

2. 苏金乐. 2003. 园林苗圃学[M]. 北京：中国农业出版社.

3. 刘宏涛. 2005. 园林花木繁育技术[M]. 沈阳：辽宁科学技术出版社.

4. 周心铁，杨承桂. 1988. 松树针叶育苗[M]. 北京：中国林业出版社.

6

花卉分株苗、嫁接苗及压条苗生产

利用有性繁殖进行花卉种苗生产简便易行，繁殖量大，但实生繁殖易发生变异，大多无法保持原有品种的优良性状等不利因素。利用花卉营养器官的一部分进行的无性繁殖具有保持母本的优良性状，且育苗周期短，开花结实早等优点；不足的是无性繁殖有些花卉的生长势及生活力不及实生苗。分生、嫁接和压条等繁殖方法是花卉生产上传统的无性繁殖方法，也常用于雌雄蕊退化或因染色体倍数问题而不能结实的花卉种类，以及优良的园艺花卉变种的繁殖，还用于种子繁殖生长缓慢或到开花期时间太长的花卉种类。

6.1 分株苗生产

一些园林花卉植物具有自然分生能力，并借以繁衍后代。分株繁殖是利用花卉植物具有自然分生能力特点而进行生产性繁殖的方法，即人为地将植物体分生出来的幼植物体，或植物营养器官的一部分与母株分离或分割，分别进行栽植，形成若干个独立的新植株的繁殖方法。分株繁殖是无性繁殖的主要方法之一，具有新个体能保持母株的遗传性状，繁殖方法简便，容易成活，成苗较快等特点，但大多数繁殖系数较低。分株是宿根花卉和部分木本花卉常采用的繁殖方法。在生产上，根据分生部位不同可归纳为以下几种分株繁殖的形式。

6.1.1 根蘖

许多花卉，尤其是宿根花卉的根系或地下茎生长到一定阶段，在自然条件或外界刺激下可以产生大量的不定芽，当这些不定芽发出新的枝芽后，连同部分根系一起被剪离母体，成为一个独立植株，就是将大丛母株分割成若干小丛。这类繁殖方式统称为根蘖繁殖，所产生的幼苗称为根蘖苗，如图 6-1。

根蘖苗保留了母株的优良性状，在发育阶段上是母株生长发育的继续，生长阶段性较高，因此苗木生长快，并能提早开花结果。同时，繁殖技术操作简便，投资少，节约土地，节省劳力。在生产上为了提高根蘖苗的繁殖率，通常采用行间挖沟的方法，因为母株根系在受伤后更易发生根蘖。

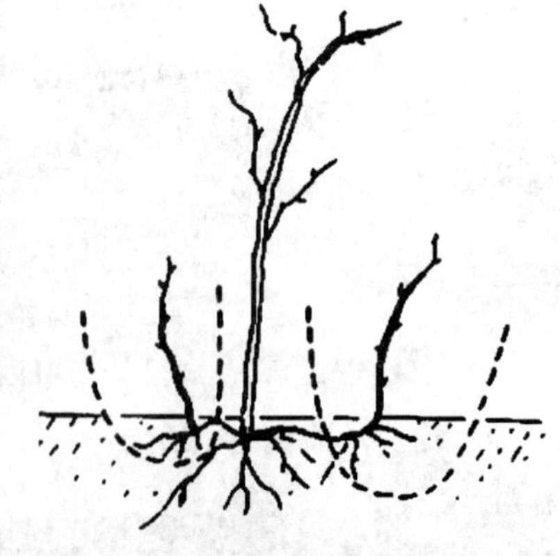

图 6-1 根 蘖

与种子实生繁殖育苗相比，不足之处是繁殖系数小，出苗量少，常常难以满足大规模生产的需要；受母树营养水平和根系粗细等质量的影响，使根蘖幼苗大小、高矮、粗细不均，不整齐；对母树的破坏性较大，影响母树的生长。这些都直接影响根蘖繁殖在生产上的规模与应用。

根蘖分株繁殖有全分法和半分法 2 种。全分法是在分株时先将母株挖起，将母株分割成数丛，使每一丛上有 2~3 个枝干，下面带有一部分根系，适当修剪枝、根。然后分别栽植，经 2 ~ 3 年又可重新分株；半分法是在母株一侧挖出一部分株丛，分离栽植，如果要求繁殖量不多，也可不将母本挖起，而直接分离部分株丛。

根蘖分株繁殖适用于萱草(*Hemerocallis fulva*)、兰花(*Cymbidium* spp.)、一枝黄花(*Solidago canadensis*)、南天竹(*Nandina domestica*)、蜡梅(*Chimonanthus praecox*)、茉莉(*Jasminum sambac*)、短穗鱼尾葵(*Carvota mitis*)、棕竹(*Rhapis excelsa*)、天门冬(*Asparagus cochinchinensis*)、玫瑰(*Rosa rugosa*)、石榴(*Punica granatum*)、银杏(*Ginkgo biloba*)等，也适用于丛生型竹类繁殖如佛肚竹(*Bambusa ventricosa*)、观音竹(*Rhapis excelsa*)等，以及禾本科中一些草坪地被植物。分株的时间在春、秋两季。秋季开花者宜于春季萌发前进行，春季开花者宜在秋季落叶后进行，大多数树种宜在春季进行，而竹类则宜在出笋前一个月进行。

下面将常见根蘖分株繁殖的花卉简介如下：

6.1.1.1 木本花卉

不同花卉所采用的分株繁殖方法各有不同，有些种类的木本花卉在分株繁殖前需将母株从田内挖出，并尽可能地多带根系，然后将整个株丛分成若干丛，每丛都带有较多的根系，如牡丹(*Paeonia suffruticosa*)等。而另一些萌蘖力很强的花卉种类，在母株的四周常萌发出许多幼小株丛，在分株时可不必挖掘母株，只需将分蘖苗分离挖出另栽即可，如蔷薇(*Rosa multiflora*)、月季(*Rosa chinensis*)等。

(1)牡丹(*Paeonia suffruticosa*)

毛茛科芍药属落叶小灌木。单瓣花牡丹结籽多，生产上常用种子进行繁殖；半重瓣和重瓣花的品种多因雄蕊和雌蕊多退化或瓣化，不实或结籽少，大多采用无性繁殖，包括分株、嫁接、扦插、压条和组织培养法。牡丹没有明显的主干，为丛生状灌木，很适合分株，也较简便易行。其优点是成苗快，新株生长迅速；缺点是繁殖系数小，苗木规格大小不一，商品性差。

牡丹有“秋生根”的习性，在菏泽、洛阳一带，牡丹分株一般于 9 月上旬 ~ 10 月上旬期间进行，这期间的地温非常适合于新根系的形成。牡丹生长 3 年即可进行分株繁殖，但以 4 ~ 5 年生的母株为好。将母株从母本园挖出，去掉泥土，剪除病根和伤根，晾晒 1 ~ 2d，使根部失水变软，这样分株时不易伤根。分株时应注意观察根部纹理，顺其自然之势用双手拉开，或用剪刀、斧凿等剪开、劈开，一般 4 ~ 5 年生母株可分 3 ~ 5 株，多者可分 5 ~ 8 株。每棵分株苗地上部应带有 1 ~ 3 个枝条或 2 ~ 3 个萌蘖芽，下部应带有 3 ~ 5 条大根和部分细根，使枝根比例适当，上下均衡。分株后伤口处最好用 1% 硫酸铜或 0.5% 高锰酸钾溶液涂抹消毒，以防治感染病害。选择地势稍高、排水良好、阴凉、肥沃的圃地进行栽培，喷洒一些敌敌畏等药剂防止害虫伤根。栽植时将根理直舒展，不可扭曲。栽好覆土并踩实，连续浇几次水，使土壤完全沉实，与根接触密实。华北地区天寒，第一年要保护越冬，要对植株进行包裹等防寒处理。裹前要先用草绳将枝条捆拢，捆前把叶子剪去，保留一部分叶柄的保护芽不致碰坏。第二年 3 月中、下旬再打开。

近几年，牡丹从株苗开始，培育盆花和切花、建观赏园、直至最后将牡丹进行深加工，已形成一条产业链，牡丹的商品生产逐渐呈现多元化发展态势，开始向成品化，深加工等发展转变。如鲜切花已经开始出口到欧美等地；2002 年河南省制定了牡丹分株种苗的质量标准，如表 6-1。

表 6-1　河南省牡丹分株种苗的质量标准

项目		质量等级		
		一级	二级	三级
枝	数量，个≥	2	2	2
	枝长，cm≥	18	16	14
	枝径，cm≥	0.5	0.4	0.4
根	数量，个≥	3	3	3
	根长，cm≥	20	20	20
	根粗，cm≥	0.8	0.6	0.6
芽		饱满	饱满	基本饱满
品种纯度		≥99%	≥97%	≥95%
病虫害		无检疫对象		
外观		整批外观整齐、均匀，枝芽完好，根系完整	整批外观基本整齐、均匀，枝芽完好，根系损伤较小	整批较整齐、均匀，枝芽基本完好，根系损伤较小
起苗后处理		去除枯叶残叶和老根、病根，并经药物处理		
起苗时间		符合起苗期(一般每年 9～12 月)，其他时间需带土团起苗		

(2)茉莉(*Jasminum sambac*)

木犀科茉莉花属常绿灌木。茉莉花从原产地的热带地区引进我国亚热带、温带地区种植，由于所处的环境条件与原产地有很大的不同，导致雌蕊、雄蕊退化、发育不完全，难以结籽。因此，在我国花卉生产上，茉莉花没有用种子实生繁殖的。由于茉莉再生能力强，生产上均采用无性繁殖的方法来繁殖，主要方法有扦插繁殖、压条繁殖、分株繁殖等。

茉莉的分株繁殖是将母株整株掘起或从盆中倒出，用枝剪或利刀从分蘖处剪开或切割，按 2～3 个丛生茎为一小株分成若干部分，尽可能保护好根系。然后按规定的株行距栽植。分株的时间应在新芽未发、树液未动的早春进行为好。秋季进行也可，但最迟不要超过 9 月，气温太低不利生根。茉莉分株也有不将母株挖起或从盆中倒出，直接在地上或盆中分开的。这样操作虽然麻烦一些，但母株受影响较小。

(3)玫瑰(*Rosa rugosa*)

蔷薇科蔷薇属落叶灌木。玫瑰为落叶灌木，以分株繁殖为主，亦可压条、扦插繁殖。玫瑰在分株前 1 年，要在母株根际附近松土(伤根)、施足肥料，同时保持土壤疏松湿润，促进根部大量萌蘖。因玫瑰分蘖能力很强，每次抽生新枝后，母枝易枯萎，因此必须将根际附近的嫩枝及时分株移植到别处去，使母枝仍能旺盛生长。每年 11～12 月，植株落叶后，或翌年 2 月芽刚萌动时，可从大花墩中挖取母株旁生长健壮的新株，每丛2~3枚，带根分栽。栽后自土面以上20~25cm处截干，培育2~3年即可成丛开花。

6.1.1.2 草本花卉

草本花卉如兰花、鹤望兰、萱草等，在生产上也常用分株繁殖。分株前先把母本从圃地掘出或从盆内脱出，抖掉大部分泥土，找出每个萌蘖根系的延伸方向，并把盘在一起的根分解开来，尽量少伤根系，然后用刀把分蘖苗与母株分割开，并对根系进行修剪，剔除老根及病根然后立即栽植。浇水后放在荫棚养护，如发现有凋萎现象，应向叶面和周围喷水来增加湿度，待新芽萌发后再转入正常养护。

(1)鹤望兰(*Strelitzia reginae*)

旅人蕉科鹤望兰属常绿宿根草本植物。鹤望兰可用播种、分株、组织培养等多种方法繁殖。在原产地鹤望兰的植株由体重仅2g的蜂鸟传粉，是典型的鸟媒植物。在我国一般栽培条件下，必须人工辅助授粉，才能结籽。由于实生繁殖种源缺乏，并有幼苗生长期长，且幼苗优劣不齐，致使花枝品质差异甚大等原因，我国鹤望兰生产多不采用实生繁殖。组培繁殖法只能用芽作外植体，常因鹤望兰外植体的氧化褐化严重，组培苗又极易发生变异，目前难于生产推广应用。因此，分株法是鹤望兰生产上常用的最佳繁殖法。

用于整株挖起分株的母株一般选择生长3年以上的具有4个以上芽、总叶片数不少于16枚、叶片整齐、无病虫害的健壮成年的植株。分株后用于盆栽的可选择有较多带根分蘖苗的植株。分株适宜时间也为5~6月。鹤望兰分株繁殖常用有保留母株和不保留母株两种方法。

不保留母株分株法，即整株挖起再进行分株。将植株整丛从土中挖起，用手细心扒去宿土并剥去老叶，待能明显分清根系及芽与芽间隙后，合理选择切入口，用利刀从根茎的空隙处将母株分成若干丛。在分株过程中应保证每小丛分株苗有2~3个芽，根系不应少于3条，总叶数不少于8~10枚。如果根系太少或侧芽太少，可2株合并种植。尽量减少根系损伤，以利植株恢复生长。切口应沾草木灰，并在通风处晾干3~5h，过长的根可进行适当短截，切口亦需沾草木灰后进行种植。此法适用于地栽苗过密有间苗需要时。栽培数年后的鹤望兰因植株过密相互影响生长，减少产花量，而且不通风易受病虫害。此时可将一部分植株当母株分株繁殖，应留差挖优或挖差留优。通常生产上是挖优留差，差的留后再加强管理。

保留母株分株法，是在苗圃地中对生长过旺又无需间苗时，可不挖母株，直接在地里将母株侧面植株用利刀劈成几丛。这样对原母株的生长和开花影响比较小。如需盆栽应只从母株剥离少数生长良好侧株种植。

(2)兰花(*Cymbidium* spp.)

虽然大多数国兰品种可产生数量极多的种子，但绝大多数都难以发芽，只有极少种子可以正常萌发繁殖后代，生产上以无性繁殖为主。洋兰虽可以进行有性繁殖，但营养繁殖简便易行，大多数洋兰都常用无性繁殖；分株法繁殖是最为传统的繁殖方法。具有操作简单，成活率高，增株快，开花较早，确保品质特性等优点。随着组培快繁技术的应用，组织培养繁殖成为兰花规模生产中最主要的繁殖方式。

分株通常在种植后 2 ~ 3 年，兰株已经长满全盆时进行；为加快繁殖数量，可对具有 4 株以上的连体兰簇进行分株；为防止芽变及植株的退化，也可对仅是一老一新连体子母簇株进行分株。

兰花分株繁殖，一般一年四季均可进行。按其生理特性，最佳时机是在花期结束时，因为此时兰株的营养生长势较弱，不仅新芽尚未形成，而且连芽的生长点也尚未膨大，分株不易造成误伤。同时，花期已结束，一般不会再有花芽长出，也就不存在因分株而损害花芽的问题。另外，通过分株的刺激，还可以促其营养生长的活跃，提高兰株的复壮力和萌芽率。

在分株前一段时间要控制水分，分株时要保持盆土湿润，这时兰根较软，可避免出盆兰根折断。分株要选择生长健壮的母株，一般春兰每丛 7 ~ 10 筒，蕙兰(*Cymbidium faberi*)每丛 10 筒以上为宜。选好母株后，可将兰株从盆中轻轻脱出，将泥坨侧放或平坐在地，除去根部泥土，用剪刀小心修除枯叶及腐烂的根。修剪好后，再以清水洗刷假鳞茎和根部的土。刷时勿用力过猛，以免损伤根芽。然后用 40% 甲基托布津或百菌清 800 倍液消毒后，放置在阴凉处晾干。等根部发白变软时，用剪刀在假鳞基间处剪开，切口处涂上木炭，以利防腐，再种植盆内。

分离后的兰株，在上盆栽植时应注意：避免兰花新株的创口接触到基肥，以防溃烂。在基质未偏干时，不能浇水；在新根未长出时，尽量不施肥，以防发生烂根。但可以一周喷施叶面肥或促根剂一次。也可将叶面肥和促根剂稀释数倍后隔天喷施。

(3)大花君子兰(*Clivia miniata*)

石蒜科君子兰属多年生草本植物。用播种或分株法繁殖。君子兰是异花授粉植物，为了促进结实，应进行人工辅助授粉，播种一般是为培育新品种。分株繁殖，可于春季进行，将母株根颈周围产生的 15cm 以上的分蘖(脚芽)。待脚芽长至 6 ~ 7 片叶时于春季换盆时，将母株周围的子株取出。分株后母株与子株的伤口都要涂细炉灰，以免伤口伤流，使伤口迅速干燥，防止腐烂。用播种土栽植，栽得略深一些以防倒伏。浇水后保持盆土潮润而不湿，保持较高的空气湿度和 20 ~ 25℃ 室温，1 个月左右就能长出新根，再用培养土栽植。较大的子株养护 1 ~ 2 年即能开花。

6.1.2 吸芽

吸芽是指某些花卉植物能自根际或地上茎叶腋间自然发生的短缩、肥厚呈莲座状的短枝。吸芽的下部可自然生根，因此可利用吸芽进行繁殖。如芦荟(*Aloe arborescens*)、石莲(*Sinocrassula indica*)、美人蕉(*Canna generalis*)等，在根际处常着生吸芽；观赏凤梨等花卉的地上茎叶腋间也易萌生吸芽，如图 6-2。促进吸芽发生，可人为地刺激根茎。如芦荟，有时为诱发产生吸芽，可把母株的主茎切割下来重新扦插，而

图 6-2　凤梨的地上茎叶腋间的吸芽

受伤的老根周围能萌发出很多吸芽。

常由吸芽繁殖的乔、灌木花卉种类包括苏铁(*Cycas revoluta*)、火炬树(*Rhus typhia*)等植物；由这种方式繁殖的多浆类观赏植物有芦荟、石莲花等。

(1)苏铁(*Cycas revoluta*)

苏铁科苏铁属植物。为常绿小乔木，原产我国华南地区，现各地多有栽培。在原产地温度较高，栽培10余年即可开花，且年年开花结实；但长江流域以北，由于日照较长及积温不够，难于开花，故有"千年铁树难开花"之说。苏铁的播种繁殖需要5年以上才能长成适宜造景的植株，而吸芽繁殖仅需2~3年即可长成一株苏铁盆景。因此，分株是苏铁生产中常用的繁殖方法之一。

华东等地苏铁一般常用根基发蘖或茎部蘖芽分栽，当铁树长到一定年龄，高约1m时，长势旺盛的可在叶基中产生吸芽。利用吸芽繁殖成活率可达80%~90%，分株时吸芽伤口越小越容易成活。当老株茎部长出蘖芽有鸡蛋大时，在早春3~4月用利刀切离母株，切割时尽量少伤茎皮，并剪去叶片，放置阴凉处，待伤口流液稍干后，再移栽到砂质壤土中，后浇一次透水，遮荫保温，2~3个月可长新根。家庭盆栽，常可购买吸芽，吸芽无根无叶，尖端有毛茸。买来后，种前需先浸入清水中，2~3d后取出，栽于土中，使土与吸芽密切接触。浇水后保持湿度并遮荫养护。

(2)芦荟(*Aloe vera* var. *chinensis*)

百合科芦荟属多年生多肉植物。芦荟虽然也能开花结籽，但无性繁殖性能好，除了培育新芦荟品种，进行人工杂交、有性繁殖外，一般都采用无性繁殖。无性繁殖速度快，品种优良特征可以稳定保持下来，所以无论家庭种植，还是大规模产业种植园经营，都利用芦荟的营养器官进行繁殖。

分生繁殖是芦荟的主要繁殖方法。通过人工的方法，将芦荟幼株从母体分离出来，形成独立的芦荟新植株。分生繁殖在芦荟整个生长期中都可进行，但以春秋两季作分生繁殖时温度条件最为适宜。春秋分生繁殖的芦荟新苗返青较快，易成活，只要苗床保持良好的通气透水状态，芦荟分生苗很快可以恢复生长。

芦荟一般生长2~3年以上时，可从地下茎部或主茎的节部萌生出新的植株，当这样的植株长到5~10cm高时即可将其用刀切割下来进行繁殖。生根较好的子株可将其与母株直接分离，割去交错的和老化的根系，插入花盆或专用的苗床即可，如果根部有较大的伤口，应将其伤口部稍晾干(阴凉避光处)后方可植入土中，否则易发生腐烂。

而对茎节上生出的子株，经常不能形成良好的根系。与母株分离时需注意：一是幼苗长至3~5叶时最适宜掰苗，苗太小或太大都不利芦荟生根成活；二是苗掰下后要在室内放2~3d，等伤口干燥后再插，可提高成活率，提早生根长叶。

子株栽植不要插得过深，1~2cm即可。子株栽后，不必浇水，因芦荟可从叶部吸收空气中的水分，土壤中浇水易导致腐烂现象的发生。但空气中增加一定的湿度是必要的，所以可以加盖塑料棚，以利保持空气湿润。新株栽植时尽量避免强光照射，温度应控制在白天30℃左右，夜间5℃以上，经过20~30d后就可长出3~4个根，长度达5cm左右。

(3)香蕉(*Musa × paradisiaca*)

芭蕉科芭蕉属多年生草本。香蕉树姿优美，是美化庭园的良好植物。果实香甜，营养价值很高，是热带的主要果树之一。香蕉吸芽分株法是广东、广西、福建传统的种苗繁育方法，多从生产性蕉园中选取。吸芽分株时，除大叶芽外，红笋和褛衣芽均可作为吸芽分株的材料。吸芽宜选用茎部粗壮、上部尖细、叶片细小如剑者。当吸芽高至40cm以上就可以分株，留作下一代的母株或作种苗。分株时，应先将吸芽旁的土壤掘开，然后用铲从母株与吸芽间切开。苗掘出后，剪去过长和受伤的根，将切口阴干或用草木灰涂抹，即可栽植。

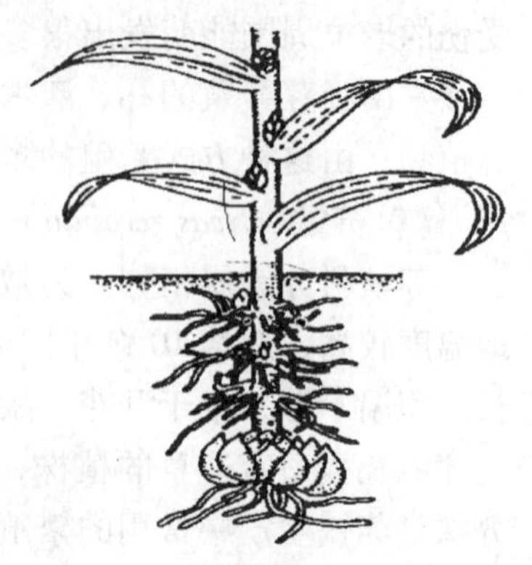
图6-3　卷丹腋间的珠芽

6.1.3　珠芽及零余子

珠芽及零余子是某些植物所具有的特殊形式的芽。有的生于叶腋间，如卷丹(*Lilium lancifolium*)腋间有黑色珠芽，如图6-3；有的生于花序中，如观赏葱类花常可长成小珠芽；有的生在腋间呈块茎状，如秋海棠(*Begohia evansiana*)地上茎叶腋处能产生小块茎。这些珠芽及零余子脱离母体后，自然落地即可生根，可用做繁殖，经栽植可培育成新的植株，园艺上常利用这一习性进行繁殖。

卷丹是百合科百合属植物。在上部叶腋间易长有珠芽，可摘下作繁殖材料。当夏季花谢后，珠芽已成熟即将脱落前，应及时摘下，用2倍的清洁细干沙混拌均匀，贮藏在阴凉、干燥、通风的屋内。于秋季9月中、下旬取出播种，按行距20cm在整好的苗床上开横沟，沟深3~5cm。然后，在沟内播入珠芽，覆细土2~3cm，畦面盖草保湿，以利安全越冬。当年能生根，而且珠芽变白、增大。翌春出苗时揭除覆盖的草和膜，中耕除草，适当追肥浇水，促使秧苗旺盛生长。秋季地上部分枯萎后挖取小鳞茎，再按行距30cm、株距9~12cm播种，覆土厚约6cm，按上一年管理方法再培育1年，秋季可收获达到标准大小的种球，部分未达标小鳞茎可继续培育。

图6-4　吊兰的走茎

6.1.4　走茎和匍匐茎

走茎是某些植物自叶丛抽生出来的节间较长的茎，茎上的节具有着生叶、花和不定根的能力，可产生幼小植株。如虎耳草(*Saxifraga stolonifera*)、吊兰(*Chlorophytum comosum*)、吉祥草(*Reineckea carnea*)等，如图6-4。把这类小植株剪割下来即能繁殖出很多植株。通常在植物生长季节内均能繁殖。但不同花卉利用走茎和匍匐茎繁殖的适宜时期、方法也有所不同。匍匐茎与走茎相似，但节间稍短，横走地面并在节处着生不定根和芽，如禾本科的草坪植物狗牙根、野牛草。

(1)吊兰(*Chlorophytum comosum*)

百合科吊兰属常绿宿根草本花卉。为宿根草本，具簇生的圆柱形肥大须根和根状茎。可用分株繁殖。除冬季气温过低不适于分株外，其他季节均可进行。盆栽2~3年的植株，在春季换盆时将密集的盆苗，去掉旧培养土，分成两至数丛，分别盆栽成为新株，栽种后，浇透水直到盆底有水流出，要将盆放置在半阴通风处，分株上盆1周后，可将其放置在阳光处。也可剪取吊兰走茎上的簇生茎叶(实际上就是一棵新植株幼体，上有叶，下有气根)，种植在培养土中或水中，待小植株长根后即可移栽。此法简便，成苗快，故常用。

匍匐茎与走茎相似，但节间稍短，横走地面并在节处生不定根和芽，如禾本科的草坪植物狗牙根、野牛草。

(2)狗牙根(*Cynodon dactylon*)

禾本科狗牙根属植物。又称爬地草、绊根草，广泛分布于温带地区，在我国的华北、西北、西南及长江中下游等园林绿地中应用广泛。我国黄河流域以南各地均有野生种。也是我国应用较为广泛的优良草坪草品种之一。

狗牙根草种子稀少，不易采收，且发芽率很低，故常用无性繁殖。狗牙根具有根状茎、匍匐茎和直立茎3种类型。它的直立茎不高，只有30cm左右，但匍匐茎却十分发达，数量多、长度长，有的长可达2m以上。在一般情况下，狗牙根主要靠根状茎和匍匐茎扩展蔓延，具有极强的分蘖能力。匍匐茎上可形成多个节，遇土后，节上即可萌生不定根和直立茎，很快新、老匍匐茎即可互相交织成网。人工繁殖时先将草坪成片铲起，冲洗掉根部泥土，将匍匐茎切3~5cm的小段，将切好的草茎均匀撒于已整好的坪床上，然后覆一薄层细土压实，浇透水，保持土壤湿润，20d左右即可滋生匍匐茎，快速成坪。

6.1.5 根茎

根茎是地下茎增粗，在地表下呈水平状生长，外型似根，同时形成分支四处伸展，先端有芽，节上常形成不定根，并侧芽萌发而分枝，继而形成的株丛，株丛可分割成若干新株。根茎与地上茎的结构相似，具有节、节间、退化鳞叶、顶芽和腋芽。一些多年生花卉的地下茎肥大呈粗而长的根状，并贮藏营养物质。将肥大根茎进行分割，每段茎上留2~3个芽，然后育苗或直接定植。如美人蕉类、鸢尾(*Iris tectorum*)、紫菀(*Aster tataricus*)、荷花(*Nelumbo nucifera*)、睡莲(*Nymphaea tetragona*)等，如图6-5。

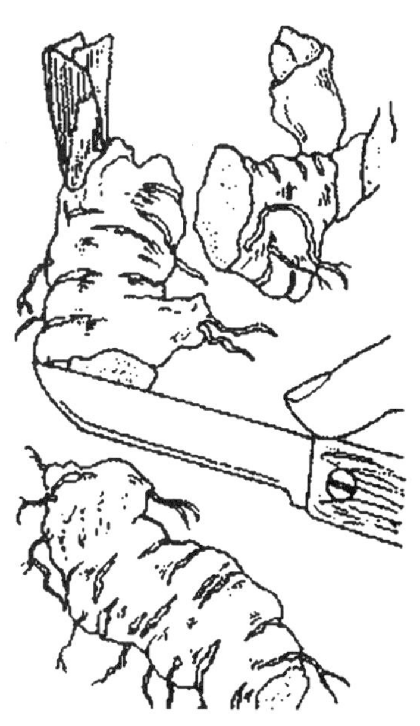

图6-5 鸢尾的根茎

6.1.5.1 美人蕉(*Canna* spp.)类

美人蕉类花卉原产美洲、亚洲及非洲热带。宿根草本花卉，其地下部分具有横生多节根茎，肉质、肥大。繁殖美人蕉，通常有播种法和分根茎法两种。播种法繁殖较少，主要用于培育新品种，通常采用分根茎法。

分株繁殖宜在3～4月进行。将老根茎挖出，分割成块状，每块根茎上保留2～3个芽，去掉腐烂部分，并带有根须，然后埋于室内的素沙床或直接栽于花盆中，在10～15℃的条件下催芽，并注意保持土壤湿润。20d左右，当芽长至4～5cm时，即可定植。

6.1.5.2 水生花卉类

水生花卉按照其生活方式与形态特征分为挺水型、浮水型、漂浮型及沉水型。水生花卉生产上大多以分株繁殖为主，少数以种子繁殖为主如王莲等。

荷花(*Nelumbo nucifera*)是睡莲科莲属多年生挺水植物。在花卉生产应用中，多采用无性繁殖，一是可保持亲本的遗传特性，二是当年可观花。荷花的无性繁殖有两种方式：①分藕繁殖，种藕必须是藕身健壮，无病虫害，具有顶芽、侧芽和叶芽的完整藕。荷花分栽时间通常是在气温相对稳定，藕开始萌发的情况下进行。根据我国气温特点，华南地区一般在3月中旬进行，华东、长江流域在4月上旬，而华北、东北地区可在4月下旬～5月上旬。若植于池塘，一般采用整枝主藕作种藕。缸、盆栽时，可用子藕。不论哪类作种藕，都要具有完整无损的顶芽，否则当年不易开花。在池塘栽植时，先将池水放干，池泥翻整耙平，施足底肥，然后栽藕，栽时应将顶芽朝上，呈20°～30°斜插入泥，并让尾节翘露泥面，一两日放水20～30cm。盆、缸栽荷，其操作方法基本同塘栽，只是将种藕靠近缸壁徐徐插入泥中。②分密繁殖，荷花的地下茎未膨大形成藕前，习称“走茎”或“藕鞭”，古称“密”。藕鞭白嫩细长，有节与节间之分。节间初短后长，节上环生不定根，它不仅是吸收水分、养分的器官，且起着固定和支撑植株的作用。节上有腋芽，可分化为叶芽、花芽，发育成幼叶和花蕾，侧芽又可萌生分支藕鞭。将生长中的藕鞭切成一段段，可繁殖成新株，故称为“分密繁殖”。因分段切取藕鞭作繁殖材料，类似木本植物切取枝条扦插，故有“藕鞭扦插”之名。将生长正茂的荷全株拔起，剪成若干段，每段2～3节，均带有1个顶芽或1个侧芽，保留浮叶或1片嫩绿的立叶，将多余的立叶剪掉，以减少蒸腾。叶柄切口高出水面，避免从切口灌水死苗。立即植基质中。分密繁殖是生长季节的一种繁殖方法。其优点：可弥补耽误的植藕季节，填充缺苗田块，节省种藕，降低成本，有助良种快繁，延长盆栽荷花的观花期。

6.1.5.3 观赏竹类

我国竹类的种类繁多，有500余种，大多可供庭园观赏。常见栽培观赏竹有：散生型的紫竹(*Phyllostachs nigra*)、刚竹(*Phyllostachys viridis*)等，丛生型的佛肚竹、孝顺竹(*Bambusa multiple*)等，混生型的箬竹(*Lndocalamus tessellates*)、茶杆竹(*Pseudosasa amabilis*)等。竹是多年生木质化植物，具地上茎(竹秆)和地下茎(竹鞭)。大多数竹子种类是通过无性繁殖的，如母竹移植、竹蔸移植、移鞭、移笋、竹竿压条、竹竿扦插等。母竹移植法应用最多，其优点是成活率高、新竹发展快，但繁殖系数小、母株体积大搬运不便。

竹类的无性繁殖主要有：①移鞭繁殖，选2～4年生的健壮竹丛，在竹鞭出笋前1

个月左右进行。挖出竹鞭后，切成60～100cm为一段，多带宿土，保护好根芽，种植于穴中，将竹鞭卧平，覆土10～15cm，并覆草以防水分蒸发，一般夏季可长出细小新竹。为防止新竹枯萎，可剪去1/3竹鞘，保留6～7盘枝叶。②带母竹繁殖，选择1～2年生、生长健壮、无病虫害、带有鲜黄竹鞭，其鞭芽饱满、竹竿较低矮、胸径不太粗的母竹，挖前要确定竹鞭走向，然后在距母竹30～80cm处截断竹鞭。挖时不能动摇竹竿，用利刀截去其上部，一般保留5～7档竹枝、然后栽入预先挖好的穴中。入土深度比母竹原来入土部分稍深3～5cm。栽后及时浇水，覆草，开好排水沟，并设支架，以防风吹摇动根部，影响扎根。

6.1.6 块茎

块茎是地下变态茎的一种，在地下茎末端常膨大形成不规则的块状，也是一种越冬的变态茎。块茎顶部肥大，有发达的薄壁组织，贮藏有丰富的营养物质。通常块茎顶部有几个发芽点，块茎的周边也分布有一些芽眼，一般呈螺旋状排列，每一芽眼内有2～3个腋芽，但常常仅萌发其中一个腋芽，能长出新枝，故块茎可供繁殖之用，如图6-6。

(1)人工切块繁殖

部分块茎是由胚轴部分经年年肥大而成的非更新类型，由于无自然分球的习性，生产上常用切割带有芽(眼)的部分块茎繁殖，如仙客来(*Cyclamen persicum*)、大岩桐(*Sinningia speciosa*)等。

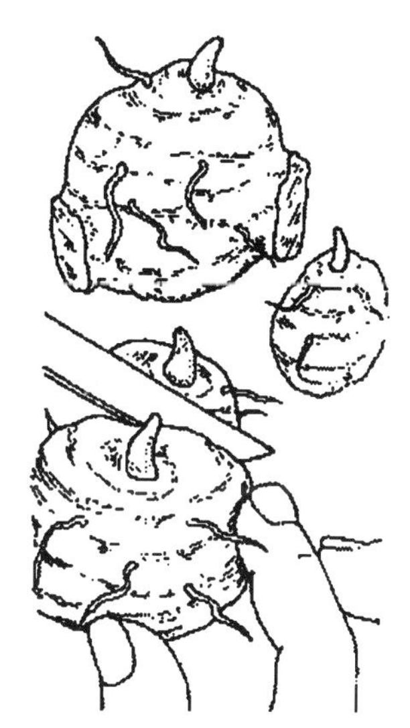

图6-6 花叶芋的块茎

仙客来繁殖方法可分为两类：即播种繁殖和营养繁殖。播种繁殖的仙客来虽能获得大量幼苗，但生长期较长，而且常发生品种变异。仙客来的营养繁殖包括分割块茎繁殖、组织培养繁殖。

仙客来是报春花科仙客来属多年生球根类花卉，但其块茎不能自然分生子球，因而不能像一般球根花卉那样分球繁殖，因此常用分割块茎繁殖。在生产上，仙客来大都作一二年生栽培，植株生长旺盛，开花繁多，而3年生以上植株，虽开花增多，但花朵变小，植株生活力逐渐衰退，越夏困难，故多弃之不再栽培。但这样的块茎却可以通过切割处理，人为促进块茎增殖来繁殖新个体。传统的分割块茎繁殖方法一般在8月下旬块茎即将萌动时，将块茎自顶部纵切分成几块，每块都应带有芽眼，将切口涂以草木灰，稍微晾干后，即可分植于花盆内或苗地，精心管理，不久即可展叶开花。但此法有如下缺点：繁殖系数小；易腐烂，管理困难；植株开花少、株型不美、块茎不圆整等。

目前还有一种改良分割块茎繁殖的方法。在苗圃地或原盆内将块茎作纵切分割，使之形成再生苗。选生长健壮、充实肥大的块茎，于花后1～2个月进行分割。分割前必须降低土壤湿度，以抑制过多伤流的产生。分割时，先将块茎上部切除，厚度约为块茎的1/3，然后作放射状或十字状纵切，深度以不伤根系为度，块茎越大，所分割出的小块块茎越多。切割后应立即将盆用塑料薄膜罩好，以促使切面尽早愈合。在30℃温度下，在分割后30~50d，各切块相继形成不定芽，此时，再降低温度到15℃左右，使萌发的不定芽逐渐适应环境。自不定芽开始形成，逐渐增加浇水量，促进根系活动，并每周追施液肥一次。分割约100d后，基本形成再生植株，便可分栽上盆。这种方法繁殖，通常开花较早，可直接进行操作，再生率高，再生个体性状一致，比较容易推广应用。

(2) 自然分球繁殖

有的块茎各部着生着侧芽，可自然分球。这类块茎能进行自然分球繁殖。如花叶芋(*Caladium bicolor*)、银莲花(*Anemone cathayensis*)类等。花叶芋为天南星科彩花芋属多年生常绿草本。地下具膨大块茎，扁球形。繁殖以分株为主。5月在块茎萌芽前，将花叶芋块茎周围的小块茎剥下，若块茎有伤口，则用草木灰或硫磺粉涂抹，晾干数日待伤口干燥后盆栽。为了发芽整齐，可先行催芽，将块茎排列在沙床上，覆盖1cm细沙，保持沙床湿润，室温为20~22℃，待发芽生根后盆栽。如块茎较大、芽点较多的母球，可进行分割繁殖。用刀切割带芽块茎，待切面干燥愈合后再盆栽。室温应保持在20℃以上，否则栽植块茎易潮湿而难以发芽，造成腐烂死亡。

6.1.7 球茎和鳞茎

球茎是花卉植物地下的变态茎之一，为节间短缩的直生茎，常肉质膨大呈球状或扁球状，节明显，其上生有薄纸质的鳞叶，顶芽及附近的腋芽较为明显，球茎基部常生有不定根，如唐菖蒲(*Gladiolus hybridus*)、小苍兰(*Freesia refracta*)，如图6-7。球茎花卉的分生能力比较强，开花后在老球茎能分生出几个大小不等的球茎，小球茎则需培养2~3年后能开花，也可将球茎进行切球法繁殖。多数是地上部于每年冬季枯死成为多年生草本越冬的休眠器官，当新的地上部发育之后，球茎有的腐烂，有的可存活2年以上。

鳞茎也是花卉植物的变态地下茎，有短缩而扁盘状的鳞茎盘，鳞茎中贮藏丰富的有机质和水分，以度过不利的气候条件，如图6-8。每年从老球的基部的茎盘部分分生出几个仔球，抱合在母球上，把这些仔球分开另栽来培养大球，有些鳞茎分化较慢、仅能分出数个新球，所以大量繁殖时对这些种类需进行人工处理，促使长出子球，如百合类(*Lilium* spp.)可用鳞片扦插，风信子(*Hyacinthus orientalis*)可用对鳞茎刻伤促使子球

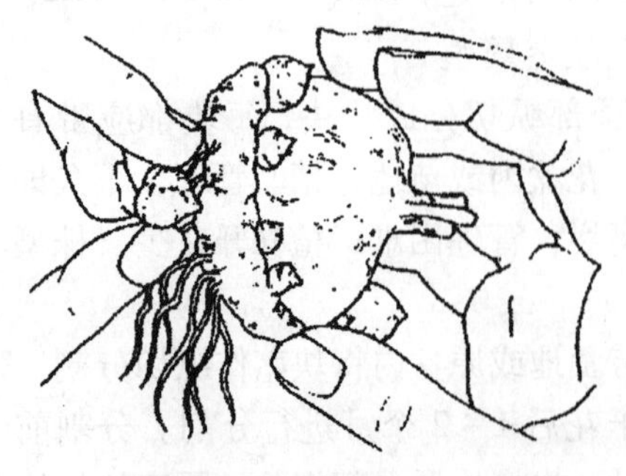

图6-7 唐菖蒲的球茎

图6-8 水仙的鳞茎

发育。

目前百合生产在我国南北各地都有较大规模的发展。如20世纪90年代，江苏连云港鲜切花生产基地开始成型，经历十多年的发展，据不完全统计，目前连云港的鲜切花生产面积已有上千亩，年产鲜切花3000多万枝，其中香水百合有100栋温室，每栋温室年产百合切花1.3万枝，产值在8万~9万元之间，效益达4万元。2008年北京昌平区百合种球繁育基地在经历了两年的建设后也已开始投入生产，目前，已建成大棚31栋、温室10栋，其中5栋温室投入使用，每栋种植百合子球17 328粒，共种植86 640粒。百合商品种球的繁育可为百合切花基地提供种球，解决目前由于种球进口造成的高成本问题，减少农民的生产开支，推动百合产业健康快速发展。昌平计划在两年内建成1000栋百合生产示范基地，建成后年产量可达到600万~700万枝。近几年，云南省制定了“鲜切花种苗和种球质量等级”(DB53/T 107—2003)百合种球质量标准，见表6-2。

表6-2 云南省对百合种球质量等级划分要求

质量要求	等级		
	一级	二级	三级
外观整体质量要求	种球充实、不腐烂、不干瘪。中心胚芽及鳞片发育正常，具有该新鲜种球所特有的颜色、弹性及气味等	种球充实、不腐烂、不干瘪。中心胚芽及鳞片发育正常，具有该新鲜种球所特有的颜色、弹性及气味等	种球干瘪不新鲜或腐烂。中心胚芽及鳞片发育不正常，没有该新鲜种球所特有的颜色、弹性及气味等
芽体质量要求	中心胚芽不损坏，肉质鳞片排列紧凑、发芽整齐均匀、销售时无芽	中心胚芽不损坏，肉质鳞片排列较紧凑、发芽整齐均匀、销售时无芽	中心胚芽不损坏、肉质鳞片排列不紧凑、发芽整齐均匀、销售时芽长≤1.0cm
外膜质量要求	鳞茎盘无缺损，无凹底、鳞片完整无缺损≥95%	鳞茎盘无缺损，无凹底、鳞片完整无缺损≥85%	鳞茎盘无缺损，无凹底、鳞片完整无缺损≥75%
根系状况	根系生长好，新鲜程度好，壮实	根系生长好，新鲜程度好，较壮实	根系生长较好，新鲜程度较好，较壮实
病虫害	无病害的症状表现及病虫害损伤现象；未检测出质量要求所规定的病虫害	无病害的症状表现及病虫害损伤现象；未检测出质量要求所规定的病虫害	稍有病害的症状表现及病虫害损伤现象
变异率	≤1%	≤3%	≤5%
混杂率	≤1%	≤2%	≤3%

风信子(*Hyacinthus orientalis*)别名洋水仙、五色水仙，百合科风信子属多年生草本。鳞茎卵形，有膜质外皮。以分球繁殖为主，在花后，剪下花序，待叶片枯黄时挖起球根，连同子球(不分离)置放在凉爽、通风、干燥处贮存，分球不宜在采后立即进行，以免分离后留下的伤口于夏季贮藏时腐烂。秋季栽植时，将母球周围子球分离下来，分别栽种，培养2~3年才能开花。为提高繁殖系数，可采用扇形挖切和十字形切割繁殖。切割的目的在于破坏生长点，去除鳞茎生长的顶端优势，以促进侧生鳞茎的生长发育。具体方法：鳞茎先通过25℃贮藏30d，待花芽形成后进行切割。把鳞茎底部茎盘先均匀

地挖掉一部分，使茎盘处伤口呈凹形，再自下向上纵横各切一刀，呈十字切口，深达鳞茎内的芽心为止，这时会有黏液流出，应用0.1%的升汞水涂抹消毒，然后放在烈日下暴晒1~2h，再平摊在室内。室温先保持21℃左右，使其产生愈伤组织，待鳞片基部膨大时，温度渐升到30 ℃，3个月后形成小鳞茎，可分株栽种。诱发的小鳞茎培育3~4年后开花。

百合、唐菖蒲、郁金香、水仙、其他球根花卉等花卉的种苗生产在本书的“第8章 花卉种球生产”中将详细论述。

6.1.8 块根

块根是大丽花(*Dahlia pinnata*)、花毛茛(*Ranunculus asiaticus*)等花卉植物由侧根或不定根的局部膨大而形成。它与肉质直根的来源不同，因而在一棵植株上，可以在多条侧根中或多条不定根上形成多个块根。块根繁殖是利用植物的根肥大变态成块状体进行繁殖的方法。块根上没有芽，它们的芽都着生在接近地表的根茎上，单纯栽一个块根不能萌发新株。因此分割时每一部分都必须带有根颈部分才能形成新的植株。也可将整个块根挖回贮藏，翌春催芽再分块根，另外可以采芽进行繁殖。如图6-9。

大丽花，菊科大丽花属多年生草本植物，别名地瓜花、天竺牡丹、大理花等，它结有许多块根，可用来繁殖。大丽花的分块根繁殖：①块根的贮藏，在收获前进行株选，选生长健壮具本品种特性、无病虫害的植株作种株；在早霜来临之前挖回，首先剪除离地面10cm以上的茎，大丽花芽的部位在根颈处，因此应整墩挖出块根，并带有部分泥土以保护根颈；挖出的块根晾晒一段时间后贮藏，贮藏场所应进行灭菌消毒；贮藏块根时堆放不能太厚，防止过早发芽和发热烂根，一般堆放3~5层为宜；在块根四周和上面覆盖一层平整的细沙或细土，用于保湿。②在3~4月将贮藏的块根取出，剔除腐烂和损伤的块根。放到温暖的地方催芽，一般控温15~20℃。如果贮藏的是整墩块根，即秋季没有分割的，出芽后把每个块根分开，每个块根上的根颈处至少要有1个芽。然后将每个块根放在容器中培育成大苗。切割的伤口用草木灰消毒，对未发芽的块根继续催芽，如此2~4次，即可完成分块根繁殖。

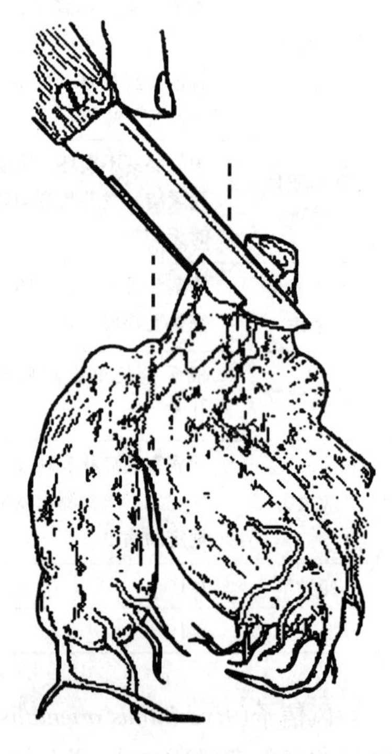

图6-9 大丽花的块根

6.2 嫁接苗生产

嫁接又称接木，就是将花卉植物的部分枝或芽，接到另一株带根系的植物枝干上，使之愈合成为一个具共生关系的新植株。用作嫁接的枝或芽叫接穗，承受接穗带有原根的植株叫砧木。用嫁接方法培育的苗木称为嫁接苗。如将观赏四季橘的芽嫁接到枳壳(砧木)上，使其长成一株四季橘树。也就是人们常说的“移花接木”中的接木。嫁接通常用符号“ + ”表示，即砧木 + 接穗；也可以用“/”表示，但这时一般将接穗放在前面，如蛇瓜/葫芦，表示蛇瓜嫁接在葫芦砧上。

花卉植物嫁接能够成活，主要是依靠砧木和接穗结合部分的形成层具有分裂新细胞的再生作用，使二者紧密结合而共同生活的结果。嫁接后，接穗和砧木切口上的细胞能形成一种淡褐色的薄膜保护切口，防止内部细胞水分蒸腾，同时在薄膜内切口附近的形成层迅速分裂生长形成愈合组织，愈合组织把嫁接的砧木的原生质相互连通起来。另一方面，形成层不断分生向内分化为新木质部，向外分化为新的韧皮部，把砧木、接穗的导管、筛管等输导组织相连通，接穗的芽和枝得到砧木根系所供给的水分和养分，便开始发芽生长形成一个新的植株。

嫁接繁殖是花卉一种重要的无性繁殖方法，其特点是：①能保持接穗品种的优良特性，克服了种子繁殖后代个体之间在形状、生长量、品质等方面存在的差异；②能促进提早开花结果，如玫瑰等经嫁接的苗木植后第 1 ~ 3 年就可以开花，这是因为嫁接直接从已具有开花能力的成年树中采集接穗，因而接芽生长老熟后即具备开花的能力；③通过嫁接可以利用砧木的抗性来扩大栽培区域，不同砧木的抗性(如抗寒、抗旱、抗病虫危害)及耐涝、耐盐碱的能力不同；④可以调节树势使树体乔化或矮化，利用矮化砧或矮化中间砧就可以控制树冠的发育，如比利时杜鹃(西洋杜鹃，*Rhododendron hybridum*)经嫁接后使树冠矮小、紧凑，提高了花卉的观赏性和商业性；⑤可以克服其他方法难以繁殖的困难，是一些扦插不易生根或发育不良的，以及不易产生种子的重瓣花卉品种如山茶(*Camellia japonica*)、牡丹、桂花(*Osmanthus fragrans*)等常用的繁殖方法，观果类花卉植物也常用嫁接方法繁殖。如紫花羊蹄甲(*Bauhinia purpurea*)等用扦插、压条很难成活，用实生繁殖变异大、结果迟而少、产量低。通过嫁接就可以很好地解决这个问题。有些花木也有这种情况，如蜡梅(*Pnunus mume*)虽能结籽，但播后容易分离变劣，失去观赏价值，用扦插、压条繁殖又不易成活，如果用狗牙蜡梅(*Pnunus mume* var. *intermedius*)作砧木进行嫁接则容易成活。除了木本花卉可进行嫁接繁殖外，菊花常以嫁接法培养大立菊，仙人掌科植物也常用嫁接法进行繁殖。

6.2.1 接穗和砧木的准备

6.2.1.1 接穗的准备

(1)接穗的选择

接穗是嫁接时接于砧木上的枝或芽的总称。它长大后形成接穗品种的树冠，具有原母本的优良性状。因此，严格选择接穗是繁殖优质嫁接苗的关键。

为了保证苗木品种纯正，必须建立良种母本园。从母本园中采穗，或从生产园中选取遗传性状稳定、品种纯正、生长健壮、丰产稳产、优质、无检疫对象的成年植株作为采穗母树。对观赏花木要选择花形美观、层次多、花色艳丽、具芳香味的作采穗母株。

在接穗的选取上，应剪取树冠外围中上部生长充实、健壮、芽体饱满、表面光洁、无病虫害的发育枝或结果母枝作接穗。具体因树种、嫁接方法、嫁接时期不同而异。春季嫁接一般多用1年生的枝条，如上一年的春、夏、秋梢做接穗。有些种类如无花果等只要枝条粗度适当，用2年生的枝条嫁接成活率也较好。夏季嫁接可选用当年老熟的新梢，也可用1年生，甚至多年生的枝条。秋季嫁接则多选用当年的春夏梢。嫁接以芽刚萌动或准备萌动的接穗，接后出芽最快。很多熟练嫁接工在采穗前都提前7～10d将枝条剪顶，待芽萌动后剪取，嫁接后破膜快，成活率高。

(2)接穗的采集

采集时期 接穗的新鲜程度是影响嫁接成活率的一个重要因素。愈是新鲜的枝条，嫁接成活率越高。因此接穗最好是随接随采。尤其是南方地区，周年嫁接多采用随接随采的做法。北方寒冷地区春季嫁接常将接穗枝条贮藏过冬，春季再用来嫁接，这样可避免冬季严寒对枝条的伤害。夏秋季嫁接采用随接随采的做法，有伤流特性的树种如葡萄等应在伤流发生前采集和嫁接。

采后处理 剪下枝条后及时剪去其上的叶片，以及顶端太幼嫩的部分，防止叶片及幼嫩组织因蒸腾造成枝条失水。剪叶片时注意留下0.5cm左右一小段叶柄保护芽体。剪好的枝条放置在树荫下，用剪下的叶片或湿布覆盖好，全部剪完后按50～100条扎成捆，标明品种名称，再用湿布或塑料膜包裹保湿备用。为防止病虫害的传播，应对接穗进行消毒。我国一些花卉产区已制定了较具体的消毒措施，如用1%肥皂水洗接穗，再用清水洗净晾干，可防治蚧类、螨类等害虫；用700单位/mL农用链霉素液浸泡枝条1h后晾干，可有效的预防溃疡病等。

(3)接穗的贮藏

接穗在相对湿度为80%～90%，温度4～13℃的环境条件下贮藏最为理想，常用的方法有沙藏、窑藏、蜡封贮藏等。

沙藏 是在室内或阴凉避风雨的地方将接穗枝条堆放好后用干净的湿河沙覆盖其上，要求沙的含水量在5%左右，用手抓时，沙成团，松开手时，沙团出现裂纹为宜。以后每隔7～10d检查一次，并剔除霉变腐烂枝条，沙太干时要注意喷水。此法南北适用，可以贮藏2个月左右。

窑藏 是将接穗枝条扎成捆，大小视枝条的粗细而定，每扎50～100条不等，挂上标签后用塑料膜包裹严密，置于地窖中贮藏。

蜡封贮藏 是将枝条两端无用部分剪去，只留中间有用的一段，两端迅速蘸上80～100℃的石蜡液封闭伤口，然后装入塑料袋内，置于低温窖或冰箱内贮藏。蜡封贮藏是名贵花木，或要求保湿条件较高的接穗较理想的贮藏方法。

6.2.1.2 砧木的准备

(1)砧木的选择

砧木是接穗的承载体，是嫁接苗的根系部分(部分高接砧木带有枝干)，它可以取自整株植物，也可以是根段或枝段(嫁接后再扦插生根成苗或作中间砧等)。

正确选择砧木，历来为园林花卉植物栽培和育种界所重视。不同类型的砧木对气候、土壤等生态环境条件的适应能力不同，只有因地制宜，适地适树，就地取材，育种与引种相结合，选择适合当地条件的砧木，才能更好地满足花卉栽培和生产的要求。

我国砧木资源丰富，种类繁多。各地选用的种类往往各不相同。但是优良的砧木都应具备以下几个条件：①与接穗品种具有良好的嫁接亲和力；②对接穗的生长和开花有良好的影响，比如使接穗生长健壮、花大、花美、品质好、丰产、稳产等；③对栽培地区的气候、土壤等生态条件具有良好的适应性；④对主要病害、逆境有较强的抗性；⑤砧木来源充足，繁殖容易；⑥根系发达，固着力强；⑦能满足特殊栽培目的的要求。

(2)砧木的繁殖和培育

目前，用作嫁接的砧木主要是用种子繁殖的实生苗，用自根苗做砧木的比较少。因为种子繁殖具有种子来源广、繁殖方法简便、根系发达、适应性强、繁殖系数大等优点。实生苗繁殖包括种子的采集、处理、播种、管理等过程。

为保证种子的质量，必须采集充分成熟的种子。种子成熟过程分生理成熟和形态成熟两个阶段。生理成熟是种子内部营养物质呈溶解状态，含水量多，种胚已经发育成熟并具有发芽能力。这类种子采后播种即可发芽，且出芽整齐。但因其含水量高，种皮尚未充分老化，不宜长期贮藏。形态成熟是指种胚已经完成了生长发育阶段，内部营养物质大多已转化为不溶解的淀粉、脂肪、蛋白质等。而且生理活动明显减弱，甚至进入休眠状态，种皮充分老化致密，不易腐烂，可以长期贮藏。因此应采集形态成熟的种子。

鉴别种子形态成熟的方法，一般是根据果实的颜色已转为成熟的色泽，果肉变软，种子颜色变深且具光泽，种子含水量少，干物质增加且充实等来确定。

南方常绿砧木树种最好采用鲜种播种，尽量减少贮藏时间，贮藏时间越长，发芽率越低。种子需要贮藏时要严格控制影响种子生理活动的主要因子：种子含水量、温度、湿度和通气状况等。北方落叶树种的种子一般都要经过贮藏，甚至层积处理后才能播种。贮藏期间应保持相对湿度在50% ~80%，温度0 ~8℃为宜。大量贮藏种子时，要认真做好通风换气工作，特别在高温高湿的情况下，更要注意通气、降温降湿。同时注意防止虫、鼠的危害。

种子生活力直接影响砧木成苗数量和质量。鉴定种子生活力的方法有目测法、染色法和发芽试验法。①目测法。就是直接观察种子的外部形态。种粒饱满、种皮新鲜光泽、种粒重而有弹性、胚及子叶呈乳白色的为具有生活力的种子。核果类种子因种壳坚硬，应剥壳检查胚及子叶的状况，统计有生活力的百分数。②染色法。用一些染色剂对胚及子叶进行染色、观察、判别种子生活力的强弱，计算具有生活力种子的百分数。常用的染色剂有靛蓝胭脂红、曙红和四唑。③发芽试验法。是将无休眠期或经过后熟的种子，置于适宜的条件中促其发芽，统计发芽率，从而推断种子的生活力。

砧木的播种一般经过催芽、播种两个过程。①催芽是确保全苗、齐苗的有效方法。常用的催芽方法有湿沙催芽、覆盖催芽等几种。②播种有撒播和条播两种，由于撒播用种量大，后期除草管理困难，分床时易造成死苗，故现在很少使用。条播育苗，苗木生长快而整齐，目前在生产上广泛应用，但育苗量低；条播的做法是先按行距开好行，一般行距为15 ~25cm，然后将经过催芽的种子均匀地撒在行沟内或一一点播。一般株距小粒种子类3 ~5cm，如蔷薇等；大种子类5 ~10cm，如狗牙蜡梅(蜡梅)、女贞(桂花)，考虑带土移苗时株距还要更宽。播好后覆土，覆土厚度1 ~3cm为宜，太厚不利出芽，最后盖上稻草或杂草，经常淋水保湿。有条件的可搭盖遮阳网棚，防止强烈阳光及暴雨伤及幼芽。

6.2.2 嫁接方法

花卉嫁接方法多种多样，一般可分为枝接、芽接、根接、二重接、高接、茎尖嫁接等。但最常用的嫁接方法是枝接和芽接。现将主要的嫁接方法介绍如下：

6.2.2.1 枝接法

枝接是用带有一个芽或数个芽的枝段作接穗进行嫁接的方法。嫁接时通常将砧木的上部剪除或锯掉，使砧木根系吸收的养分和水分全部集中供应接穗，促进接穗上芽的迅速萌动和生长。所以枝接的植株成活率高，前期生长快，苗木健壮。在南方苗木培育中广泛应用。常用的枝接法有：切接、劈接、皮下接、腹接、舌接、靠接、插接等。嫁接时期多在早春芽萌动前后。

(1)切接法

切接法是目前花卉嫁接中广泛应用的一种方法，具有成活率高、生长健壮、操作简便、包扎快的特点。熟练工人每天可接 600～1000 株。如图 6-10。具体操作方法如下：

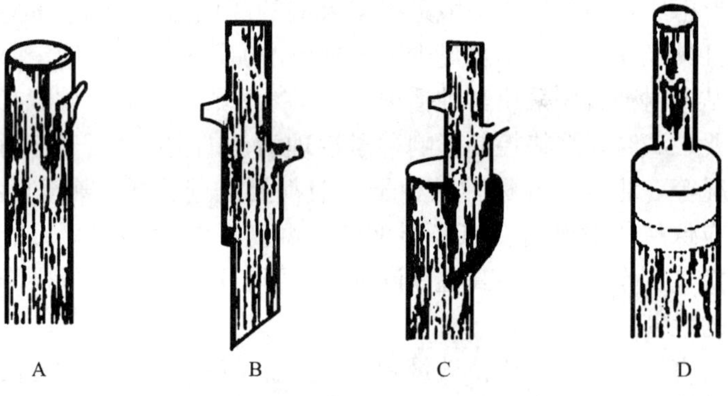

图 6-10 切接法

A. 切砧木 B. 削接穗 C. 插接穗 D. 包薄膜

切砧木 根据不同花卉或品种在离地 5～25cm 处选择皮层光滑的地方剪断砧木，剪口要平，无皮裂现象，然后在砧木剪口的对面稍斜削一刀，角度 10°左右，削去少许皮层及木质部，最后在斜削面处皮层内略带木质部纵切一刀，长 1.5～2.0cm。切口宽度视接穗的大小而定，退刀时将刀向外稍压，利于插入接穗。

削接穗 倒拿枝条，选平滑面用嫁接刀从枝条由上向下，略带木质部纵切一刀，长 2cm 以上；翻转枝条，留切口长 1.3～1.8cm 后斜 30° 将枝条削断，然后倒转枝条，左手拿住削好段(勿碰脏切口)，留 1～3 个芽将枝条剪(削)断，即削好接穗。

插接穗及包扎 将削好的接穗切口插入砧木的切口中，使砧穗两边的形成层对齐，若接穗切口较小时，应一边形成层对准，然后用宽 3～4cm 的薄膜自下向上包扎，在砧穗接合部分重复几圈，再往上将接穗和砧木的伤口都包扎严密即可。注意芽眼处不可重叠。整个包扎一气呵成。

(2)劈接法

劈接法常用于花卉砧穗大小相差较大(砧大穗小)或嫩砧的嫁接上。如高接换种时，或砧木太大及尚未木质化的小苗嫁接上。具体操作方法如下：

砧木处理 在嫁接部位将砧木剪断或锯断，如要为大砧劈接，要注意砧桩表皮光滑、纹理通直，最好切(锯)口下4~6cm范围内无节疤。否则易使劈缝扭曲不直。

锯砧木后用刀将粗糙的锯面削平，然后用刀在砧木截面中心处纵劈一刀。劈接口时不要用力过猛，可将刀刃放在劈口处，用木锤轻轻地敲打刀背，使劈口深3~5cm。如劈口不够光滑可用嫁接刀将劈口面两侧削平滑。注意不让泥土落进劈口内。

削接穗 倒拿枝条，用嫁接刀将枝条基部两侧削成一个长2~3cm的对称的楔形削面，要求削面要平直光滑。然后倒转(顺拿)枝条，留2~3个饱满芽后斜削一刀将枝条剪(削)断，即得削好的接穗。

插接穗及包扎 将削好的接穗插入劈口内，如果砧木较大，可在两侧各同时插一个接穗，但要一侧的形成层对准砧木一侧的形成层。插接穗时，要注意削面上部留0.2~0.5cm的削口外露，这样有利接穗和砧木分生组织的形成和愈合。

采用一条接穗时，其包扎方法同切接法，用薄膜条自下向上包扎，每圈薄膜条重叠1/4~1/3，包接穗时芽眼处不能重叠，否则不易破膜。采用二条接穗时，可用大小适宜的薄膜袋套下后，再用薄膜条在接合部位扎实即可。砧木锯口很低时可用埋土保湿的方法，用不易板结的细表土堆盖在接砧上，盖土高过接穗顶部2cm左右即可。雨后板结时要打破结块，以利发芽。

嫩砧劈接的做法是剪砧后用嫁接刀从中心处纵切一刀，深2~3cm，接穗削成对称的楔形，长1.5~2cm，插入砧木切口内，包扎同切接法。如图6-11。

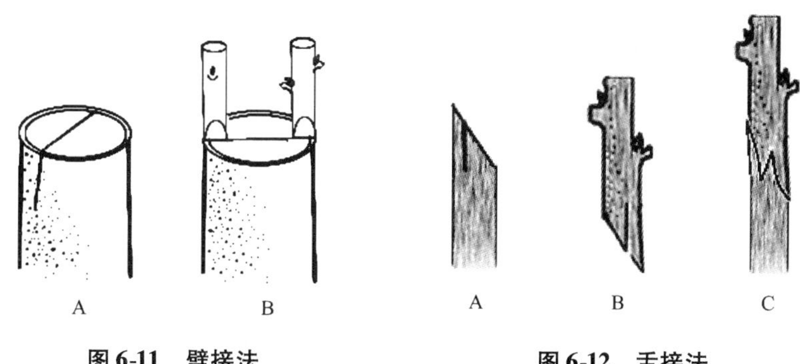

图6-11 劈接法

A. 切砧木 B. 插接穗

图6-12 舌接法

A. 削砧木 B. 削接穗 C. 插接穗

(3)舌接法

舌接法多用于砧径0.4~1.0cm，砧穗粗度相近的嫁接。舌接法由于砧穗形成层接触面大，接合牢固，愈合快，所以成活率高。为福建、广东两省应用较多。但舌接法要求技术较高，木质较硬的园林植物插穗时易出现撕裂现象。因此多用于木质较软的树种嫁接。如图6-12。

(4)皮下接

皮下接适用于砧木直径较大(2~3cm)接穗较小(0.5~1cm)的嫁接,应用也比较广泛,而且操作简便,容易掌握,但宜在砧木树液流动旺盛,容易离皮的时期进行。如图6-13。

(5)枝腹接

枝腹接广泛用于园林的嫁接上。由于嫁接时不剪砧,因此接后发现不成活时,可以多次进行补接。接口愈合好,接位低,剪砧后生长快,操作简单易行。如图6-14。

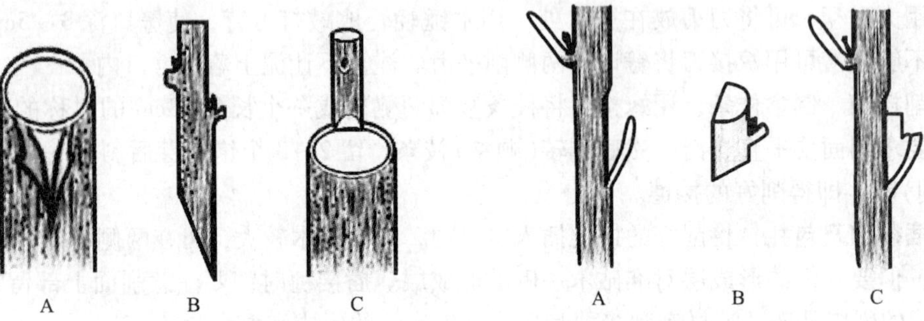

图6-13 皮下接

A. 切砧木 B. 削接穗 C. 插接穗

图6-14 枝腹接

A. 切砧木 B. 削接穗 C. 放接穗

(6)靠接法

嫁接成活前接穗并不切离母株,仍由母株供给水分和养分。此法适于用其他方法嫁接不易成活或贵重珍奇的种类。靠接应在生长期间进行,及时在两植株茎上分别切出切面,深达木质部。然后使二者形成层紧贴扎紧。成活后,将接穗截离母株,并截去砧木上部枝茎。如白兰一般都用靠接。如图6-15。

图6-15 靠接法

6.2.2.2 芽接法

芽接是以芽片作为接穗进行嫁接的方法。具有操作简单,接穗消耗少,嫁接时期长,成活率高,可以反复补接,接口愈合好的优点。因此在现代育苗上广泛应用。

芽接时期多在砧穗形成层细胞分裂旺盛,树液流动快,皮层易剥离时进行。华南地区3~10月均可进行,以秋季嫁接为多。常用的芽接方法有:"T"字形芽接、嵌芽接、盾片芽接等几种。

(1)"T"字形芽接

"T"字形芽接是目前园林植物及木本花卉种苗生产上应用最广的嫁接方法,也是操作简便、速度快、成活率高的一种方法。如图6-16。

"T"字形芽接法最好是在1年生的砧木上进行。砧木直径0.5~2.5cm。如砧木过老或过粗,会使树皮增厚老化,剥皮困难,影响嫁接速度和成活。具体操作方法如下:

图 6-16 "T"字形芽接

A. 削接穗 B. 三刀法接穗 C. 切砧木 D. 插接穗

砧木处理 根据嫁接高度，选砧木光滑处横切一刀，深达木质部，以刚到木质部为好。然后在横切口中间向下纵切一刀，长约 1cm，形成 T 字形切口，纵横切略有交叉以利皮层分离。用芽接刀尾的硬片挑开两侧皮层。

芽片的削取 左手顺拿接穗，右手拿嫁接刀在芽的上方约 0.5cm 处横切一刀，深达木质部，横切口超过半径以上。再在芽下约 1cm 处斜向下削一刀，均匀用力削至与芽上面的横切口相遇。然后用右手食、母指捏住芽的两侧，轻轻扳动将芽片取出。

或者用三刀取芽法，即在芽的上方约 0.5cm 处横切一刀后，再在芽两侧分别用刀尖划两条弧形切口，相交于芽下约 1cm 处，深达木质部，轻轻扳动芽片即可取出。

插芽及包扎 将芽片轻轻放入挑开的 T 形切口内，慢慢往下推压，使芽片的横切口与砧木的横切口对齐，不留间缝。用宽 2cm、长 20cm 的薄膜条自下向上缠缚，每圈重叠 1/3 左右，露芽不露芽均可。膜厚时宜露芽眼。不露芽包扎的，萌动前需解膜以利芽萌动生长。

(2) 嵌芽接

本法适用于枝梢具有棱角或沟纹的树种。如木质部较软的花木的嫁接，如玉兰(*Michelia alba*)、月季、杜鹃花、仙人掌、蜡梅等。具体操作方法如下：

削砧木 在嫁接高度选光滑面呈 35°～45°斜切入木质部，深度视接穗的大小而定，然后在切口上方 2cm 左右处向下斜削一刀，与第一刀相交，取出盾形片。

削接穗 削法似削砧木，削切大小相等或略小些。先在芽下方呈 35°～45°斜削一刀，过木质部，再在芽上方向下斜削一刀至第一切口，即得一长 1.5～1.8cm 的盾形芽片。

嵌合 将接穗盾形片嵌入砧木切口内，使两侧形成层对齐，如芽片偏小时，可一边对齐；如芽片过大，用刀削小后再放入。芽片上端的砧木微露白，再用薄膜条包扎密封好伤口即可。如图 6-17。

(3) 方块形芽接

也称贴片芽接，在砧、穗双方都容易剥离皮层的树种或时期应用较多。做法是从接穗上切取不带木质部的方形芽片，再在砧木上切开一个与芽片大小相同的方形切口，去掉皮层，将接穗芽片贴上包扎好即可。如图 6-18。

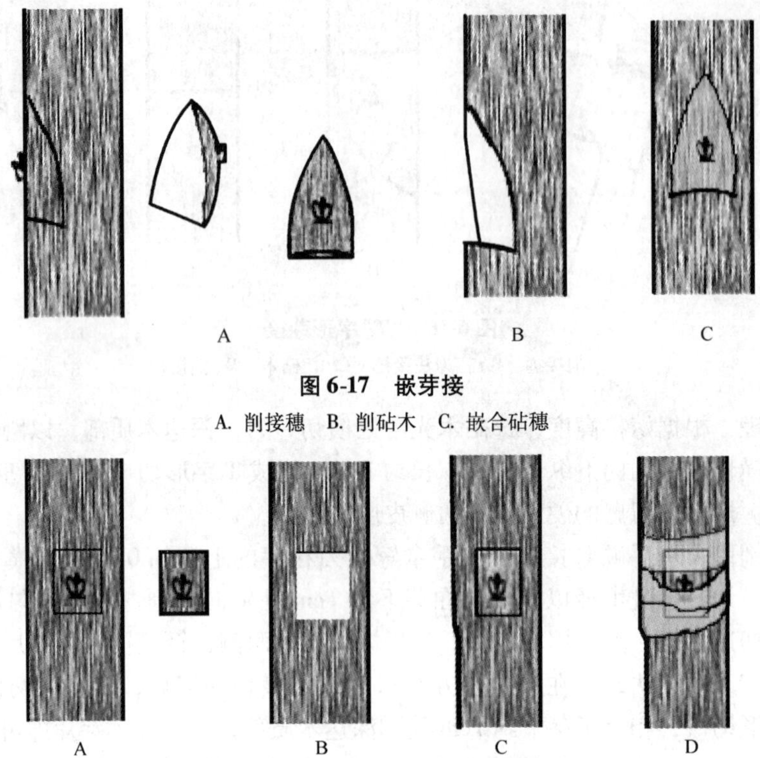

图 6-17 嵌芽接

A. 削接穗 B. 削砧木 C. 嵌合砧穗

图 6-18 方块形芽接

A. 取接芽、接芽 B. 砧木切接口 C. 贴合接芽 D. 包扎

6.2.2.3 根接法

根接法是以根段为砧木的一种嫁接方法。多在砧木缺乏，或园圃扩穴产生大量根段时使用本法。可根据嫁接时间的不同选用劈接、切接、腹接、插皮接等方法进行嫁接。注意接穗基部与根段上部相接，切勿颠倒极性。如果根段比接穗小，可将根段插入接穗，视接穗的大小倒接插入 1 ~ 2 个根段。具体做法与前面介绍相同。

接好后用薄膜条绑紧，放入假植苗床进行假植，注意床土不宜过干过湿，过干接口愈合不好，过湿会使接口腐烂。以土壤湿度为 7% ~ 9% 较适宜。若为地接，可直接选生长粗壮的根在平滑处剪断嫁接。如图 6-19。

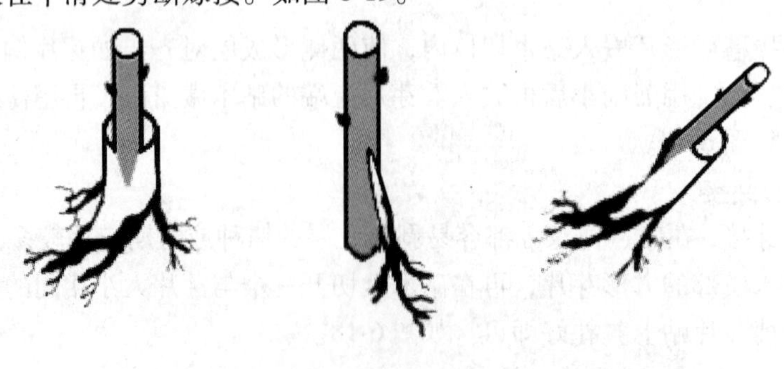

图 6-19 根 接

6.2.2.4 多肉多浆植物的嫁接方法

嫁接已成为多肉多浆植物繁殖的一个重要手段，占有相当大的比重。近年来，多肉多浆植物的嫁接发展很快。它的主要优点有：①生长快、长势旺。只要选择合适的砧木，嫁接的植株生长速度都比扦插或播种的植株生长快得多。如用量天尺(*Hylocereus undatus*)嫁接金琥(*Echinocactus grusonii*)球，生长速度快，株型也好，待砧木支持不住时可落地栽培。②促进接穗加速生长发育。有些多肉多浆植物的根系不发达，栽培中如以自根生长则非常迟缓。利用嫁接栽培可以明显地使植株生长健壮和促进开花。许多种类特别在籽苗时期生长缓慢，而且容易夭折，利用嫁接技术可以使播种发芽的幼苗生长速度惊人。籽苗经嫁接栽培一年的时间能达到自根生长几年也难以达到的效果。③临时急救名贵品种和繁殖特殊的园艺变种。当有些名贵多肉多浆植物的根部或茎基发生腐烂或有意外损伤时，栽培者可以把未伤的顶部作为接穗及时进行嫁接，这样可以使之被抢救而得以保存。部分多肉多浆植物的园艺变种具有红、黄、白等颜色而缺少绿色，这些变色品种虽很有观赏价值，但它们不能进行光合作用或进行光合作用时极受影响，从而生长受限，往往难以产生根系；因此，只能利用嫁接栽培，使其依靠绿色砧木的营养生长发育。另有些畸形变种也常以嫁接技术表现其特征，突出观赏价值。④可产生变异并表现出某些优良特性。嫁接植株由于砧穗互相影响，可能发生变异。强刺球属的种类嫁接在量天尺上则刺发育粗长，色泽艳丽，强刺的优良特性得到了充分发挥。

由于多肉多浆植物含水量高，易受病菌侵染腐烂，在嫁接前，要做好接穗、砧木、嫁接刀、镊子、棉线和消毒用的酒精等的准备工作。接穗宜选用 3 个月至 1 年生的植株，直径在 0.4cm 以上者为佳；采用植株切顶后孳生的仔球，切顶最好选择幼龄植株，这样出的仔球又多又快。接穗最好随取随用，放置太久球体会发生萎缩，萎缩时可放在清水中浸泡片刻，待吸满水后再进行嫁接。砧木的选择是嫁接成败的关键，砧木选择是否恰当，往往关系到成活率和接穗发育的好坏，良好的砧木应具备下列条件：繁殖容易，在短期内能生产出大量植株；生长良好，根系发达，适应性强；与接穗亲和力强，适应性广，嫁接成活后不会导致接穗变形；植株生长饱满，截面大，髓部小，维管束不易木质化，刺少，易操作。目前在嫁接中应用较多的砧木有：草球(*Echinopsis tubiflora*)、量天尺、叶仙人掌(*Pereskia aculeata*)等。

多肉多浆植物属于温室花卉，因此，在温室内嫁接一年四季均可，但在露地栽培时，一般以春季到初夏间嫁接最好，此时愈伤组织形成较快。夏季大多数仙人掌类植物处在休眠或半休眠状态，不易成活，秋季嫁接后适宜生长时间太短，极易受冻。嫁接一般以晴天为好，湿度太大切口易感染病菌而腐烂。大多数种类在温度达到 20 ~ 25℃ 时，嫁接成活率最高。多肉多浆植物的嫁接方法较多，以平接法、斜接法、劈接法和嵌接法等使用较多。

(1) 平接

此法简单方便，易于成活，适合在柱类和球形种类上应用。将砧木顶部和接穗基部分别削平，使接穗的基部平放于砧木的顶部，对准中心柱，并用棉线将接穗与砧木绑扎紧，待愈合成活后松绑。绝大部分多肉多浆植物均可采用，最常见的有绯牡丹(*Gymno-*

calycium mihanovichii)、黄雪晃(*Notocatus graessneri*)等。砧木常用量天尺等。从5~10月均可嫁接，嫁接愈合快，成活率高。

(2)劈接

此法主要是用在接穗为扁平形茎枝，如嫁接蟹爪兰(*Zygocactus truncatus*)、令箭荷花(*Nopalxochia ackermannii*)及昙花(*Epiphyllum oxypetalum*)等种类常用此法。所用砧木多为柱形及掌状仙人掌植物。先在砧木有维管束部位用刀劈开一适当裂口，再把扁平的接穗基部在大面斜削两侧，露出维管束，然后将接穗插入裂口，刀劈时深入到砧木中央髓部以保证接触砧木维管束。接穗楔插入砧木后，可用细竹针或仙人掌植物的长刺将二者插连固定。砧木为掌状种类时，也可以在切口两侧先垫纸，然后用不是过紧但有适当压力的竹夹或小型文具夹夹牢。

(3)嵌接

将砧木顶端切成"V"形缺口，将接穗下部削成"V"形缺口，把接穗嵌在砧木缺口处，然后用线绑缚牢固。对一些畸形变种特别是鸡冠形缀化品种的接穗，用平接的形式切取很不方便，改为嵌接不但接穗易切取，而且"V"形接口可以使二者的维管束接触密实牢固。嵌接所用砧木以柱形较为方便。

(4)斜接

当嫁接细柱形多肉多浆植物时，接穗不能切取过短，平接的办法通过顶部绑缚也甚感不便。砧木顶部平切，细柱形接穗下部斜削，将两切面扣接，使维管束接触，可以便于绑缚。如果砧木也较细，可以在砧木顶部斜切，然后使两个斜削面扣在一起，因为是斜削，二者的维管束接触机会可以增多。斜削的角度要得当，一般在35°~45°之间为宜。接穗砧木皆斜切者宜用针刺插连固定。

多肉多浆植物嫁接后未愈合的植株不应放在阳光直射的地方，应放在空气流通遮荫的场所，过度潮湿则易引起感染，过于干燥易使砧穗失水过多，因此最好把嫁接的植株放在封闭遮荫的小拱棚中。温度以20~25℃为宜。过高或过低对愈伤组织的迅速形成都不利。注意不要让水溅到切口上，松绑日期视接穗大小和气温而定，普通大小的接穗在25℃左右过4d就可以松绑。对于接穗截面较大的，一般需要10d左右才能拆线。拆线后切口无异常颜色，接穗饱满，接合处全部或大部分已经粘连，证明嫁接成功，可以向盆内浇水，但浇水时应尽量避开伤口处；并逐步增加光照。对于因切削掌握不好，或捆绑压力不够造成接穗和砧木看似愈合而未愈合的，可以重新嫁接。

6.2.2.5 茎尖嫁接

茎尖嫁接目前主要用于脱毒苗木的繁育，以及一些用其他方法嫁接难以成活的名贵花木的嫁接上，或在接穗稀少的情况下使用本法。它是用幼小的茎尖生长点作为接穗的一种嫁接方法。要求设备条件较高，育苗成本大。对克服一些毁灭性病害具有无法替代的作用，而且可以实行工厂化育苗，因此，茎尖嫁接是一种很有发展前途的嫁接方法。

从生产园或温室植株上采取1~3cm长的嫩梢，用解剖刀切下茎尖1cm左右梢段，经严格消毒后，在解剖镜下切取带有2~3个叶原基的茎尖，在无菌条件下取出15d苗龄的试管苗作砧木，留1.5cm长的砧木的茎后剪顶。在剪口下侧边切一倒T形口，再横切一刀，竖切两平行刀，深达形成层，挑去三刀间的皮层，将切好的茎尖放入砧木切口，最后将嫁接苗置于试管培养基中，于强光下培养。

6.2.3 影响嫁接成活的因素

嫁接成活率高是利用嫁接方法繁育花卉种苗的前提。除了要求砧木与接穗生长良好、新鲜充实外，嫁接成活率的高低还受砧穗亲和力、环境条件及嫁接技术、极性等因素的影响。

6.2.3.1 砧穗亲和力

亲和力是指砧木与接穗经嫁接而能愈合生长的能力。一般情况下，亲缘越近的植物，其组织结构、遗传特性和生理生化过程就愈接近，亲和力就愈强。亲缘愈远的植物，其组织结构、生理生化过程的差异就愈大，亲和力就越小。如同种或同品种间的亲和力强，同属异种间的亲和力相对较差，属间或科间的亲和力更差。但少部分花木树种属间也有亲和力较好的。如芸香科枳属中的枳砧嫁接芸香科柑橘属中的代代就表现出良好的亲和性。

6.2.3.2 嫁接的环境条件

(1) 温度

温度是影响嫁接成活的重要因子之一。不同植物愈伤组织对温度的要求不同。但大多数树种形成层活动的最适温度在 20 ~ 28℃。温度过高过低都会影响形成层的活动，抑制愈伤组织的形成。如 2000 年 4 月在白兰嫁接试验中，分别在日气温最低 17℃，最高 29℃和最低 19℃，最高 33℃的两天各嫁接 100 株；第一次接后连续 7d 最高温度在 30℃以下；第二次接后连续 3d 最高温度在 33℃以上。结果第一次的成活率达 83%，而第二次仅为 15%。足见温度对成活的影响。据此，应该选择温度适宜的时期或季节进行嫁接。

(2) 土壤水分及接口湿度

在温度适宜的情况下，土壤含水量的多少直接影响到砧木的生理活动。土壤含水量适宜时，砧木形成层分生细胞活跃，愈伤组织形成快，砧穗输导组织易连通。土壤干旱缺水时，砧木形成层活动滞缓，不利愈伤组织形成。土壤水分过多，则会引起根系缺氧而降低分生组织的愈伤能力。同时易使剪口渍水，出现浸泡接口的现象，降低成活率。根据多年的经验，若在连续降雨或暴雨过后 1 ~2d 内嫁接时砧木会立即溢出水滴，或接后溢出沿砧木下流，接穗受浸泡很快发黑而死亡，成活率极低。

接口湿度对砧穗的愈合也有较大的影响。若接后几天接口膜内出现小水珠，表明湿度适宜，此时膜内相对湿度在 90% ~100%，处在形成愈伤组织所需的饱和湿度内，成活率高。如膜内无水珠出现，表明湿度过小，接穗易失水，愈伤组织形成慢而降低成活率。若有水从膜内沿砧木渗出，表示接口内湿度过大，成活率降低。因此凭接口膜内的水珠情况就可判断接口的湿度和成活率。秋季嫁接时薄膜有时易被蚂蚁咬破，接穗失水干枯而死亡。因此注意喷药防治蚂蚁危害，是确保成活的有效方法。

(3)光照

在黑暗条件下，能促进愈伤组织的生长。直射光明显抑制愈伤组织的形成，主要是生长素被阳光破坏，另外直射光造成蒸发量增大，接穗容易失去水分枯萎。嫁接初期要适当遮荫保湿，有利嫁接愈合成活。

6.2.3.3 植物极性

愈伤组织的形成具有明显的极性。愈伤组织最初总是在形态基部发生，这种特性称为垂直极性。因此，常规嫁接时，应将接穗的形态基部与砧木的形态顶端部分相接，这种异极嫁接的极性关系才能有利于接口的永久愈合成活，砧穗才能进行正常生长和发育，但根接时，接穗的基部应插入根砧的基部。

6.2.3.4 嫁接技术

嫁接技术是嫁接成活的重要条件。嫁接技术主要包括嫁接刀的准备、砧木与接穗的削面平滑和干净、形成层对齐密合、包扎严密、操作速度快等。砧木与接穗削面粗糙起毛，形成层错位，包扎松散漏气时，成活就低。尤其是含酚类物质较多的树种，如果操作速度较慢，削面上很快氧化成不溶性化合物，从而在结合面之间形成隔离层，阻碍砧木与接穗双方的物质交流和愈合，使嫁接失败。所以嫁接技术熟练也是嫁接成功的关键。

6.2.3.5 嫁接时期

露地苗圃嫁接受季节的影响很大，生产上多在春季和秋季(初秋)进行。南方尽管提出周年嫁接，但成活仍以春秋两季最高。而秋季嫁接时除碧桃(*Prunus persica* f. *duplex*)、红叶李(*Prunus cerasifera* f. *atropurpurea*)等少数生长较快的可在翌春达标出圃外，大多数树种不能达标出圃，因此嫁接主要在春季进行。春接时用上一年的老熟枝条做接穗，组织充实，温度、湿度适宜，形成层分裂旺盛，愈伤组织形成快，成活率高。南方夏季温度较高，成活率较低。秋季温度较适宜，在水分保证的情况下成活率也较高。

另外，砧木的健壮状况及接穗的组织充实程度对嫁接成活有重要的影响。

6.2.4 嫁接后管理

6.2.4.1 挑膜及补接

一般接后15~20d，即可看出接芽是否成活，如接芽新鲜，芽眼有萌动迹象，或砧穗形成层处有愈伤组织形成，表明已经成活，这时对采用厚膜包扎且不露芽的接苗，用刀尖在芽眼处轻轻挑一小孔，以利接芽穿膜而出。同时对不成活的砧苗及时进行补接，以免延误嫁接时期，影响成活。

6.2.4.2 解绑

关于解绑时间，很多书籍都提出嫁接成活后15~20d即可解绑。根据经验，解绑过早时，接口尚未完全愈合完好，解绑后经风受雨，愈伤组织形成慢，输导组织也还没有很好连通，水分、养分运输受阻，易造成接芽中途死亡，即使成活，也是黄化弱小之苗。若解绑过迟，砧穗过度增粗，薄膜勒陷入皮层内，阻断输导组织，引起接口肿大，形成黄化劣质苗。因此必须注意解绑时间，最好在接穗有 1 ~2 次梢充分老熟时进行解绑。用嫁接刀或锋利的枝剪刀尖在接穗对面的砧木上，对绑膜轻轻纵切一刀，割断薄膜即可。

但对芽接法解绑可适当提前，在接后 30 ~40d，看见芽片四周形成层愈合后即可解绑，否则会影响接芽的萌发。

6.2.4.3 剪砧

芽接法在萌动解绑后应及时剪砧，以使养分、水分集中供应接芽，促进接芽萌发生长。剪砧可一次性剪除或分两次剪除，一次性剪除是在接芽上方 1 ~2cm 处将砧木剪断；分两次剪除的做法是先在距接芽较远的地方剪断顶上砧木，留下一段较长的砧桩，用以绑缚固定幼小的接苗，待接苗长大增粗以后再在接芽上方 1 ~2cm 处剪断砧木。

6.2.4.4 除萌

在花卉嫁接生产中，有时砧芽萌发过多，会影响接穗芽的生长，造成嫁接成活率降低。嫁接以后要及时将砧木上萌生的砧芽抹除，以使养分、水分集中供应接穗，加速伤口愈合和接芽生长。不同树种砧芽萌生的速度和数量不一样，因此除萌是一项经常性的工作，对于一些易萌砧芽的花卉，一般接后每隔 10 ~15d 抹除一次，直至接芽生长健壮，无砧芽生长为止。

6.2.4.5 肥水管理

嫁接后遇干旱要及时淋水保湿，淋水时注意不要让水喷洒到接口上，否则影响成活。遇大雨要及时疏沟排水，而且最好能搭架覆膜。经验证明，接后 5 ~7d 内遇大雨或连阴雨时，会使成活率大大降低。

嫁接后由于行间裸露，杂草滋生快，要经常拔除杂草，并结合中耕施肥，以促进嫁接苗的生长。培养整形苗时按树形要求摘顶促分枝，选留好骨架枝后剪除多余枝梢，或趁枝梢幼嫩柔软，整成所需观赏造型。期间注意防治病虫害，确保苗木健康生长。

6.2.5 可用嫁接繁殖的花卉

6.2.5.1 草本花卉

有时为加速珍稀品种的繁殖，或艺术造型的需要，草本花卉亦可嫁接。草本花卉嫁接时期，宜选择植株生长旺盛、温暖的春季，在阴天无风时进行。温度太低或过高，都会影响成活。适宜的嫁接期，可减少接穗蒸腾失水，维持砧、穗水分平衡，促进愈伤组织的形成。因草本植物细胞柔嫩，含水量多，对环境敏感，草本花卉用嫁接繁殖的种类并不多，常见的有菊花等。

菊花(*Dendranthema morifolium*)是菊科菊属多年生草本宿根花卉，常用扦插、分株、嫁接及组织培养等方法繁殖。扦插繁育过程中，易出现变异、退化等不良现象。采用蒿作砧木嫁接菊花，培育的菊花既保持了原有品种的特性，又解决了常规扦插成活率低的问题，并且利用嫁接可以做成"什样锦"或大立菊。菊花与黄蒿(*Artemisia annua*)同属菊科，两者亲和能力较强，嫁接成活率较高。最好选嫩枝，且砧、穗老嫩基本一致，有益于愈伤组织的形成，提高成活率。

秋末采蒿种，冬季在温室播种，或3月间在温床育苗，4月下旬苗高3～4cm时移于盆中或田间，5～6月间在晴天进行嫁接。砧木需选择鲜嫩的植株，若砧木已露白，表示过老，不易成活，即使成活，生长也不理想。嫁接前两三天对砧木和接穗母株浇一次透水，增加接穗和砧木含水量。嫁接前一两个小时对砧木、接穗母株进行喷水，使母株不至于在嫁接过程中因太阳暴晒发生生理萎蔫，但应注意叶面上的水分全部蒸发后再开始嫁接。

菊花嫁接采用劈接法，砧木粗度达3～4 mm或略大于接穗。接穗随采随接，不要一次采得过多，以免失水影响成活；选无病虫、健壮5～7cm长的菊苗顶梢作为接穗，去掉下部较大叶片，顶端留两三片叶。用双面刀片将接穗削成1.5cm长的楔形，削好后放清水中或含在口中；将砧木茎干在适当位置剪去顶部，于横切面纵切一刀，深度略长于接穗削面；将削好的接穗迅速插入砧木切口，使砧、穗密接吻合，两者形成层要对齐；接穗嵌好后，用薄膜将嫁接口严密包扎牢固，同时把接穗顶端断口封好，防止水分蒸发；套袋，为减少接穗水分蒸发，嫁接完成后，用塑料袋将嫁接部位套住或将全株罩住，防止风吹凋萎。草本花卉嫁接，技术要熟练，操作要快。

菊花嫁接后管理的关键是遮阳保湿，防止凋萎。搭棚遮光，防止暴晒、风吹，喷水维持空气湿润。接后7～8d无萎蔫现象，说明基本成活，15～20d愈合牢固，可解膜和除袋，50d左右逐渐拆除阴棚。嫁接成活一段时间后，要及时解除绑缚。

目前我国菊花的生产规模逐步扩大，出口不断增加，尤其是对日本等近邻亚洲国家的出口不断增加。2005年，由海南东方光华现代农业开发有限公司生产的首批6万枝鲜切菊花空运至日本并顺利通过日方严格的检验检疫，成功进入日本市场以来，菊花出口呈现良好的发展势头。2006年该公司菊花出口600万枝，创汇134万美元；2007年菊花出口1055万枝，创汇174.4万美元，与2006年同期分别增加76.8％，30.1％，为企业创造了可观的经济和社会效益；2007年海交会前后签订了1200多万枝鲜切菊花出口订单，金额达2000万元，目前已成为中国出口鲜切菊花最多的企业，菊花种植面积将达到600亩，按每亩产菊3万多枝计算，预计2008年可出口鲜切菊花约1600万枝。其他企业和组织如北京信采种养殖有限公司、北京合众力源农业高科技有限公司和厦门琴鹭鲜花专业合作社等在菊花的生产和出口中也取得了很好的业绩。

6.2.5.2 木本花卉

花木种类不同采用的砧木也不同。如月季可用各种蔷薇(*Rosa multiflora*)作砧木；碧桃或各种桃花可用寿星桃(*Prunus persica* f. *densa*)、山桃、毛桃作砧木；桂花可用女贞作砧木；梅花(*Prunus mume*)可用桃(*Prunus persica*)、杏(*Prunus salicina*)作砧木；西洋杜鹃可用毛杜鹃(*Rhododendron pulchrum*)作砧木；樱花(*Prunus serrulata*)可用毛樱桃(*Prunus tomentosa*)作砧木；白兰花可用木兰作砧木；山茶花可用野山茶作砧木；蜡梅可用狗牙蜡梅作砧木；木瓜(*Chaenomeles sinensis*)可用贴梗海棠(*Chaenomeles speciosa*)作砧木。嫁接时间一般以早春顶芽刚开始萌动时为好。

(1)梅花

蔷薇科李属落叶乔木，少有灌木。梅的繁殖方法，最常用的是嫁接，扦插、压条次之，播种又次之。作为梅的砧木，南方多用梅或桃，北方常用杏、山杏或山桃。杏与山杏都是梅的优良砧木，嫁接的成活率也高，且耐寒力强。梅共砧表现良好，尤其用老果梅树蔸作砧木，嫁接成古梅桩景，更为相宜。通常用切接、劈接、舌接、腹接或靠接，于春季砧木萌动后进行；腹接还可在秋天进行。也可以利用冬闲，用不带土的砧苗在室内进行舌接，然后沙藏或出栽。至于靠接，多以果梅老蔸与梅花幼树相接，时期春、秋俱宜。

多于6~9月进行，常用“T”字形芽接法。枝接用直径1cm粗的山桃、毛桃或杏苗作为砧木，春季3~4月间嫁接。这时特别要注意新接活的苗须防止阳光直晒。

(2)月季(*Rosa chinensis*)

蔷薇科蔷薇属常绿或落叶灌木，嫁接繁殖主要用于扦插不易生根的月季种类和品种，如大花月季、杂种茶香月季中的大部分种类。

月季的嫁接首先必须要选择适宜的嫁接砧木。现在通常所用的砧木为蔷薇及其变种，如‘粉团’蔷薇、‘曼尼蒂’月季、荷兰玫瑰及日本无刺蔷薇等。这些蔷薇种类根系发达、抗寒、抗旱，对于所接品种具有较强的亲和力、遗传性较稳定。选择开花后从顶部向下数第一或第二枚具有5小叶的腋芽作接穗，腋芽一定要饱满充实。剪掉叶片及梢端发育不充实的腋芽后，置于阴凉处备用，随采随接。

按照月季的生长习性及生长规律，在一年中任何时期均可进行嫁接，但在温度较高时会影响成活率，当气温达到33℃以上时嫁接的成活率相对降低；也可利用冬季休眠期进行嫁接，冬季低于5℃、砧木处于休眠状态时嫁接也适宜。目前生产实际采用的嫁接方法有嵌芽接、“T”字形芽接和方块形芽接。

月季是中国传统名花，在我国具有悠久历史，深受人们的喜爱。我国已建立几个较大月季生产基地，如河南省卧龙区石桥镇，该基地从新品种培育、新技术创新应用入手，积极推进月季标准化生产，制定了具有国际先进水平的企业标准《月季种苗质量标准》《田间管理制度》《种苗溯源制度》《疫情检测制度》等制度，对月季种苗的生产、销售进行全面的标准化管理(表6-3)。在2004年，南阳月季开始出口荷兰、日本、德国、英国、加拿大等国家，作为母本，嫁接玫瑰，出口59批497.87万株，累计创汇172.8万美元。南阳目前拥有中国最大的月季种苗繁育基地(南阳金鹏月季有限公司)，现种植规模3000余亩，精优品种600多个；年产树状月季、大花月季、藤本月季、地被月季、丰花月季、微型月季及玫瑰切花等各类月季种苗3000万株以上。

表 6-3 月季嫁接苗的质量要求和规格

评价项目	等级		
	一级	二级	三级
1. 砧木基径(cm)	≥0.8	≥0.6	≥0.4
2. 接枝基径(cm)	≥0.5	≥0.4	≥0.3
3. 接穗位高(cm)		5~10	
4. 接枝长(cm)	≥15	≥10	≥8
5. 接枝茎节数(个)		≥3	
6. 叶片数(片)		≥4	
7. 根系状况	绝大多数根的长度超过6cm，根系丰满，匀称，新鲜，色泽正常，无黑根、病根和黄褐根，无变异、畸形或缺损	绝大多数根的长度超过5cm，根系较丰满，匀称，新鲜，色泽正常，无黑根、病根和黄褐根，无变异、畸形，有少许缺损	绝大多数根的长度超过4cm，根系较丰满，匀称，无黑根和病根，偶有黄褐根，无变异、畸形，有少许缺损
8. 整体感	生长旺盛，新鲜程度好，茎秆粗壮挺拔，色泽正常，无畸形、药害、肥害和机械损伤	生长旺盛，新鲜程度好，茎秆粗壮挺拔，色泽正常，无畸形、药害、肥害，稍有机械损伤	生长正常，新鲜程度稍差，茎秆挺拔，色泽稍淡，无药害、肥害，稍有机械损伤
9. 病虫害	无病害的症状表现及病虫害损伤现象；未检测出质量要求所规定的病虫害	无病害的症状表现及病虫害损伤现象；未检测出质量要求所规定的病虫害	稍有病害的症状表现及病虫害损伤现象
10. 变异率	≤1%	≤3%	≤5%
11. 混杂率	≤1%	≤2%	≤3%
备注	月季嫁接苗具有嫁接的痕迹与已愈合的接口，同时有接芽1~2个。无叶片的苗木，以茎节数代替		

注：引自云南省“鲜切花种苗和种球质量等级”(DB53/T 107—2003)

(3)蜡梅(*Chimonanthus praecoxi*)

蜡梅科蜡梅属落叶灌木，常用播种、分株、压条、嫁接等方法进行繁殖。嫁接是蜡梅主要的繁殖方法，一般用于繁殖优良品种。砧木用狗蝇蜡梅的分株苗或品种较差的实生苗。常用方法有切接、靠接和腹接。

蜡梅切接所用砧木为2~4年生的蜡梅实生苗或狗牙蜡梅，接穗为优良品种的1~2年生枝条。在接前1个月要在母树上选好粗壮且较长的接穗枝，并截去顶梢，使养分集中，有利于嫁接成活。蜡梅切接的最适时间为春季芽萌动有麦粒大小时，这个时间很短，只有1周左右，错过这个时间就很难嫁接成活。如果来不及切接，可将选好的接穗枝上的芽摘去使其另发新芽，或将接穗提前采下用湿沙贮藏，这样既可延长嫁接时间，又不影响嫁接成活率。

靠接在春、夏、秋三季都可以，以5~6月效果最好。腹接时间宜在6~9月，6~7月最适。

(4)白兰花(*Michdia alba*)

木兰科含笑属常绿乔木。白兰花的繁殖较其他花困难，一方面由于气候等因素，白兰花在我国不结果，所以无法采用播种法；另一方面，繁殖能力弱，枝条不易发生不定根，所以也无法采用扦插法。通常白兰花的繁殖采用嫁接和压条法。嫁接可用靠接和多芽平面腹接等方法。靠接，可在2～3月，选择株干粗0.6cm左右的紫玉兰作砧木上盆，到4～9月间进行靠接，尤以5～6月为宜。接后约50d，嫁接部位愈合，即可将其与母株切离。新植株应先放在有遮蔽的地方，傍晚揭开遮盖物。要注意防风，以免在接处折断。

多芽平面腹接，选多年生白兰花实生苗为砧木，在基部距地面10～20cm处自上而下削长度为2～5cm的皮，露出形成层，不伤木质部，并保留适当长度的削皮；选1年生生长势良好的含2个以上饱满芽、长度7～12cm的白兰花枝条作接穗，削成正反两个削面，正削面平削，削皮长度为2～5cm，露出形成层，不伤木质部，反面斜削0.5cm；将接穗的正削面紧贴砧木削面，对准形成层，接穗反削面则紧靠砧木削皮，以砧木削皮复于其上，并绑扎；用薄膜将砧木及接穗结合的接口完全封闭；于嫁接后15～20d检查成活率，未成活的及时补接；于嫁接后2个月左右进行第一次剪砧，剪去距接口20～30cm以上的砧木；于嫁接经过一个生长季后进行第二剪砧，剪去接口以上的全部砧木。

(5)碧桃(*Prunus persica* f. *duplex*)

蔷薇科李属落叶观花小乔木。可用播种、嫁接方法来繁殖，一般多采用嫁接方法来繁殖。在嫁接中，又常采用芽接方法，因芽接容易成活。

芽接可在7～9月间进行，以8月中旬～9月上旬为最佳时间。砧木一般采用1年生毛桃实生苗，也可用杏、梅1年生实生苗，作“T”字形芽接。一般嫁接苗3年就能开花。

(6)‘美人梅’(*Prunus mume* ‘Beauty Mei’)

蔷薇科杏属落叶小乔木。是由重瓣粉型梅花与红叶李杂交而成的园艺杂交种。一般采用嫁接法。在晚秋落叶后或早春萌芽前进行嫁接，砧木可采用毛桃或杏及梅实生苗。

在早春多用劈接法。芽接多在生长季节或秋季进行。

(7)山茶(*Camellia japonica*)

山茶科山茶属灌木或小乔木。大多采用嫁接法和扦插法。嫁接繁殖又有两种方法：一种是嫩枝劈接；一种是靠接。

嫩枝劈接：此法可充分利用繁殖材料，且生长较迅速。常选用单瓣山茶花和油茶(*Camellia oleifera*)作砧木，前者亲和力强，后者则存在后期不亲和现象。种子播于沙床后约经2个月生长，幼苗高达4～6cm，即可挖取用劈接法进行嫁接。选择生长良好的半木质化枝条，从下至上1芽1叶，一个一个地削取。充分利用节间的长度，将接穗削成正楔形，放入湿毛巾中。挖取砧木芽苗时，在芽苗子叶上方1～1.5cm处剪断，使其总长为6～7cm，再顺子叶合缝线将茎纵劈一刀，深度与接穗所削的斜面一致，将楔形接穗插入砧木裂口，使两者形成层对准，再用塑料布长条自下而上缠紧，用绳扎牢。然后将接好的苗种植于苗床中。种植后的苗床要搭塑料棚保温，上盖双层帘子。一般10～

15d 开始愈合，20～25d 可在夜间揭开薄膜，使其通气。其后逐步加强通风，适当增加光照，至新芽萌动以后，全部揭去薄膜。只要管理精细，当年就可长出 3～4 片新叶。

(8)杧果(*Mangifera indica*)

漆树科杧果属常绿乔木。植株高大，嫩叶具有各种美丽的颜色，果形别致，是美化庭园和绿化道路的理想树种。可用播种和方形芽接法繁殖。方形芽接的方法是：先在砧木上切开宽 0.8～1.2cm、长 3～4cm 的芽接位，再削取接穗，除去木质部，削成比芽接位稍小的长方形薄片，迅速地置于芽接位中，立即用塑料薄膜带绑牢。芽接后 20～30d 可以解绑，经 2～3d，如芽片保持原状，并紧贴其上，说明已成活，即可在其上方 2cm 处剪断砧木，进行定植，或仍留在苗圃，待其抽梢后出圃。

(9)金柑(*Fortunella margarita*)

芸香科金柑属常绿灌木或小乔木。金柑枝叶茂密，树枝秀雅；花白如玉，芳香远溢；灿灿金果，玲珑娇小，色艳味甘，是我国传统观果盆栽珍种。常用嫁接繁殖。砧木用枸橘、酸橙或播种的实生苗。嫁接方法有枝接、芽接和靠接。枝接，在春季 3～4 月中用切接法。芽接在 6～9 月进行，盆栽常用靠接法，在 6 月进行。砧木要提前一年盆栽，也可地栽砧木。嫁接成活后的翌年萌芽前可移植，要多带宿土。

(10)桂花(*Osmanthus fragrans*)

木犀科木犀属常绿阔叶乔木。嫁接是繁殖桂花苗木最常用的方法。主要用靠接和切接。嫁接砧木多用女贞(*Ligustrum lucidum*)、小叶女贞(*L. quithoui*)、水蜡(*L. obtusifolium*)、流苏树(*Chionanthus retusus*)和白蜡(*Fraxinus chinensis*)等。实践表明，女贞砧木嫁接成活率高，初期生长也快，但亲和力差，接口愈合不好，风吹容易断离；小叶女贞、水蜡等砧木，嫁接成活率高，亲和力初期表现良好，但后期却不够协调，会形成上粗下细的“小脚”现象；流苏树和白蜡等砧木，亲和力初期也表现良好，但后期仍不够协调，常形成上细下粗的“大脚”现象。今后应注意培养桂花的实生苗，进行本砧嫁接，以解决亲和力差的问题。当前，桂花砧木仍以女贞和小叶女贞等应用较为广泛。如能适当深栽砧木，促使埋入地下的接穗部分本身长出根系，那么，砧木与接穗之间的不亲和问题也可以得到某种程度的缓解。

(11)杜鹃花(*Rhododendron simsii*)

杜鹃花科杜鹃花属植物。杜鹃的类型较多，常绿杜鹃目前都采用播种繁殖，落叶杜鹃则可用扦插、嫁接及播种繁殖。在繁殖西鹃时较多采用嫁接繁殖。其优点是接穗只需要一段嫩梢；嫩梢随时可接，不受限制；可将几个品种嫁接在同一株上，比扦插长得快，成活率高。

常采用嫩枝劈接法，最适宜在 5～6 月进行。选 2 年生的独干毛鹃，新梢与接穗粗细相仿。在西鹃母株上，剪取 3～4cm 的长嫩梢，去掉下部叶片，留顶端 3～4 片小叶，将基部削成楔形。在毛鹃当年新梢 2～3cm 处截断，摘除该段叶片，纵切 1cm，插入接穗，对齐皮层，用塑料带绑缚，接口处连同接穗套入塑料袋中，扎紧袋口。置荫棚下，忌阳光直射。注意袋中有无水珠，如果没有可解开喷湿接穗，重新扎紧。接穗 7d 不萎蔫即可能成活，2 个月后去袋，次春解开绑扎。

(12)扶桑(*Hibiscus rosa-sinensis*)

锦葵科木槿属常绿灌木。嫁接也是繁殖扶桑常用的方法之一。此法多用于扦插不易成活的珍贵品种，采用此法还可以嫁接成开出不同颜色花朵的植株。嫁接扶桑的时间，选在生长旺季，以春季最佳，成活后当年生长期长，植株可得到充分生长发育。在温室条件下，嫁接繁殖四季均可进行。嫁接时事先考虑接穗、砧木两者的生长势、分枝规律、节间长短、花期早晚等是否近似或一致。若多品种嫁接在一起，还应考虑花形、花色是否搭配合理和鲜艳美观。

嫁接方法可用切接、劈接及靠接。一般多用简单易行的劈接法。

6.2.5.3 多肉多浆植物

(1)蟹爪兰(*Zygocactus truncactus*)

又称"蟹爪莲"，是仙人掌科多年生肉质植物。形态美，花色鲜艳，具有较高的观赏价值，花期从12月至翌年3月。蟹爪兰用嫁接繁殖，成型快，开花早，砧木可用三角柱或仙人掌。用三角柱作砧木成活率高，但不耐低温。用仙人掌作砧木，蟹爪兰生长迅速，开花早，抗病、抗旱、抗倒伏性能强，并能耐较低的温度。由于蟹爪兰茎节扁平，一般采用劈接法嫁接。在培育好的仙人掌上端平削一刀，然后在平面上顺维管束位置向下切一插口。选择3~6节长势旺盛的蟹爪兰，把接穗削成鸭嘴形。将削好的接穗插入砧木中，要插到切口的底部。用仙人掌刺或针将接穗固定在仙人掌上，不让其滑出。嫁接后要把嫁接苗放在有散射光的阴凉处，接后1周内不要浇水，过10d左右，接穗鲜亮，可视为成活。这时可适当浇点水，并逐渐增加光照。砧木上长出的蘖芽应及时去掉，否则接穗不易成活。

嫁接时要注意：嫁接时间一般在春秋两季，春季最好。由于仙人掌、蟹爪兰都是肉质茎，因此切削刀一定要锋利。一般用手术刀、单面刀片和剃须刀，刀具事先要消毒。蟹爪兰的维管束和砧木的维管束要对准。仙人掌的维管束一般不在中间，因此在向下切仙人掌时应稍偏离中心，以保证切在维管束的位置上。蟹爪兰的维管束在中间，削时一定要对准，使得维管束露出。

(2)令箭荷花(*Nopalxochia ackermannii*)

别名荷令箭、红孔雀、荷花令箭，仙人掌科令箭荷花属多年生肉质草本植物，一般采用扦插繁殖或嫁接繁殖。嫁接时间最好在5~8月。采用令箭荷花当年的嫩茎6~8cm作接穗，以仙人掌作砧木，晴天时进行。在仙人掌的顶部深切一个1cm的口，用刀将接穗削成楔形，顶部的楔形裂口不能开在正中，应靠在一边，这样才能使接穗和砧木的维管束接触，在两者切口均未干时，将接穗接在砧木上，并用竹针将两者固定。接后放置阴处，接活后方能见光。一周后嫁接处组织愈合，愈合后抽出竹针。在嫁接中，砧木和接穗都要用利刀切削，使接触面平滑干净。在梅雨季节或切削腐烂病株的接穗，每次切削前嫁接刀要用酒精消毒，以免感染。接好的令箭荷花每生长一个茎节，就剪去上半部，留下7~10cm的茎节，这样会促其经常孕蕾开花。

(3)绯牡丹(*Gymnocalycium mihanovichii* var. *friedrichii*)

别名红牡丹、红球，仙人掌科多年生肉质草本，植株呈扁球形，主要用嫁接繁殖。

由于球体没有叶绿素，必须用绿色的量天尺、仙人球、叶仙人掌等作砧木，以用量天尺效果最佳。用量天尺作嫁接的砧木，具有操作简便、愈合率高的优点，但不太耐寒，在北方地区，没有温室越冬，容易冻死。嫁接时间以春季或初夏为好，愈合快、成活率高。选择晴天，从绯牡丹母球上选健壮、无病虫害、直径为1cm左右的子球剥下作切穗。用消毒刀片，先将砧木顶部一刀削平，然后把子球球心，对准砧木中心柱，使其紧紧密接，再用细线从接穗顶心至盆底按不同角度绕3～4圈扎牢，松紧要适度，过松过紧都不易成活。因绕线时，子球易滑动，可用仙人掌的刺扎入子球内，将子球固定在砧木上，再绕线扎牢。约经半个月，如接口正常，即已成活。如接口发黑或出现裂缝，应将子球取下，再重行嫁接，一般接后两个月左右便可成活供观赏。

(4)鼠尾掌(*Aporocactus flagelliformis*)

又名金纽，是仙人掌科鼠尾掌属多浆植物。多用扦插繁殖，也可嫁接。通过嫁接，可长成良好的悬垂株形。

嫁接多在春夏或初夏进行。砧木可选用茎节较长的仙桃、马氏蛇鞭柱、三棱箭、直立柱状仙人掌如梨果仙人掌、大花蛇鞭柱等，一株砧木上可以同时嫁接3～4接穗。取鼠尾掌顶端变态茎10cm作接穗。选用叶仙人掌没有完全木质化的分枝，从分枝2～3cm处剪断，并将其削成长约1cm的圆锥形，把一根幼嫩、呈绿色的鼠尾掌基部插于砧木削尖处。接后注意遮荫和控制浇水，湿度不易过大，否则造成嫁接失败。十余天后接穗仍保持鲜绿即成活。解除绑扎物，然后进入正常管理。

(5)金琥(*Echinocactus grusonii*)

仙人掌科金琥属植物。繁殖以播种为主，也可扦插、嫁接。如种子缺乏，可在生长季节切除球顶部生长点，促其生子球，待其长到0.8～1cm大小时，切下进行扦插或嫁接。嫁接砧木宜用较长而粗壮的量天尺作砧木。嫁接后放在半封闭式的高湿条件下培养。嫁接的小金琥1年可长到直径4～5cm，2～3年可达到直径10cm以上。当金琥生长很大而砧木不能支持时，可将其切下扦插。切球体时，宜连带一小段砧木(3～5cm)，这样扦插更容易生根。

6.3 压条苗生产

压条繁殖是花卉植物无性繁殖的一种，是将母株上的枝条或茎蔓埋压土中，或在树上将欲压的部分的枝条基部，经适当处理后包埋于生根介质中，使之生根后再从母株割离成为独立、完整的新植株。多用于一些茎节和节间容易发根或一些扦插不容易发根的木本花卉植物。

压条繁殖由于枝条木质部仍与母株相连，可以不断得到水分和矿质营养，枝条不会因失水而干枯，因此压条繁殖的成活率高，成苗快，可用来繁殖其他方法不易繁殖的种类，且能保持原有品种的优良特性；缺点是位置固定，不能移动，且受母树枝条来源限制，短时期内不易大量繁殖，不适于大量繁殖苗木的需要。在花卉中，仅用于一些木本花卉。

压条时间因植物种类而异，一般常绿树种以梅雨季节初期为宜，此时气温合适，雨水充足，并有较长的生长时期以满足压条的伤口愈合，发根和成长。落叶花木压条适期以冬季休眠期末期至早春刚开始萌动生长时进行为宜，因为这段时期枝条发育成熟而未发芽，枝条积存养分较多，压条容易生根。压条藤本花木多以春分和梅雨初期进行。无论常绿还是落叶花木树种，压条时间均不宜太迟，因施行刻伤、环割等措施，在树液流动旺盛期进行，将会影响伤口愈合不利生根。如松柏类植物不宜于早春或晚秋进行压条，因割伤皮层会有大量树脂流出，也影响伤口愈合妨碍生根。

6.3.1 压条的前处理

除了一些很容易发生不定根的种类，如紫藤（*Wisteria sinensis*）、长春藤（*Hedera nepalensis* var. *sinensis*）等，不需要进行压条前处理外，大多数花卉植物为了促进压条繁殖的生根，压条前一般在芽或枝的下方发根部分进行创伤处理后将处理部分埋压于基质中或包裹上生根基质。这种促进生根的创伤处理，称做压条的前处理。压条的前处理主要有机械伤（环割、环剥、绞缢、刻伤）、生长调节剂等处理，包括高枝压条用的生根基质、包裹材料等准备。前处理的主要作用：①将顶部叶片和枝端生长枝合成的有机物质和生长素等向下输送的通道切断，使这些物质积累在处理口上端，形成一个相对高浓度区；②创造伤口，产生愈伤组织，促进诱发不定根；③由于其木质部又与母株相连，所以继续得到源源不断的水分和矿物质营养的供给。再加上埋压造成的黄化处理，使切口处像扦插生根一样，产生不定根。

(1)机械处理

机械处理主要有环剥、刻伤等。环剥是压条繁殖前处理最常用的方法，诱导不定根的效果最好。一般环剥是在要进行压条枝条节、芽的下部剥去约枝条直径1/2宽的树皮，保证伤口在生根前不会愈合。对于不定根易产生的花木压条繁殖，可采用绞缢、环割、刻伤等方法，绞缢是用金属丝在枝条的节下面进行环缢；环割则是环状割1～3周，深达木质部，并截断韧皮部筛管通道，使营养和生长素积累在切口上部；刻伤是用刀等利器对压条枝条节、芽的下部进行刻、划，深达木质部即可。

(2)黄化或软化处理

黄化或软化处理是用黑布、黑纸包裹或培土包埋枝条使其黄化或软化，以利根原体的生长。在早春发芽前将母株地上部分压伏在地面，覆土2～3cm，使新梢在土中萌生，由于覆土遮断日光，新梢黄化，待新梢长至2～3cm，尖端露出地面前，再加土覆盖。如此管理，待新梢4～6cm时，至秋季其黄化部分能诱导分化生长出一些不定根，将它们从母株切开就可成为独立植株。

(3)生长调节剂处理

促进生根的生长调节剂处理与扦插基本一致，IBA，IAA，NAA等处理能促进压条生根，因为其枝条连接母株，所以不能用浸渍方法，多采用涂抹法进行处理。为了便于涂抹，可用粉剂或羊毛脂膏来配制或用50%酒精液配制，涂抹后因酒精立即蒸发，药剂就留在涂抹处。尤其是空中压条中生长素处理对促进生根效果很好。白兰在空中压条繁殖时用IBA和NAA的600×10^{-6}羊毛脂混合剂处理效果最好，并可缩短生根所需时间。生长调节剂处理与机械处理相结合，促进生根的效果更好。

(4)保湿和通气

不定根的发生和生长需要一定的湿度和良好的通气条件。良好的生根基质，必须能保持不断的水分供应和良好的通气条件。尤其是开始生根阶段，长期土壤干燥使土壤板结和粘重，会阻碍根的发育。良好土壤和锯屑混合物，或泥炭、苔藓都是理想的生根基质。若将碎的泥炭、苔藓混入在堆土压条的土壤中也可以促进生根。

6.3.2 压条繁殖的方法

压条繁殖的种类很多，根据植物种类及其生长习性不同，可分为空中压条法和地面压条法及培土法三大类。常用的压条繁殖方法有以下几种。

(1) 高压法(空中压条法)

高压法为我国繁殖花木及果树最古老的方法，约有3000年的历史，亦称中国压条法。以湿润土壤或青苔包围枝条被环(切)割部分，给予生根的环境条件，待产生不定根后剪离母体，重新栽植成一独立新株。这种方法的优点是容易成活，能保持原有品种的特性，能解决嫁接和扦插不容易繁殖的种类。花卉中，仅有木本花卉有时采用高压法繁殖。一些常绿木本花卉的枝条扦插发根困难，它们的枝条不易弯曲或枝条长度不够等原因不能压到地面的树种可采用高压法繁殖，如桂花、米兰(*Aglaia odorata*)、玉兰(*Magnolia denudata*)等。如图6-20。

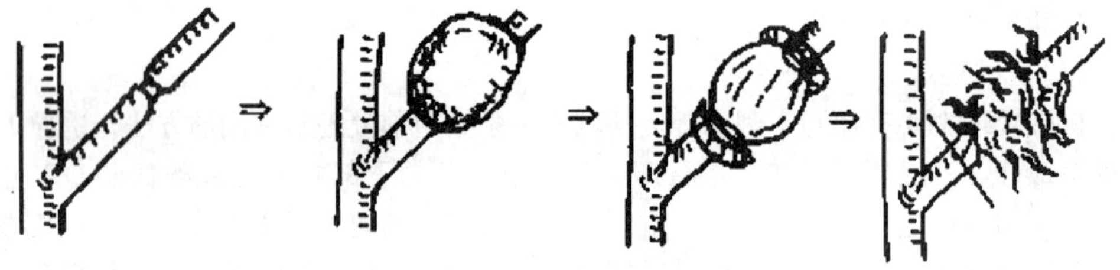

图6-20 空中压条法

高压法整个生长期都可进行，但以春季和雨季为好，一般在3~4月选生长健壮的2~3年生枝，也可在春季选用1年生枝，或在夏末部分木质化枝上进行。方法是将枝条被压处进行环状剥皮，剥皮长度视被压部位枝条粗细而定，一般在节下剥去约枝条直径1/2宽的皮层，注意刮净皮层、形成层，然后在环剥处包上保湿的生根材料，如新鲜苔藓、稻草泥、湿的椰糠或锯木屑，外用塑料薄膜包扎，封好上口，稍留空隙，以便补充水分与承接雨水。保持基质湿润，既不能中途失水，又不能太湿。3~4个月后，待泥团中普遍有嫩根露出时，剪离母树，为了保持水分平衡，必须剪去大部分枝叶，并用水湿透泥团，再蘸泥浆，置于蔽荫处保湿催根，一周后有更多嫩根长出，即可假植或定植。

一般空中压条，常绿树是在生长缓慢期进行分株移植，落叶树是在休眠期进行分株移植。为防止生根基质松落损伤根系，最好在无光照弥雾装置下过渡几周，再通过锻炼成活更可靠，空中压条成活率高，但易伤母株，大量应用有困难。有些不易生根的植物要经过两个生长期才能分离母体，如丁香(*Syringa oblata*)、杜鹃花及木兰(*Magnolia liliflora*)等。

为促进高压苗生根，提高成活率，应注意：尽量选取母树健壮、直立、角度小的枝条作高压苗。实践证明：高压枝条越直、角度越小，生长势强，有利于水分的吸收，生根率就高，反之，生根率就低；环割部分敷包生根基质要紧结，大小要适中，太小不利生根，太大花灌木枝条易下垂，不利发根；薄膜包扎时间要及时，若是包裹稻草泥，过早土泥发软不能操作，过久土泥太干失水不利生根；分离母树时间于秋季进行较可靠，因秋季气温较凉，被压部分根系生长丰满健壮，栽植易成活，过早根系幼嫩，又正值夏季高温、干旱，如未能养护好，往往栽植成活率低。

(2)培土压条法

培土压条法亦称堆土法，此法常用于一些丛生性很强的大型落叶或常绿花灌木，它们的枝条没有明显的节，如贴梗海棠(*Chaenomeles speciosa*)、八仙花(*Hydrangea macrophylla*)、紫荆(*Cercis chinensis*)等。具体方法是在夏初的生长旺季，将部分分枝的枝条的下部距地面20~30cm处进行环(割)剥，然后堆拥起土堆，把整个植株的下半部(环剥部分)埋住，土堆应保持湿润，经过一定时间，环割的伤口处长出新根，到翌春刨开土堆，并从新根的下面逐个剪断，可直接定植，如图6-21。

图6-21 培土压条法

在进行压条繁殖时，为增加繁育系数，可在春季萌芽前，将母株枝条在地面上2cm左右短截，促发萌蘖，当新梢长达20cm时，在新生枝条上刻伤或环状剥皮，并将行间土壤松散地培在新梢基部，高约10cm，宽约25cm。1个月后新梢又高达30~40cm时，进行第二次培土，培土时注意用土将各枝间距排开，不致使苗根交错。一般培土后20d左右开始生根，休眠期可扒开土堆进行分株起苗。分株时从新梢基部2cm处剪下，剪完后对母株再立即覆土保湿。翌春发芽前再扒开覆土，促使母株继续发枝，重复多次进行压条，母株利用多年后，为控制生长高度以利培土，对其进行更新修剪。

(3)单枝压条法

单枝压条法是最常用的一种地面压条法，这种方法多用于灌木、小乔木类花卉，如蜡梅、栀子花(*Gardenia jasminoides*)、迎春(*Jasminum nudiflorum*)、茉莉等。选择基部近地面的1~2年生枝条，先在节下靠地面处用刀刻伤几道，或进行环状剥皮；再顺根际或盆边开沟，深10~15cm，将枝条下弯压入土中，用金属丝窝成“U”形将其向下卡住，以防反弹；然后覆土，把枝梢露在外面；生根后自母株切离，而成为独立的植株。一般一根枝条只能繁殖一株幼苗，如图6-22。

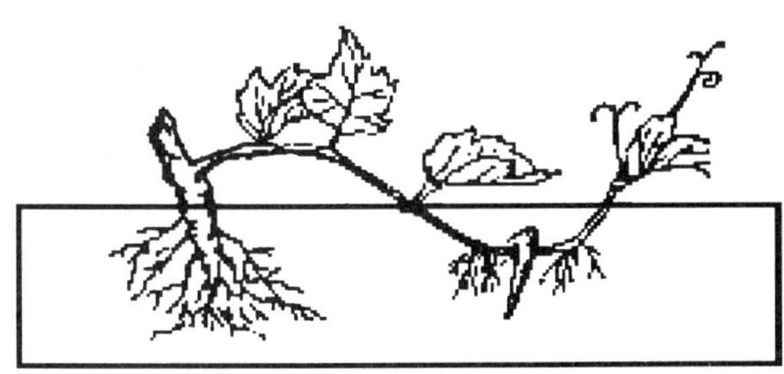

图6-22 单枝压条法

大型盆花的单枝压条，还可采用带盆压条的方法，即在盆旁边再放一只盛土的盆，将枝条进行环状剥皮或刻伤后，压入旁边的盆土中，枝梢伸出盆面外，令其生根，此法安全可靠，管理简便。常绿名贵花卉品种的生产上，往往将枝引入有缺口的花盆、竹筐或塑料营养袋中，然后埋土，待生根后切离母株，可连同容器一同取出移栽，由于根际带有宿土，移栽易成活。此法可在一个母株周围压条数枝，增加繁殖株数。此法在家庭中也普遍采用。

(4)枝顶压条法

枝顶压条法也是一种地面压条法，亦称枝尖压条法。通常在早春将花卉枝条上部剪截，促发较多新梢，与夏季新梢尖端停止生长时，将先端压入土中。如果压入过早，新梢不能形成顶芽而继续生长；压入太晚则根系生长差。当年便在叶腋处发出新梢和不定根，一般在年末可剪离母株，成为新植株。植株包括一个顶芽、大量的根和一段10～15cm的老茎。因为枝梢压条苗弱，容易受伤和干燥，最好在栽植之前不久掘起。如图6-23。花卉生产中的迎春花等，其枝条既能长梢又能在梢基部生根。

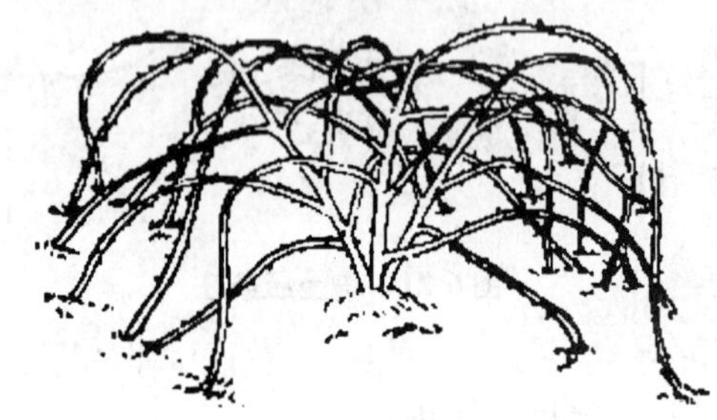

图6-23　枝顶压条法

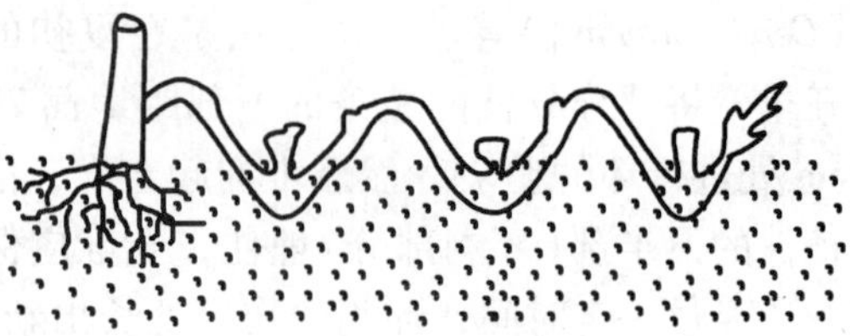

图6-24　波状压条法

(5)波状压条法

波状压条法是地面压条法的一种，亦称重复压条。适用于枝条长而柔或蔓性植物如金银花(*Lonicera japonica*)、常春藤、爬山虎(*Parthenocissus tricuspidata*)、紫藤(*Wisteria sinensis*)、南蛇藤(*Celastrus orbiculatus*)等。如图6-24。

波状压条法多在春季用1年生半木质化枝条进行压条。先将接近地面的母株侧枝剪除，再把其前方空地土壤翻松，拌入腐熟细碎的基肥，然后在地上挖出深、宽各约8cm的小沟，将母本枝条上相隔40cm左右用利刀刻出数道伤口，将藤条伤口朝下分别弯压入沟内，将枝条一段覆土，另一段不覆土，用小树枝杈固定，覆土压实使其生根，拱出地面部分发芽长出新枝，约3个月压条不定根已长成，可带土掘起，并在刻伤部位逐一剪断，分别移栽，移植后不需特别遮荫，常规管理即可。该方法成活率高，繁殖系数较大。

(6)连续压条法

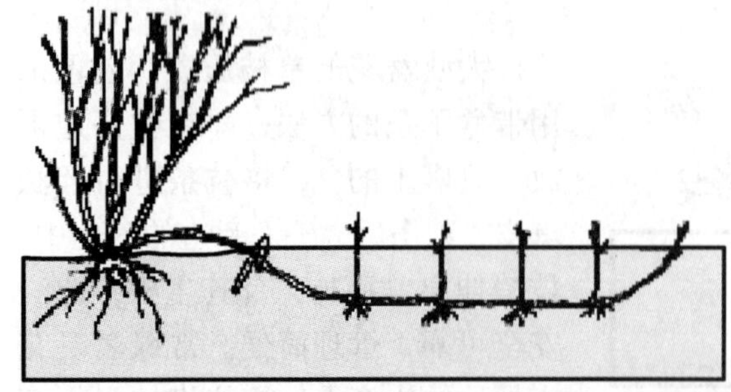

图6-25　连续压条法

连续压条法是地面压条法的一种，又名水平压条法。多用于灌木类花卉。在母株的一侧先开挖较长的纵沟，然后把靠近地面的枝条的节部略刻伤，再把它们浅埋入土沟内，并将枝条先端露出地面。经过一段时间，埋入土内的节部可萌发新根，不久节上的腋芽也会萌发而顶出土面。待新萌发的苗株老熟后，用利刀深入土层把各段的节间切断，经过半年以上的培养，即可起苗移栽。紫藤、蔓越橘、蔓性蔷薇等常用此法繁殖。如图6-25。

在连续压条中，常常随着新梢的伸长加深覆土，并及时抹去枝条基部强旺萌蘖。为增大繁育系数，通常对未压的枝条应行短剪，促发新枝供下一年备用。此法能使同一枝条上得到多数植株。但其操作不如单枝压条法简单，且新株较多，养料消耗大，易致母株衰弱，一般以3枝为宜。

6.3.3 压条后管理

压条以后必须随时检查埋入土中的枝条是否弹出地面，如已露出必须重压。对被压部位尽量不要触动，以免影响生根和折断已长的根；保持土壤适度湿润，促进生根。

花卉植物压条生根后切离母株的时间应根据其树性和生长快慢而定，有些种类如梅花、蜡梅等生长较慢，需到翌年才可将压条枝条切离母树；而有些花卉种类如月季、忍冬等生长较快、适应性较强，则当年即可切离。

压条切离母树移栽时要尽量多带土，以保护新根。压条时由于其不脱离母体，水分、养分的供应问题不大，而分离后必然会有一个转变、适应、独立的过程。所以开始分离后要先放在庇荫的环境，切忌烈日暴晒，这种炼苗过程对压条新苗的成活影响很大，以后逐步增加光照。对刚分离的植株，也要剪去一部分枝叶，以减少蒸腾，保持水分平衡，有利其成活。移栽后注意及时浇水、保持土壤湿润。

6.3.4 可用压条法繁殖的花卉

压条繁殖由于在生根过程中仍能得到母株的养分，不但成活率很高，成苗快，开花早，不需特殊管理，且能保持原品种特性，在观赏花卉树木的繁殖中已被广泛采用。

6.3.4.1 木本花卉

(1)玉兰(*Magnolia denudata*)

木兰科木兰属植物。玉兰繁殖方法较多，可采用嫁接、压条、扦插、播种等方法，常用的是嫁接和压条两种。压条是一种传统的繁殖方法，适用于保持与发展名优品种。

玉兰压条一般多在2~5月春季进行。通常选用2年生枝条为好，在节间进行环状剥皮，即用剪刀夹住枝干转圈轻轻地剪，距上刀口0.5~1cm处再转圈剪一刀，然后将两刀之间的树皮部分去掉，露出木质部。接着用塑料薄膜在刀口下方5cm处捆扎成袋状，袋内放入青苔或草炭土等生根物质，再将袋口扎紧，然后用支架固定或用绳子挂在其他枝条上，以防止风吹折断。

为了提高成活率，可在剥皮部位直接涂100mg/L ABT生根粉溶液后包扎生根物质；也可以用20~50mg/L ABT生根粉溶液拌和的培养土包扎。用这种方法处理，压条枝发根率高，根数普遍增多。

假植可提高成苗率。枝条高压后3~5个月可以从树冠上剪下。将压条苗带土团移入土中，深15~20cm，周边覆土压实，做到根土要粘紧。若气温高，要在畦面搭遮荫棚。加强肥水管理，调节畦面光照，3~5个月后压条壮苗即可出圃。

(2)米兰(*Aglaia odorata*)

楝科米仔兰属常绿灌木或小乔木。米兰一般雌蕊不发育或发育不正常，生产上无法用种子繁殖；用扦插法繁殖米兰成活率较低。采用高压方法繁殖米兰成活率可达到95%以上，同时新植株的移栽成活率也达到90%以上，高空压条法繁殖的小苗当年便开花，且该技术简便、实用而有效，特别适合中小规模的米兰繁殖，在母树来源充足的情况下也可进行大规模的米兰种苗生产。

米兰高压繁殖以在温度较高、湿度较大的条件下进行为好，压条时间一般在春夏间，以6月上旬梅雨季节最好，成活率高，生根快。因为这一时期，环境湿度比较高。实践证明，这一时期起高压40d后就陆续生根，到10月，若养护得法，还可以开花1~2次。7~8月高压也可以，但这时正是盛夏酷暑之时，太阳猛烈，水分蒸发快，环境干燥，高压部位枝叶容易失水枯焦，愈合发根要慢一些，故这一时期高压后，要把盆栽的母本米兰放在半阴半阳或有遮阳条件的地方，否则容易枯焦。

米兰高压苗成活的关键是要经常保持湿润。一般2个月可生新根，若新根不多，应再等待。判断高压米兰是否生根，是看高压后高压部分的叶片是否呈淡黄色，若呈现淡黄色说明开始愈合，再过一段时间，透过塑料袋若能看到长出白色嫩根，并逐渐布满袋内，证明不但成活，而且生长良好。这时，可以连塑料袋一起剪下来，轻轻拆去塑料袋(勿弄碎泥团)，进行栽种，浇足水后放置弱阳或遮荫处。经10d左右，待其脱去部分黄叶，就可以适当接受阳光。

(3)含笑(*Michelia figo*)

木兰科含笑属常绿灌木或小乔木。可用多种方法生产种苗，压条法繁殖是含笑常用的方法之一。压条可于5月上旬进行，选取大小适当、发育良好、组织充实健壮的2年生枝条，在选好的包土发根部位，作宽度1cm的环状剥皮，深达木质部，并涂以浓度40mg/L左右的萘乙酸，然后在环剥处套上大小适宜的塑料袋，下端扎实，在袋内填实苔藓和培养土或吸足水分的蛭石，上端留孔，以利灌水和通气。在养护期间，注意经常往袋内浇些水，保证一定湿度，切不可干涸或积水。经2个多月的时间即可发根。待新根充分发达后，即可将幼株切离母株，另行栽植。

(4)桂花(*Osmanthus fragrans*)

木犀科木犀属常绿阔叶乔木。可用多种方法生产种苗，当生产数量少时可采用压条等方法。桂花压条繁殖又分为空中压条和地面压条两种。空中压条繁殖一年四季都可进行，但以春季发芽前进行较好。通常在清明前后，从优良品种的健壮母株上选择2~3年生枝条进行环状剥皮，切口宽度为2cm左右，可用常规方法包裹生根材料；也可用竹筒包扎固定，取竹筒并将其劈开，且内铺一层沙质湿润的培养土，将枝条剥皮处全包起来，外面用塑料布包裹好，再用带子扎上，经常加水，保持筒内湿润，1个月后伤口愈合，3个月后在切口皮层生出新根。到10月或翌春，新根有3~5cm长时，即可切离母株。地面压条又称伏枝压条或普通压条，此法宜在4~6月或8~9月进行。在靠近根部的枝条上割皮1~2cm长，并将其压弯到地面，在伤枝上堆7~8cm厚的泥土，压实，经常浇水保持湿润，约3个月即可生根。翌春将其与母株切开，栽植新株。若是盆栽植株，也可将割开切口的枝条压入另一盆土中固定，待其发根后再切离移植。

(5)茉莉(*Jasminum sambac*)

木犀科茉莉花属常绿小灌木，可用压条、扦插等方法繁殖。茉莉植株较小，地面压条繁殖简便易行，在压条之前先选择适当母株，即选生长健壮、分枝较多的植株作母株。在母株上选择适当的枝条，弯曲压入土中，使枝梢向上，然后覆土压实即可。压条时需小心曲枝，边揉枝边弯曲，以免把木质部折断。同时将枝条压入土坑的最底部，在相应部位用刀环割皮部0.5~0.8cm。当枝叶制造的有机养分向下运输至环割处而中止，便会形成愈伤组织，而产生新根。大批量繁殖，为省工起见，通常不作环割。每一母株压条的枝数要以母株枝条的多少而定。压条的时间3~8月均可。压条后10~15d生根。7~8月温度较高，压条只需8~10d就可生根。压条生根后40d，即可与母株割离，成为一棵独立的植株。待到适宜移栽的季节，就可作带土移栽。

对栽植密度较稀的地块，可以用压条法提高栽植密度，提高单位面积的产量和土地利用率。但是，压条法枝条耗量大，繁殖系数较低；根部弯曲，影响根系和植株的正常生长。

(6)栀子花(*Gardenia jasminoides*)

茜草科栀子属常绿灌木。多采用扦插法和压条法进行繁殖，也可用分株和播种法繁殖，但很少采用。选3年生母株上1年生健壮枝条，将其拉到地面，刻伤枝条上的入土部位，如能在刻伤部位蘸上粉剂萘乙酸，再盖上土压实，则更容易生根。生根后即可与母株分离，到翌春再带土移栽。

(7)迎春花(*Jasminum nudiflorum*)

木犀科茉莉属植物。繁殖迎春可用压条、分株和扦插法，都极易成活。压条繁殖多在春季进行，3~6月均可。迎春枝条柔软细长，枝端经常匍匐地面而自然生根，因此可以将枝端压入土中，保持湿润，当年秋季便可脱离母株，另行栽植。采用硬枝压条，一般在3~4月进行，生长季节采用嫩枝压条，在5~6月进行，硬枝压条一般要2个月才生根，而嫩枝压条约为1个月生根。

(8)八仙花(*Hydrangea macrophylla*)

虎耳草科八仙花属落叶灌木。通常采用扦插、压条和分株进行繁殖。压条繁殖在春天芽萌动时用老枝进行。当嫩枝抽出8~10cm长，长出3~4节时亦可压条，此时压入土中的是2年生枝条。在6月也可进行嫩枝压条。压条前需去顶，挖宽2cm、深3~5cm的沟，不必刻伤。埋入土中以后将土拍实，并浇一次透水，需遮阳，以后正常管理，一个月后就可生根。待枝条抽出4~5节时，便可浇肥水，翌年2~3月与母株切断，根部带原土另行分栽。用老枝压条的子株当年开花，而用嫩枝压条形成的子株需到翌年才能开花。

6.3.4.2 藤市花卉

(1)常春藤(*Hedara nepalensis*)

五加科常春藤属多年生常绿木质藤本植物。攀缘生长，茎逾20m，其上具有附生根。主要采用压条法、扦插法等方法进行繁殖。除冬季外，其余季节都可以进行种苗生产，而温室栽培不受季节限制，全年可以繁殖。

由于常春藤匍匐于地的枝条可在节处生根并扎入土壤，压条法繁殖较为简单，成活率较高。压条法在生长期均可进行，将植株从盆中脱出，种植在有培养土的苗床中，上搭架用遮阳网或芦帘遮阳，任其长藤在苗床上蔓生，然后任意取其长蔓，每隔 10～15cm 在其蔓上压一撮培养土，在伏地生长中，边生长边生根。一般压土后，3 周左右便可在其茎节上生出根来，这时连枝带根切取一段进行盆栽，浇足水放半阴处培养，这样就能成为一株新植株。

(2)爬山虎(*Parthenocissus tricuspidata*)

葡萄科爬山虎属多年生木质落叶大藤本。共有 15 个种，其中 9 个种在我国有原产，种质资源非常丰富。在潮湿条件下，蔓上有气生根。以扦插繁殖为主，在短期内获得较大的苗。也可用压条等方法繁殖。压条繁殖法是把爬山虎的茎藤压入土中，促使压入土中的茎节处抽发不定根，然后再剪断形成数个独立于母体的新株的繁殖方法。此方法优点是成活率高、管理简便、幼苗生长旺盛。缺点是繁殖率相对较低。

爬山虎在生长各期均可进行压条繁殖，一般以 3～4 月爬山虎的体内汁液开始流动和 7～8 月枝条成熟后的两个时期进行压条效果较好，其他时期压条虽然也能成活，但生根较慢。将匍匐于地面的茎藤，自基部保留 40～60cm 的暴露生长段外，其余部分均可埋入配好的生根基质。生根基质成分可常用优质厩肥：锯末：表土为 1：1：1 或 2：1：1。基质覆盖厚度一般为 15～20cm。覆盖后应经常浇水保持湿润以利发根、出芽。压条后 15～20d，新芽便可自被埋压的节处长出。待新芽长至 40～50cm 时，新根已生长良好。此时可在新芽下方 10～15cm 处挖开小段土埂，在节间剪断，便得一株新苗。剪后立即覆盖剪口，使剪口尽快愈合。3～4d 后，新苗便可以移苗出圃，定植或保留在原位继续生长。

(3)凌霄(*Campsis grandiflora*)

紫葳科凌霄属落叶藤本。有许多气根，可攀附于其他物体上。繁殖主要用扦插、压条、分株法。在北方结果较少，不易采种，多用压条或扦插方法繁殖。凌霄枝条在节处容易生根，在生长季节压条繁殖比较合适。

压条繁殖一般在春季进行，也可在雨季进行。将植株根部的萌蘖枝或其他较长枝条弯曲后埋入土中，对较长的枝条可连续压，压土深度为 8～10cm，压后保持土壤湿润，2～3 个月可以生根。如果在茎节处埋土压条，成活率最高。

(4)紫藤(*Wisteria sinensis*)

豆科紫藤属落叶藤本。又名藤萝、朱藤。蔓左旋缠绕。可用压条等多种方法进行繁殖。但因实生苗培养所需时间长，所以应用最多的是压条和扦插。压条选取头年生或当年生略带木质化的健壮枝条，卧伏地面，波浪式埋入土中。每段埋入土中部分可先用刀在枝条上划破皮层，覆土 12cm 厚，这样容易在破损处生出根来。约 40d 即可从母株上分离下来另行栽培。

(5)金银花(*Lonicera japonica*)

别名金花、银花、双花、忍冬花等，为忍冬科忍冬属植物，以花蕾、藤和叶作药用。繁殖方法有扦插、播种、分根和压条等。压条等方法简单、开花早，于秋冬季植株休眠期或早春萌发前进行，先将母株旁的表土锄松，选择 2 年生以上，已经开花，生长健壮的金银花作母株。将近地面的1年生枝条弯曲埋入土中，在枝条入土部分将其刻伤，压盖10~15cm细肥土，再用枝杈固定压紧，使枝梢露出地面。若枝条较长，可连续弯曲压入土中。压后勤浇水施肥，翌春即可将已发根的压条苗截离母体，另行栽植。压条繁殖方法，不需大量砍藤，不会造成人为减产。倘若留在原地不挖去栽种，因有足够营养，也比其他藤条长得茂盛，开的花更多。比起传统的砍藤扦插繁殖，除能提早2~3年开花并保持稳产、增产外，更重要的是操作方便，不受季节和时间限制，成活率也高。

小　结

分株、嫁接和压条繁殖是花卉繁殖常采用的3种方法，具有可以保持优良品种的遗传性状、生长周期短、成活率高、开花结实早等特点，但也有繁殖系数低、有些花卉长势及生活力不及实生苗等缺点。

人为地将植物体分生出来的幼植物体，或植物营养器官的一部分与母株分离或分割，分别进行栽植，形成若干个独立的新植株的繁殖方法就是分株繁殖，根据分生部位不同又有几种形式：根蘖、吸芽、珠芽及零余子、走茎和匍匐茎、根茎、块茎、鳞茎和块根。

将优良母本的枝条或芽接到遗传特性不同的另一植株上，形成一个新的植物个体，称为嫁接繁殖。影响嫁接成活的因素有：砧穗亲和力、嫁接的环境条件、植物极性、嫁接技术和时间等。枝接方法有：切接、劈接、嵌接、舌接、插接、靠接等。芽接方法有："T"字形芽接、嵌芽接、盾片芽接等。木本花卉经常采用嫁接法进行繁殖，草本植物柔嫩，含水量多，对环境敏感，嫁接较为困难。

压条繁殖就是将未脱离母体的枝条压入土壤，生根后剪离母株，重新栽植。适宜于一些茎节和节间容易发根的木本花卉和一些扦插不容易发根的花卉植物。主要方法有低压和高压。在压条前进行一些处理如机械处理、激素处理等可促进生根。

思考题

1. 什么是无性繁殖？有何优缺点？
2. 什么是分生繁殖？用于分生繁殖的特殊结构有哪些？
3. 什么是嫁接？嫁接繁殖有哪些种类？
4. 影响嫁接的成活的因素有哪些？
5. 提高嫁接成活率的措施有哪些？
6. 什么是压条繁殖？
7. 压条繁殖有什么优缺点，有几种方法？
8. 牡丹常采用哪些方法进行繁殖？
9. 简述卷丹的分株方法。

参考文献

1. 观赏园艺卷编辑委员会．1996. 中国农业百科全书·观赏园艺卷[M]. 北京：农业出版社．
2. 北京林业大学园林系花卉教研室．1990. 花卉学[M]. 北京：中国林业出版社．
3. 陈俊愉、程绪珂．1990. 中国花经[M]. 上海：上海文化出版社．
4. 金波．1999. 宿根花卉[M]. 北京：中国农业大学出版社．

5. 包满珠 . 2003. 花卉学[M]. 北京：中国农业出版社 .
6. 包满珠 . 2004. 园林植物育种学[M]. 北京：中国农业出版社 .
7. 杨松龄 . 2000. 秋季花卉[M]. 北京：中国农业出版社 .
8. 陈卫元 . 2005. 花卉栽培[M]. 北京：化学工业出版社 .
9. 赵兰勇 . 2000. 花卉繁殖与栽培技术[M]. 北京：中国林业出版社 .
10. 张明春，晁红燕 . 2002. 牡丹繁殖技术[J]. 林业科技，(6)：56 – 57.
11. 柏劲松 . 2005. 石榴的繁殖技术[J]. 湖北林业科技，(2)：60 – 61.
12. 徐玉芬 . 2007. 桂花常用繁殖方法[J]. 农村实用技术，(6)：52.
13. 王秋萍 . 2002. 花卉压条繁殖技术[J]. 西南园艺，(2)：55.
14. 曾志林 . 2004. 紫薇的繁殖技术[J]. 中国林业，(19)：38.
15. 赵立芸 . 2005. 木本花卉刻伤压条催根育苗法[J]. 河北林业科技，(3)：32.
16. 郑爱珍，张峰 . 2004. 百合的繁殖方法[J]. 北方园艺，(4)：43.

7

花卉专业组培苗生产

植物组织培养是从20世纪初开始，经过长期科学与技术实践发展形成的一套较为完整的技术体系。它是利用植物细胞的全能性，通过无菌操作，把植物体的器官、组织、细胞甚至原生质体，接种于人工配制的培养基上，在人工控制的环境条件下进行培养，使之生长、繁殖或长成完整植物个体的技术和方法。由于用来培养的材料是离体的，故称之为“外植体”，所以植物组织培养又称为植物离体培养，或称植物的细胞与组织培养。

与传统繁殖方法相比，组织培养具有以下优点：①组织培养法能生产质量高度一致且同源母本基因的幼苗。②利用微茎尖组培快繁技术，通过特殊的工艺能有效地生产无病无菌(毒)的种苗，为改善观赏植物的生长发育、产量和品质提供了新的途径，也可用于种质资源保存。③组织培养法可用于基因工程植物的扩繁。④组织培养法育苗周期短、速度快和繁殖系数高。可用于周年育苗和温室流水线式生产种苗。利用这项育苗技术，1个优良无性系的芽，1年中能繁殖出逾10万个优良后代。⑤组织培养法育苗通过芽生芽的技术路线进行快速繁殖，能最大限度地保持名、优、特品种的遗传稳定性。

20世纪70年代以来，随着种苗业和设施园艺业的发展，以及对优良药用植物和花卉等高品质种苗需求的日益增加，在众多植物品种中组织培养技术逐步取代了营养繁殖或种子繁殖来生产种苗。组织培养技术不仅能实现种苗的工厂化高效生产，而且还能脱去植物的病原菌和病毒，保持优良种性，因而得到广泛采用。目前，从草本植物到木本植物种类包括花卉、林木、药材、果树、蔬菜、薯类、农作物等多种植物的快繁领域，组织培养方法得到广泛应用与推广，组培苗年产量已经超过10亿株。据不完全统计，世界较发达国家已建起商业性实验室几千个，年产试管苗7亿~8亿株，一些主要植物的组培快繁和脱毒快繁技术已经成熟，并初步形成了工厂化生产栽培。世界植物组培苗的年贸易额已经超过150亿美元，并且以每年15%的速度递增。

我国目前从事植物组培的人员和实验室面积居世界第一，部分经济植物已进行工厂化栽培，如香石竹(*Dianthus caryophyllus*)、兰花(*Cymbidium* spp.)、火鹤花(*Anthurium scherzerianum*)、新几内亚凤仙(*Impatiens hawkeri*)、朱顶红(*Hippeastrum vittatum*)、百合(*Lilium brownie*)等已形成了快繁生产线，比使用常规方法繁育的花卉种苗生产的鲜切花每亩效益增加35%~50%，并取得了较明显的社会效益，植物快繁产业化已呈现雏形，试管苗的年产量已经达到0.5亿株。

在国家“863”计划支持下，我国观赏花木快繁技术创新取得重要进展，为新品种的规模化生产和产业化开发提供了保证。主要的组培观赏花木种类有：兰花类、观赏植物类、切花切叶类、木本植物类等。在组织培养技术上突破了柚木(*Tectona grandis*)、番木瓜(*Carica papaya*)诱导生根技术，柚木、番木瓜快繁技术使种苗增殖稳定性及繁殖率大幅度提高；成功地建立了桂花组培快繁体系，胚培养解除了种子的休眠特性，使种子不经生理后熟即可萌发；突破了耐寒、芳香型山茶(*Camellia japonica*)、茶梨(*Anneslea fragrans*)7个种胚子叶体细胞胚发生与再生技术；建立了牡丹(*Paeonia suffruticosa*)离体胚培养以及胚状体诱导与培养技术体系，成功获得了胚培养苗与胚状体苗，为加快牡丹育种周期，提高育种效益，降低育种成本开辟了一条新途径；完善了蜡梅(*Chimonan-*

thus praecox)、蝴蝶兰(*Phalaenopsis* spp.)、丽格海棠(*Begonia* × *hiemalis*)、大花蕙兰(*Cymbidium* spp.)、山茶等物种的组织培养技术，优化了培养条件；建立了蝴蝶兰、中国名兰、半夏(*Pinellia ternata*)、樱桃(*Prunus pseudocerasus*)、火鹤等的组培快繁技术及其工艺流程，成功地建立了新品种的培养繁殖体系，提高了繁殖率、降低了变异率，有效地提高了质量，降低了成本；实现了花卉优良品种的工厂化大规模生产，为加快我国花卉产业的步伐起到了重要的作用。

据有关专家预测，从现在起到2010年，我国的植物组培产业将以7%~8%的速度增长。由此可见，我国花卉组培事业方兴未艾。

7.1 花卉专业组培苗的市场前景

7.1.1 适用组培生产种苗的类型

(1)种子繁育困难或从播种到开花生育期长的花卉

一些花卉种子用常规的种子繁殖方法繁育，因其种子发芽困难，发芽率低，用种子繁殖种苗相对困难，如兰花、鹤望兰等名贵花卉和芍药、牡丹及一些木本的切花种类从播种到开花需要时间较长，要3~5年的时间，利用组织培养技术可以缩短成苗时间，达到大量快速繁殖的目的。有的组培技术尚未开展，有的虽有研究但还不能用于规模化种苗生产，这也是今后花卉组培技术研究应该加强的方面。

(2)不能正常产生种子的花卉

如三倍体的百合、大花蕙兰等的三倍体品种，以及‘重瓣满天星’等一些重瓣性强品种的花卉，不能正常产生种子，无法用传统的种子繁殖。如采用组织培养法则能够保存品种、扩繁种苗。

(3)因病毒感染而引起种性退化、花型衰败的花卉

一些采用分割鳞、球茎进行无性繁殖的鳞、球茎类花卉，如彩色马蹄莲、水仙、郁金香、百合等存在严重的种性退化现象，此类花卉以脱毒和种性复壮为目的的组织培养正在逐渐兴起。

(4)需求量大、需要明显降低种苗生产成本的花卉

目前生产上所用的草本花卉种子绝大多数为一代杂交种，特别是一些优良品种，如各种矮牵牛、三色堇、角堇、非洲紫罗兰等的 F_1 代杂交种，其种子来源于国外，价格昂贵，种苗生产成本较高，直接制约了在国内的推广。通过组培快繁技术的研究，探索出一套实用的、规模化的种苗繁育流程和技术，能达到明显降低种苗生产成本的目的。

(5)便于实现高度集约性和程序化生产种苗的花卉

如蝴蝶兰、万带兰(*Vanda* spp.)、石斛兰(*Dendrobium* spp.)、大花蕙兰、红掌、百合、文心兰等名贵花卉品种，可以在特定的工厂设施和设备条件下，严格按照预定的生产程序和流水线作业运作。从微型繁殖材料到生根成苗，都是在高度集约化和程序化的方式快速大量地生产种苗，立体培养架每平方米一次可生产试管苗1万株，其单产是常规密植育苗的几十倍。

7.1.2 重要盆花组培苗市场前景

7.1.2.1 适于组培法生产种苗的盆花类型

盆花多指植株较小，株丛比较密集，栽于盆内方便移动和摆放而又具有较高观赏价值的花卉。盆花的种苗可以来自传统的播种苗、扦插苗、分株苗、嫁接苗等，也可以来自于近年来兴起的组培法育苗。就目前盆花生产的现状看，以来自于播种苗、扦插苗和组培苗的盆花为多。以组培苗生产盆花，虽然起步较晚，但它以其繁殖速度快、数量多、种苗规格整齐，且可以不带有害病原等优点，深受规模化盆花生产者喜爱，从而推动了盆花组培苗的生产。目前花卉市场上以组培苗为主生产的重要盆花种类有：兰花、香石竹、月季(*Rosa* spp.)、菊花、大丽花、万寿菊(*Tagetes erecta*)、矮牵牛、仙客来、绣球花(*Hydrangea macrophylla*)、比利时杜鹃、一品红、新几内亚凤仙(*Impatiens hawkerii*)、红掌、非洲紫罗兰(*Saintpaulia ionantha*)、蒲包花(*Calcelaria herbeo-hybrida*)、报春花(*Primula malacoides*)、大花蕙兰、蝴蝶兰、卡特兰、猪笼草、大岩桐、鹤望兰等。其中，国内外利用组织培养繁育较多的花卉是兰科植物，目前已培养成功的兰花分属60个属，所用的外植体包括茎尖、茎段、根、花梗、花序等，甚至还进行了兰花单细胞培养和原生质体培养。近年来，天南星科的安祖花、白鹤芋、马蹄莲(*Zantedeschia aethiopica*)，百合科的百合、大花萱草等，以及从国外引进的小型月季和其他优良品种的组培快繁工作正在兴起。

7.1.2.2 盆花组培苗的市场前景

随着国民经济的持续发展、人民生活水平的提高，城市、单位及居民对周围环境及居家环境的美化、彩化和香化的需要逐步加强。对盆花的需求，量在增加，质在提高。2006年我国花卉种植面积72.21万hm^2，比2005减少了10.86%。其中盆栽类种植面积约为7.28万hm^2，比2005年增加了21.31%；销售量为30.22亿盆，比2005年增加10.20%；销售额为158.08亿元，比2005年增加16.35%。因此，盆花组培苗向产业化发展势在必行。名优新花卉品种利用组培苗生产盆花产业化市场潜力大，效益可观，市场前景广阔。目前，果子蔓属、丽穗凤梨属、光萼荷属、凤梨属、彩叶凤梨属等重要盆花均已获得组培苗。

7.1.3 重要切花组培苗市场前景

7.1.3.1 以组培法为主生产种苗的重要切花

切花最早是采用播种、扦插为主的传统育苗法进行鲜切花的种苗生产。但由于受种苗的数量、整齐度、易带菌和毒等因素的限制，人们开始探索组培法生产切花种苗的方法和技术，并先后在一些切花品种上取得成功。就目前切花生产的现状看，组培苗生产切花尽管起步较晚，却以其繁殖速度快、数量多、种苗规格整齐，且不带有害的病原等优点，深受规模化切花生产者的喜爱，从而推动了切花组培苗的生产。据统计，我国鲜切花的主栽种类约30个，400余个品种，其中约50%的种苗来源于组培快繁技术。

目前，花卉市场上以组培苗为种苗来源进行生产的重要切花种类有：百合、菊花、月季、香石竹、唐菖蒲、满天星(*Gypsophila elegans*)、火鹤、非洲菊(*Gerbera jamesonii*)、蝴蝶兰、石斛兰、文心兰(*Oncidium fexuosuml*)等开展较早，组培生产技术相对比较成功。另外，花毛茛、郁金香、红掌、马蹄莲及彩色马蹄莲、朱蕉(*Cordyline fruticosa*)、玉簪、勿忘我(*Limonnium sinuatum*)、情人草(*L. beltlard*)、小苍兰(*Freesia refracta*)、蛇鞭菊(*Liatris spicata*)、鹤望兰、朱顶红、六出花(*Alstroemeria aurantiaca*)、晚香玉(*Polianthes tuberosa*)、球根鸢尾(*Iris xiphium*)、洋桔梗(*Eustoma grandiflorum*)、大花萱草(*Hemerocallis middendorffii*)、贝壳花(*Moluccella*)、金鱼草(*Antirrhinium majus*)等切花的组培苗生产技术也已经成功，并在生产上投入使用。

7.1.3.2 重要切花组培苗的市场前景

我国鲜切花生产已经全面进入质量型。种苗质量在鲜切花质量型栽培效果中的重要性占50%以上。只有有了高品位、高质量的花卉种苗，才可以栽培出受消费者青睐的花卉商品，获得较高的市场占有份额和经营利润率。但是高档切花品种、品质却不能与迅速增长的市场需求相适应，每年需从国外进口大量高档花卉种苗和开花株。另一方面，由于高档花卉价位较高，大大制约着消费。目前，生产上急需合格的脱毒的新优花卉品种如大花蕙兰、红掌、百合、郁金香、大花萱草等的种苗。每年需求合格脱毒的鲜切花的种苗以亿株来计算，市场需求量很大，应用前景广阔。

我国的鲜切花生产总体发展趋势较好，产销结合紧密，鲜切花出口额呈上升趋势，出口潜力巨大，已成为中国农业结构调整的支柱产业之一，是中国农业新的经济增长点，种植面积、销售量和销售额逐年提高。2007年我国花卉种植面积超过81万hm^2，销售额超过600亿元人民币，花卉种植面积比20年前增长了44倍，产值增长70倍。其中，鲜切花种植面积约为45万hm^2。月季、香石竹、菊花和唐菖蒲的种植面积、销售总量及销售额均居首位，按销售量大小依次为香石竹 > 菊花 > 月季 > 唐菖蒲。

因此，像香石竹、‘重瓣满天星’等鲜切花，长期利用无性扦插繁殖，出现了效率低，受病毒感染机会多，原种严重退化，花型变小等问题，近几年来用茎尖脱病毒培养等方法，保持其优良种性，为鲜切花发展，提供了快速发展的可能性，为短期内提供足量种苗开辟了新途径。

因此，将组织培养技术应用于花卉新优品种的迅速扩大繁殖，提供优质种苗，可获得较高的经济回报，具有较为广阔的发展空间。

7.2 花卉种苗脱毒母株的获得

7.2.1 脱毒的概念与意义

自然界中，很多植物受病毒类病原菌侵染引起病毒类病害。这类病原菌种类繁多，病症表现也各不相同，但均可通过嫁接等无性繁殖方式传播，也可由媒介昆虫传播。无性繁殖的花卉，由于病毒是通过维管束传导的，在利用有维管束的营养体繁殖过程中病毒可通过营养体进行传递，逐代累积，病毒浓度越来越高，危害越来越严重。病毒病害严重影响着大多数植物的生长发育，特别是通过嫁接、扦插、根繁等常规无性繁殖的花卉制约着花卉生产，甚至给花卉生产带来灾害。

国内外大量的研究和生产实践表明，脱除病毒植株的表现明显优于感病植株，产量可提高10% ~15%，植株健壮，个体间整齐一致。国外的许多花卉等作物都已实现无毒化栽培，并由此产生了巨大的经济效益。美国、加拿大、荷兰等国早已将植物脱毒纳入常规良种繁育的一个重要程序，有的还专门建立大规模无病毒种苗生产基地，生产脱毒种苗供应全国生产的需要，甚至还出口到其他国家。

脱毒，即用各种技术和方法如组织培养、物理的热处理等使病毒类病源(包括病毒virus、类病毒 viroid、植原体 phytoplasma、螺原体 spiroplasma、韧皮部及木质部限制性细菌等)从植物体上脱去的过程。

7.2.2 脱毒方法

植物组织培养脱毒，是利用组织培养的技术与方法，把病毒类病原菌从外植体上全部或部分地去除，从而获得能正常生长的植株的方法，它包括茎尖培养脱毒、茎尖微芽嫁接脱毒、愈伤组织培养脱毒，以及其他脱毒方法等。植物组织培养脱毒依据的主要原理是病原物在植物体内的分布不均匀及植物细胞和组织的全能性，采用不含病原物的组织和器官，通过组织培养分化，繁育成无病毒的植株材料。组织培养脱毒也可与作物遗传工程、品种改良和植物的快速繁育、工厂化育苗结合起来，有望成为更加有效和具有广阔应用和开发前景的方法。

7.2.2.1 茎尖培养脱毒

茎尖培养脱毒是以茎尖为材料，在无菌条件下把茎尖生长点接种在适宜的培养基上进行组织培养，进而获得无病毒植株的方法。

1952 年，Morel 等首先从感染有花叶病毒的大丽花上分离出茎尖分生组织(0.25 mm)培养得到植株，嫁接在大丽花实生砧木上检验为无病毒植株。从此，茎尖培养就成为脱毒的一个有效方法，并相继在菊花、兰花、百合、草莓、矮牵牛、鸢尾等花卉的茎尖培养脱毒的研究中获得成功。

茎尖培养脱毒可脱除多种病毒、类病毒、类菌原体和类立克次体，很多不能通过热处理脱除的病毒可以通过茎尖培养而脱掉。茎尖培养脱毒直接从茎尖生长获得植株，很少有遗传变异，能很好地保持品种的特性(图7-1)。

(1)茎尖培养脱毒的原理

茎尖培养能够脱毒，是由于病毒类病原物主要是通过维管束传导的，其在感病植株内的分布上是不一致的。维管束越发达的部位，病毒类病原菌分布越多，越靠近茎顶端分生区域病原的浓度越低。由于生长点内无组织分化，即尚未分化出维管束，所以通常不存在毒原。病原物只有靠细胞之间的胞间连丝传递，移动速度很慢，难以赶上细胞不断分裂的生长速度。另外，分生组织中旺盛分裂的细胞，又有很强的代谢活性，使病毒

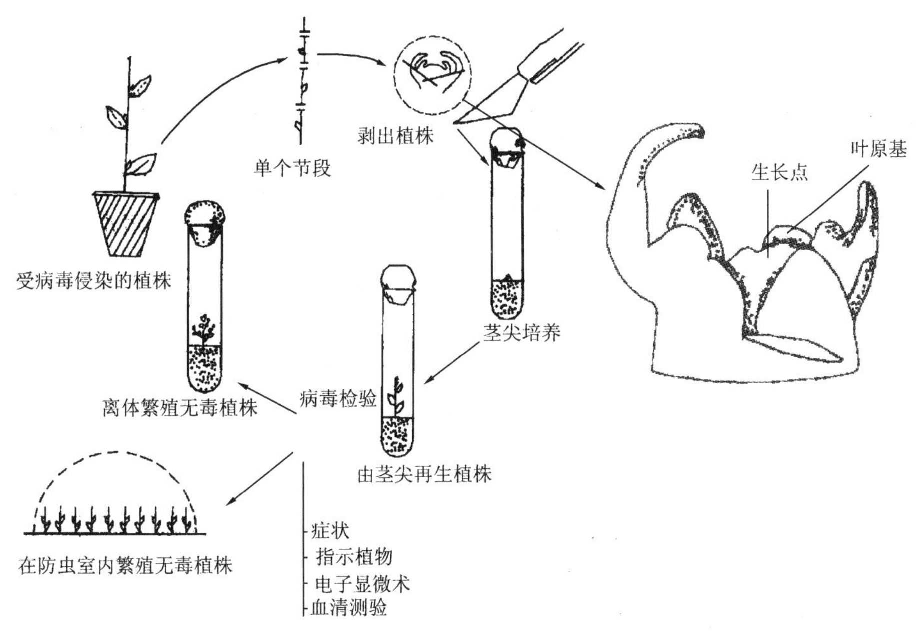

图 7-1 香石竹茎尖培养无病毒植株示意图

（引自张献龙和唐克轩，2005）

类病原难以复制。

在进行茎尖培养时，切取的茎尖越小，带病的可能性就越小。但太小不易成活。在大多数研究中，无病毒植物都是通过培养 100～1000μm 长的外植体得到的，即通过培养由顶端分生组织及其下方的 1～3 个幼嫩的叶原基一起构成的茎尖得到的。对于不同种类的植物和不同的病毒而言，切取茎尖的大小亦不相同，表 7-1 为几种植物茎尖切取长度的适宜范围。

表 7-1 带病毒植物脱除病毒时宜采用的茎尖大小(引自森宽，1958—1967)

植物种类	病毒种类	适宜茎尖长(mm)	品种数
大丽花	花叶病毒	0.6～1.0	1
香石竹	花叶病毒	0.2～0.8	5
百　合	各种花叶病毒	0.2～1.0	3
鸢　尾	花叶病毒	0.2～0.5	1
矮牵牛	烟草花叶病毒	0.1～0.3	6
菊　花	花叶病毒	0.2～1.0	3
二月兰	芜菁花叶病毒	0.5～1.0	1

(2)茎尖的剥取

即获得表面不带病原菌的外植体茎尖。茎尖分生组织由于有彼此重叠的叶原基的严密保护，只有仔细解剖，无须表面消毒就应当得到无菌的外植体。应把供试植株种在无菌的盆土中，并放在温室中进行栽培。在浇水时，水要直接浇在土壤上，而不要浇在叶片上。此外，还要给植株定期喷施内吸性杀菌剂。对于某些田间种植的材料来说，还可以切取插条，由这些插条的腋芽长成的枝条，比田间植株上直接取来的枝条污染小。

尽管茎尖区域是高度无菌的，在切取外植体之前一般仍须对茎尖进行表面消毒。叶片包被紧密的芽，如菊花、菠萝(*Ananas comosus*)、姜(*Zingiber officinale*)和兰花等，只须在75%乙醇中浸蘸一下；而叶片包被松散的芽，如大蒜(*Allium sativum*)、香石竹(*Dianthus caryophyllus*)等，则要用0.1%次氯酸钠溶液表面消毒10min。这些消毒方法在工作中应灵活运用，以便适应具体的实验体系。

进行脱毒时，大小合乎脱毒需要的理想的外植体实际上很小，很难靠肉眼进行制备，因而需要1台带有适当光源的解剖镜(8～40 X)。解剖时必须注意由于超净台的气流和解剖镜上碘钨灯散发的热而使茎尖变干，因此茎尖暴露时间应当越短越好。使用冷光源灯(荧光灯)或玻璃纤维灯则更为理想，若在衬有无菌湿滤纸的培养皿内进行解剖，也有助于防止这类小外植体变干。

在剥取茎尖时，要把茎芽置于解剖镜下，一只手用1把细镊子将其按住，另一只手用解剖针将叶片和叶原基剥掉。解剖针要经常蘸入90%乙醇，并用火焰灼烧以进行消毒。当形似一个闪亮半圆球的顶端分生组织充分暴露出来之后，可用一个锋利的长柄刀片将分生组织切下来，上面可以带有叶原基，也可不带，然后再用同一工具将其接到培养基上。应特别注意的是，必须确保所切下来的茎尖外植体不要与芽的较老部分或解剖镜台或持芽的镊子接触，尤其是当芽未曾进行过表面消毒时更需如此。

(3)影响茎尖脱毒效果的因素

培养基、外植体大小和培养条件等因子，会影响离体茎尖(100～1000 μm)再生植株的能力。外植体的生理发育时期也与茎尖培养的脱毒效果有关。

培养基 通过正确选择培养基，可以显著提高获得完整植株的成功率。培养基主要的是其营养成分、生长调节物质和物理状态(液态、固态)。茎尖分生组织培养脱毒所需的培养基包括多种大量元素和微量元素，现在一般使用的是改进的MS完全培养基。斐荣倍(1988)对传统的培养基做了大胆的改进，减少了微量元素及有机成分等十几种试剂，其繁殖的脱毒效果与MS完全培养基基本相同。简化培养基不仅降低了成本而且节省了时间。

外植体的生理状态 茎尖最好从活跃生长的芽上切取。在香石竹和菊花中，培养顶芽茎尖比培养腋芽茎尖效果好。

外植体剥取的时间 这对于表现周期性生长习性的树木来说更是如此。在温带树种中，植株的生长只限于短暂的春季，此后很长时间茎尖处于休眠状态，直到低温或光打破休眠为止。在这种情况下，茎尖培养应在春季进行，若要在休眠期进行，则必须采用某种适当处理。

外植体大小 在最适合的培养条件下，外植体的大小可以决定茎尖的存活率。外植体越大，产生再生植株的概率也就越高。在木薯(*Manihot esculenta*)中，只有200 μm长的外植体能够形成完整的植株，再小的茎尖可形成愈伤组织，或是只能长根。小外植体对茎的生根也不太有利。当然，在考虑外植体的存活率时，应该与脱病毒效率(与外植体的大小成负相关)联系起来。理想的外植体应小到足以能根除病毒，大到能发育成一个完整的植株。

叶原基 离体顶端分生组织必须带有 2～3 个叶原基才能再生成完整植株。叶原基能向分生组织提供生长和分化所必需的生长素和细胞分裂素。在含有必要的生长调节物质的培养基中，离体顶端分生组织能在组织重建过程中迅速形成双极性轴。理论上讲，不带叶原基的离体顶端分生组织有可能进行无限生长，并发育成完整植株，是可能的外植体，但对于脱毒实践来说，并不可行。正如，Murashige(1980)所说："如果培养法得当，用较大的茎尖做外植体，其消除病毒的效果并不一定比只用分生组织差"。

培养条件 一般来说，光照培养的效果通常都比暗培养好。但在进行天竺葵茎尖培养的时候，需要有一个完全黑暗的时期，这可能有助于减少多酚物质的抑制作用。关于离体茎尖培养的温度对植株再生的效应，截至目前还未见报道，培养通常都在标准的培养室温下(25℃ ±2℃)进行。

茎尖培养的效率除取决于外植体的存活率和茎的发育程度以外，还取决于茎的生根能力及其脱毒程序。在香石竹中，虽然冬季培养的茎尖最易生根，但夏季采取的外植体得到无毒植株的频率最高。

7.2.2.2 茎尖微芽嫁接(MGST)脱毒

茎尖长出来的新茎，常常会在原来的培养基上生根，如若不能生根，则需另外采取措施。偶然情况下，在培养基中长出的茎，无论经过怎样的处理都不生根，如 Morel 和 Martin (1952)在大丽花中就遇到过这种情况。在这种情况下，只要把脱毒的茎嫁接到健康的砧木上，就能得到完整的无毒植株，这称为茎尖微芽嫁接脱毒，是组织培养与嫁接相结合，是获得无病毒苗木的一种新技术。方法是将 0.1～0.3 mm 的茎尖作为接穗，嫁接到由试管中培养出来的无毒实生砧木上，继而进行试管培养，愈合成为完整植株的脱毒方法。其基本程序是：试管砧木苗的准备；茎尖嫁接；嫁接苗的培育与管理。

茎尖微芽嫁接脱毒可以解决一些木本观赏植物茎尖培养成苗难，特别是生根困难的问题。有些植物种类或品种，如苹果通过茎尖组织培养，可以获得无病毒新梢，但不能生根，只有通过茎尖微芽嫁接才能获得完整植株。

7.2.2.3 愈伤组织培养脱毒

在许多其他植物的茎尖愈伤组织中也已经再生出无病毒植株。在受病毒全面侵染的愈伤组织中，某些细胞之所以不带病毒，可能是由于：病毒的复制速度赶不上细胞的增殖速度；有些细胞通过突变获得了抗病毒的特性。抗病毒侵染的细胞甚至可能与敏感型细胞存在于母体组织中。Murakishi 和 Carlson(1976)利用病毒在烟草叶片中分布不均匀的特性，通过愈伤组织培养获得了不带 TMV 的植株。在一个受到 TMV 病毒侵染的叶片中，暗绿色的组织或者是不含病毒的，或者是病毒的浓度很低。因此，由这些组织中切取 1mm 的外植体进行培养，再生植株有 50% 是无毒的。目前，从愈伤组织分化出无病毒植株的花卉植物主要有草莓、唐菖蒲、老鹳草(*Geranium wilfordii*)等花卉。

7.2.2.4 组织培养其他脱毒方法

除以上提到的组培脱毒方法外，还可从花粉、花药、胚及胚珠等组织培养获得无病毒的植株。

花药或花粉培养也可作为一种脱毒方法，这种方法可结合单倍体育种进行，用花药培养进行草莓脱毒，脱毒率可达 100%。花药培养获得的无毒材料多为高产优质的类型。

植物的感病组织中不是所有细胞都含有病毒。因此，也有人从感病植株分离原生质体、愈伤细胞或其他细胞，继而培养获得植株，然后通过鉴定病毒从中选择无病的材料。

关于一些植物种胚中不携带病毒的原因有两种观点：一种认为病毒不能进入胚中，子房中胚与其他母体细胞之间缺少维管束组织和胞间连丝的关系；另一种认为病毒能进入胚，但进入后为寄主所消灭。有这样一种现象，种子在未成熟时带有病毒，到成熟时病毒就消失了。这说明，即使没有胞间连丝，病毒还可以通过其他途径进入胚中，但这些植物的种子中存在着一种抑制病毒的物质。此外，还有人认为是有些种胚中缺少病毒增殖所需要的重要物质，使病毒不能复制所致。

此外，温热疗法脱毒，其原理是将植物组织置于高于正常温度的环境中，组织内部的病原体受热后部分或全部钝化失去侵染能力，但寄主植物的组织很少或不受伤害，植物的新生部分不带病毒，取该部分无病毒组织培育从而达到脱毒的目的。香石竹植株在 38℃ 下连续处理 2 个月，可消除茎尖内的所有病毒。香石竹进行脱毒热处理时，相对湿度必须保持在 85% ~95%，准备接受热处理的植株必须具有丰富的碳水化合物储备。

与温热疗法相对的是冷疗法脱毒。菊花植株在 5℃ 条件下经 4 ~7.5 个月处理后，切取茎尖进行培养，可以除去菊花矮化病毒(CSV)和菊花褪绿斑驳病毒(CCMV)(表 7-2)，未经处理的茎尖培养则无此效果。

表 7-2 菊花 5℃处理 4 ~7.5 个月后茎尖培养脱除病毒效果(引自 Paluden, 1985)

病毒	处理时间(月)	茎尖培养数	无类病毒株百分数(%)
CSV	4	9	67
	7.5	51	73
CCMV	4	37	22
	7.5	73	49

有些花卉对高温非常敏感，也可采用冷疗法结合茎尖培养来脱毒。如三叶草(*Trifolium pratense*)的母株在取切茎尖之前，放在 10℃ 中经过 2 ~4 个月，以代替热处理，可以部分去除病毒。

7.2.3 病毒检测

应当指出，所谓无病毒苗只是相对而言，许多植物有多种已知的病毒类病原及尚未知道的该类病原。通过茎尖培养的幼苗，经过鉴定证明已去除主要危害的几种病原，即已达到目的，因此称之为“无特定病原苗”或“检定苗”，比泛称“无病毒苗”更合理。但为方便起见，多采用“无病毒苗”名称，这是特指无特定病毒类病原的一类幼苗。

7.2.3.1 病毒检测方法

脱毒苗的检测通常是在相关部门和权威机构的参与、指导和监督下进行的。无病毒存在，才是真正的无病毒苗，才能在生产中推广应用。近10年来，人们一直在探索比较简便、快速、准确的检测技术，以满足科研、教学和生产的实际需要。最初人们是通过症状表现来判断的，以后采用组织化学染色技术、荧光染色技术、免疫学技术即免疫荧光、免疫电镜、ELISA及PCR方法。这些技术在不同时期起到了有效检测作用。

(1)症状和内含体观察法

症状观察法是根据某些病原物对植株的危害所造成的特有症状，如花叶、畸形、斑驳等，在继代培养中组培苗和苗木栽植后的一段时间内是否有这些特有症状的出现，来判断植株是否脱除病原物。如果有典型症状，就说明没有脱除病原。这是一种最简便最直接的方法，但它一般要与其他检测方法结合起来，才能有效说明植株是否脱除了病原物。

病毒具有严格的细胞内寄生性，在适宜寄主细胞内能生长、繁殖。有的病毒在寄主细胞内还形成一定形状，在光学显微镜下可以看到病变结构(即内含体)。因此，可通过观察植物体内是否含有病毒内含体，从而判断植物体内是否存在病毒。

(2)指示植物鉴定法(传染试验)

也称为枯斑和空斑测定法，是利用病毒在其他植物上产生的枯斑来鉴别病毒种类的方法。该方法是美国病毒学家Holmes在1929年发现的，其做法是用感染TMV普通烟叶的汁液与少许金钢砂混合，在健康烟叶上摩擦，在22～28℃半遮荫条件下2～3d后指示植物叶片上出现了局部坏死斑。这种方法需要专门用来产生局部病斑的寄主即指示植物，并且不能测出病毒的浓度，只能测出病毒的相对感染力。此外，该方法只能用来鉴定靠汁液传染的病毒。为了提高检测的准确性，指示植物应在严格防虫条件下隔离繁殖，以防交叉感染。

(3)抗血清鉴定法

根据沉淀反应的原理，当含有病毒抗体的抗血清与植物病毒相结合时发生血清反应。不同病毒产生的抗血清都有各自的特异性，即对稳定的病毒发生反应，因此，可用已知病毒的抗血清鉴定未知病毒的种类。这种抗血清是一种高度专化性的试剂，且特异性高，测定速度快，一般几个小时甚至几分钟就可以完成，因此抗血清法成为植物病毒鉴定中有用的方法之一。

但是，本方法程序复杂，技术要求高，需要提前做许多工作，不仅需要进行抗原的制备，包括病毒繁殖、病叶研磨和粗汁液澄清、病毒悬浮液提纯、病毒沉淀等过程，还需要进行抗血清的制备，包括动物的选择和饲养，抗原的注射和采血，抗血清的分离和吸收等过程，因而一般单位难以完成。

(4)电子显微镜检查法

植物病毒等病原物很小，不能通过肉眼直接观察到，即便用普通光学显微镜也很难看到，但利用电子显微镜可以容易发现其微粒的存在。利用电子显微镜对病原物进行直接观察，检查出植物体内有无病原物存在，从而确定植物是否脱除了病原物。

电镜法与指示植物法和抗血清法不同，它可以直接观察有无病毒粒子，以及观察到病毒粒子的形状、大小、结构和特征，并根据这些特征来鉴定是哪一种病毒。例如，许多学者通过电子显微镜对 MLO 病原进行了观察，在患有丛枝病的泡桐(*Paulownia fortunei*)、枣树(*Zizyphus jujuba*)苗木体内观察到了 MLO 病原的存在。这是一种先进的检测方法，但需要一定的设备和技术，并且成本高，操作复杂，在有条件的单位可以应用。

(5)分光光度法

把病毒的纯品干燥，配成已知浓度的病毒悬浮液，在 260 nm 下测其光密度并折算成消光系数。常见病毒的消光系数都可查出来，根据待测病毒的消光系数就可知道病毒的浓度。

本法所测的病毒浓度是指全部核蛋白的浓度，此外本法测某一已知病毒的纯品很方便，但不适合测量未知病毒的样品，最好与血清法结合起来。

(6)组织化学检测法

是利用迪纳氏染色法反应来判断植株是否带有病原物，即病梢切片经迪纳氏染色后呈阳性，健康枝梢切片呈阴性。其做法是，取待检苗木嫩梢制成徒手切片，厚度约为 100 μm，用迪纳氏染色液染色 20 min 后，用蒸馏水冲洗干净，放在光学显微镜下检查。切片木质部导管呈亮绿色，病株的韧皮部筛管被染成了天蓝色，健康植株的切片韧皮部筛管则不着色。

这种方法简单、迅速，但有时具有非特异性反应，其可行性有待在生产中进一步检验。

(7)荧光染色检测法

是根据待检材料染色后，在荧光显微镜发出荧光的情况来判断的。一是以苯胺蓝为染色剂，与病株筛管中积累的胼胝质结合并染色，发出荧光反应。例如，泡桐、枣树丛枝病病原 MLO 检测方法是，取植株幼茎制成厚度为 20 ~ 30 μm 徒手切片，在蒸馏水中煮沸数分钟固定后，用 0.01% 苯胺蓝液染色 20min，用蒸馏水冲洗干净后，放在荧光显微镜下检查。由于植株在正常的生长条件下，筛管的老化、季节的变化和各种逆境都可能导致胼胝质的积累，因此，这种检测方法的精确性也不是很高，只能作为检测 MLO 侵染的一种辅助手段。二是以 DAPI 为染色剂。检测泡桐丛枝病病原 MLO 的做法是，在组培苗幼茎、叶柄等部位切取厚为 20 ~ 30 μm 的切片，用 5% 戊二醛溶液固定 2h，再用 0.1M 硫酸缓冲液冲洗 2 ~ 3 次后，滴加 1 μg/mL 的 DAPI 液染色约 20min。然后在荧光显微镜下观察，若在韧皮部或筛管中产生特异性黄绿色荧光反应，则说明组织中有 MLO 存在。

荧光染色法检测 MLO 灵敏度高、特异性强，且荧光强度在一定程度上还可反映出 MLO 的含量，但是，DAPI 也可以使植物细胞内的线粒体、叶绿体等发出荧光，而产生一定的干扰，因此这一方法的应用仍存在一定的局限性。

(8)PCR 检测法

PCR(Polymerase Chain Reaction)检测法，即聚合酶链式反应检测技术，是近年来才开始用于植物 MLO 检测上。自 1990 年 Deng 和 Hiruki 报道用 PCR 检测翠菊黄化病类菌原体之后，PCR 技术广泛应用于植物类菌原体的检测。它是根据植原体的 16 SrRNA 基因序列设计并合成引物，以病原核酸为模板通过 PCR 特异扩增来检测植原体的存在与否。泡桐丛枝病 MLO 的 PCR 检测表明，这项技术可以检测植株中 MLO。这种检测技术灵敏程度高，特异性强，可以检测组培病苗材料稀释 106～107 倍的 DNA，比传统的方法在准确度和灵敏度上有了大幅度提高。

目前国内生产实践上，植物病毒鉴定常用的方法是：①内含体观察和症状观察鉴定法；②指示植物鉴定法；③抗血清鉴定法；④电子显微镜鉴定法。前两种方法简便易行，成本较低，广为采用。后两种方法鉴定的结果虽然准确而且快速，但要求的条件较高。

7.2.3.2 脱毒种苗质量分级、保存

进行病毒检测鉴定时，首先应对该地区病毒侵染的种类及危害程度有一个比较清楚的了解，这样可以确定脱毒的目标。目标确定后，应对供体植物的染病情况进行检测，然后根据茎尖来源再对培养植株分别进行检验，当诱导植株无目标病毒存在时，才能确认达到脱毒的效果。这种检验一般需要进行 2～3 次，经检验不带毒的植株才能被称为脱毒苗。

根据脱毒种苗的质量可简单地分为 4 个级别，其标准如下：

脱毒种苗 即对同一茎尖形成的植株经 2～3 次鉴定，确认脱除了该地区主要病毒的传染，达到了脱毒效果的苗木，使用效果最佳。这是脱毒后在不同要求的隔离条件下，扩繁而成的种苗的统称。

脱毒试管苗 又称脱毒原原种苗，由茎尖组织脱毒培养的试管苗和试管微繁苗，经 2～3 次特定病毒检测为不带病毒，主要用于繁育脱毒原种苗。

脱毒原种苗 由脱毒试管苗严格隔离条件下繁育获得，无明显病毒感染症状，病毒感染率低于 10%。本级种苗主要用于繁育生产用种。隔离效果好、病毒感染率低的可继续留作本级种苗繁育，但一般延用不超过 3 年。

生产用种苗 又称少毒苗，简称脱毒苗。由脱毒原种苗在适当隔离区避蚜繁育而获得，病毒症状轻微或可见症状消失，长势加强，可起到防病增产的效果，允许感染率 10%～20%。本级种苗主要用于繁育和供应生产使用。隔离条件好、病毒感染率低的可继续留用本级种苗，但一般以 2～3 年为限。

原种苗的保存需要在无毒网或专门生产的温室内进行。

7.2.3.3 脱毒种苗的繁育体系

只有采用一定的措施和繁育体系，才能保证 4 个级别脱毒种苗的质量，确保生产者的利益和顺利推广应用。脱毒种苗的繁育体系分为品种筛选→茎尖组培→病毒检测→脱毒苗快繁→各级种苗生产与供应等环节。这些环节既相对独立，又相互关联，只有协调好各个环节，才能确保生产需求。具体操作程序如下：

(1)了解脱毒植物的生活习性、繁殖方法及市场需求状况。

(2)调查该植物在当地病毒危害的种类及发病情况，并查阅资料，确定茎尖脱毒的培养方法、取材大小及处理措施。

(3)取茎尖直接培养诱导成苗，或经热处理、化学处理等方法直接或间接诱导成苗。

(4)脱毒培养株的鉴定、繁殖与移栽。

(5)原原种在无毒环境中的保存与繁殖。

(6)原种的采集及在无毒环境中的保存、繁殖与再鉴定。

(7)生产用种的采集与繁殖。

(8)各地在应用无毒苗时要注意土壤消毒或防治虫害，以减缓无毒苗再感染的发生。一旦感染病毒，产量质量下降，应重新采用无毒苗，确保生产的正常进行。

7.2.3.4 脱毒苗再感染的预防

经过脱毒的植株，也会因重新感染病毒而带病，而自然界中植物往往受多种病毒的传染，因此真正获得全脱毒苗是比较困难的。无病毒苗培育成功后，还需要很好地隔离保存，防止病毒的再感染。通常无病毒原种材料是种植在隔离网室中，隔离网以 300 目的网纱为好，网眼规格为 0.4 ~ 0.5 mm，主要是防止昆虫进入传播病毒。

栽培土壤要严格消毒，并保证材料在与病毒严格隔离的条件下栽培。生产场所应根据病毒侵染途径做好土壤消毒和害虫防治等工作。在新种植区、新种植地块，要较长时间才会再度感染；而曾经种植过感病植株的重作区在短期内就可感染。有条件的地方要将原种保存在海岛或高岭山地，气候凉爽、虫害少，有利于苗木无病毒性状的保持。

总之，各地应用无病毒苗时，要从当地实际出发，采取相应的措施来防治病毒的再感染，一旦感染，影响生产质量时，就应重新采用无病毒苗，以保证生产的正常进行。

7.3 花卉种苗组培快繁体系的建立

组织培养快速繁殖体系，苗木生长具有较好的一致性，而且还具有较好的商品性，运输和出口也比较方便。目前，非洲紫罗兰(*Saintpaulia ionantha*)、香蕉(*Musa nana*)、桉树(*Eucalyptus* spp.)、菊花、兰花和杜鹃花等花卉的组培快繁已经形成了较大的产业。

7.3.1 培养基配制

目前，不论液体培养还是固体培养，大多数植物组织培养中所用的培养基都是由无机营养物、碳源、维生素、生长调节物质和有机附加物等几大类物质组成。

培养基在外植体的去分化、再分化、出芽、增殖、生根及成苗整个过程中都起着重要的作用。而培养基的选择和配制则是植物组织培养及其试管苗生产中的关键环节之一。配制培养基的具体操作流程见图 7-2。

7.3.3.1 水和药品称量

用于配制培养基的水最好是用玻璃容器蒸馏过的去矿质离子的蒸馏水。所用的各种化学药品应尽可能采用分析纯或化学纯级别的试剂，以免杂质对培养物造成不利影响。

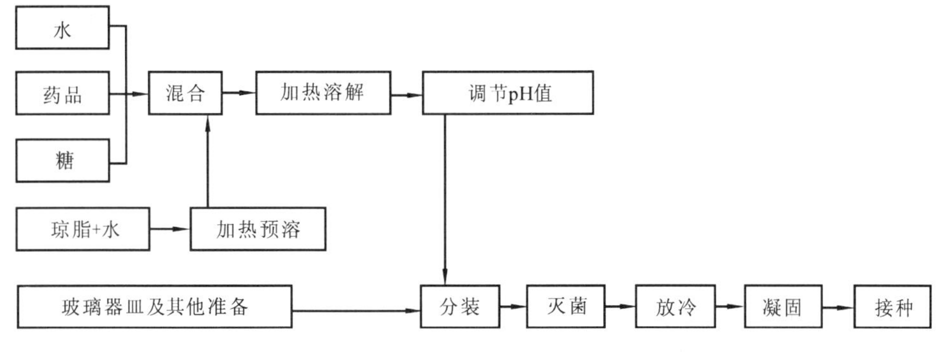

图 7-2 培养基配制操作流程

生长调节物质的纯度要高。蛋白质水解物最好先用酶水解，可以使氨基酸更好地在自然状态中保存。

药品的称量及定溶都要准确，不同的化学药品需使用不同的药匙，避免药品的交叉污染与混杂。称量时每称取一种药品都应随时记录称量情况(包括品名、重量等)，便于今后分析，以免重复出错。

7.3.3.2 母液配制

配制培养基最方便的方法是预先配制好不同组分使用浓度的 10 倍或 100 倍的母液，甚至 1 000 倍。这些母液包括无机盐、维生素以及在水溶液中稳定的生长调节物质等。平时母液应贮存在 2 ~ 4℃ 冰箱内，待做培养基时取出，按比例稀释配用。这样每种药品称量一次，可以使用多次，并可减少多次称量所带来的误差。但是，应注意各种化合物的组合以及加入的先后顺序，避免发生沉淀。通常，最好把每种试剂单独溶解后再与别的完全溶解的药品混合，或者待前一种化合物完全溶解后再加入后一种化合物。溶解各种矿质盐时要力求把 Ca^{2+} 与 SO_2^{2-} 和 PO_4^{3-} 相互错开，以免形成硫酸钙或磷酸钙的不溶物。若需经常配制较多种类的培养基时，可考虑将母液配制成单一种化合物母液，这样会方便快捷。

铁盐宜单独配制。由于铁盐的配制是一个典型的化学螯合反应，只有在一定的反应条件下才能完成。所以一般是把溶解好的 EDTA 二钠加热，然后将硫酸亚铁溶液缓慢倒入其中，并不断搅拌，最后定容。调 pH 成酸性，因为 Fe 离子在碱性条件下，会形成沉淀，酸性条件下，比较稳定。

植物生长调节物质，宜配制成 0.5mg/L 的母液，这样的浓度既便于计算也可避免冷藏时形成结晶。

配制好的各种母液应分别贴上标签，写明母液名称、浓度、日期。

7.3.3.3 培养基配制与灭菌

培养基的配制可参考组培手册或其他组培教材，这里不再重述。

配制好的培养基要趁热分装，一般以占试管、三角瓶等培养容器的 1/4 ~ 1/3 为宜。未经灭菌处理的培养基既可能带有各种杂菌，同时又是各种杂菌良好的生长繁殖场所，因此培养基分装后应立即置于灭菌锅内进行灭菌。若不能及时灭菌，最好放入冰箱或冰柜中，在24 h内完成灭菌工作。培养基灭菌时间不宜过长，也不可超过灭菌锅规定的压力范围；否则，培养基中的蔗糖、有机物质，特别是维生素类物质就会分解，导致培养基变质、变色，甚至难以凝固。

对于IAA，ZiP及某些维生素等遇热不稳定的生物活性物质，不能进行高压蒸气灭菌，而必须采用过滤方法灭菌。通常采用减压过滤装置和过滤灭菌器。

高压灭菌后的培养基凝固后、宜将培养基放到培养室中预培养2～3d，确定没有杂菌污染才可放心使用。暂时不用的培养基应放置于10℃下保存，而含有生长调节物质的培养基在4～5℃低温下保存更佳。含IAA或GA_3的培养基应在配制灭菌后一周内用完，其他培养基应该在消毒后2周内用完，至多不超过1个月，以免培养基干燥变质。

7.3.2 启动培养

7.3.2.1 外植体选取

(1)取材部位

组织培养已经获得成功的花卉几乎包括了植株的各个部位，如茎尖、茎段、髓、皮层及维管组织、髓细胞、表皮及亚表皮组织、形成层、薄壁组织、花瓣、根、叶、子叶、鳞茎、胚珠和花药等。但生产实践中，必须根据种类来选取最易表达全能性的部位以增加成功机会，降低生产成本。如薄荷(*Mentha arvensis* var. *piperascens*)、四季橘(*Citrus mitis*)等植物用茎段，可解决培养材料不足的困难。罗汉果(*Fructus momordicae*)、秋海棠类(*Begonia* spp.)、大岩桐、矮牵牛和豆瓣绿(*Peperomia magnolifolia*)等多利用叶片材料作为外植体。观赏凤梨多用侧芽、短缩茎等器官作外植体。一些培养较困难的植物，如兰花的种质资源，则往往可以通过子叶或下胚轴的培养。花药和花粉培养成为育种和得到无病毒苗的重要途径之一。其他，可根据需要，采用根、花瓣、鳞茎等部位来培养。

(2)取材时期

外植体取材时期因植物种类和取材部位不同而异。对于多数植物，发芽前采取枝条，室内催芽，然后接种，污染率较低且启动所需时间短、正常化率很高；在萌芽后直接从田间采萌发芽接种，则以4月下旬 ～6月下旬污染率较低。百合以鳞片作外植体，春、秋季取材培养易形成小鳞茎，而夏、冬季取材培养，则难于形成小鳞茎。拟石莲花(*Dudleya Echeveria*)叶的培养中，用幼小的叶作培养材料仅产生根，用老叶片培养可以形成芽，而用中等年龄的叶片培养则同时产生根和芽。在木本植物的组织培养中，以幼龄树的春梢较嫩枝段或基部萌条为好；下胚轴与具有3～4对真叶的微茎段，生长效果较好，而下胚轴靠近顶芽的一段容易诱导产生芽；茎尖取材部位以顶芽为好，启动快，正常分化率高，有1～2个叶原基的顶端分生组织也较理想，但树龄小的要比树龄大的易获得成功。

(3)材料大小

外植体取材大小需看植物种类和取材部位而定。兰花、香石竹、柑橘等许多植物的茎尖培养中，材料越小，成活率越低，茎尖培养存活的临界大小应为一个茎尖分生组织带1~2个叶原基，大小为0.2~0.3mm。叶片、花瓣等约为5mm，茎段则长约0.5cm。

(4)接种

接种需要无菌环境，一般在超净工作台上进行，如图7-3。常用的接种工具有镊子、接种针等，如图7-4。

图7-3 超净工作台

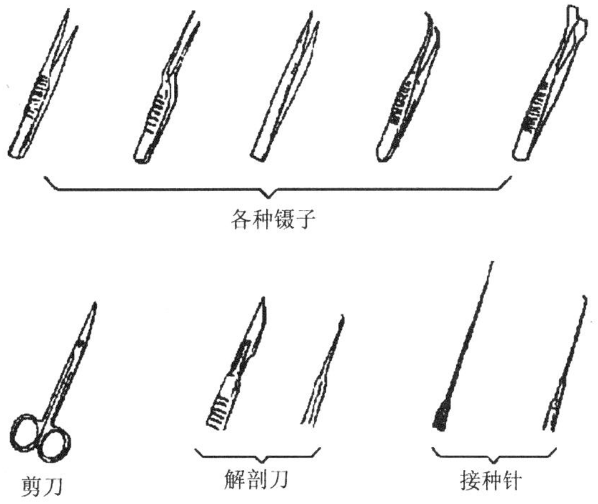

各种镊子

剪刀　解剖刀　接种针

图7-4 各种接种工具

7.3.2.2 外植体消毒

(1)消毒的要求

一般而言，组织越大越易污染，夏季比冬季带菌多，甚至不同年份，污染的情况也有区别。不同植物及一株植物不同部位的组织，对不同种类、不同浓度的消毒剂的敏感反应也不同。所以，要进行摸索试验，以达到最佳的消毒效果。一方面要把材料上的病菌消灭，同时又不能损伤或只能轻微损伤组织材料，以免影响其生长。溶液中添加几滴表面活性剂如吐温80或Triton X等，使药剂更易于浸润至材料表面，提高灭菌效果。

(2)常用消毒剂

消毒剂应为既具良好消毒效果，又易于被蒸馏水冲洗掉或能自行分解，且不会损伤外植体材料、影响其生长的物质。常用的消毒剂有次氯酸钙(9%~10%的滤液)、次氯酸钠液(0.5%~10%)、升汞(氯化汞，0.1%~1%)、酒精(70%)、双氧水(3%~10%)、84消毒液(10%左右)等。

(3)消毒方法

茎尖、茎段及叶片等的消毒 植物的茎、叶部分多暴露于空气中，有的本身具有较多的茸毛、油脂、蜡质和刺，在栽培上又受到泥土、肥料及杂菌的污染，所以消毒前要经自来水较长时间的冲洗，特别是一些多年生的木本植物材料更要注意，有的可用肥皂、洗衣粉或吐温等进行洗涤。消毒时要用70%酒精浸泡数秒钟，以无菌水冲洗2~3次，然后按材料的老、嫩、枝条的坚实程度，分别采用2%~10%的次氯酸钠溶液浸泡10~15min，再用无菌水冲洗3次后方可接种。

果实及种子的消毒 果实和种子根据清洁程度，用自来水冲洗10~20min，甚至更长的时间，再用纯酒精迅速漂洗一下后，用2%次氯酸钠溶液浸泡果实10min，最后用无菌水冲洗2～3次，取出果内的种子或组织进行接种。种子则先要用10%次氯酸钙浸泡20～30min，甚至几小时，依种皮硬度而定，对难以消毒的还可用0.1%升汞或1%～2%溴水消毒5min。胚或胚乳培养时，对于种皮太硬的种子，也可预先去掉种皮，再用4%～8%的次氯酸钠溶液浸泡8～10min，经无菌水冲洗后，即可取出胚或胚乳接种。

花药的消毒 用于培养的花药多未成熟，其外面有花萼、花瓣等保护，通常处于无菌状态，只要将整个花蕾或幼穗消毒即可。用70%酒精浸泡数秒钟后再用无菌水冲洗2～3次，再在漂白粉清液中浸泡10min，经无菌水冲洗2～3次即可接种。

根及地下部器官的消毒 这类材料生长于土中，消毒较为困难。除预先用自来水洗涤外，还应采用软毛刷刷洗，用刀切去损伤及污染严重部位，经吸水纸吸干后，再用纯酒精洗。采用0.1%～0.2%升汞浸泡5～10 min或2%次氯酸钠溶液浸泡10～15min，然后无菌水冲洗3次，用无菌滤纸吸干水后方可接种。上述方法仍不见效时，可将材料浸入消毒液中进行抽气减压，以帮助消毒液的渗入，从而达到彻底灭菌的目的。

7.3.2.3 启动培养

植物组织培养的成功，首先在于启动培养，又叫初代培养，亦即能否建立起无菌外植体。在生产实践中有些物种似乎很容易解决，而有的物种反复多次也难以成功。

(1)保证无菌

在一个周围严重污染的环境中，保证培养材料和培养基的无菌状态及培养室的良好清洁环境条件是最基本的前提。

(2)条件合适

在进行某种植物的组织培养之前，查找一下该种植物过去工作所采用的培养部位、培养基、培养条件和培养技术等，再制定自己的步骤。还要注意掌握适宜的培养条件。

(3)技术过硬

很多组织培养的失败，从材料、培养基和培养条件等方面检查均无问题，只是由于操作技术不熟练而致。如脱毒培养所取茎尖很小，操作时间长、茎尖失水变干，或不慎感染杂菌；在并非绝对无菌的环境中接种，熟练的动作、快速的操作就可缩短时间、避免或减少污染。接种前10 min最好先使工作台处于工作状态，让过滤空气吹拂工作台面及四周台壁，接种人员用70%乙醇擦拭双手和台面。培养瓶在火焰附近打开塞子，消毒过的镊子等器具不要接触瓶口。具体的接种操作如图7-5。

7.3.2.4 外植体褐变与防止

(1)外植体褐变

组织培养过程中外植体褐变是影响组织培养成功的重要因素。褐变包括酶促褐变和非酶促褐变，目前认为植物组织培养中褐变以酶促为主。影响褐变的因素复杂，与植物的种类、基因型、外植体部位和生理状态等有关。木本植物、单宁或色素含量高的花卉容易发生褐变。幼龄材料一般比成龄的褐变轻，因前者比后者酚类化合物含量低。在卡德利亚兰的培养中，较短的新生茎中致褐物质含量高，而较长的新生茎中致褐物质含量

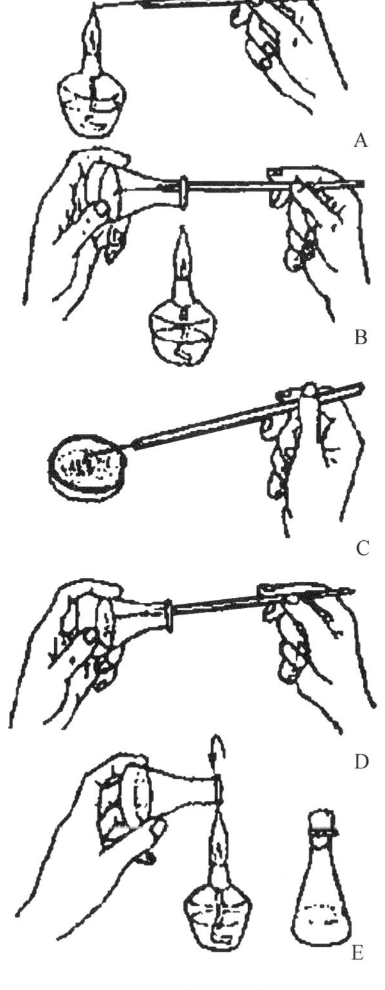

图7-5 接种操作步骤

低。石竹和菊花顶端茎尖比侧生茎尖更易成活。取材的时期的不同，褐变程度不同。冬季褐变少，夏秋季褐变最严重，接种后存活率也最低。

为减轻褐变，在切取外植体时，尽可能减少其伤口面积，伤口剪切尽可能平整。酒精消毒效果很好，但对外植体伤害很重。升汞对外植体伤害比较轻。一般外植体消毒时间越长，消毒效果越好，褐变程度也越严重，因而消毒时间应控制在一定范围内才能保证较高的外植体存活率。

培养基成分及培养条件也会导致外植体褐变。接种后培养时间过长和未及时转移也会引起材料的褐变，甚至导致全部死亡，这在培养过程中是常见的。

(2)褐化防止

选择适宜的外植体。成年植株比实生幼苗褐变程度严重，夏季材料比冬季、早春和秋季的褐变程度重。对较易褐变的外植体进行预处理可减轻酚类物质的毒害作用，如将外植体放置在5℃左右的冰箱内低温处理12~14h，先接种在只含蔗糖的琼脂培养基中培养3~7d，使组织中的酚类物质先部分渗入培养基中，取出外植体用0.1%漂白粉溶液浸泡10min，再接种到合适的培养基上，可以减少褐变。

选择合适的无机盐成分、蔗糖浓度、激素水平、pH值、培养基状态及其类型等，可降低褐变率。

添加褐变抑制剂和吸附剂，如PVP是酚类物质的专一性吸附剂，常用作酚类物质和细胞器的保护剂，用于防止褐变。在倒挂金钟(*Fuchsia hybrida*)茎尖培养中加入0.01% PVP能抑制褐变，而将0.7% PVP、0.28 mol/L抗坏血酸和5%双氧水一起加到0.58 mol/L蔗糖溶液中振荡45min，则能明显抑制褐变。此外，0.1%~0.5%活性炭对吸附酚类氧化物的效果也很明显。

此外，在外植体接种后1~2d立即转移到新鲜培养基中，然后连续转移5~6次可基本解决外植体的褐变问题。此方法比较经济，简单易行，应作为克服褐变的首选方法。

7.3.3 继代培养

7.3.3.1 继代培养的概念与方法

组织培养过程中，外植体接种一段时间后，将已经形成愈伤组织或已经分化根、茎、叶、花等的培养物重新切割，转接到新的培养基上，以进一步扩大培养的过程称为继代培养。在此时期，为达到预定的苗株数量，通常需要经过多次的循环繁殖作业。在每次繁殖分化期结束后，必须将已长成的植株切割成带有腋芽的小茎段（或小块芽团），然后插植到新培养容器的继代培养基中，使之再成长为一个新的苗株。该工作过程对环境要求高，需要适宜的温度、湿度及气体浓度等，其中最重要的是要尽量减少病菌的污染，因此，组培苗的切割移植生产一般都在无菌工作间进行。组培苗的切割移植作业需反复进行，工作量大，需要投入大量的人力和时间，是整个组培过程的重要生产环节和劳动聚集点。

继代次数与变异率在一定程度上是成正比的，因此草本花卉经过多次重复继代后就需要更换培养基。但对木本植物，随着继代次数的增加，组培苗的生理性病害会加大，增殖系数会变低。

当试管苗在瓶内长满并挤到瓶塞，或培养基利用完时就要转接，进行继代，以迅速得到大量试管苗，达到一定数量时进行移栽。能否保持试管苗的继代培养，是能否得到大量试管苗和能否用于生产的关键问题。继代外植体的生长与分化主要有两种途径，一是器官发生途径，如兰花、月季、茶花、菊花、百合、秋海棠、紫罗兰、凤尾兰（*Yucca gloriosa*）等。二是胚状体发生途径，如矮牵牛、一品红、夜来香（*Cestrum nocturnum*）、小苍兰、棕榈等。

试管苗由于增殖方式不同，继代增殖培养可以用液体培养和固体培养 2 种方法。

液体培养 如兰花增殖后得到的原球茎，分切后进行振荡培养（用旋转、振荡培养，保持 22℃恒温，连续光照），即可得到大量原球茎球状体，再切成小块转入固体培养基，即可得到大量兰花小苗。

固体培养 多数继代方法都用固体培养，其试管苗可进行分株、分割、剪裁（剪成单芽茎段）等转接于新鲜培养基上，容器可以与原来相同，大多用容量更大的三角烧瓶、罐头瓶、大扇瓶等以尽快扩大增殖。

7.3.3.2 影响继代培养的因素及解决措施

（1）生理原因

有些植物的试管苗能很好地进行继代培养，如非洲紫罗兰等；而另一些则不易继代培养，如杜鹃花、瑞香（*Daphne odora*）等。这是由于培养过程中逐渐消耗了母体中原有与器官形成有关的特殊物质。一般地，禾本科植物单倍体细胞不易再生，更难保持。

（2）遗传因素

在继代培养中通常出现染色体紊乱，特别是器官发生型，继代培养中分化再生能力丧失与倍性不稳定有关。因此，在进行继代培养时，要尽量利用芽丛增殖成苗的途径，而诱导不定芽发生或胚的发生则有一定的危险性。

（3）外植体类型

不同种类植物、同种植物不同品种、同一植物不同器官和不同部位，其继代繁殖能力也不相同。一般是草本 > 木本，被子植物 > 裸子植物；年幼材料 > 老年材料；刚分离组织 > 已继代的组织；胚 > 营养体组织；芽 > 胚状体 > 愈伤组织。接种材料以带有 2 ~ 3 个芽的芽团最好，可形成群体优势，有利于增殖和有效新梢的增加。但为延缓继代培养中试管苗的衰老，每个培养周期可选生长最健壮的芽取 0.1 ~ 1 mm 的茎尖培养，培养量占总培养量的 0.5%，作为更新预备苗。每经 3 个培养周期，继代苗即可更新一次。

(4) 培养基及培养条件

培养基及培养条件适当与否对能否继代培养影响颇大，故可改变培养基和培养条件来保持继代培养。在这方面有许多报道，如在水仙鳞片基部再生子球的继代培养中，加活性炭的再生子球比不加的要高出 1 倍至几倍。石斛属茎尖或腋芽培养，在固体培养基形成原球茎球状体后，继代培养要用液体培养基进行振荡培养。2 ~ 3 周内需及时转入新鲜培养基，否则会随培养基老化而枯死。

(5) 继代培养时间

关于继代培养次数对繁殖率的影响的报道不一。有的材料经长期继代可保持原来的再生能力和增殖率，如月季和倒挂金钟等。有的经过一定时间继代培养后才有分化再生能力。而有的随继代时间加长而分化再生能力降低，如杜鹃茎尖外植体，通过连续继代培养，产生小枝数量开始增加，但在第四或第五代则下降，虽可用光照处理或在培养基中提高生长素浓度，以减慢下降，但无法阻止，因此必须进行材料的更换。

一般而论，继代周期以 20 ~ 25d 为宜，增殖倍数 3 ~ 8 倍为好。如果继代周期过长，一方面由于需要光照等管理而增加生产成本，另一方面由于培养基陈旧和瓶口封闭不严增加污染率。增殖系数小于 3，生产效率低，生产成本相对提高。但如果增殖倍数大于 8，丛生芽过多，则相对可用于生根的壮苗数量减少而且难以获得优质组培苗，也影响生根质量和后期移栽成活率。

(6) 培养季节

水仙在 6 ~ 7 月继代培养的鳞茎由于夏季休眠，生长变慢，至 8 月后生长速度才又加快。百合鳞片分化能力的高低表现为，春季 > 秋季 > 夏季 > 冬季。球根类植物组织培养繁殖和胚培养时，就要注意继代培养不能增殖，可能是其进入休眠，这可通过加入激素和低温处理来克服。

(7) 继代增殖倍数

继代培养时，一般能达到每月继代增殖 3 ~ 8 倍，即可用于大量繁殖。盲目追求过高增殖倍数，一是所产生的苗小而弱，给生根、移栽带来很大困难。二是可能会引起遗传性不稳定，造成灾难性后果。

(8) 激素种类及水平

非洲紫罗兰幼苗继代增殖中，用 MS 培养基附加 1 ~ 2mg/L KT 和 0.1 ~ 0.5mg/L NAA 时，苗多而弱，无商品价值；而在 MS 培养基中附加 0.05 ~ 0.2mg/L KT 和 0.05 ~ 0.2mg/L NAA 时，苗少且壮，有商品价值。杜鹃茎尖培养中发现，初代培养时 KT 和 BA 的效果没有 ZiP 的好，而继代培养后，则 KT 又优于 ZiP。因此，认为继代培养时，可使用作用较弱的细胞分裂素。

7.3.3.3 继代过程中试管苗玻璃化问题及防止

玻璃化现象是指在继代培养过程中叶片、茎呈水晶透明或半透明状、水渍状，苗矮小肿胀、叶片缩短卷曲、脆弱易碎、失绿组织结构发育畸形等现象，又称过度含水化。“玻璃苗”是植物组织培养过程中特有的一种生理失调或生理病变，其生根困难，移栽后很难成活，因此，很难继续用作继代培养和扩繁材料。现在，玻璃化已成为茎尖脱毒、工厂化育苗和种质材料保存等方面的严重障碍，是进行组培工作的一大难题。目前玻璃化的根本原因尚无定论，有些研究人员认为造成组培苗玻璃化的原因有激素的种类与浓度、琼脂的浓度、外植体的取材部位、不适宜的培养条件等。总之，玻璃苗发生的因素很多，不同植物材料的主导因素往往不同，控制玻璃苗的产生应采取以下几个措施：

(1)选择适当的生长调节剂种类和浓度

经试验，使用 ZiP 0.1～0.5mg/L 时均不发生玻璃化苗，但成本高，分化率低。6－BA 与 KT 相比，6－BA 更易诱导产生玻璃苗。6－BA 在有效浓度内，均有玻璃化苗发生，且随浓度增高而玻璃化苗增加的趋势。因此，在保证增殖率和有效新梢数量的前提下，6－BA 浓度以 0.5mg/L 为宜。当 KT 或 6－BA 与 2，4－D 或 NAA 配合使用时，玻璃苗比率迅速增大，突出反映了生长调节剂种类对玻璃苗发生的影响。当 KT，6-BA，NAA 的浓度加大时，随着浓度的加大，玻璃苗比率急速增加，二者呈正相关关系，表明生长调节剂浓度对玻璃苗的发生影响是较大的。试验证明，当玻璃苗刚出现时，马上将其转移至低浓度生长调节剂培养基或无生长调节剂培养基中，过一段时间，玻璃苗即可恢复为正常苗。若玻璃苗出现后，让其生长一段时间后，再转至上述恢复培养基中，则玻璃苗难以复原。

(2)使用适宜的琼脂量

据报道，用占鲜重百分比表示的玻璃苗叶片含水量比正常苗高。不同琼脂浓度对玻璃化苗有重要影响。在恒温条件下，当琼脂浓度达到一定量后玻璃苗比率下降较多，部分玻璃苗可恢复为正常苗，而且恢复时是从植株上部开始逐渐往下恢复，但苗木生长缓慢。琼脂浓度越高，越不容易发生玻璃化。但琼脂浓度过高会提高成本，同时分化率会显著降低。因此，在大批量生产中琼脂浓度以 6～8 g/L 为宜。

(3)选用不同部位的外植体

在相同条件下，不同部位的外植体，产生的玻璃苗比率差异较大，以中部茎段为最高。这可能是因为中部茎段含有一定浓度的生长素和细胞分裂素。当内外源激素水平相加达到一定值后，玻璃化作用增大。当 BA 1.0mg/L ＋ NAA 0.2mg/L 时，玻璃苗比率迅速增大。

(4)采用玻璃苗复壮技术

试验发现，把脱毒香石竹玻璃化苗接种到分别加入 20，40，60，80 万单位青霉素的培养基上进行转绿试验，以不加青霉素的作对照，培养 1 个月后发现，4 种浓度的青霉素均能使玻璃化苗转绿，以 20 万单位青霉素转绿效果最佳，不加青霉素的玻璃化苗没有转绿现象。原因可能是青霉素有促进叶绿素的合成和抑制其降解的作用，但青霉素浓度过高对幼苗会产生一定的抑制作用，而影响叶绿素的合成。

(5)调整组培的环境条件

引起玻璃化的因素之一是温度。特别是转接后 10d 内的温度至关重要。有研究认为，当温度日变幅在 ±2℃ 以内时，玻璃化苗发生率仅为 1%，而且出现时间晚，发生程度极轻；当温度日变幅在 ±4℃ 时，玻璃化苗发生率即达 9%，发生程度加重，且出现时间提前；当温度日变幅在 ±6℃时，玻璃化苗发生率高达 39%，在转接后 3d 即出现，程度极重。因此，首先要保持培养室温度 20 ~ 25℃，尽可能控制温度日变幅在 ±2℃ 以内，才可以有效减轻“玻璃苗”的发生，并使植株更健壮。

7.3.4 组培苗生根

离体繁殖产生大量的芽、嫩梢、原球茎(部分直接生根成苗)，需进一步诱导生根，才能得到完整的植株。这是试管繁殖的第 3 个阶段，也是能否进行大量生产和实际应用的又一重要问题，同时也是商品化生产出售产品，取得效益的关键环节。

离体繁殖往往诱导产生大量的丛生芽或丛生茎、原球茎，再转入生根培养基生根或直接栽入基质中，也可以通过诱导出胚状体，进一步长大成苗，如图 7-6。

生根有试管内生根和试管外生根两种方式。一般多数采取试管内生根的方式，也有少数采取试管外生根方式。

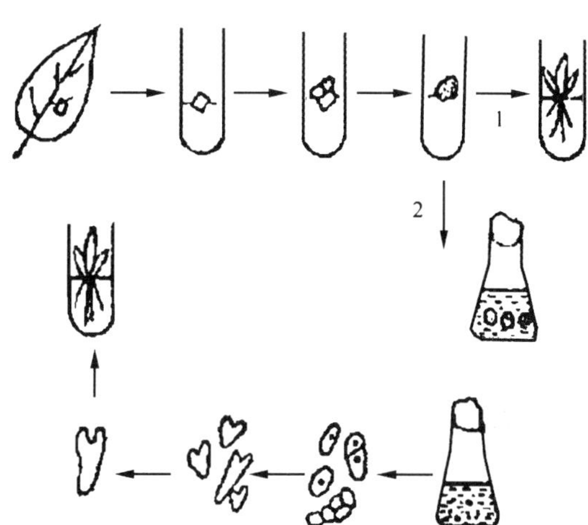

图 7-6 组培生根成苗类型

1. 愈伤生根成苗 2. 胚状体生根成苗

7.3.4.1 影响试管苗生根的因素

(1)植物材料

植物种类、基因型、取材部位和年龄对分化根都有决定性的影响。一般木本植物比草本植物生根难，成年树比幼年树生根难，乔木比灌木生根难。

(2)基本培养基

有研究证明，降低培养基中无机盐浓度，有利于生根，且根多而粗壮，生根也快，如水仙的小鳞茎在 1/2MS 培养基上生根；培养基中大量元素对生根也有一定影响，NH_4^+ 多可能不利于生根；生根需要磷和钾元素，但不宜太多；多数报道：Ca^{2+} 有利于根的形成和生长；微量元素中以硼(B)、铁(Fe)对生根有利，基本培养基中加少许铁盐，生根效果会更好；糖的浓度低些，一般在 1% ~3% 范围内对生根有利。

(3)生长调节剂种类及水平

按生长调节剂类型统计，生根单用一种生长素的占 51.5%，生长素加 KT 者占 20.1%。IBA，IAA，NAA 激素单独使用时，IBA 效果差异不显著，IAA，NAA 虽能提高生根率，但因愈伤组织太大影响移栽成活率。而 IBA，GA，IAA 结合使用，生根率很高，平均单株生根条数多，高于其他组合，且根系粗壮，愈伤组织较小，有利于移栽成活率的提高。按外植体类型统计，愈伤组织分化根时，使用 NAA 者最多，浓度在 0.02 ~6.0mg/L，以 1.0 ~ 2.0mg/L 为多。使用 IAA + KT 的浓度范围分别为 0.1 ~

4.0mg/L 和 0.01~1.0mg/L，而以 1.0~4.0mg/L 和 0.01~0.02mg/L 居多数。而以胚轴、茎段、插枝、花梗等材料为外植体，使用 IBA 促其分化根的居首位，浓度为 0.2~1.0mg/L，以 1.0mg/L 为多。

近年来为促进试管苗的生根，改变了通常将生长调节剂预先添加在培养基中的做法，而是将需生根材料先在一定浓度生长调节剂中浸泡或培养一定时间，然后转入无生长调节剂培养基中培养，能显著地提高生根率。但是唐菖蒲、草莓等花卉，却很容易在无生长调节剂的培养基上生根。

(4)其他物质

有报道培养基中加入一些其他物质(多胺、核黄素等)，有利于生根。如在桉树生根培养中加入 IBA 后再加入核黄素，处于散射光下，能促进生根，比无核黄素的根多且好。

(5)继代培养周期

许多作者报道，新梢生根能力随继代时间增长而增加。如杜鹃花茎尖培养，随着培养次数的增加，小插条生根数量逐渐增加，第四代最高，最后达百分之百生根。一些种和品种在培养初期不易生根，但经过几次继代培养就能生根，或生根率提高。

(6)光照、温度、pH 值

试管苗得到的光照强度、光照时数，在生根培养基上或是试管外时的温度，以及 pH 值对生根均有不同程度的影响。如生根的适宜温度一般在 15~25℃，过高过低均不利于生根。据报道，草莓继代培养中，芽的再生温度 32℃为好，生根 28℃最好。

(7)生根诱导的时间

生根诱导时间以 20~30d 为宜，生根率大于 70%，每株的生根数在 2~3 条以上。生根诱导的时间过长，不但易引起培养基污染，而且生根的整齐度较低，从而影响同一批组培苗生长的整齐度，给集中移栽带来困难。如果生根率过低则生产成本极高，且生根数太少，势必会降低移栽成活率，对大规模生产也不利。

7.3.4.2 诱导生根的绿茎与继代增殖芽的比例

继代后形成能诱导生根的绿茎和继代增殖芽的比例应不小于 1/3。每次继代培养后，至少应有 1/3 的芽抽生绿茎供生根诱导。例如，1 瓶接种 5 个芽，增殖系数为 3，在再次继代转移时，15 个芽中应有 5 个芽生长至一定高度可供生根诱导。如果某一品种在初期由于种芽数量少，急需迅速扩大基础芽量时，可考虑适当加大细胞分裂素的浓度，增大增殖系数进行丛芽增殖，以迅速扩大基础芽量。如果某些品种丛芽增殖后必须通过壮苗培养才能获得绿茎诱导生根时，在壮苗培养后应能获得更高比例的可诱导生根的绿茎。

7.3.5 组培苗的环境调节

7.3.5.1 组培苗生长空间环境控制

空间环境主要包括温度(温度高低，日夜温差及变温)、光照(光强，光周期，光质及照光方向)、热辐射和红外线、气体的组成(CO_2, O_2, 乙烯)和空气环境(气体流通方式及速度)。一直以来，由于植物组培的研究多注重于外植体所需的营养条件，特别是生长调节剂配比，以期获得理想的繁殖效率，而相对忽视了其他环境条件的影响。但事实上，这些空间环境条件也在一定程度上影响着组培苗的生长。组培苗移栽前的状态又在很大程度上影响到移栽后的生长表现。

光照强度对组培苗的生长有一定影响。试验表明，适度提高光照强度可使栀子(*Gardenia jasminoides*)组培苗结构发育更好地趋向于光合自养，可提高玫瑰(*Rosa rugosa*)组培苗的干重，对地黄(*Digitalis purpurea*)组培苗也有促进生长的作用。

光周期也影响幼苗的生长，相同的光照强度下，延长照光的时间可提高组培苗的干重。

光质对组培苗的生长也有影响。辅助蓝光和红光对香蕉组培苗分化生长均有促进作用。相同光强条件下，比较各种光质对缫丝花(*Rosa roxburghii*)试管苗生长发育影响的结果表明：蓝光和红光有利于侧芽的产生；红光有利于提高糖含量，促进叶绿素合成；蓝光有利于蛋白质的增加；其他波长的光处理对幼苗的生长，均有不同程度的抑制作用。白光下小苍兰试管苗叶片数多，生长良好，但愈伤组织诱导率及根分化受到明显的抑制；红光下根的分化速度最快，根分化率及综合培养力最高；蓝光对愈伤组织诱导率、叶绿素含量以及试管苗的干重，生物量有明显的促进；绿光和黑暗对茎尖的分化与生长均有不利影响，易出现玻璃化现象。

研究表明，咖啡组培苗的光合能力随着培养容器内CO_2浓度的提高而提高。CO_2也可显著促进桉树组培苗的生长，反映在干重的增加和根长、生根率的提高上，同时光合速率也得到提高。

7.3.5.2 组培苗生物学环境控制

组培苗根际环境主要包括物理环境(温度、水势、气体和液体的扩散能力、培养基的耐久性和紧密度)、化学环境(矿质营养浓度、添加的蔗糖多少、植物生长调节剂、维生素、凝胶剂及其他、培养基 pH 值、溶解氧及其他气体、离子扩散和消耗、分泌物等)、生物环境(竞争者、微生物污染、共栖微生物和来自培养过程产生的分泌物等)。

组培苗生物环境控制，又称菌根生物技术，指通过接种引入有益的微生物建立和谐的根际微环境，克服组培苗逆境胁迫(如水分和养分缺乏)。有益微生物主要是菌根、真菌和细菌。其中，菌根、真菌能在移栽或定植后发挥功能，成为人们研究的热点。有人认为，由于组培植株生长在一个完全无菌的环境中，因此接种微生物可能是活体植物随后生长十分需要的。

组培过程中有 3 个阶段(生根阶段、移栽时期、移栽后换盆时)可以接种有益微生物。许多研究已表明：在移栽时期和移栽后换盆时接种丛枝菌根真菌很有好处。采取移栽时接种丛枝菌根真菌的方式可获得很好的植物生长效应。在生根阶段的接种效益可能更高，关键是如何提高接种效率，开发合适的菌剂种类和技术。

7.3.6 试管苗移栽与管理

7.3.6.1 试管苗移栽成活因素分析

离体繁殖得到的试管苗能否大量应用于生产，取决于试管苗能否有较高的移栽成活率。试管苗的质量是决定试管苗移栽成活率高低的主要因素，而提高移栽成活率是从组培苗到大田生产的关键所在。

试管苗一般在高湿、弱光、恒温下培养，出瓶后若不保湿，则极易失水而萎蔫死亡。一般来说，造成试管苗死亡的主要原因有：

(1) 根系不良

无根或无根毛 一些植物，特别是木本植物，试管中，材料能不断生长、增殖，但就是不生根或生根率极低，因而无法移栽，只能采用嫁接法解决这一问题。此外，杜鹃花的组培苗根细小，且无根毛；牡丹组培苗的根长但无根毛或根毛很少；玫瑰的试管苗根系发育不良，根毛极少；而菊花、百合的试管苗在出瓶前，根就生有大量根毛，故它们的试管苗移栽远比杜鹃花、牡丹、玫瑰容易得多。

根与输导系统不相通 从愈伤组织诱导的一些根与分化芽的输导系统不相通，有的组培苗的根与新枝连接处发育不完善，导致根枝之间水分运输效率低。如杜鹃花的组培苗根系输导系统不畅，移栽成活率较低。

(2) 叶片质量不高

叶角质层、蜡质层不发达或无 在高湿、弱光和异养条件下分化和生长的叶片，其叶表面保护组织不发达或没有，易于失水萎蔫。试管苗叶表皮缺乏蜡质层，有人认为是高温、高湿和低光造成的，也有人认为是激素影响的结果。

叶解剖结构稀疏 试管苗叶片未能发育成明显的栅栏组织；上下表皮细胞长度差异不显著；试管苗叶组织间隙大，栅栏组织薄，易失水、加之茎的输导系统发育不完善、供水不足、易造成萎蔫、干枯死亡。未经强光开瓶炼苗的试管苗，茎的维管束被髓线分割成不连续状，导管少，茎表皮排列松散、无角质，厚角组织也少；而经过强光炼苗的茎，则维管束发育良好，角质和厚角组织增多，自身保护作用增强。

7.3.6.2 提高移栽成活率的技术措施

(1) 选择适宜继代次数的组培苗

继代的次数也会影响组培苗的质量，影响移栽后的生活力。百合鳞片作为外植体，通常在 10d 左右，即可从鳞片处生产新芽，不需要诱导愈伤组织的形成，以免不必要的养分损耗，在此基础上即可进行生根培养，以获得完整的试管苗，继代次数一般为 3 ~ 8 次为宜。

(2) 培育瓶生壮苗

对健壮苗的要求是根与茎的维管束相联通，根系不是从愈伤组织中间发生，而是从茎木质部上发生。同时不仅要求植株根系粗壮，还要求有较多的须根，以扩大根系的吸收面积，增强根系的吸收功能，提高移栽成活率。根系的长度以不在培养容器内绕弯为好，根尖的颜色应为细胞分裂旺盛的黄白色。在生根培养时，茎部粗壮、生命力强的生根幼苗移栽后成活率高，而丛生状的、细弱的组培苗生根移栽后，由于茎部细弱，失水快，极易萎蔫，成活率大大降低。有试验表明，在培养基中加入适量 B_9、CCC、PP_{333} 等植物生长调节剂，可提高组培瓶苗的品质，提高移栽的成活率。

(3) 选择适宜的移栽时间

幼苗长出几条短的白根后就应出瓶种植。根系过长，既延长瓶内时间，成活率也不高。试验发现，幼苗茎部伤口愈合长出根原基，而未待幼根长出即出瓶种植，不会损伤根系，也可缩短瓶内时间，移栽速度快，成活率较高。难生根的植物可选择无根嫩枝扦插技术，先在瓶内诱导根原基，取出后移入疏松透气的基质中，人为控制光照、温度，喷雾以提高空气湿度，使植株形成具有吸收功能的根系。

(4) 选择合适的移栽容器及基质

穴盘移栽是组培苗进入大田的过渡，优点在于每株幼苗处于一个相对独立的空间，一经发生病害，不会快速蔓延引起其他植株死亡。

适宜的移栽基质，应是既疏松通气，又有较好的保水性。湿度又不能太大，否则会影响根系的通气性引起烂根。基质选择的原则是疏松透气，具有一定的保水保肥能力，容易灭菌处理，不利于杂菌滋生。此外，小苗移栽基质除物理结构外，对于某些喜酸性的植株应相应的调整栽培基质的 pH 值，以利成活。如宜用树皮和碎石混合作为金钗石斛试管苗移栽基质，其通风透气，排水良好，又能保持湿度，成活率高。木屑和石砾混合作为基质疏松透气，能保持一定的湿度，但排水稍差，控制不好很容易烂根。且长期的湿润环境的影响下，木屑容易滋生大量的苔藓，板结而影响到根的正常生长。用营养土和石砾混合作为基质，可以给试管苗提供良好的营养，但通风透气不足，排水性能差，易积水，很易造成烂根，影响移栽成活率。

基质中喷施杀菌剂能杀死各种有害杂菌，使试管苗在刚移栽的一段时间内，处于一个病原菌相对较少的环境中，能顺利渡过从异养到自养的中间阶段。试验表明，用多菌灵 1000 倍液、甲基托布津 1200 倍液处理基质，可使枇杷试管苗移栽成活率提高 8% 和 13%。

(5)炼苗与壮苗训练

移栽前要进行炼苗与壮苗训练以提高组培苗的抗逆能力。应尽量诱导茎叶保护组织的发生和气孔调节功能的恢复。移栽前打开瓶口，逐渐降低湿度，并逐渐增加光照进行驯化，使新叶逐渐形成蜡质，减少水分散失，促进新根发生以适应环境。如百合组培苗培养成完整植株后，室温下不打开瓶盖，自然光照下炼苗 1 周后，打开瓶盖炼苗 2 ~ 3d 后移栽，成活率较高。炼苗应使原有叶片缓慢衰退，新叶逐渐产生。如降低湿度过快、光线增加过大，原有叶片衰退过速，则使得根系萎缩，原有叶片褪绿和灼伤、死亡或缓苗过长而不能成活。利用生长抑制剂和碳源可以矮壮植物的原理，采用不同浓度的 PP_{333} 与蔗糖的处理，能够促进组培苗质量的提高。

以往通常在培养室中炼苗，如果改在温棚(图 7 - 7)或弓棚内炼苗，则可使试管苗生长条件更加接近移栽后的环境条件。炼苗时不要一次性揭开培养瓶封口膜，每天揭开一点，让试管苗逐渐适应棚内生态条件，直到试管苗把封口膜顶起时，再撤去封口膜，

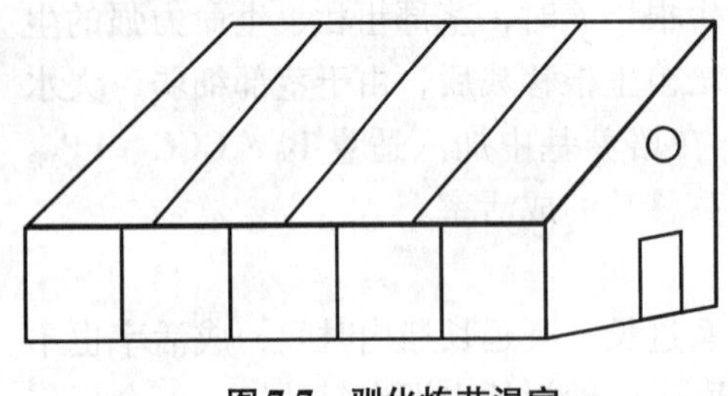

图 7-7 驯化炼苗温室

让试管苗完全暴露在空气中，使温度保持 25℃左右，湿度 95%～100%。棚内要减少人员走动，给试管苗创造无菌环境，一旦发现瓶内有病菌滋生应立即移出。炼苗无时间限制，当试管苗的茎叶由浅绿变为深绿、油亮时就可以移栽到基质中。

(6)精心养护管理

温度和光照：组培苗在种植的过程中温度要适宜，对于喜温的植物如南方观叶植物，应在 25℃左右为宜；对于喜凉爽的植物，如菊花、文竹(*Asparagus setaceus*)等以18～20℃为宜。如果温度过高，会使细菌更易滋生，蒸腾加强，不利于组培苗的快速缓苗；温度过低，则生长减弱或停滞，缓苗期加长，成活率降低。移栽要在光照弱的时候进行，光线过强，可用 50% 的遮阳网减弱光照，以免叶片水分损失过快，造成烧叶。

水分和湿度：在培养瓶中的小苗因湿度大、茎叶表面防止水分散失的角质层等几乎没有，根系也不发达或无根，种植后很难保持水分平衡，某些对湿度要求严格的植物，如山茶、矮牵牛等，相对湿度若低于 90%，移栽幼苗即卷叶萎蔫，如不及时提高湿度，小苗将会在 1 周内死亡。要保持较高湿度必须经常浇水，这又会使根部积水，透气不良而造成根系死亡。所以，只有提高周围的空气湿度，降低基质中的水分含量，使叶面的蒸腾减少，尽量接近培养瓶中的条件，才能使小苗始终保持挺拔的姿态。定植后为防止土壤干燥应浇足水，并使组培苗的根系与栽培基质充分地接触。

科学施肥：组培苗首次移栽 1 周后，可施些稀薄的肥水。视苗大小，浓度逐渐提高。也应进行追肥，以促进组培苗的生长与成活。

药剂使用：尽管很多植物组培已获得成功，但能大量用于生产并产生经济效益的却不多，这主要与试管苗能否有较高的移栽成活率有关。各种病菌对幼苗的侵袭是试管苗移栽后容易死亡的重要原因之一。利用杀菌剂提高植物试管苗移栽成活率是一种常用方法，一是用杀菌剂来处理移栽基质，二是在移栽后喷施杀菌剂，三是在移栽过程中利用杀菌剂处理试管苗根部，从而提高移栽成活率。

7.4 花卉专业组培苗生产的管理技术

7.4.1 生产计划的制订

要根据组培苗的生产工艺流程(图 7-8)，结合市场需求和种植生产时间来制订全年花卉组织培养生产的全过程。制订生产计划，虽然不是一件很复杂的事情，但是仍需要全面考虑、计划周密、谨慎工作，尽可能把一切正常因素和非正常因素均要考虑在内。同时，制订出计划后，实施过程中也要注意应对一些意外事件发生。所以，制订生产计划必须注意：①对各种植物增殖率的估算应切合实际；②要有植物组织培养全过程的技术储量(包括外植体诱导、中间繁殖体增殖、生根与炼苗技术)；③要掌握或熟悉各种

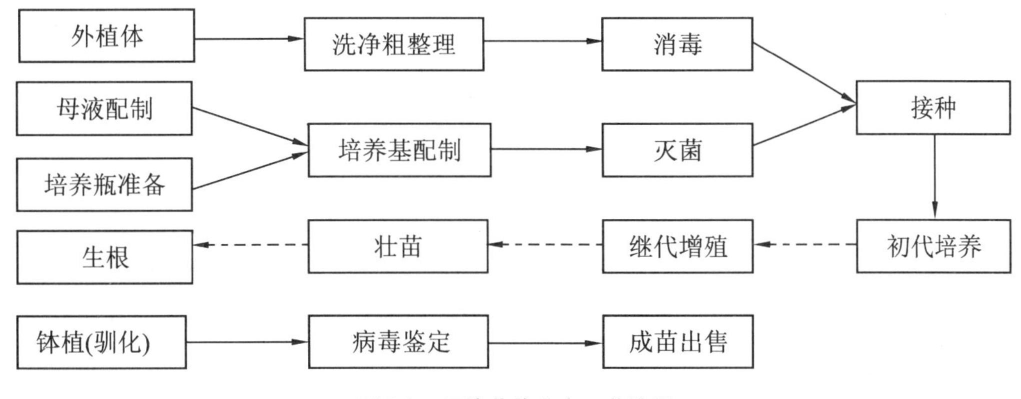

图7-8 组培苗的生产工艺流程

组培苗的定植时间和生长环节；④要掌握组培苗可能产生的后期效应。

一个完整生产计划的制定应包括生产设施、繁殖品种、计划数量、上市时间、销售策略等几方面。为了保证生产计划能够按时、按质、按量完成，并能够按市场需求进行供苗；在制订计划前要认真分析往年的销售情况，预测本年度的市场需求，及早做好生产品种的引种等准备工作。

7.4.1.1 计划生产数量

根据需求确定繁殖品种，具体到每个品种什么时候开始进行生产前的预准备，需要多少顶芽或其他材料作外植体，必须依据计划的生产数量来考虑，一般至少应提前在生产季节前6~8个月开始准备。减少因准备时所选品种的市场潜力还很大，但后期却不被市场接受，不得不淘汰而造成严重损失的唯一办法，就是扩大信息来源，提高花卉产品市场走势的预测能力。

试管苗的增殖率是指植物快速繁殖中繁殖体的繁殖率。估算试管苗的繁殖量，以苗、芽或未生根嫩茎为单位，一般以苗或瓶为计算单位。年生产量(Y)决定于每瓶苗数(m)、每周期增殖倍数(x)和年增殖周期数(n)，其公式为：$Y = m \times X^n$。

如果每年增殖8次($n = 8$)，每次增殖4倍($x = 4$)，每瓶8株苗($m = 8$)，全年可繁殖的苗是：$Y = 8 \times 4^8$ =52(万株)。

此计算为生产理论数字，在实际生产过程中还有其他因素如污染、培养条件、发生故障等造成一些损耗，实际生产的数量可能比估算的数字要低一些。因此，组培苗的生产数量一般应比计划销售量加大20%~30%。但是，生产过程中，市场是在不断变化的，要及时反馈并进行适度调整，才能更好地促进种苗的高效生产和有效销售。

7.4.1.2 安排上市时间

种苗上市时间的确定，一般根据各个花卉种类及品种的生长周期，并结合种植地的环境和气候条件，以及近年来产花的时间规律来确定。一般地说，传统节日尤其是春节，需要提供大量花卉上市，一年当中这段时间的花价一般也最高，是种植者获得经济回报最佳时期。组培室要根据各个种类及品种的诱导时间、繁殖系数、继代增殖及生根周期、不同季节过渡培养所需的时间、估计污染率、瓶苗质量及有效成苗数、过渡成活率等因素来计划，确保一定生产量所需的繁殖苗基数，并组织实施。在实施过程中，要坚持从组培生产开始，做好各个生产环节的定期统计工作。

7.4.1.3 购买生产设施

要将无毒、无病的优质苗木应用于生产，获得经济和社会效益，需要一定的试管苗工厂化生产的设施(图 7-9)，在人工控制的最佳环境条件下，充分利用自然资源和社会资源，采用标准化、机械化、自动化技术，高效优质地计划批量生产健康花卉苗木。花卉组织培养苗的工厂化生产用设施和设备应根据市场和生产任务要求来确定生产规模，组织培养离体快速繁殖部分按工厂化生产概念应称为“组培车间”，建立一个中等规模的“组培车间”，大体需要的设施见表 7-3。

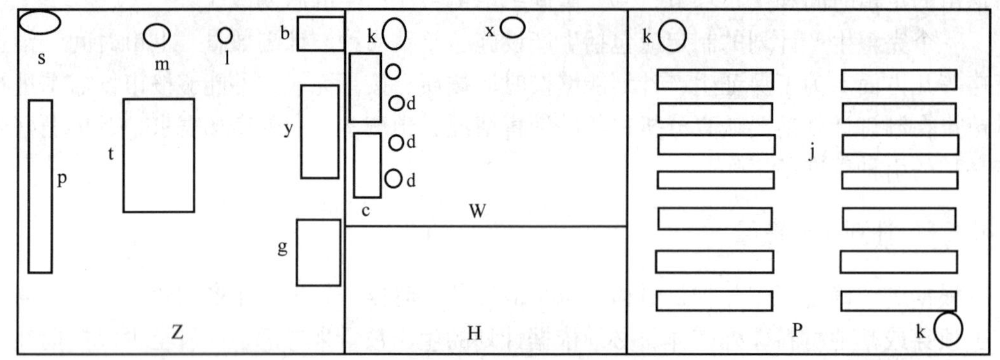

图 7-9 花卉组培苗实验室生产设施

s. 水槽 m. 灭菌锅 l. 电炉 b. 冰箱 y. 药品柜 g. 干燥箱 t. 工作台 p. 平台 Z. 准备室
k. 空调器 x. 吸湿机 d. 椅子 c. 超净工作台 W. 无菌室 H. 缓冲室 j. 培养架 P. 培养室

表 7-3 组培苗工厂化生产建筑设施一览表

序号	名　称	数量(m^2)	单价(元/m^2)	金额(万元)
1	预处理室	40	600	2.4
2	试剂室	40	600	2.4
3	培养基制备室	60	600	3.6
4	灭菌室	40	700	2.8
5	无菌接种室	40	800	3.2
6	培养室	80	800	6.4
7	观察记载室	20	600	1.2
8	温　室	667	400	26
9	塑料大棚	667	100	6
10	防虫网	1200	10	1.2
11	锅炉房	30	500	1.5
12	工作间	100	500	5.0
13	仓　库	200	300	6.0

由于组培苗要求无菌条件，原则上根据品种的不同，一个无菌工作台按年产量15万~20万株计算，然后计算出接种室的需求面积。再按日产组培苗瓶数及培养周期计算培养架数量和培养室面积。一般是1台无菌超净工作台需要配备培养架3架(1.2 m×0.6 m×6层)，无菌操作室与培养室的面积比例为1:(1.5~2.0)。

在生产过程中，需要保护栽培设施，如温室、塑料大棚、防虫网棚、遮阳网棚和防雨棚等。移栽设备主要有搅拌机、装盘机、传输系统、喷药消毒机等，育苗容器有育苗筒、育苗钵、育苗穴盘、传统装置。

7.4.1.4 制订管理办法与销售策略

规范化的科学管理是扩大生产规模，促进工厂化生产的体制保证。标准化生产首要是实行分层管理，依市场作计划层层落实，目标、责任明确。工作区要责任到人，每周1~2次定期清扫，并用高锰酸钾加甲醛熏蒸，紫外灯照射45min，保证接种及培养所需的无菌环境。严格管理，非工作人员要在得到允许后，更换服装并进行消毒，方可进入。

销售部门应密切注视市场变化，及时将市场走势情况反馈给生产部门，以便根据需要及时调整生产计划和种苗上市时间。销售部门还要经常与生产部门进行沟通，及时统计和掌握各种可以出售种苗的动态数量，了解它们的质量状况，进行统筹销售。进行工厂化组培快繁生产观赏花卉种苗的产品，是一类特殊的鲜活产品，其有效商品价值期比较短暂，通常不能超过一个月，否则质量显著下降。因此，只有较好地解决了生产品种不对路，产品数量与市场需求脱节，销苗旺季无苗可销，淡季又大量积压等问题，尽量减少不必要的成本浪费，提高产品的有效销售率，才能在市场中占有较大份额，并赢得较高的信誉，使企业产品具有竞争力。

组培苗工厂化生产是一个系统工程，它包括从品种的选择 → 外植体选取 → 灭菌和消毒 → 初代培养 → 扩繁和继代 → 生根培养 → 过渡培养 → 商品苗 → 销售 → 田间栽培等一系列过程。只要其中的任何一个环节出现问题，都会影响到整个生产计划的完成，所以在制订计划时要充分考虑到各种可能发生的情况，同时又不能把余地留的太大，以免生产过多造成浪费和增加成本，或者不能按订单提供相应的产品。

7.4.2 产品质量的监控与售后服务体系建立

7.4.2.1 产品质量标准

随着市场对花卉质量的要求日益提高，花卉种苗质量是生产者和种植者都十分关注的焦点。花卉最终产品和价值的形成，50%取决于种苗质量的理念，已经成为行业共识。种苗生产企业的生存和发展，已经在一定程度上取决于种苗质量的优劣。种苗质量的保证有赖于质量标准的制定、实施与监督。所以，制订与生产紧密结合、实用性强的种苗质量标准已经引起相关政府部门的重视。

组培苗的质量好坏受很多方面因素的影响，但最重要的有两个因素：一是产品质量，二是生产工序质量。前者可以参考国家部分标准，后者可以通过控制生产标准得到保障。因此，必须针对种苗生产的出瓶苗、进入生产前的出圃苗制定相应质量标准。

制订种苗质量控制方案，须对种苗质量的每一个属性，如种苗健康状况(病理和生理方面)、形态、均一性、无菌性等做出规定，以保证这些属性的复现。在这些属性被确定下来后，接着是设立目标并对达到此目标的过程进行监控，从而令生产者合理生产，购买者放心购买。为此要完善管理制度，明确生产流程中各岗职能，做到各尽其职，各负其责，工作记录完备，出现问题有章可循，有记录可查。

评价种苗的标准可从外观质量、内在质量两个方面进行。

(1)外观质量

主要指标有地径、苗高、根系状况、叶片数、整体感、整齐度等。

地径是指靠近栽培基质处的茎秆直径。不带基质的种苗以最上一轮根在茎上的着生位置的顶部作为测量点，带基质的种苗以最上一轮根在茎上的着生位置至最下一叶的着生位置之间的部位作为测量点。检测方法是用游标卡尺垂直交叉测量2次，取平均值，精确到0.05。如满天星组培苗的地径要求大于0.6cm才能为一级苗。花卉种类不同，对地径的要求不同。苗高指从栽培基质处到顶部叶片最高点之间的距离。用直尺测量，精确到1cm。如满天星组培苗的苗高达到6~8cm才为一级苗。根系状况指种苗根系生长均匀、完整、无缺损。通过目测评定，分为一级、二级、三级和等外级。叶片数应为整数，目测计数，当心叶长度达到植株高度的1/2时作为一个有效叶，如满天星组培苗的叶片数大于14片为一级苗。整体感是指植株的观感，包括植株整体长势、形态、新鲜程度、茎秆状况、叶部状况等。优质的种苗必须生长旺盛，形态完整、均匀和新鲜，茎秆粗壮、挺拔、匀称，叶色亮绿，质硬而厚。整齐度(α)指种苗地径粗度和苗高度的一致性，是对整个批次的评价指标，不是单株的指标。常用一个批次种苗中地径粗度或高度的平均值$X(1\pm10\%)$范围内的种苗数占被测样品总数的百分率表示，一般要求一级苗高于$\alpha\geq90\%$，二级苗$\alpha\geq85\%$，三级苗$\alpha\geq80\%$。计算公式是：

$$X = (X_1 + X_2 + X_3 + \cdots + X_n) \div N;\ \alpha = N_1 \div N$$

式中 X——批次种苗的地径或苗高的平均值，cm；

X_n——单株种苗的地径或苗高，cm；

N——被测样品总数；

N_1——种苗中地径或苗高在$X(1\pm10\%)$范围内的数量。

(2)内在质量

分为健康状况和品种纯度两方面。

健康状况即广义上的病虫害，包括病虫害损伤和携带情况。病虫害损伤主要靠目测检测其各种病斑、组织溃烂、坏死、穿孔、褪色和缺损等。携带情况由于没有明显的危害症状，要靠常规检测与新的生物学检测。常规方法检测是先用肉眼或借助放大镜、显微镜进行症状观察，作初步鉴定。然后将怀疑为病毒、真菌、细菌与线虫性病害进行分离、培养、判定(见7.2节)。

品种纯度指品种典型一致的程度，即种苗的品种真实性和纯度，检测方法主要用田间检查和分子标记检测。田间检查是将种苗按小区种植，至少重复2次。在品种特征表现最明显的时期进行调查统计，并与标准品种进行比较。以外表形态差异为依据得出差异品种所占比例。其比例越高，说明种苗的品种纯度越差。分子标记检测是直接检测花卉的 DNA 序列的差异，常用 RAPD，RFLP 和 AFLP 等。

组培苗有两种类型，一是组培瓶苗，指在培养瓶中生长且已达移植标准的根、茎、叶俱全的完整小植株。二是袋装苗，指瓶苗出瓶后分级假植于盛有营养土的特定规格塑料袋中，并经精心管理所培育而成的、可出圃供大田定植的组培苗。

目前，国家还没有对多数花卉组培苗质量制定统一的标准，只对非洲菊、满天星等花卉的组培苗制定了国家标准，这为其他花卉的组培苗质量给出了一个参照标准。现将非洲菊组培苗质量国家标准(NY/T 877—2004)简介如下：

种源来自经确认品种纯正、优质高产的母本或母株，品种纯度 98%，变异率 2% 以下。外植体为茎尖或幼花托。选用 MS 培养基，生根培养选用 1/2 MS + 0.1 mol/ L 萘乙酸培养基，植物生长调节剂主要为 0.05 ~ 0.1mol/ L 生长素和 0.1 ~ 2mol/ L 细胞分裂素。培养温度为 23 ~ 27℃；光照为 1600 ~ 2000 lx。继代培养不超过 12 ~ 15 代，时间不超过 24 个月。

非洲菊瓶苗 要求种源来源清楚，品种纯正、可靠。培养基及材料无真菌或细菌污染。根系白、粗，且有分叉侧根及根毛，具有长 3cm 以上的白色根 2 条以上。有自然展开叶 2 ~ 4 片，叶色浓绿，植株生长正常不变异。具体而言，非洲菊组培瓶苗质量分二级，分级指标见表 7-4。定级时以达到各项指标中最低的一项来评定，低于二级标准的袋装苗不得作为商品苗出圃。

表 7-4 非洲菊组培苗质量等级指标

级 别	一级	二级
苗龄(d)	15 ~ 20	15 ~ 20
苗高(cm)	11 ~ 15	6 ~ 10
根系长(cm)	7 ~ 10	3 ~ 6
根数(条)	≥6	≥4
叶数(片)	4 ~ 5	3
形态指标	直立，叶绿，有心	苗小于 1 级，叶不周正，有心

非洲菊袋装苗 新出叶 4 ~ 8 片(最好 10 片以上，它比仅 3 片叶的要提前 1 ~ 2 个月开花)，叶色青绿不徒长，叶片无病斑或虫咬造成的缺口，也无蚜虫等害虫，根系生长良好，无检疫性病虫害，无明显可辨的变异株。大田种植后变异率小于 2%。出圃前 1 周应适当控水控肥，并增加光照，使苗木健壮，以提高定植成活率。过小或过老的袋装苗都不宜作商品苗出圃。

此外，有些地方标准规定，香石竹组培苗的质量要求是：4 叶 1 心，茎叶完整，茎粗节密，叶片厚实浓绿、密被蜡质，具发达完整根系，无病虫，不带病毒。

7.4.2.2 生产工序质量监控

委托人将一个或多个母株送到实验室作为繁殖材料，母株会得到一个作物名称和品种号码，并记录下委托人和品种所有者的名字。委托人的订单会得到这一个号码，随后对该品种的第一个植株以及离体培养出来的植株的每一个无性系做编号。该编号代表作物名称、品种名、原始母株和获得的无性系。

在进行组培扩大繁殖之前，从每一个无性系中提取的测试样品被送到委托人那里作纯度鉴定，余下的无性系被存储起来。若无性系在鉴定中的表现不符合标准，便不再进行繁殖。若一切正常，委托人会授意继续下一步生产。这样订单会被重新赋予一个号码，并将号码附在植株上。在对生产过程做监控时，要制定出工作质量和数量标准，每天有专人对所有的环节进行记录，以便及时发现问题、解决问题。这意味着被委托的公司必须描述出生产工序是如何设计、计划和执行的，研究工作是如何贯彻到生产工序中的，做了哪些质量检验以及是如何测定的，当中采取了哪些预防和纠正措施。记录表格式见表7-5。

表7-5 花卉组培苗日工作量登记表

日期	品种	生根数（瓶）	摆放位置	污染数（瓶）	质量	出苗检查	繁殖数（瓶）	摆放位置	培养基	污染数（瓶）	带班人	备注

7.4.2.3 产品包装、运输与贮存

生产的组培苗在销售之前，要进行产品包装。包装的原则一是要方便运输，二是要保证组培苗不被损坏。硬装穴盘苗易于远距离运输；营养丸苗包装占用时间少，且更方便包装运输，但是育苗袋成本较高。如果是瓶苗，要尽可能地减少破裂，袋装苗不能明显受到挤压变形。瓶苗仍需要保留在组培瓶中，并用木箱或纸箱进行包装。袋装苗应用特制的木箱包装，每箱装苗数量一定，且在装箱时及运输途中，袋中土柱应较硬实，袋子完整，以防止土柱松散。

为防止品种混杂，每车试管苗均须挂标签，瓶苗应注明品种、数量、育苗单位、出厂日期。袋装苗也应注明品种、级别、数量、育苗单位、合格证号、出厂日期。如一车装2个以上品种，应按品种分别包装、分别装车，并做出明显标志。

包装前起苗前1d，对瓶苗和袋装苗要分别进行检查，注意其湿度。特别是袋装苗，要剪掉病叶、虫叶、老叶和过长的根系，并根据需要进行消毒处理。

如果是短途运输，可先将20~30株种苗用包装纸或其他包裹物包装好，然后装入纸箱，每箱数量为500~1000株。长途运输时，包装方法与短途运输基本相同，但应在种苗根部填入保湿材料，并将其固定于根部。运输过程中，应保持一定的湿度和通风透气，避免日晒、雨淋。若长途运输，应选择配备空调设备的交通工具为好。

种苗出圃后应在当日装运，运达目的地后要尽快种植。若因特殊情况无法及时定植时，可作短时间贮存，但不应超过3d。贮存时间在1d以内的，可将种苗从箱中取出来，置于荫棚下，敞开包装袋口，并注意喷水，保持通风和湿润。贮存时间在1d以上的，应将种苗假植于荫棚内的沙池或育苗床中，注意喷水保持湿润。

调运途中严防日晒、雨淋，用有蓬车运输。当运到目的地后即卸苗，并置于荫棚或阴凉处；瓶苗及早进行假植，袋装苗及早进行定植。

7.4.2.4 产品质量监控

把好质量关是商家赢得信誉的前提，首先需要对该繁殖材料做初步的、针对主要常

见病原物的化验。若母株对病原体表现为阴性，便可使用单节插条进行组织培养。若母株对病原体表现为阳性，且该病原体可通过组织培养被消除，便采用分生组织尖端培养。若母株对病原体表现为阳性，且该病原体很难被清除，则该母株不能被接受。

可发育成不带病原植株的茎尖或分生组织会被分配一个号码，然后对其进行细菌测试。被污染的无性系会被销毁，而清洁的植株则被扩繁，直到每个无性系有足够的可分割成两部分的植株为止。分割出的两部分，一部分做离体培养，另一部分用于生根，而后移植到没有蚜虫且具泄水道的温室内。经过至少 6 周后，便开始了一系列复杂的测试。对每一个无性系都要进行针对该作物所有已知病原体的测试，针对多发病原体的测试甚至要进行 2 次，接下来的步骤是进行化验。在此过程中，要对无性系再次进行常见病原体及纯净度和纯系成熟度方面的测试，此测试由品种所有人进行。对病原体反应呈阳性或不纯净的无性系均会被淘汰。

7.4.3 降低成本措施

组培苗能否进行大规模推广应用，主要取决于成本。生产成本与设备条件、经营者管理水平及操作人员熟练程度有着密切的关系。生产实践中，在这些条件比较稳定的前提下，可采取的措施有减少污染、提高“三率”(分化率、生根率、移栽成活率)、缩短周期等；另外正确使用仪器设备，延长使用寿命，提高设备利用率，减少设备投资；尽量利用自然光，充分利用空间，节约水电开支；降低器皿消耗，使用廉价代用品等都可有效降低组培苗生产成本。液体培养由于没有固体支撑、透气性不好，很多植物组培很难应用这一体系；应用液体培养在甘蔗、马铃薯等几种作物上已有报道，一致认为应用液体培养基可在较大程度上降低培养成本。

要在生产中发展普及组织培养技术，主要取决于能否使组培苗的生产成本得到有效的降低，既让商家获益，又让组培苗的价格降低到农户可以接受，从而促进生产。

7.4.3.1 选择适宜的培养瓶

在传统的植物组织培养中，多以玻璃三角瓶为培养容器。其优点是透光性好、轻便，非常适用于科学研究；其缺点是价格高、易碎、容积小，在大批量的生产中就会相应地增加生产成本。现在市场上出售的柱形塑料瓶其容积大、价格便宜、使用期长，可以弥补玻璃三角瓶易碎、价高的缺点，虽然透光性不如三角瓶好，但实践证明，对试管苗的生长不会有太大的影响，而且可以提高工作效率。如买不到这种塑料瓶，可以用 250 mL 的玻璃罐头瓶代替，用封口膜封口。

但是，在生产中以这两种培养瓶为培养容器时，要特别注意灭菌处理。因为，这种大容积培养瓶内培养基的体积也会相应增大，如按常规灭菌，容易造成灭菌的不彻底。所以，要适当的延长灭菌时间。罐头瓶等培养瓶呈圆柱形，放入消毒筒内进行灭菌时如排列紧密，瓶与瓶之间几乎不留空隙，不利于蒸汽的流通和热交换，使培养基升温缓慢，其中的杂菌不能被完全杀灭。因此，在灭菌时要注意消毒筒内培养瓶不要放得太紧，留出一定的空隙。

因为体积大、通气性好、容器上部空间相对较大，组培苗在塑料瓶和罐头瓶等柱形培养容器中的接种密度可适当增加，在生长培养基上的接种密度可达到20株/瓶，而在100 mL的三角瓶中的接种密度一般为10株/瓶，虽然使用的培养基量也有所增加(由30mL增加到40mL)，但总的来讲，显著地提高了工作效率，相应地降低了生产成本。

7.4.3.2 改变培养基组成

在初代增殖培养阶段，尽可能地增加繁殖系数可以降低生产成本。但是，增加繁殖系数就意味着增加培养基内的激素含量，这样会降低组培苗的质量，加大玻璃化苗的比例，影响其后续生长等。因此，繁殖系数的增加要适当。在生产中，配制培养基时以食用白砂糖代替蔗糖，自来水、纯净水代替蒸馏水可以降低成本，同时对组培苗的培养不会产生较大影响。培养基中几种有机成分对组培苗的生长影响不大，适当的时候可以省去。

炼苗前的培养周期中，培养基成分可由MS降至2/3MS或1/2 MS。因为对于正常生长周期的花卉(生长期在3个月内)来说，在生长期内，培养基中的营养成分实际利用率均达不到60%，所以培养基可以将营养成分减到一半，这样仅药品就可节约一半。

移栽前的壮苗培养基的体积很重要，100 mL的三角瓶可以加入20 mL培养基，培养30d后，组培苗叶色浓绿、生长健壮、叶柄含水量少；而加入30 mL培养基时，组培苗的叶柄细嫩、含水量大，移栽后易腐烂、难成活。

快速转接：酒精灯只在剪刀和镊子灭菌时点燃，此法可节约酒精点燃时间7/8，而丝毫不增加污染率。培养100万株苗，可节约酒精量180kg左右。

7.4.3.3 培养过程中调节

补光时间调节 光照时间由白天改为晚上，夏天白天气温高，培养室空调降温压力大，此法可减轻空调工作压力，节约电能，同时又可减轻冬天夜里气温低、增温难的压力。单此一项，培养100万株苗，就可在一年内的周期中减少空调耗电4000 W左右。

光照强度调节 在植物的光补偿点与光饱和点范围内适当调整光强而不会影响生长。如高温夏季培养香石竹过程中，由原来一层架子80 W功率的灯光减半，则其叶子稍小茎尖变长，但丝毫不影响其移栽成活率与苗子的快繁速度，而更利于快繁时的转接操作。

培养周期调节 从培养基的养分消耗看，或者从苗子的生长周期看，适当延长转接周期即减少转接次数，会利于更快的繁殖速度，降低成本。如蝴蝶兰等这些低耗量的植物，扩繁转接周期由原来的35d增至55d，不影响繁殖量和生长速度，反而更经济的利用了养分。再者不同苗子都有不同的生长高峰期，高峰期前转接则浪费人力物力。

7.4.3.4 减少污染

在组培苗工厂化生产中，经常碰到组培苗及培养基被细菌、霉菌、酵母菌、放线菌等污染的情况，轻者会导致组培苗生长势弱并影响下一代的生长，重者会导致组培苗的大面积死亡。这是组培苗生产中最令人头痛的问题。污染不仅严重影响了组培苗的质量和产量，而且还大幅度提高组培苗的生产成本，造成较大的经济损失。据报道，在组培苗工厂化生产中，污染每增加5%，成本将递增10% 以上；污染率越高，成本递增越大。当污染率达30% 时，成本将增至106.5%。在组培苗工厂化生产中，只有尽可能减少污染，有效地防止和抑制污染、保证组培材料正常生长及分化，排除不必要的损失，也是降低生产成本的有效措施，才有可能获得较好的效益。

污染主要是由原始材料带菌、培养基或接种工具消毒不严格、无菌操作不规范及环境洁净度差几个方面引起的。组培苗污染情况与环境空气中的真菌数量存在正相关的关系。定期消毒可有效控制组培环境中的污染菌，通过降低组培环境中的污染菌数，可降低组培苗生产中的污染率。

由霉菌和酵母菌等真菌引起的污染，其特点是易于被观察到，但污染迅速且难于控制，往往造成较大的损失。目前还没有有效的控制真菌污染的方法。生产中，以青霉菌的污染最多。试验发现，加入75% 百菌清可湿性粉剂到培养基中可有效地控制青霉菌的污染。在处理真菌污染的组培苗和培养瓶时要特别小心，如果污染的数量较小或污染的材料不是特别重要时，最好不要开盖，直接进行高压灭菌。因为一旦打开培养瓶的盖子或封口膜，真菌分孢子就有可能飞出来污染周围的环境，会造成更大面积的污染。

由各种细菌及内生菌引起的污染，其特点是有很长的潜伏期，有时在继代几次后才表现出来。现在生产中倾向于使用各种抗生素来控制细菌的污染。抗生素的种类很多，作用也不尽相同，使用不当，就会给生产造成损失。而且细菌的种类也不尽相同，因此，在用抗生素防治组培苗工厂化生产中出现的细菌污染时，特别是处理大面积污染时，要预先做好预备试验。不但要考虑抗生素的生物属性，如可溶性、稳定性、广谱性及副作用的大小，还要分析培养基对抗生素效率的影响以及引起细菌抗性的可能性，更要观察组培苗的反应。抗生素可以直接加入到培养基中，也可以用抗生素直接浸泡污染的组培苗。

苗子大量转接多次难免出现细菌类污染，只需适当加以处理，苗子还可以被利用。如转接时取材要尽量大，防止苗子快速生长前菌群生长过快，势力压过苗子生长。刚转接的1周内温度尽量低，给细菌不良的生长温度，使其菌落生长慢而苗子快速生根开始生长。保种期的苗子若有菌，可处理使用，避免重新接种为延长周期增加成本。比如可截取茎段，先用75% 的酒精处理2s，再用0.1% 的升汞处理3～4min，多次冲洗可除去一般的菌源。

7.4.3.5 移栽及养护管理过程中的调节

不同植物组培苗移栽时带根与否，成活率不同。如草莓等生根容易的植物，组培苗移栽时带根与否，在相同移栽条件下对其成活率的影响不大，完全可以省略生根培养阶段。同时在移栽的早期，特别是组培苗未生根时，不要供给营养液。因为此时的组培苗对养分的吸收能力很弱，且体内贮存有足够的养分供给早期生长，喷施的营养液的绝大部分浪费了。等组培苗生根后再喷施营养液，微量元素可先配制成200倍的浓缩液，喷施时再稀释。移栽后加强对组培苗的管理是工厂化生产中提高成苗系数的主要措施之一，而成苗系数的提高会相应地降低生产成本。

要注意，水分过多会影响组培苗的生长甚至可引起植株腐烂，特别是在高湿高温条件下，易引发病害的发生。一旦病害发生，要严格控制浇水并合理喷施杀菌剂。在无病害发生时，定期使用杀菌剂喷雾也能显著提高成活率，但不要太频繁。

组培苗在无土基质中的时间不宜过长，以15d为宜，此时组培苗根系已建成，可以栽培到盛有腐殖土的营养钵中。

7.4.3.6 选择适合的品种

最好要选用珍稀名贵花卉品种培养销售营养钵苗。名贵花卉，开花成苗的价格很高，增值更为可观。可以控制一定的生产量，自行建立原种材料圃，接种苗、种条材料提供市场批量销售，常可获得极高的经济效益。同时，研制开发具有自主知识产权的专利品种的组培苗，采取品牌经营策略，将更有利于经济效益的稳定增长。

刚出瓶的组培苗，因移栽成活率较低，常常销售不畅，价格也难以提高。应扩大移入营养土中的营养钵的销售，因成活有保障，不但农民易于接受，而且价格也较易提高，一般可增值30%～50%。如果再进一步在田间苗圃培养1～2 w，按成品苗出售，则常可增值1～2倍，或更多。

此外，如灭菌时要尽量采取连续操作，以保证能量的持续利用，从而减少反复的耗能。正常高压锅持续8.5h可灭菌7锅，如果间断按上班时间7h计算，则只能完成4锅的灭菌任务。

7.4.4 几种花卉组培苗的规模化生产技术

7.4.4.1 大花蕙兰组培苗的规模化生产技术

大花蕙兰为兰科兰属植物的一个种，指有原产于喜马拉雅山、印度、缅甸、泰国等地的蕙兰大型花原种及以它们为基础杂交而培育出的许多优良园艺新品种。它们是近几年我国花卉市场上流行的一种高档洋兰。花大，鲜艳，花形规整丰满，气色高雅，花茎直立，每株能产花数十朵。其具有很高的观赏价值，既可作鲜切花，也可作室内盆栽花卉，花期长达3～5个月。由于大花蕙兰多为杂交品种，种子繁殖无法保持其品种特性，且结实率也相当低，分株能力又很弱，因而繁殖系数极低，每年繁殖率仅2～3倍，繁殖速度慢，远远不能满足商品化生产的需求。种苗主要从国外进口，价格较高。利用组织培养进行离体快速繁殖工厂化生产，可大大提高繁殖系数，年产各类规格种苗可达30万株，开花株达10万株，大大降低了种苗成本，满足了市场需要，使大花蕙兰进入千家万户。其生产技术流程为：

选择材料→侧芽启动→圆球茎诱导→继代增殖→丛生芽分化→壮苗生根→炼苗出瓶→移栽。

(1)选择材料，侧芽启动

除茎尖、叶片和种子外，花瓣、萼片、子房、花梗、侧芽、花芽、茎段、根段等外植体也成为兰花组织培养中圆球茎的重要来源。一般认为带1～2个叶原基的茎圆锥成活率高，中间部位侧芽成活率较高。从长1～2cm、苞叶未展开的新芽上切取茎尖则成功率更高，过小的外植体不但活力弱，而且分裂增殖的部位少；过大的外植体，诱导困难，容易褐化死亡。

选择生长健壮、无病虫害的成年植株，切取侧芽，用洗洁精浸泡5min，流水冲洗15min，在70%的酒精中浸泡10～30s，再用无菌水冲洗3次，然后置于0.1%升汞溶液中消毒8～10min，无菌水再冲洗4～5次，每次停留4min。

(2)圆球茎的诱导

在解剖镜下剥取茎尖(1.5mm左右)，接种于添加NAA 0.01～1.5mg/L，6-BA 1.0～5.0mg/L，活性炭1.0g/L，蔗糖30g，琼脂5.5g的MS培养基(pH 5.8)上，诱导圆球茎。培养条件为25℃(±1℃)，每天12h光照，光照强度3000 lx。第7d时基部逐渐膨大，颜色逐渐变绿，1个月可形成直径约2mm的圆球茎。

(3)继代培养与丛生芽分化

茎尖在以上诱导培养基上培养30d后，形成圆球茎。将圆球茎从培养瓶中取出，置于已高压灭菌或用无水酒精擦洗后再在酒精灯上火烧灭菌后放置冷却的培养皿中，每个圆球茎纵切为2～4块，约3 mm，接种到与以上诱导培养相同的培养基上培养。培养30d后，将增殖形成的圆球茎再切分、培养。如此，每30d继代1次，继代10～15次，增殖倍数在6～10倍以上。切口逐渐愈合、膨大，生长速度因基因型不同而不同，紫色品种较白色品种生长快，前者培养5～7d，后者培养8～10d形成圆球茎。若继续培养3周后，每个切块一般可形成4～10个圆球茎。将这些圆球茎继续切分、培养，以同样的速度生长。这样，繁殖率以几何级数递增，可达到快速繁殖的目的。

(4)壮苗生根，成苗培养及驯化移栽

继代增殖的圆球茎，如不再切分，而在原培养基上继续培养，3个月后即长成高约4cm带有2～3片展开叶的小植株，将小植株转接在含IBA 0.5mg/L的1/2MS培养基上，30d后当小苗可长到4～5片展开叶，高5～6cm，这时便可驯化移栽。为提高其炼苗成活率，通常将小苗再剪断部分长根，然后转接在IBA 0.5mg/L的1/2MS培养基上培养25～30d，将培养瓶盖逐渐打开。3～5d后取出小苗，用自来水冲洗根部培养基，再用灭菌水冲洗1遍，移栽于经灭菌或消好毒的基质(腐烂的针叶土∶泥炭∶珍珠岩＝1∶2∶1，或以陶粒＋树皮或苔藓)上，要求基质含有一定水分。浇灌$Ca(NO_3)_2$ 472mg/L＋KNO_3 809mg/L ＋ KH_2PO_4 153mg/L ＋ $MgSO_4$ 493mg/L为配方的营养液最佳。

为保持湿度，在其上覆盖塑料薄膜。同时，根据炼苗季节实际情况，适当遮阳。基质中含水量不能太高，否则易烂根。最终成活率可达90%以上。

7.4.4.2　大花萱草组培苗的规模化生产技术

大花萱草(*Hemerocallis middendorfii*)是培育出的多倍体新品种，花色品种繁多，有淡黄、金黄、鹅黄、浅红、大红、深红等颜色，更有粉白相间和红黄相间的复色。近几年，我国陆续从国外引进大花萱草新品种满足市场需求，花色有淡白绿、深金黄、淡米黄、绯红、淡粉、深玫瑰红、淡紫、深血青等，每丛花的朵数可开至40多朵；直径达19cm。其花形典雅、花色美丽，深受消费者的喜爱而广为栽种，既可地栽布置庭院，又可盆养观赏。目前引进的新品种主要有‘奶油卷’、‘金娃娃’、‘红运’、‘吉星’等。

大花萱草对碱性土具有特别的耐性，是油田及滩涂地带不可多得的绿化材料。可用来布置各式花坛、马路隔离带、疏林草坡等。亦可利用其矮生特性做地被植物。其中有数个品种为“冬青”型，种植在南国，可四季常绿，是优秀的园林绿地花卉。但是，大花萱草结实率低，一般采用分蘖等无性繁殖方式增殖，繁殖率低。1 株萱草每年仅可繁殖 4 ~ 5 株，不能适应市场商品化生产的需求。南京大学通过组培快繁工厂化育苗，在不影响母本植株的正常生长的情况下，每年约生产组培苗 50 000 株，年效益达到5 万 ~ 6 万元，并已进行规模化生产和推广应用，今后还将根据市场需求逐年扩大规模。其生产技术流程为：

选择材料→启动培养→继代增殖→壮苗生根→炼苗出瓶→移栽。

(1)选择适宜的外植体

虽然大花萱草的花托、花茎(梗)、花蕾、花瓣、子房、花药叶片、根段、茎尖、脚芽等均可作为外植体，但是以茎尖、脚芽、花托、花瓣等诱导愈伤组织的效果最好；其次是花托、花茎；叶片取材方便，但是诱导率相对较低，且不能传代；根段较难诱导愈伤组织；子房和花药受取材时间限制且污染率较高，但是愈伤组织诱导率较叶片和根段为高。

植株盛花期时，从植株上切取长 5 ~ 7cm 的花蕾及花茎部分，流水冲洗 30min，用毛刷轻轻刷去植株表面及叶片间的泥土，削去叶片和瑕疵，保留约 3cm 长花蕾及花茎，培养皿中晾干备用。用75% 酒精浸泡 30s，用无菌水漂洗后再放入 0.1% 升汞(0.02% 吐温)中浸泡 5min，用无菌水漂洗 3 次后，放入无菌的培养皿中用灭菌的滤纸吸干水分，分别切取花瓣、花托、花茎各部位并将之横切成 0.5 mm 的薄片，放入培养基。在人工控制条件的培养室内培养，先暗培养 7d 后再转入正常培养。

(2)启动培养与继代增殖

愈伤组织、不定芽诱导及继代增殖培养基采用 MS + 6 - BA 0.5 ~ 4.0mg/L + NAA 0.05 ~ 0.5mg/L。接种 15d 左右，外植体膨大并逐渐增大增厚，在切口与培养基接触处有浅黄绿色和黄绿色的瘤状突起，愈伤组织生成；培养 30d，愈伤组织上出现密集的绿色芽点；培养 40d，芽点逐渐变成芽丛。此时，将愈伤组织切块在培养基继代增殖，增殖系数可达到 4 ~ 5。培养条件是温度(22 ± 2)℃，相对湿度 60% ~ 70%，光照强度 1800 ~ 2500 lx，光照每天 12h。

(3)壮苗生根

生根培养基用 1/2MS + NAA 0.1 ~ 0.8mg/L 或 IBA 0.1 ~ 0.2mg/L + 0.65% 琼脂 + 3% 蔗糖 + 1.0 g/L，pH 5.8。将高度约 2cm 的无根再生苗从愈伤组织上切下来，移入生根培养基中。培养 10d 开始有白色的细根生成，20 ~ 25d 的生根率达 90% 以上，每株幼苗上平均有 4 ~ 6 条根，最高可达 12 条。

(4)炼苗与移栽

当根长至 4 ~ 6cm、苗高 4 ~ 8cm 时，即可进行炼苗与移栽。首先敞开试管苗瓶口，在培养室中炼苗 3 ~ 5d 后，然后取出组培苗并用流动水洗净根系上的培养基，移入事先喷洒过 0.2% 农药达克宁的混合基质中。放入培养箱中培养，温度为 25℃，光照 12h/d。每隔 2d 浇水 1 次，15d 后再移入花盆或大田中生长。移栽成活率可达 90% 以上。

7.4.4.3 观赏凤梨组培苗的规模化生产技术

凤梨科观赏植物是一类新型室内观花、观叶、观果的盆栽花卉，约 68 属 2000 余种；常用做观赏的有果子蔓属（*Guzmania*）、丽穗凤梨属（*Vriesea*）、光萼荷属（*Aechmea*）、凤梨属（*Ananas*）、彩叶凤梨属（*Neoregelia*）、水塔花属（*Billbergia*）、姬凤梨属（*Crytanthus*）、巢凤梨属（*Nidularium*）、花瓶属（*Quesnelia*）和铁兰属（*Tillandsia*）。我国自 20 世纪 90 年代中期大量引种观赏凤梨，因其叶姿和花型独特、花期持久，立即风靡市场。近年来，观赏凤梨组织培养的研究日渐深入，果子蔓属、丽穗凤梨属、光萼荷属、凤梨属、彩叶凤梨属等均已获得组培苗。

(1) 果子蔓属的组织培养

以康泰凤梨（*G. continental*）的芽作外植体，接种至 MS +6 - BA 1.5 mg/L 培养基上，40d 后形成愈伤组织，愈伤组织在 MS + 6 - BA 1.0 mg /L + IBA 0.5 mg /L 培养基上诱导丛生芽及继代增殖，40d 继代一次，不定芽转入 MS + IBA 0.5 mg /L + NAA 0.5 mg /L 培养基，50d 后平均根数可达 5 条以上。擎天凤梨栽培种（*G. lingulata* ‘Amaranth’）短缩茎作外植体，接种在 MS + 6 - BA 2.0 mg /L + NAA 0.4 mg /L 培养基上，25d 后产生不定芽，转至 MS + 6 - BA 1.0 mg/L + IBA 0.1 mg/L 液体培养基上培养 30d 后，将约 3cm 的不定芽转入生根培养基 MS +6 - BA 0.1mg/L + IBA 3.0mg/L，20d 左右即可长出根。星花凤梨短缩茎作外植体，不加任何生长调节剂的 MS 为诱导培养基，以MS +6 - BA 3.0 mg/L + NAA 0.1 mg/L 为继代培养基，连续继代 4 次，平均增殖系数可达 5.0，以 MS + 到 6-BA 0.5 mg/L + NAA 0.5 mg/L 为生根培养基，15 ~ 20d 即可生根。

(2) 丽穗凤梨属的组织培养

取八宝剑凤梨（*G. poelmannii*）母株基部长出的健壮侧芽作为外植体，接种于 MS + 6 - BA 2.0 mg/L + NAA 0.2 mg/L 培养基进行液体培养，50d 后将新的丛生芽切成块，移至 MS + 6 - BA 1.0 mg/L + NAA 1.0 mg/L 培养基进行浅层液体培养，25d 继代一次，最后移至 1/2MS + NAA 0.1 ~ 0.2 mg/L 固体培养基生根培养，1 个月即可生根。以幼株茎段为外植体，则以 MS + 6 - BA 5.0 mg/L + NAA 0.5 mg/L 为诱导培养基，MS +6 - BA 1.0 mg/L + NAA 0.1 mg/L 为增殖培养基，可获得较好增殖效果，用 1/2 MS +NAA 0.5 mg/L 生根效果较好。若以带腋芽茎段作为外植体，在 1/2 MS +6 - BA 5.0 mg/L + NAA 1.0 mg/L 培养基上培养 43d 可诱导出芽；在培养基 1/2 MS +6 - BA 1.0 mg/L + NAA 0.5 mg/L 上培养 30d，芽的平均增殖倍数为 7.4；在 1/2 MS + IBA 1.0 mg/L + 1.0 g/L 活性炭的培养基上进行生根培养，30d 生根率达 100%。取虎纹凤梨（*G. splanens*）芽作外植体，接种于培养基 MS + 6 - BA 1.5 mg/L，40d 后形成愈伤组织，转至 MS + 6 - BA 1.0 mg/L + IBA 0.5 mg/L 培养基上继代培养，在 MS + IBA 0.5 + NAA 0.5 mg/L 上生根培养，培养 50d 后平均根数 5 条以上。

(3) 光萼荷属的组织培养

以温室培养的蜻蜓凤梨（*Aechmea fasciata*）短缩茎为外植体，经消毒后，接种在 MS 培养基上诱导侧芽萌发，在 MS + 6 - BA 4.0 mg/L + NAA 1.0 mg/L + IAA 1.0 mg/L

培养基上继代增殖，不定芽在 MS + IBA 0.1 mg/L 培养基上培养 15d 即开始生根。剥取蜻蜓凤梨盆栽植株的短缩茎作为外植体，在 MS + 6 - BA 2.5 mg/L + NAA 0.25 mg/L 培养基上进行初代培养，35d 后将获得的无菌材料转至 MS + 6 - BA 2.5 mg/L + NAA 0.5 mg/L 培养基中增殖培养，3 个月后转入 MS + IBA 1.0 mg/L 培养基上，180d 后，平均根数可达 10 条。若用蜻蜓凤梨试管苗的茎中部作为外植体，在培养基 MS + 6 - BA 3.0 mg/L + IBA 0.3 mg/L 上诱导侧芽并进行增殖，最后转入生根培养基 1/2 MS + NAA 0.5 mg/L 上，15d 开始生根，40d 后平均根数为 3 ~ 5 条。

(4) 凤梨属的组织培养

以'金边艳'凤梨（*Ananas comosus* 'Variegatus'）的无菌芽为外植体，接种至 MS 培养基，适当提高 VB1 含量，再附加 IAA、KT，25d 左右可分化出丛生小芽，再以此培养基继代培养，以 MS + NAA 0.2mg/L 为生根培养基，6d 左右即开始生根。以凤梨（*Ananas comosus*）的叶片及芽作为外植体，接种至 1/2 MS + 6 - BA 1.0 mg/L + NAA 0.5 ~ 1.0 mg/L 诱导分化，将形成的愈伤组织转入 1/2 MS + 6 - BA 0.12 mg/L + NAA 0.08 mg/L，培养 2 周后达到最大的增殖倍数，继续在相同的培养基中进行生根培养，6 周后得到大量生根苗。

7.4.4.4 菊花组培苗的规模化生产技术

菊花是菊科菊花属多年生宿根草本植物，原产于我国。它花色繁多，品种丰富，具有很强的观赏价值，是目前世界上栽培最广的切花及盆花之一。它的繁殖可以用播种法、扦插法、分株法、组织培养法。在种苗生产上运用最广泛的方法是扦插和组培。由于菊花的病毒病种类比较多，而且危害也较为严重。使用扦插繁殖苗，容易引起病毒病的扩张和蔓延，因此茎尖脱毒培养和组培快繁生产母本植株，再生产扦插苗的技术，对优良品种的脱病毒和复壮有着重要意义。组培技术在新育成品种的快速繁殖上，应用得更为广泛。在种质资源的保存和利用方面，用试管方法保存大量的育种材料和品种，为以后的育种工作提供各种材料，比在大田保种更容易和有利于节省土地和人力。国内外对菊花的组织培养研究自 1972 年以来，有过不少报道，目前快速繁殖的技术已经很成熟。

其生产技术流程为：

选择材料→启动培养→继代增殖→壮苗生根→炼苗出瓶→移栽。

(1) 选择适宜的外植体

菊花能够产生再生植株的器官很多，以组培快繁为目标最好选茎尖、茎段、花蕾为外植体培养增殖效果最好。选取用扦插苗培育的无病虫害、健壮的植株，在其上取材，可保持其优良品种特性。在取材前 2 ~ 3 周，将入选株置于温室内培养，不要对叶面喷水，这样能够提高灭菌的成功率。接种前切取带腋芽的茎段或未开的花蕾，这时花瓣外有一层薄膜包着，里面是无菌的。灭菌处理时茎尖的嫩叶不要剥得太干净，以免伤口面暴露太大，使茎尖受到过大的损害。灭菌茎段除去叶片，只留一小段叶柄。材料初步切割后，用洗衣粉水漂洗 3 次，用自来水冲净后，将其放入含有三滴吐温的 0.1% 升汞溶液中消毒 12min，并不时摇动，然后用镊子将其夹入含三滴吐温的 8% 次氯酸钠溶液中浸泡 8min(超净工作台上)并不时摇动。于无菌水中漂洗二次后待用。将茎切去 1 小段，这样可减少灭菌药物的毒害。切除茎尖上的幼叶，若是蕾须剥去花被，露出里面半球形的花序轴，再视其大小纵切 4 ~ 6 块，接种到诱导培养基 MS + BA 0.3mg/L + NAA 0.1mg/L 中。

(2)启动培养与继代增殖

生长及分化外植体经培养后，一般 20 ~ 40d 茎尖处可分生出新芽，茎段的叶腋处也会萌发出丛生芽，基部生长的愈伤组织也会分化出新芽。而花蕾外植体经过 15 ~ 20d 的培养，会形成愈伤组织；再经过 20 ~ 30d 的培养，愈伤组织就会分化出较多的丛生芽。

将从以上外植体诱导分化出的丛生芽，分切成数块放入增殖培养基 MS + 6 - BA 0.1mg/L + NAA 0.1mg/L 中继代培养。开始分化率和分化苗的数量都较小，随继代次数增加，分生苗很快就能够增多起来。增殖的方式除诱导丛生芽增殖外，还可用茎切段作微型扦插来繁殖，它的增殖速度也完全能满足快速繁殖的要求。方法是用各种再生途径产生的嫩茎为材料，培养其长到一定高度时，把它切成节段，一般是一叶为一段，然后将切断的基部插入增殖培养基中培养。28d 后，腋芽即可长成新的小植株，重复上述的方法不断进行继代培养，从而达到快繁殖目的。

菊花是一种比较容易进行组织培养的植物，适用于菊花的培养基种类很多，它对生长调节剂的要求不很严格，适应范围较广，菊花在组织培养中是一种较不容易因为生长调节剂浓度的高低而引起变异或玻璃化的一个种类。但是 BA 含量不应超过 10mg/L，NAA 不应超过 2mg/L。菊花继代苗的植株应达到叶形、株形正常，增殖培养率可达到 5 ~ 10 倍以上。

菊花在培养瓶中培养的温度适应范围较宽，在 22 ~ 28℃都可以。但温度过低，会使苗质脆弱，生长速度延缓；温度过高培养基水分蒸发较快，致使植株还未分化到所需程度，就开始出现干萎。所以温度最好在 24 ~ 26℃之间。培养室光照每天 12h，光照在 1000 ~ 4000lx 都可以生长，但是光照过弱会使幼苗出现徒长现象，茎软叶细弱，低质量的组培苗，出瓶后的过渡成活率也低。因此光照以 2500 ~ 3000lx 为宜。

(3)壮苗生根

在继代培养基中培养 25 ~ 30d 进行转瓶时，将那些生长正常，苗高达到 2 ~ 3cm 的单株嫩茎切下，插到生根培养基 1/2MS + NAA 0.1mg/L 中，7d 后可形成有突起的淡绿色根原基，经过 2 周培养后，即可生根。菊花的生根非常容易，在多种生长调节剂浓度下，乃至不加任何生长素的培养基上，都可以获得 100% 的生根效果。

用来生根的单株嫩茎必须有 1 ~ 2cm 高，在生根培养基上生长 15d 后，苗高才能达到 2 ~ 3cm，有 2 ~ 3 条根长达 1 ~ 2cm 的不定根。最好生根率达 100% 后，才可出瓶炼苗。如若还有少部分植株未长出足够的根系时，可将瓶苗在上述环境培养条件下延缓几日，待其长出根系时再出瓶。

(4)炼苗与移栽

菊花出瓶苗的标准是叶色浓绿，粗壮，苗高 2 ~ 3cm，有根且根系发达。经过渡培养的下地苗，则要求小苗叶色正常，浓绿，植株矮壮。

菊花的有根苗移栽成活容易，将有根的植株从瓶中用镊子轻轻夹出，洗净根部粘附的琼脂，栽入珍珠岩基质中。移栽前期将空气湿度保持在75%~85%之间，遮光率为40%，环境温度控制在20~26℃，就可使试管苗在20d左右移栽成活，并长出新根新叶。经1~2个月的管理，便可定植于富含腐殖质，经过灭菌处理的砂质壤土中。菊花喜欢微潮偏干的土壤环境，在定植时不必施用基肥，随着小苗对外界环境的适应，可每隔1~2周追稀液体肥料一次。由于菊花有忌高温、喜凉爽的习性，菊花试管苗定植后，不可接受过强的日光照射，应该采用先遮荫再逐渐增加光照的管理方法。由于菊花的过渡成活率比较高，所以有时也可以从瓶内出来就直接下地栽培，但管理要非常细心。

小　结

与传统繁殖方法相比，组织培养具有育苗周期短、繁殖速度快和繁殖系数高，可用于周年育苗和温室流水线式生产种苗，1个芽1年中就能繁殖出逾10万个优良后代，且能最大限度地保持名、优、特品种的遗传稳定性，并可通过组培、物理和化学等方法和工艺有效地生产无病毒的种苗，为改善观赏植物的生长发育、产量和品质提供了新的途径。目前，从草本植物到木本植物种类包括花卉、林木、药材、果树、蔬菜、薯类、农作物等多种植物的快繁领域中，组织培养方法得到广泛应用与推广。植物组织培养经过长期科学与技术实践相结合的发展已经形成了一套较为完整的技术体系。首先是要选择适宜的培养基，关键是要注意离子浓度，一般用较低的离子浓度，且注意不同的培养阶段要求不同。其次是要选用适宜的外植体进行消毒和接种，重点是防止材料变褐，可采取降低培养基中离子浓度和采用液体培养基，也可加入维生素C，半胱氨酸等抗氧化剂等减轻褐变。再次是在适宜的环境中进行继代和生根，最后进行驯化和移栽，并采取适当的措施提高移栽成活率。在整个生产过程中，要有计划、有目的，节约能源和降低成本，加强质量监控，制定营销策略，从而最大限度地提高经济效益。

思考题

1. 结合你对当地花卉市场的调查，谈谈你对重要盆花和切花市场前景的看法。
2. 简述脱毒的意义与方法，如何预防脱毒苗再次感染？如何检测组培苗是否带毒？
3. 试述外植体对组培成苗有哪些影响，如何对外植体彻底消毒？
4. 影响继代增殖的因素有哪些？如何解决？
5. 如何促进组培苗生根？怎样提高移栽成活率？
6. 组培苗工厂化生产应注意哪些问题？若花木公司招聘你负责组培生产，你打算怎么做？
7. 如何确定花卉种苗商业化生产的规模？降低生产成本的措施有哪些？
8. 花卉种苗商业化生产中应注意哪些问题？
9. 试述大花蕙兰组培的关键技术是什么？步骤有哪些？

参考文献

1. 程广有 . 2003. 名优花卉组织培养技术[M]. 北京：科学技术文献出版社 .
2. 吴殿星，胡繁荣 . 2004. 植物组织培养[M]. 北京：上海交通大学出版社 .
3. 张献龙，唐克轩 . 2004. 植物生物技术[M]. 北京：科学出版社 .

4. 邓秀新，胡春根 . 2005. 园艺植物生物技术[M]. 北京：高等教育出版社 .
5. 曹孜义，刘国民 . 1996. 实用植物组织培养技术教程[M]. 兰州：甘肃科学技术出版社 .
6. 谭文澄，戴策刚 . 1997. 观赏植物组织培养技术[M]. 北京：中国林业出版社 .
7. 潘瑞炽 . 2000. 植物组织培养[M]. 广州：广东高等教育出版社 .
8. 朱建华 . 2002. 植物组织培养技术[M]. 北京：中国计量出版社 .
9. 崔德才 . 2003. 植物组织培养与工厂化育苗[M]. 北京：化学工业出版社 .

8

花卉种球生产

球根花卉是非常重要的花卉类群，占世界花卉市场1/4 的份额。球根花卉是以肥大的地下变态茎部或多肉质根部贮藏养分供发芽开花的宿根性多年生草本花卉的总称，依肥大的形态及部位不同，分为鳞茎类、球茎类、块茎类、根茎类和块根类 5 种。球根花卉在植物学分类上所属的科属很多，有百合科、石蒜科、鸢尾科、苦苣苔科、紫堇科、秋海棠科、酢浆草科、毛茛科、兰科、天南星科等 55 属 300 余种，其下园艺品种则更多。热带、亚热带、温带地区均有球根花卉分布，对花卉市场影响最大的是温带球根类花卉。国际上生产球根的国家主要有荷兰、法国、智利、南非、新西兰、以色列、意大利、美国、德国、日本、中国、韩国、墨西哥、肯尼亚等。

目前全世界各种球根花卉种球年需求量为 100 亿粒以上，其中百合约 25 亿粒，郁金香约 30 亿粒，荷兰是主要生产和出口国。在亚洲，百合种球需求量居第一位，每年需约 3 亿粒(日本 1.9 亿粒、中国 1 亿粒、韩国 0.38 亿粒、马来西亚 0.15 亿粒、泰国 0.1 亿粒、中国台湾 0.2 亿粒)。郁金香占第二位，每年需郁金香种球约 2.9 亿粒。随后是唐菖蒲、马蹄莲和风信子。

全世界百合种球生产面积约 $4500hm^2$，其中荷兰每年百合种球生产面积约 $3700hm^2$，年生产百合种球约 18.7 亿粒；法国、智利、新西兰每年百合种球生产面积约 $800hm^2$，年生产百合种球约 6 亿粒。

中国球根切花生产面积较大的有百合、唐菖蒲、郁金香、马蹄莲、小苍兰、球根鸢尾和风信子。目前，中国百合切花栽培面积较大的有云南省和辽宁凌源，其次为甘肃、陕西、上海、北京、广州及四川。生产百合切花用的种球主要依靠从荷兰进口。凌源每年繁育亚洲百合和麝香百合种球 1000 万粒以上，进口东方百合种球 1000 万粒左右，年产百合鲜切花 2000 万枝以上。甘肃和陕西两省百合种球生产面积约 $20hm^2$，年生产百合种球 600 万粒左右，生产的百合种球主要销往上海、北京、广州、东北等地。

中国每年进口郁金香种球 6000 万粒。全国唐菖蒲切花生产面积 1308.26 公顷，年生产唐菖蒲切花 24691.94 万枝。唐菖蒲切花生产的省份较多，种球繁育的省份也相对较多，但以辽宁生产最多，每年约生产唐菖蒲种球约 400 万粒。

本章将围绕百合、唐菖蒲、郁金香、水仙、马蹄莲等重要球根花卉的规模化、标准化商品种球生产关键技术进行论述。

8.1 球根花卉的概念及种球的类型

球根类花卉一般是多年生的，其生命周期包括营养生长期、开花期和休眠期。在生长期结束时球根花卉的地上部分完全枯萎，如对于春植球根花卉在晚春或夏末结束生长期，在秋季开始生长并在第二年开花。球根花卉的地下部分变态膨大，形成球状或块状的贮藏器官，并以地下球根的形式渡过其休眠期(寒冷的冬季或炎热的夏季)。

根据球根花卉地下变态部分的来源和形态种球分为 5 类：

(1)鳞茎(Bulbs)

地下茎短缩为圆盘状的鳞茎盘，其上着生多数肉质膨大的变态叶—鳞片整体呈球形。鳞茎类包括有皮鳞茎和无皮鳞茎。有皮鳞茎其结构包括5部分，基盘、肉质鳞片、鳞片皮、短缩茎和侧芽。鳞片呈同心圆层状排列，于鳞茎外包被褐色的膜质鳞皮，以保护鳞茎。大多数鳞茎为有皮鳞茎，如郁金香(*Tulipa gesneriana*)、风信子(*Hyacinthus orientalis*)、葡萄风信子等。无皮鳞茎的鳞茎球体外不包被膜状物，肉质鳞片沿鳞茎的中轴呈覆瓦状叠合着生，如百合(*Lilium* spp.)，由于无皮鳞茎易受到机械伤害和病原物侵染，所以在贮存和运输时往往与基质(消毒)混合。成年鳞茎顶芽发育成地上茎叶继而开花，而幼龄鳞茎的顶芽为营养芽，不能抽生地上茎只形成基生叶。鳞茎盘上鳞片的腋内分生组织形成子鳞茎。母鳞茎在一个生长季内不完全消耗，且不同种类百合在一个生长周期内母鳞茎消耗的程度不同。生长点每年形成新鳞茎，使球体逐年增大，母鳞茎的鳞片在新形成球体的外围，并依次营养消耗殆尽而衰亡。百合鳞茎的发育，除靠原有鳞片的增重外，与内层鳞片的膨大和数量增加有关，但百合鳞茎体积的膨大与重量增加并非完全同步，体积增大从地上植株现蕾开始，而重量明显增加始于开花期。

(2)球茎(corms)

地下茎短缩膨大呈实心球或扁球形，主要有唐菖蒲(*Gladilus hybridus*)、小苍兰(*Freesia hybrida*)、秋水仙(*Colchicum* spp.)、番红花(*Crocus sativus*)等。

(3)块茎(tubers)

地下茎或地上茎膨大呈不规则实心块状或球状，主要有仙客来(*Cyclamen persicum*)、球根秋海棠(*Begonia tuberhybrida*)、大岩桐(*Sinningia speciosa*)等。

(4)根茎(rhizomes)

地下茎呈根状膨大，主要有美人蕉属(*Canna*)、鸢尾类(*Iris* spp.)、铃兰(*Convallaria majalis*)、六出花(*Alstromeria* spp.)等。

(5)块根(tuberous root)

由不定根经异常的次生生长，增生大量薄壁组织而形成，主要有大丽花(*Dhlia hybrida*)、花毛茛(*Ranunculus asiaticus*)、银莲花属(*Anemone*)等。

在这里需要特别说明的是，并不是所有的球根花卉在大规模商业生产中都采用种球来生产，如仙客来、鹤望兰是采用种子生产。所以本章涉及的内容主要是在球根花卉中采用种球作为规模化商品生产繁殖材料的球根花卉的种球生产。

8.2 球根的生长发育规律

8.2.1 球根的肥大机理

球根具有营养器官和繁殖器官的双重作用。其球根肥大的原因是由于球根内部存在发达的形成层分裂组织，通常进行次生肥大生长的结果。比如，播种的大丽花种子，在形成的初生根先端部具有4原型放射状中心柱，在初生木质部和初生韧皮部筛管之间夹有形成层，虽然这些形成层能够进行次生分化，但不久就停止，所以这种初生根不能肥大。而从茎组织发育来的不定根属于多原型，初生木质部和初生韧皮部筛管之间的形成层非常发达，相互之间构成形成层环，可以向其内侧分化出导管和柔嫩组织，这样，由于木质部细胞数的增加和细胞体积的增大，其肥大方式属于木质部肥大型。以仙客来为例，胚轴和第一节间肥大而形成块茎，是由于内鞘周围形成层比较发达，并形成次生维管束，这些次生维管束内的形成层虽然不能连成环型，但是可以各自分化出柔嫩组织而促使块茎肥大。

球根秋海棠的块茎肥大形式与以上两种类型均不相同。球根秋海棠的块茎肥大受短日照条件诱导，而在长日照条件下则不能肥大。在长日照条件下，植株的胚轴中心部形成初生维管束，伴随着维管束的分化，在其周围分化出新的环状排列的维管束，当将植株移到短日照条件下时，形成层并不发达，而其周围的细胞的体积增大并促使胚轴部位肥大。大多数双子叶植物的球根肥大，除球根秋海棠外，大体上是由于分裂组织的旺盛活动而实现的。对于单子叶植物来说，由于其维管束内部没有分裂组织，所以其肥大的原因不是通过分裂组织活动，而是由初生组织的柔嫩细胞在长时间内保持分裂能力，或者恢复分裂能力。在生长过程中伴随着分散的细胞也具有分裂活性，比如香雪兰的中心柱细胞在催芽后30周以上还在继续增加，一直到球茎成熟为止。唐菖蒲也具有同样的特点，属于分散肥大生长型。

关于百合等鳞茎花卉的球根肥大，主要是由于鳞片的细胞膨大，其中贮藏大量营养物质的结果。这样的球根属于贮藏肥大型。百合鳞茎的发育过程大致可划分为母鳞茎失重期、营养生长期、鳞茎膨大期和鳞茎充实期。百合鳞茎的生长期一般分为生长初期、迅速生长期、缓慢生长期三个阶段，这三个阶段不论是株高、叶片的生长均有不同的表现。由于鳞茎大小不同，植株形态特征也不同。新铁炮百合鳞片扦插繁殖中小鳞茎起源于鳞片基部内层薄壁细胞而不是愈伤组织，发生过程分为启动期、生长锥形成期、叶原基形成期和小鳞茎形成期。

8.2.2 球根肥大与地上部生长的关系

球根本来是作为植物体将地上部的光合产物贮藏的器官，地上部分光合效率高，地下部的肥大就受到促进，因此，与光合效率密切相关的温度和光照等条件都是球根肥大的控制因素。根据球根肥大与地上部生长之间的关系，可以将球根肥大分为以下 4 种类型：

(1)地上地下同时生长型

许多球根会伴随地上部的旺盛生长，地下部开始肥大，即边生长边肥大。

(2)地上抑制生长型

有一些球根的肥大受地上部生长的抑制，即当地上部茎叶停止生长或衰老时，球根开始肥大。唐菖蒲、香雪兰、球根海棠和大丽花等只有在地上部的生长处于抑制状态时，地下部的器官才开始肥大，地上部的营养开始向球根内移动。

(3)成花诱导生长型

有一些球根的肥大与开花具有密切关系，即如果不形成花蕾，就不形成球根。如郁金香、百合和水仙等花卉，开花时地上部停止生长，鳞茎伴随叶片的衰老而快速肥大。此时，茎叶的养分开始向鳞茎转移，并且贮藏在鳞片叶中。

(4)与成花无关生长型

一些球根肥大与开花没有关系，如从实生苗或小球茎得到的植株，即使不开花，也会伴随着地上部的生长停止或衰老而形成膨大的小球茎。

虽然从实际发育过程可以了解到地上部的生长与地下部球根肥大之间存在联系，但其内在机理仍不十分清楚。可以肯定的是，球根的形成与肥大是由于植物进化和环境选择的结果，也即受到基因的控制，当然这些基因的表达受到植物生长发育阶段和环境条件的诱导。

8.2.3 球根内营养物质的积累

球根的膨大过程也是营养物质积累的过程，最重要的因素是碳水化合物的积累。郁金香鳞茎膨大过程中可溶性糖含量迅速增加，鳞茎中皮层细胞明显横向伸长，胞内淀粉粒增大。球根膨大的不同时期，营养物质在植株体内的流向不同。荷兰鸢尾的鳞茎在膨大的初始阶段，细胞的分裂旺盛，碳水化合物临时积累在叶鞘部位。经过一段时间以后，细胞的分裂速度逐渐减缓，其营养物质的流向是将前期临时积累在叶鞘中的碳水化合物向球根运输。而到了开花期，细胞几乎不再分裂，此时球根的膨大完全取决于细胞体积的增大，从外观上可以看到球根的膨大速度很快，明显地进入膨大期，其体内的物质流向主要集中在鳞茎，植物体各个部位的有机或无机养分基本向鳞茎移动。

不同种类百合鳞茎发育过程中，碳水化合物的变化趋势不同。兰州百合鳞茎的淀粉含量在植株半枯期达到最大，而亚洲系百合‘精粹’鳞茎的淀粉含量在植株全部枯萎期最高。麝香百合植株开花前鳞茎淀粉含量达到最大值，而后下降。随着百合芽的生长，芽中蔗糖含量随之升高，蔗糖可能直接参与了百合植株的生长。现蕾以后，植株功能叶完全成熟，鳞茎中淀粉和可溶性糖含量处于共同增加的阶段，这种变化趋势是新鳞茎开始膨大的标志。

8.2.4 种球发育过程中内源激素的变化

麝香百合和东方百合鳞茎发育过程中 ABA 含量有明显的高峰，但东方百合出现的较晚，而麝香百合在整个生长过程中 ABA 含量均处于较低水平。百合鳞茎形成初期，ABA 含量最低，随着鳞茎的发育膨大，ABA 含量显著升高，在植株半枯期达到最大值，这种变化趋势与鳞茎的淀粉积累呈平行关系。ABA 很可能通过调节淀粉水解酶的活性促进不溶性碳水化合物在鳞茎内的积累。

在百合鳞茎的发育膨大过程中，新鳞茎的 GA_3 含量呈下降趋势，而母鳞茎的 GA_3 含量却明显上升，GA_3 与 ABA 比值的变化与 GA_3 的变化相似。可能 GA_3 与 ABA 共同作用调控碳水化合物积累的基因表达。

细胞分裂素不仅能够促进细胞分裂，同时抑制细胞伸长，促进细胞膨大，这些都是球根形成及其膨大所必需的。细胞分裂素调节了物质的分解代谢、矿质营养的转移和再分配等多种生理生化过程。百合植株现蕾期至植株半枯期，新鳞茎内源 ZR 处于较高水平，这与新鳞茎鳞片数目增加、体积增大的结果一致。鳞茎充实期，内源 ZR 含量开始下降，说明此时细胞分裂和扩展已经不是主要的生长趋势。

百合母鳞茎和子鳞茎的内源 IAA 含量均在子鳞茎形成初期最高，而后呈下降趋势。

8.3 环境因素对种球发育的影响

8.3.1 温度、光照与种球发育

百合鳞茎的膨大以子鳞茎数目增加和同化物的运输积累为基础。温度是影响子鳞茎糖分积累和呼吸消耗的主要环境因子，气温和栽培基质的温度均影响到鳞茎的发育。鳞片扦插基质温度为20℃和25℃时，百合小鳞茎的数量、重量、直径均大于基质温度为30℃的处理。在高海拔地区培育的百合种球优于低海拔地区，主要由于高海拔地区夏季气候凉爽，昼夜气温变化较大，这对百合的营养积累和鳞茎发育十分有利。

多数种类百合除夏季强光时应适当遮荫外，生长期间要求充足的光照，长日照条件促进茎叶生长和叶面积增大进而促进鳞茎的膨大。自然光可以促进麝香百合鳞片籽球的形成。离体培养中，光的调节是诱导试管百合小鳞茎形成的重要手段。远红光可促进小鳞茎数量的增加，但在红光和远红光条件下形成的鳞茎与在常规光照下形成的鳞茎相比，处于休眠状态的较多。以鳞片作外植体进行繁殖，鳞片需先经冷处理才能对光处理做出反应，而且黑暗条件下形成的小鳞茎体积较大。光照促进了鳞茎对氮和钾的吸收，培养基中加入谷氨酰胺可以代替光照而促进鳞茎膨大。

8.3.2 碳素供应对种球发育的作用

球根类花卉贮藏器官的生长受到碳素供应的限制。摘除花蕾是增加鳞茎碳源供给的有效途径。以植株上第 1 个花蕾长度为 3.5 ~4.0cm 时为摘蕾的最佳时期，既可避免摘蕾过早对顶端茎叶生长的影响，又可减少碳素竞争而显著提高鳞茎质量。在百合生长的早期阶段外部鳞片的营养供应是极其重要的，如果此时去除外部鳞片，对百合的生长及鳞茎发育都有较大影响。用鳞片进行扦插繁殖产生小鳞茎时，母鳞片顶端部分最先出现淀粉降解，然后是鳞片中间部位淀粉降解，此时顶端可溶性糖含量升高，这种变化在31 周后更加显著，因此母鳞片顶部比基部对小鳞茎的形成和发育起到更为重要的提供碳源的作用。

以鳞片作为繁殖材料进行组培和扦插，外部鳞片、中部鳞片生成小鳞茎的能力大于内部鳞片，原因之一是前两者含有较多的碳水化合物。培养基中添加的糖是鳞茎增殖的物质基础，以2%的浓度最为适宜。

8.3.3 植物生长调节物质在百合鳞茎形成中的作用

同一鳞片的不同部位分化小鳞茎的能力有明显差异，基部分化能力最强，中部次之，顶端最差，几乎不能形成小鳞茎。从内源激素含量来看，鳞片上部含有较高的 ABA 和较低的 CTK 及 GA_3；鳞片中部 ABA 含量较上部明显降低，CTK 和 GA_3 则有所增加，而下部 CTK 及 GA_3 含量更高，ABA 含量极低。但是以鳞片作外植体培养百合小植株，在培养基中加入 Fluridone(ABA 合成抑制剂)抑制了鳞茎形成而促进了叶片的发育，

加入高浓度的 Fluridone 则完全抑制了鳞片的分化，所形成植株只有叶片。在培养基中加入 ABA 效果恰好相反，形成的小植株只有鳞片。同时加入 ABA 和 Fluridone 表现出的效果和单独加入 ABA 一样，说明 ABA 的作用占主导地位，鳞茎形成受 ABA 的控制。BA 和 NAA 按(5～10)∶1 的比例配合使用，对诱导小鳞茎增殖有明显促进作用。

8.3.4 基质、营养元素和水分与种球发育

大多数百合种类要求富含腐殖质的微酸性土壤。国外常用的无土基质包括泥炭、岩棉、蛭石、锯末等，生产上常把几种基质混合使用，但各个国家的使用习惯不同。采用不同栽培基质繁殖百合小鳞茎，发现无土栽培获得的小鳞茎鲜重是土壤栽培小鳞茎的1.5 倍，但以土壤作基质，叶片数量和生根量较多。

鳞茎发育对钾营养的吸收大于氮和磷，10～20mmol 的 NH_4^+ 最有利于鳞茎的膨大，如果单独使用 NO_3^- 或 NH_4^+ 超过 30mmol 就会抑制鳞茎生长，培养基中 SO_4^{2-} 浓度高抑制鳞茎膨大；PO_4^{3-} 虽然被大量消耗，但对鳞茎发育不起作用。在鳞茎发育的不同阶段，百合植株表现出明显的营养运转和分配中心的转移。

鳞茎快速膨大期水分的供应也是十分重要的，一般每周浇一次水为宜，成熟后期应适当控水。

8.4 球根的休眠及调控

球根类花卉分布广泛，其生态习性明显地受到气候变化如温度、降水、日照、光周期等因素的影响。

原产在季节性气候变化明显地区的球根花卉，为了能够在不良条件如低温、高温或干旱下生存，形成了一种适应机制，即休眠。球根具有的休眠习性，不仅能使植物在恶劣的条件下生存下来，也给园艺生产带来方便。

休眠期间，不同类型球根内部的变化或生理活动存在很大差异：如风信子、朱顶红、郁金香等进行器官的发生(花芽、叶芽、根的分化)；而唐菖蒲、百合等器官的发生被减弱或暂时被抑制。因此球根休眠是一个动态的、复杂的生理过程，在这一阶段球根没有外部形态上的明显变化，但是其内部却发生着形态和生理上的变化。

8.4.1 休眠的原因

(1)光周期和温度

光周期和温度是诱发和控制球根休眠最重要的环境因素。不同类型的球根诱导休眠的光周期和温度条件不同。对于春季种植夏季到秋季形成的球根，通常长日照促进生长，短日照诱导休眠。大丽花的休眠是在夏季高温和秋季短日照下诱导的。球根秋海棠夏季高温诱导球根的休眠。高温也是诱导麝香百合鳞茎休眠的主要原因。

(2)球根内源抑制物

球根休眠是其内源抑制物和促进物之间平衡的结果，普遍认为是由于脱落酸的抑制效应与赤霉素和(或)细胞分裂素促进效应互相协调的作用。在唐菖蒲的休眠球茎中已

经检测到的有脱落酸、脂肪酸(亚油酸、亚麻酸、硬脂酸、棕榈酸)和酚类物质。抑制物质含量的多少与休眠程度有关。

8.4.2 休眠期和解除休眠过程中球根的内源物质的变化

许多激素对于调节球根的休眠与解除休眠具有重要的作用。在贮藏于4.5℃麝香百合80d的过程中，发现GA_3含量无明显变化，而ABA含量略有增加。亚洲百合在低温处理下ABA含量明显下降；GA_3含量上升；IAA含量在处理的前34d升高，34~67d内下降，67d后又有所上升；用2℃处理的百合鳞茎内ZR含量在101d内也持续上升。

(1)内源激素ABA的变化

一般认为在球根休眠诱导过程中，抑制生长的激素增加；休眠解除过程中促进生长的激素增加。但是球根休眠和打破休眠的动态变化中，激素的变化是非常复杂的。刚刚采收的唐菖蒲球茎中，脱落酸、脂肪酸、酚类物质等生长抑制物质的含量很高，随着休眠被打破，细胞分裂素含量明显增加。深休眠的球茎中脱落酸含量是打破休眠球茎中脱落酸含量的5~10倍。但是在其他球根上则有不同的结果，小苍兰和百合球根打破休眠过程中脱落酸的含量没有显著的变化。郁金香的低温贮藏中脱落酸含量呈明显的上升趋势。脱落酸可能是引起休眠最重要的激素，但其含量的动态变化又不一定与休眠状态一致，因此可能是脱落酸与其他激素的平衡作用更为重要。

(2)GA_3的变化

在唐菖蒲上发现球茎成熟后期赤霉素的含量并不处于最低水平，在花魔芋的研究中发现当脱落酸含量升高或保持较高水平、GA_3含量下降或保持较低水平时，花魔芋块茎趋向休眠或保持休眠状态；当脱落酸下降、GA_3上升时休眠向结束的方向发展，当二者的比值(ABA/GA_3)降到3左右时休眠结束，顶芽具有萌发力。

(3)细胞分裂素的变化

细胞分裂素是一种生长促进物质，当球茎解除休眠后很快就能检测到细胞分裂素的活性，因此认为细胞分裂素是低温下诱导的、高温下合成的。休眠可能与细胞分裂素含量水平有关，并且在不同的品种中变化趋势有差别。对打破休眠种子萌发的研究中发现GA_3促进萌发的作用受脱落酸的拮抗，而细胞分裂素可以清除脱落酸的抑制作用。

鳞茎的休眠不仅与鳞茎内源激素的绝对含量有关，更重要的是与各激素间的平衡作用有关，尤其是生长促进激素与生长抑制激素间的比例和平衡作用。调节植物休眠与萌发的两种重要激素，一种是GA_3，普遍认为能打破植物的休眠，刺激水解酶的产生和提高释放水平，进而诱导芽的萌发；另一种是ABA诱导植物的休眠，并保持休眠状态。

(4)糖类物质的变化

休眠诱导期，糖类物质主要以淀粉的形式存在，休眠解除过程，淀粉逐渐转化为可溶性糖，碳水化合物转化为可利用态。蔗糖是可溶性糖的主要成分，还原糖的含量与解除休眠有密切的关系，贝母鳞茎解除休眠过程中，还原糖含量升高，还原糖升高到一定值，鳞茎打破休眠。低温也有利于非可溶性糖向可溶性糖的转化。

贮藏于0℃下的百合鳞茎积累更多的可溶性糖。当鳞茎贮藏于-1℃时，将有大量的蔗糖积累；贮藏于4℃时，鳞茎的碳水化合物改变较少，但其变化仍旧趋向于可溶性糖含量增加，淀粉含量减少。不同部位鳞片的淀粉含量随着贮藏时间的延长而下降，其中，中部鳞片在贮藏的101d内下降了50%左右，同时，在一定范围内，温度越低，越有利于鳞片中淀粉的降解；贮藏67d后淀粉含量不再有明显的变化。百合鳞茎解除休眠过程中，可溶性糖的含量也发生着显著的变化。麝香百合鳞茎在泥炭中保湿贮藏至85d，发现鳞片中蔗糖、甘露糖、果糖和寡糖含量增加。百合鳞茎在低温冷藏期间可溶性糖含量升高，变化趋势是先迅速上升后缓慢下降。从不同部位来看，顶芽的可溶性糖含量在贮藏初期的34d内增加幅度最大，其次为鳞茎盘。百合鳞茎内含物质在发生显著变化的同时，百合的顶芽在鳞茎内迅速伸长和膨大，说明鳞茎的休眠正在解除。不同的贮藏温度和时间对于鳞茎内碳水化合物的代谢影响显著，也影响着百合顶芽的萌发，温度越低越有利于淀粉的降解，同时也显著缩短了百合的生育期。可溶性糖的含量都在一定时期时达到了峰值，说明休眠的解除与否可能与可溶性糖达到峰值的时间有关，冷藏期内糖含量达到的峰值可能就是鳞茎打破休眠的标志之一。

8.4.3 休眠的调控

8.4.3.1 打破休眠

打破休眠常用的方法有物理方法和化学方法两大类。

物理方法 包括温度、热水、温汤、流水浸泡，去除皮膜和切割球根等。

化学方法 包括植物生长调节物质、乙醇、硫化物处理等。

常用的主要是温度和生长调节物质处理。

(1)温度处理

秋植球根花卉通常可通过高温处理解除种球休眠，如小苍兰30℃高温处理可以促进球茎快速打破休眠。郁金香鳞茎解除休眠也是通过高温处理，但由于我国华北和长江以南地区，郁金香鳞茎成熟期的地温较高，收获后的运输和贮藏期的温度也较高，因此采取高温处理的效果不明显。对在冷凉地区栽培的球根进行高温处理，打破休眠的效果比较显著。多花水仙提前起球，待叶片枯落后用30℃高温处理，可以促进鳞茎打破休眠。高温有利于春花型唐菖蒲球茎打破休眠，低温有利于夏花型唐菖蒲球茎打破休眠。夏花型唐菖蒲球茎打破休眠的温度处理方式比较多样，自然低温可以打破球茎休眠，温度的有效范围是0~10℃，处理时间因品种、起球时间、生长条件等不同而不同，一般要求60~120d。

变温处理可以明显缩短球茎的休眠期。

高温到低温的变温处理 将干燥的新球茎置于35℃处理20d，然后2~3℃低温20d即可打破休眠。但要注意，高温不超过40℃，低温不低于0℃为宜。

低温到高温的变温处理 将新球在0℃下处理20d，再在38℃处理10d，栽种后20d可发芽。百合类球根由于类群多、品种丰富，因此鳞茎打破休眠的温度需求也不尽相同。东方百合和亚洲百合，可以利用低温处理提前打破休眠。

低温处理的适宜温度为5~8℃，0~3℃低温可以促进植株伸长。有些品种的反应低温为8~10℃。而麝香百合鳞茎于17~18℃条件下处理可打破休眠。球根的休眠程度与生长期的温度有关，唐菖蒲在温暖地区冬季栽培时，由于其生育期温度较低，所形成的球茎的休眠较浅。因此打破休眠的温度也较高。温汤和热水处理与高温处理打破休眠的效果相同，温汤处理法常是辅助打破休眠的方法，在鳞茎类球根的休眠解除中经常用到。麝香百合鳞茎一般使用47.5℃的温水浸泡30～60min，或者用50℃温水浸泡15～30min。浸泡时要注意恒温，若球根大小不等，要根据大小决定处理的时间和温度。

(2)植物生长调节物质处理

BA处理可以打破唐菖蒲和小苍兰球茎的休眠。蛇鞭菊(*Liatris spicata*)在夏末秋初用GA_3处理可以打破休眠并促进开花。

麝香百合一般在低温处理之前采用500～1000mg/L的GA_3处理1～3s就可以有效地解除休眠，如果采用GA_4或GA_4+GA_7，效果更好。虽然乙烯对球根有许多的生理伤害，但乙烯处理可以促进多种球根休眠的打破。郁金香早期的乙烯处理能促进花芽分化，且对鳞茎打破休眠有促进作用。麝香百合低温处理前，在密闭容器中使用5%～10%的乙烯处理3d，可打破休眠。乙烯处理也可以打破唐菖蒲、小苍兰、水仙等球根的休眠。熏烟处理可以打破小苍兰、荷兰鸢尾、水仙等球根的休眠，烟中含有乙烯等不饱和碳水化合物和二氧化碳等物质，其机理可能是乙烯的作用。多花水仙用乙烯或熏烟处理与高温处理效果基本相同，每日熏烟1～3 h或乙烯气浴0.75mg/L。植物生长调节物质是打破球根休眠的快速有效的方法，但是植物生长调节物质调节休眠的效果并不稳定，而且处理后对植物的生长发育有影响。到目前为止植物生长调节物质打破球根休眠的机理仍不清楚。

8.4.3.2 延迟休眠的打破

延迟球根休眠的打破常采用低温处理，已经在百合上普遍应用。生产上百合采用冻藏，抑制鳞茎的生活力，延长休眠期。亚洲百合和麝香百合最佳冻藏温度为-2℃，东方百合最佳冻藏温度为-1℃。所有的百合品种都可通过延长休眠的方法，进行抑制栽培。冷冻保存首先要进行预备冷藏。一般在1～2℃下预备冷藏4～8周，在预备冷藏过程中，提高细胞渗透压，增强鳞茎耐冻性。预冷处理的时间最迟在12月以前；预冷处理以后，就可以进行冻结贮藏了；贮藏时间可长达14～15个月。预冷时间不能过长，过长则球根休眠被打破，容易发芽。东方百合的某些品种对于冷冻贮藏的温度要求稍有不同，亚洲百合对冷冻的温度几乎没有特殊要求，安全贮藏期可达9个月，出库时要先在10～15℃温度下解冻。多花水仙起球后，贮藏在10℃低温下，可保持休眠到次年的2～3月。喇叭水仙(*Narcissus pseudo-narcissus*)和大杯水仙在28℃条件下花芽发育受阻，可以利用这一特性延长休眠期。

8.5.4 种球生产基地的建立

在对种球质量的评价中，要特别考虑切花质量，因此必须将产地因素考虑进去。目前在生产中，人们还只偏重种球膨大这一单一因素，而忽视了生态区对种球切花质量的影响。选择较好的生态区，不仅对种球膨大有着良好的促进作用，而且可以确保高质量的切花生产。生态区与切花质量的密切关系，应该是筛选种球繁殖基地的一个重要依据。

气候因素的影响可能比土壤因素的影响更明显，因此在选择种球繁育基地的时候应该优先考虑气候因素。来源不同生态区的种球，对切花质量有明显的影响。在筛选和确定种球繁育适生基地过程中，必须严格对不同生态区进行严格试验，尤其在种球质量评价体系中，必须统筹考虑以下因素。

(1)气候冷凉，海拔较高，昼夜温差大，采收期少雨

高海拔地区气候冷凉，有利于保持种球的种性，是百合、郁金香、马蹄莲等球根类花卉种球繁育的最适宜地区。

高海拔冷凉山区因空气相对湿度较小，紫外线强、温度低，故球根花卉病虫害发生轻，有利于球根花卉的生长和种球繁育。另外，低温有利于延缓种性退化，同时又能诱导种球增大，具有生产百合、马蹄莲、郁金香、石蒜等温带球根花卉种球的优越气候条件。如云南香格里拉坝区，四周为云岭山脉的支脉围绕，海拔3000～3400m，为亚高山草原，水源丰富，地势平坦，从高原坝区15～20cm处的地温看，能满足球根花卉秋冬季播种层15～20cm的地温低于9℃的要求，这对种球春化及安全越冬十分有利，在其最重要的生长季4～6月的地温也适合种球生长。年日照时数2203.1h，年降水量606.6mm，年平均空气湿度70%，均能满足百合、郁金香等种球生产的光照要求和水分要求。

(2)土壤肥沃的壤土，富含有机质，病虫害少

如滇西(东)北土壤条件好，土壤多为红壤、棕壤、草甸土，土层深厚，土壤疏松肥沃，土壤肥力高，有机质含量丰富，达4%～5%，土壤的pH值6.5～7，保水保肥力强，通透性好，是球根花卉种球生产的最佳土壤。

(3)劳动力资源丰富

如滇西(东)北的丽江、迪庆、昭通两市一州有劳动力273.74万人，劳动力资源非常丰富。据台商调查，支付一名台湾工人的工资，在昆明可支付8个工人，在丽江、昭通、迪庆可支付12个工人。与外国相比则更低，丽江、昭通、迪庆劳动力工资仅为日本的1/20。据调查，在丽江、昭通、迪庆用百合仔球生产商品球，生产10 000头的土地和劳动力费用仅500元。因此，在滇西(东)北生产种球劳动力充足生产成本低。

(4)运输便利

如滇西(东)北丽江、迪庆，交通运输集公路、航空、铁路和长江航运为一体，基地生产的种球能在短时间内快捷地北上贵阳、成都、重庆等各大城市，或经昆明转港、澳和东南亚。

我国地跨三带，自然气候资源丰富，完全存在符合球根发育膨大条件的地区，如目前的西北、东北、西南地区，以及云贵、江浙一带的高海拔山区。利用气候相似原理，适地发展百合、郁金香、唐菖蒲等种球生产，是种球国产化的主要依据。近年来，辽宁、甘肃、陕西、宁夏等省(区)也利用其夏季冷凉的气候优势，开始部分生产百合等种球。荷兰利用夏季冷凉的自然气候露地生产种球，而种球繁育属于典型的劳动密集型产业，符合我国目前的花卉产业发展方向。高校、科研机构、生产企业协同攻关，建立一批规范化的商品种球生产基地及优新品种研发中心，并在种球采后的清洗、分级、包装、冷处理和长期贮藏等一系列技术方面建立工厂化应用模式，再通过技术辐射和行业规范，最终实现自主进行种根花卉的选育和国产化生产。

8.5 优质种球生产的繁育体系

8.5.1 百合

百合生产增长速度快，如荷兰 1960 年种植 110hm^2；1997 年种植面积扩大到 3560hm^2，年产 18 亿球；2000 年荷兰年产种球 90 亿粒，其中百合 25 亿粒，仅次于郁金香，为第二大球根。日本种植面积为 430hm^2，仅次于菊花、月季、香石竹。韩国 224hm^2，百合是肯尼亚的第二大切花。在其他国家如意、美、德、墨西哥、哥伦比亚、以色列也在发展。亚洲是百合起源中心，年需种球 5 亿粒左右，仅我国每年就需要进口 1.2 亿粒。

近百年来，以荷兰、美国、意大利、日本为首的国家致力于百合育种，已经培育出多个百合品种。主要类型有：东方百合(Oriental hybrids)、亚洲百合(Asiatic hybrids)、麝香百合(*Lilium longiflorum*)、东方麝香杂种(O/L)、麝香亚洲杂种(L/A)，有 5000 ~ 6000 个品种。

中国百合资源丰富(全世界 90 多种，中国有 46 种 18 变种)，栽培历史悠久。但我国传统上是以食用、药用百合为主，主要类型有兰州百合、龙牙百合及卷丹。我国培育的具有自主知识产权的百合品种甚少。

20 世纪 60 至 70 年代，荷兰已建立起以组培育苗、组培苗的母球培育、母球鳞片扦插、扦插苗的商品球培育为主的百合种球生产技术体系；即原原种、原种、生产种的三级繁育体系。目前以辽宁、云南、甘肃、浙江为核心的国产百合种球生产基地的构架已初步形成。

8.5.1.1 百合种球国产化自繁技术

8.5.1.2 百合种球生产的关键技术(图 8-1)

(1)原种国产化

创建具有自主知识产权的百合品种进行商品化繁育。

(2)百合脱毒

建立无病毒百合的原种基因库，在国内建立国际上认可的百合病毒检测技术体系，引进品种则可采取茎尖培养(取茎尖 0.1 ~ 0.2mm)技术培育脱毒试管苗，并利用 ELISA 法进行病毒检测。

①百合病毒的种类　荷兰认可鉴定的百合三种主要病毒包括：TBV (Tulip breaking virus)或称 LMV (Lily mosaic virus)，即郁金香花叶病毒或称百合花叶病毒；CMV(Cucumber mosaic virus)，即黄瓜花叶病毒；LSV (Lily symptomless virus)即百合无症病毒。因此，以百合茎尖培养脱毒苗作为生产性原种，必须完善鉴定病毒的技术手段。

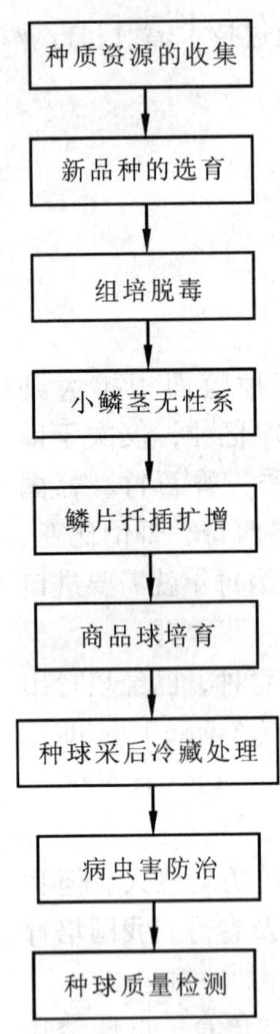

图8-1　百合种球生产的关键技术

②百合病毒检测技术　采用各种方法获得的脱毒苗，必须经过严格的检测确定脱毒才能推广应用。目前常用的检测方法有指示植物法、电镜技术、酶联免疫技术和分子生物学技术等。

指示植物法　百合病毒检测的基本手段是指示植物法。百合体内的一些病毒可以采用汁液接种法，接种到其他草本植物(指示植物)上，然后根据指示植物的感病表现研究病毒的生物属性特征并进行种类鉴定。心叶烟、台湾百合、昆诺藜、番茄、百日菊、郁金香、千日红等都可作为鉴别百合病毒的指示植物。指示植物法虽然简单，但检测速度很慢，表现症状的时间最短需要10～20d，长的需要1～3月，而且灵敏度也较低，还受季节限制，此外，维护指示植物园费用也高。有些百合病毒，只能由蚜虫传播，也不适用指示植物法。所以指示植物法的应用局限性较大。

电子显微镜技术观察法　利用电子显微镜可以观察到百合样品中的呈丝状、弯杆状和杆状的病毒粒子。采用免疫技术与电镜技术结合的方法可鉴别百合汁液中病毒粒子。免疫电镜技术的出现促进了电镜技术在百合病毒检测上的应用。但由于电镜技术需用电子显微镜，而且样品的制备费用较高。所以电子显微镜技术应用受到一定的限制。

酶联免疫法　现在应用最广泛的植物病毒检测方法是酶联免疫吸附法(ELISA)。植物病毒是由蛋白质和核酸组成的核蛋白，是一种很好的抗原，注射到动物后会产生抗体。由于不同病毒产生的抗血清具有特异的识别特性，因此可以用已知病毒的抗血清鉴定病毒种类。目前，酶联免疫吸附法(ELISA)和点免疫结合试验(DIBA)是检测CMV、LSV和LMV百合病毒的常规方法。ELISA的灵敏度较高，可检测到纳克水平的病毒。然而，ELISA难于检测更低浓度的病毒。

分子生物学技术检测法　该方法是通过检测病毒核酸来证实病毒的存在，其特点是灵敏度比ELISA还高，特异性强、检测快速，并可用于大量样品的检测，并且适应范围广，应用对象可以是RNA病毒、DNA病毒和类病毒。目前常用的分子生物学技术包括核酸分子杂交技术、双链RNA电泳技术、反转录PCR(RT－PCR)技术。RT－PCR技术已用于检测许多植物病毒，在百合上RT－PCR用于克隆CMV，LSV和LMV外壳蛋白基因。采用双链RNA电泳技术、核酸分子杂交技术和RT－PCR等方法可以鉴定和检测东方百合上的病毒。用RT－PCR技术检测百合病毒无放射性危险，可以检测到飞克(fg10－15)数量级的植物病毒及大规模的样品。所以分子生物学技术特别是RT－PCR技术在百合病毒检测方面将会有更广阔的应用前景。

③百合病毒脱除技术方法

热处理法　热处理是利用病毒和寄主植物对高温的忍耐性的差异，选择一定的温度和适当的处理时间，使寄主体内的病毒钝化失活，从而达到减轻病毒危害的目的。

百合热处理的方法是将百合籽球放入恒温箱中，从低到高逐渐升至35℃左右的处理温度，连续4周，可明显降低病毒含量，百合病毒的抗热性因其种类而异，CMV在温度超过25℃时就开始受到抑制，30℃对LSV的抑制作用要强于LMV。

热处理脱毒法已应用多年，被世界多个国家利用。该项技术要求的设备条件比较简单，脱毒操作也比较容易。主要缺点是脱毒时间长，脱毒不完全，例如TMV这类杆状病毒就不能用这种方法脱除，因而该方法有一定的局限性。热处理由于温度难以控制以及各病毒对温度的敏感范围不一样，很难获得理想的控制效果。

茎尖培养脱毒法 百合脱毒的外植体可以是田间生长的珠芽，也可以是鳞片组培获得的珠芽。一般采用0.2～0.4mm茎尖分生组织最为有效。用百合脱毒鳞片培养再生子球的生长点作为脱毒的原始材料，是有效方法。

植物通过茎(根)尖培养获得无病毒植株的难易程度与品种和感染病毒的种类有直接关系。同时，与病毒检测技术方法相关，早期均采用指示植物检测，灵敏度较低，许多并没有真正脱除。

热处理结合茎尖培养脱毒 应用热处理与茎尖培养相结合方法能够更加有效脱除病毒。38±1℃ 6h或25℃8h热空气和50±1℃ 40min恒温水浴结合茎尖培养脱除了宜兴百合的CMV病毒。

抗病毒药剂法 作用原理是抗病毒药剂在三磷酸状态下会阻止病毒RNA帽子结构形成，抑制病毒增殖或移动。常用的抗病毒化学药物有：三氮唑核苷[病毒唑(virazol)]、硫尿嘧啶(2-thiouraci)、5-二氢尿嘧啶(2,4-dioxohexahydro-1,3,5-triazine DHT)和双乙酰-二氢-5-氮尿嘧啶(DA-DHT)等。可直接注射或加到培养基上。这种方法一般要与茎尖培养相结合应用。经过抗病毒药剂处理的嫩茎，切取茎尖，再进行组织培养，会提高脱毒率和成活率。

化学疗法在百合脱毒上的应用效果，已在鳞片扦插和愈伤组织扦插试验中得到肯定。抗病毒剂使用浓度越高，处理时间越长脱毒效果越加明显；相反，高浓度抗病毒剂对植株的生长有一定伤害。

此外，一些植物生长激素如NAA，BAP，秋水仙碱对降低百合外植体中病毒浓度也有一定效果。

(3)小鳞茎大量扩增和规模化鳞茎增重栽培

建立百合试管小鳞茎高效再生快繁体系，小鳞茎的理论增殖速度为一年80万粒，估计荷兰能达到每年增殖50万粒左右，而国内目前的增殖速率尚十分有限。小鳞茎在冷凉地隔离条件下培育成周径16～18cm的大球，再通过鳞片扦插手段迅速扩增为生产苗，优质子球在荷兰通过一年栽培能达到周径14～16cm的商品种球。国内可采用高蔗糖浓度、加适量多效唑(PP_{333})和合适的BA/NAA比例等措施，进一步优化组培条件，提高子鳞茎的增殖率，完善设施条件的工厂化鳞片扦插技术体系，并在适合种球生产地区或高山冷凉地，采用提高配方施肥等鳞茎增大增重的栽培管理技术，建立从子球培育成商品种球的产业化栽培模式。

①百合无毒籽球繁育技术规程

外植体选择 选取外观发育良好、鳞片紧实、基盘完好的种球进行病毒检测。采用经检测无病毒的种球的中、内层鳞片作外植体，进行组织培养。

外植体的消毒处理 剥取百合种球中、内层鳞片，在洗衣粉水中清洗干净，再用清水漂洗后，在超净工作台上先用75%的酒精消毒45s，然后在0.1%升汞溶液中处理20min。消毒完毕后用无菌水冲洗5次。

外植体的切割和接种 将经过消毒后的鳞片纵切为两片，再横切成3片，然后将切片接种在诱导小鳞茎培养基中。

诱导外植体分化小鳞茎配方 MS + BA1.0mg/L + NA/NAA0.1mg/L，温度20℃，25d以后便可以将外植体上的小鳞茎取下作进一步增殖的材料。

培养增殖 将小鳞茎的鳞片剥下作外材，可进一步在培养瓶中增殖。增殖配方：MS + BA2.0mg/L + NAA0.5mg/L，温度22℃，光照强度为2000lx，光周期14h/d光照 + 10h/d黑暗，将已分化出的小鳞茎通过继代培养达到一定数量后，拿出一部分球再次进行病毒鉴定。通过鉴定确认无病毒的苗进行扩繁，大量增殖。

生根培养 无病毒的增殖苗达到计划数量后，转入生根培养基上进行生根。培养基：1/2MS + NAA0.1mg/L，根长0.5cm时即可移栽。

炼苗 将达到移栽标准的百合小苗从培养瓶中取出洗净培养基，移栽在温室中的基质上。基质为泥炭: 腐殖土1∶1混合基质。每周浇一次营养液，经过在防虫网室内10～12个月的养护，百合小球达到周径10cm，即可转入商品种球生产程序。

②百合小籽球繁育技术规程

——根据小籽球繁殖计划，选用经抽检无病毒的种球作母本。规格16/18，14/16均可，解冻后备用。

——剥鳞片：从外到内剥取鳞片18～22片。

——消毒：多菌灵500倍 + 代森锌500倍浸泡鳞片30min消毒，然后在阴凉处沥干水分。

——激素处理：经消毒沥干水分的鳞片在规定浓度的激素溶液中蘸一下即可扦埋。

——扦埋基质：扦埋基质用草炭加蛭石，拌入多菌灵和代森锌(每立方米基质加入多菌灵和代森锌各650g)将药与基质拌匀，基质含水量60%备用。

——扦埋容器：将种球筐及内膜洗净，并用0.2% $KMnO_4$ 泡30min，消毒备用。

——扦埋鳞片：将经过消毒的内膜套入种球筐内，加入准备好的基质垫底，厚度3cm。在基质上均匀摆放一层处理好的鳞片(注意不要重叠)，然后盖一层基质，厚2～3cm。一层鳞片一层基质。最上面一层基质厚4～5cm。装好后将内膜拆齐盖严，注意保持基质湿度。每层可摆放鳞片150片，每筐摆六层，每筐摆放鳞片900片。

——分化：将封好的种球筐放在恒温库内22～25℃。25d后即可见每个鳞片基部分化出2～3个米粒至绿豆大的小籽球(繁殖系数为40～60倍)。每隔10d抽检一次基质湿度。对于表面干燥的可用小喷雾器喷少许水保湿即可。60d后，小籽球可达到黄豆大小。这时即可将小球进行移栽。

——移栽小籽球

苗床基质 苗床基质以泥炭和蛭石混合基质，比例为1∶1。同时加入药物拌匀，每立方米基质加入敌克松150g，多菌灵70g。

移栽 将装有小籽球和基质的内膜连同基质小籽球一起从筐中取出，撕开内膜，轻轻将带小籽球的鳞片从基质中取出。平摆在苗床的基质上。不必将小籽球与母鳞片分离，以利小球的进一步生长发育。对那些已经干枯，且小球已脱的鳞片可弃之。

盖基质　将小籽球摆好以后，用扦埋基质和苗床基质进行覆盖。厚度5～6cm。然后浇透水即可。

——苗期管理：当叶子出土后，每隔一周喷一次叶面肥，以尿素为主，浓度0.1%～0.2%。每隔半月浇施一次液肥，以尿素为主，配P，K或施复合肥。其间可喷生长激素2～3次。9个月后小籽球围径可达到10cm左右，即可转入小球育苗种球生产程序。

③百合商品种球生产技术规程

种球生产基地的选择标准

气候条件　要求气候冷凉，昼夜温差大，年均温9～10℃，7月平均温度不超过22℃；日照充足，全年总日照数不低于1900h；年降雨量800～1000mm，生长期降雨充足。

环境条件　海拔2300～2700m的台地，隔离条件好；水源充足，水质优良；土质深厚，有机质丰富。

种球来源　经组织培养或鳞片扦插而得的周径8～12cm种球。

种植前处理

整地　选排水良好的地势，在种植前1月翻耕土地，深约30cm，充分粉碎土块。畦面宽1.5m，沟宽30cm，深约20cm，畦的长度依地势而定，为了防洪防涝，每块地的后山需挖50cm宽，50cm深的排水沟，以切断外来山洪冲刷。而对地块特别大，排水不畅的地块，需于中央挖横、直排水沟，视地形加挖辅助排水沟，以保证种植块不积水。

基肥　亩用量复合肥50kg+普钙60kg+充分腐熟的农家肥1500kg与土混匀。

种植

出库解冻　种球经冷藏处理达8周以上，方可出库解冻，常温条件下自然解冻，避免剧烈温度变化和阳光直射。

种球处理　用辛硫磷1500倍加多菌灵500倍液浸泡种球20min以上，捞起在阴处晾干水汽待种。

下种种植　理沟种植，种植密度15cm×15cm，撒施肥料后再盖土，盖土总厚度为种球顶部以上6～8cm，并做好品种标记。

种后浇水　种完一批浇一批，当天种植种球当天浇水，需充分浇透，使种球与土充分接触。

畦面覆盖　浇水后用稻草或树叶覆盖畦面，保持畦面湿润，以利出苗。

田间管理

苗前管理　百合下种后应经常浇水，保持厢面湿润，以保证百合嫩芽出土，同时注意预防鼠害。

中耕除草　百合长至20cm时，拔除杂草，同时于晴天松土约3cm深，有利于保水和表层杂草晒死。

水分管理　在百合生长期，保持土壤润而不湿，晴天5～7d浇一次水，雨天注意排水，严防积水。

摘除花蕾　当百合植株形成花蕾约1cm左右时，将花蕾摘除，减少营养消耗。

施肥管理　待百合苗长至15cm左右时，用尿素提苗，用量为每亩20kg，间隔15d一次，连续两次；接着用复合肥15∶15∶15追施，用量为每亩30～40kg，间隔15d一次，连续两次；生长过程中可配合叶面施肥，叶面肥为：

——补铁：螯合铁1000倍或绿得快600倍液喷施，5d一次，共需3次。

——微肥：硼镁肥750倍加钼酸钠1000倍液，10d一次，2～3次。

——壮球肥：在摘除花蕾一周内，用种球膨大素3000倍加磷酸二氢钾750倍叶面喷施，10d一次，共3次。

病虫害防治　为了确保商品种球的质量，在百合种球生产过程中重点防治蚜虫、根螨、灰霉病等严重危害种球的病虫害。

虫害防治　每隔7～10d，防治一次蚜虫；定期检查种球生长情况，发现根螨和根蛆危害，发现虫害应立即采用药物灌根处理，务必及早及时控制虫害的蔓延。

病害防治　定期使用药物防治百合病害，特别是注意雨后转晴时应喷一次药物，发现病害时及时拔除中心病株，并全田喷洒防病药物。

④种球采后工厂化处理

目前百合种球国产化的另一个"瓶颈"就是采后处理问题。荷兰的东方系百合种球长期低温贮藏期能达12个月之久，而国内贮藏目前尚难以达到6个月以上。应在更系统地研究百合花芽分化、休眠生理，以及打破休眠的实用冷藏技术的基础上，着力解决自繁种球采后的大规模商业化冷藏处理技术，包括不同品种、冷库条件、冷藏前处理、冷藏温度与周期、远距离运输等问题。尤其是严格的冷库控温能力在±0.5℃范围内，保证不同位置的库温一致性，以及冷藏库的自动慢速通风装置与百合种球所需的空气环流计算等方面。

百合种球采收及处理技术标准

种球外观质量要求　种球充实、不腐烂、不干瘪、无机械损伤，外观新鲜程度好。无病害症状及病虫害现象。

芽体质量要求　中心芽不损坏，发育正常，肉质鳞片排列紧凑。种球基盘健康，根系生长好，新鲜程度好、壮实，至少有3条以上根系(包括3条)。

百合种球的采收及处理

百合种球采收时期　待百合地上部分茎叶自然枯黄，营养已转移到种球，此时即可采收，采收前应控制土壤水分，使之适当干燥，选择晴天采挖。

挖球　挖球时尽量避免机械损伤。种球挖出后避免烈日暴晒和长时间摆放，以防种球鳞片及根系脱水。

分拣和分级　及时清除种球上的枯枝茎叶及腐烂鳞片及烂老根等，按种球周径大小，分18+cm、16/18cm、14/16cm、<14cm 4种规格进行分级，数量按18+cm 150个/箱；16/18cm 200个/箱；14/16cm 300个/箱；<14cm 500个/箱，误差不超过2%。分清规格和品种后，立即运到阴凉处进行消毒处理，不能在烈日下暴晒。

种球清洗及消毒

——将分级后的种球用水冲洗掉种球附带的泥土，清洗时应注意不得损伤种球鳞片和根系。

——将清洗完的种球倒入药池中消毒，消毒用药物为多菌灵500倍加代森锰锌500倍。对于种球根部有虫害的情况，加辛硫磷1500倍。

——消毒时间为浸第一批次20min，第二批次25min，第三批次加1/3药量浸泡30min，然后换药液进行下一轮消毒。

——消毒后捞出种球于阴凉处晾干，务必使种球鳞片间和根系不带明显水分。

装箱及标签

装箱 消毒后的种球分多层装箱球，一层泥炭一层种球，要求种球与种球之间尽量不接触，尽量用基质隔开。先用有小孔的塑料袋垫于箱内，在底部放一层泥炭约1.5cm厚，放上种球再于四周加泥炭，中间撒少量泥炭，再摆放种球，撒上泥炭，直到达到要求数量，并将四周填实泥炭，表层填实泥炭1.5~2cm厚，将塑料袋口包严实，在包口前于内侧贴标签，卡好木板即可。装箱泥炭准备：用杀菌药物多菌灵500g加代森锰锌500g，拌泥炭1m^3，充分混合。适当洒水，保证含水量约50%，用手握用力不能挤出水。

标签 采用双标签管理，即塑料筐侧一份标签，塑料袋内一份标签；标明品种、规格、数量、日期、基地名称。

百合种球冷藏处理

冷库消毒 百合种球放入冷库前，需对冷库进行清扫，冲洗，并用0.5%的高锰酸钾溶液均匀喷洒杀菌。

种球摆放 根据百合种球采收批次，在冷库内合理安排布局，种球箱底部需要垫木板或空箱，摆放不能紧靠墙壁，至少距离15cm，以达到库内通风功能。

温湿度控制要求 采用分段降温的方法，逐渐降低温度。首先温度10℃，湿度70%~80%处理1周；然后下调温度至5℃，湿度不变处理2周；最后下调温度至2℃，湿度不变。经冷藏处理至8周后，即可出库作商品切花种植要求；如果不需马上种植，则需将温度下调到-1.5℃，可以长期冻藏保存，到时候根据视种植需要而解冻。

⑤建立百合种球的质量检测体系和种球售后服务体系

自繁种球品质检测主要包括：外观、淀粉含量、真菌(尤其是灰霉、青霉及菌核菌)以及病毒检测，种球质量须达到同类品种进口商品球的标准。完善种球售后技术服务系统，提供标准化百合切花生产规程和新品种产业化示范试验，树立国产优质百合种球的品牌。

8.5.2 唐菖蒲

我国唐菖蒲种植面积大，但由于我国唐菖蒲种质资源缺乏，育种进展缓慢。过去尽管有过自育品种但未能得到推广，最近育成的一些新品种，其生产性能还有待于验证。目前我国唐菖蒲种球生产已具有一定的规模，并且技术日趋成熟。已形成了以辽宁凌源、甘肃临洮、四川西昌、河北张家口、云南昆明、浙江杭州为主体的基地网络，但这些地区无霜期短、营养积累不足并且土传病害和交叉感染严重，致使种球种性退化较快，导致目前优质切花种球主要还依赖进口。且我国无毒种球商品化生产体系尚未建立，采后技术还不够完善，用于切花反季节生产的种球以及优质子球还不能满足国内生产要求。利用国外进口的子球可以在国内生产优质种球，因此目前亟待解决的问题是尽快建立大规模的无病毒子球生产基地，寻找适宜的种球繁育基地，形成优质的种球生产体系，对我国唐菖蒲切花生产具有极其重要的意义，另外要重点研究和解决种球采后处理与周年供应体系的建设问题。

8.5.2.1 繁育地点的选择(图 8-2)

可在我国西北、东北、华北及南方各省(自治区、直辖市)的几个高海拔地点确定几个唐菖蒲种球专业生产基地。选择地势高燥、光照充足的地点，远离污染源。唐菖蒲对氟敏感，空气中若含有氟化物，微量(1ppb)即可致害。要求清洁、砂质、排水良好、有机质含量丰富的肥沃土壤，土壤 pH 值 7.0 左右。当 pH 值过低时，可在种植前 1 个月在土壤中掺加生石灰或碳酸钙进行调整，若 pH 值过高，可通过在土壤中施入硫酸亚铁或有机肥来调整。

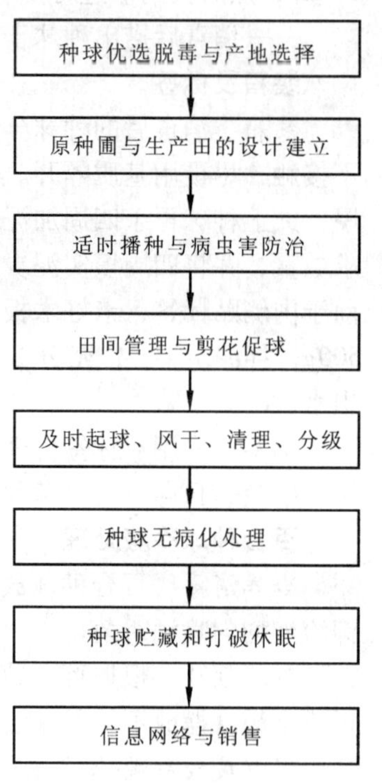

图 8-2 唐菖蒲种球生产关键技术

8.5.2.2 繁殖材料的选用

唐菖蒲球茎每年进行一次更新演替，大部分可以形成球茎，自然条件下，匍匐茎顶端产生的小子球退化程度低，是目前唐菖蒲商品种球生产的主要繁殖材料。利用子球繁殖切花种球，是快速增殖种球和防止种性退化的有效方法。若条件允许，可利用进口种球长出的田间适应性良好的无病植株，切取茎尖或花茎等，采用 MS 培养基，配合适当的激素组合，离体组织培养产生小球茎或试管苗，进行 2 年田间培养即可形成切花用球。试管球和大田球相比较，试管繁殖球形成的植株营养长势良好，开花性状正常，鲜切花质量好，除第一年繁殖系数比大田球稍差外，第二年、第三年生长情况均比大田球好，并且田间植株发病率低，表现出茎尖脱毒的优势。但在子球尚未长大到商品球之前生长一定要保持环境不受污染，并加强田间管理，防止再次感染。也可利用进口的不带病原物的优质子球作为起始繁殖材料。大子球(直径 0.6cm 以上)发芽势强、生长旺盛，形成的种球大、产量高；小子球(直径 0.4～0.6cm)形成的植株弱小，种球直径小，成球率低，但种球外形纵径与横径比大，并且，由小子球形成的种球在花枝长度、花径、小花数和花枝粗度等方面均优于大子球形成的种球。因此，小子球更加具备培育优质种球的潜力。充分利用小子球，创造理想的栽培环境，尽可能地提高小子球的成球率，是解决唐菖蒲种球退化、生产高质量种球的有效途径。从直径 0.6cm 以下的小子球繁育成直径 2.6cm 以上的商品用球一般需两个生长季。小子球经一季栽培，少数直径可达到 2.6cm 以上直接出圃，多数直径长到 1.5～

2.6cm，此规格种球再继续进行第二季栽培即可育成商品用球。

8.5.2.3 种圃的设计与建立

繁育地5年之内不可重茬。种植前10d左右将土壤浇一次透水，约1周后待土壤晾晒干，结合翻地，在土表施入基肥。按5000kg/hm^{2}的用量施用有机肥和适量磷钾肥。翻耕深度不小于30cm。种植前用浮选法去除病劣子球，条件允许再结合人工目检。子球采用5%的石灰氮(氰氨化钙)浸种1h，之后用含0.5%多菌清、0.5%甲醛和500μL/L中性洗涤剂的混合液保持在52℃下浸泡30min。每浸泡一次后需添加原药剂量的1/4～1/3，以保持原液的浓度，再进行下一批浸种。浸后的子球不需要清洗，以免破坏已形成的药膜。子球取出后放在阴凉处晾干，铺放于3～5cm厚的稻草上，盖上稻草，待子球萌动后即可播种。浸种以在种植前1～2d进行最为适宜。10～20cm深的土层温度维持在15℃左右时，为最佳播种期，一般4月下旬开始播种。子球的种植采用条播沟栽法，沟距20～25cm，将子球均匀地播入，每米沟内播种60～80粒小子球(直径0.4～0.6cm)，播后覆土3～4cm厚、直径为1.5～2.6cm经一季栽培的子球，每米沟内播种30～40粒，播后覆土5～6cm厚。子球培育的第一年适合采用"垫网法"。先将土刨开，垫遮光率60%的遮阳网在地上，覆盖5cm厚左右已混匀基肥并碎细过的栽培土，在平整后的栽培土上按适当密度点播子球，并稍将子球压入土壤，避免在其上覆土时冲乱子球。收获种球时，用手拉住网的一头向上提，将土翻卷，便可见子球暴露在外，收获容易，漏收少，收获量比普通培育法大大提高。遮光率为60%的遮阳网韧性强，耐拉、耐磨、耐腐蚀，可连续使用多年。

8.5.2.4 田间管理

早春种植后，为保持地温，可在土壤表面覆盖稻草或麦秸，待两片叶子长出土面后掀除。播种完土壤需浇一次透水，以促使迅速出苗。待苗出齐后适当控制浇水，促进根系向深层土壤生长。在整个营养旺盛生长期，适时灌水，保持土壤湿润，田间持水量达到70%左右。雨水过多时注意田间排水，防止球茎腐烂。自秋季气温开始降低至收获前应控制浇水。收获前两周停止浇水，便于球茎的收获和防止球茎腐烂。

(1)施肥

进入旺盛生长期，应及时进行追施氮肥和复合肥。发芽后15～40d施用氮肥，最有效。进入三叶期以后每月施用一次复合肥，共施3次。唐菖蒲不喜大肥，否则会引起植株徒长倒伏。追肥可以通过叶面喷施或灌溉方式施用，或直接撒在土表再喷洒水，加速肥料溶解进入土壤，以使植株处于最佳营养生长状态，促进子球发育。在土壤处于微酸性(pH值5.6以下)时，不能施用磷酸盐肥料，因为它含有氟化物，过磷酸盐肥料更不宜施用，否则会引起叶尖枯焦，严重时甚至枯死。

(2)病虫害防治

保持田间无病虫害发生。病毒病是引起唐菖蒲种球退化的主要原因，除了土壤中线虫等传播外，田间的蚜虫、叶蝉等也可在株间传毒，另外工人在田间作业时的机械擦伤植株也可传播。应以预防为主，出苗后，在田间根据情况设置黄色黏虫胶带诱杀害虫和监测。采用好年冬、氧化乐果喷施，对蚜虫、蓟马、叶蝉的防治都有一定的效果。对真菌性病害，如灰霉病、干腐病、茎腐病、根腐病、锈病、褐斑病等，可在二叶期、四叶期和六叶期喷洒50%多菌灵或百菌清500倍液加以预防。一旦发现发病中心，在其蔓延前，每周一次全面喷施50%百菌清+65%代森锰锌500倍液或50%百菌清+70%甲基托布津600倍液，交替使用及时发现并拔除畸形、花叶、弯曲的病株，清理污染的土壤，远离种植地烧毁有病残体或深埋病株，避免大面积传染。此外，田间要及时除草。

(3)剪花促球

少数大子球会抽生出花序，应在花序抽出至花蕾显色前尽早摘除，保留花茎上的两片茎生叶，以保证光合面积，使养分集中供应地下种球生长。剪花时间一定要避开阴雨、雾天气，晴天9：00～14：00这一段时间最好，此时气温逐渐升高，相对湿度较低，剪口很快干缩愈合，避免病源物侵染，否则剪口容易感染病害。使用的剪刀最好提前清洗消毒。

8.5.2.5 起球、晾干、分级

秋季初霜前，当唐菖蒲叶片有1/3干枯时，开始收获地下球茎，通常在10月下旬至11月中旬进行。选干燥、晴朗天气将整个植株小心挖起，切忌碰伤球茎表面。若不能机械化作业，要集中人力尽快完成起球。采后剪去残、枯叶，尽早晾晒，搭架将整个植株铺在架上，置于通风干燥处，阴雨天或晚间用塑料布覆盖以免雨淋。晾晒时间根据当地气候而定，一般1周左右。晾晒过程中不断翻动种球，使种球彻底晾干，挑出有病斑的球茎，防止霉烂。球茎充分晾晒干燥后，掰下切花种球或培育种球，除去伤病畸形球后再按大小进行分级，分级标准见表8-1。分级是保证种球质量的重要措施。

优质种球具有以下特征：

(1)种球的纵径与横径比在一定范围内越大越好，其比例以1.2：1为宜；

(2)手触摸有硬和沉甸感，说明淀粉含量充足；

(3)种球表面光滑、厚实浑圆、大小均匀、外表统一、中间无大的凹陷；

(4)芽点突出饱满，无病虫害侵染。

表8-1 唐菖蒲球茎分级标准

种类	规格	周径(cm)
切花种球	I	>16
	II	14～16
	III	12～14
	IV	10～12
	V	8～10
培育种球	I	6～8
	II	4～6
	III	3～4
子　球	I	>3
	II	2～3
	III	<2

8.5.2.6 种球贮藏

种球分级后用50%多菌灵300倍液或70%甲基托布津100倍液(液温49℃)浸泡30min，可防止贮藏期间感病。经过处理的种球应在阴凉通风处迅速晾干，晾干过程中不断翻动，或37℃高温烘干到仅含生理水。种球晾干后装入尼龙网，即可入库贮存。贮藏室要求温度2～5℃，相对空气湿度70%～80%。为了保持球茎的干燥，用木架分层放置，防止堆置，每层间距35～40cm，放球3～4层，种球厚度不要大于10cm。层面可用竹帘、木板条或铁丝网制成，保持通气。贮藏室要经常检查种球状况，发现病烂球应及时剔除，并喷药防止蔓延。每隔3～4周翻动一次，防止发热霉烂。冬季低温

冷凉地区，可利用自然低温进行常规贮藏以满足 4 月份之前的种球供应，保持种球完好，温度控制在 0～10℃，相对空气湿度 70% 左右。也可采用冬季埋藏种球，11 月中下旬将种球埋于沟中，沟深 60cm，用细沙对种球进行分层埋藏，共设置 3 层，埋藏期间根据气温降低状况逐步增加覆土厚度，每次增加 10cm，最终增加到 40cm，进入 4 月逐步去掉覆土，每次去 10cm，共去除两次。到翌年 4 月温度开始回升后，球茎休眠一般已解除，随温度升高，要防止球茎萌发。在夏秋种植冬季切花时必须进行延期贮藏，贮藏条件要求冷凉、干燥、通风良好的机制冷库，温度维持在 2～5℃，相对湿度维持在 70% 为宜。湿度过大会促使球茎萌发，湿度过低会造成球茎失水过多，发生干瘪。同时注意环境卫生，防止病虫害的发生。贮藏室内保持较低的 O_2 含量和较高的 CO_2 浓度可抑制球茎的萌发。应及时排除库内乙烯等有害气体，从而降低唐菖蒲种球的呼吸强度，降低球茎中养分的损耗，保持球茎的质量。

8.5.2.7　贮藏期间病害防治

(1) 球腐病

球腐病是贮藏期间唐菖蒲球茎经常发生的一种真菌性病害，球茎受青霉菌感染后，开始出现淡褐色、稍有凹陷和皱纹的病斑，病斑周围呈黑色，病部逐渐枯软，其上产生青绿色霉层。该病菌广泛分布于土壤和空气中，贮藏室空气潮湿容易发生，主要通过机械损伤和空气传播，特别容易通过伤口传染球茎。

防治方法：

①在球茎的挖掘和运输过程中尽量避免机械损伤，减少病菌的侵入，刚收获的球茎应迅速晾晒。

②球茎应贮藏在阴凉、干燥、通风的地点，并保持较低的温度(0～10℃)，及时查看和清除霉烂的病球。

③在球茎收获后到种植前都要严格检查，剔除带病球茎，并用 0.3%～0.4% 的硫酸铜溶液浸泡 1h 后取出。

(2) 根腐病

球茎受根腐病侵染后最早在球茎顶点周围出现水渍状不规则小病斑，逐渐变为淡褐色至红褐色，病部形成同心圆状皱褶，温度高时病斑上产生白色菌丝，为病原菌尖孢镰刀菌的分生孢子。球茎和土壤都能带菌，贮藏期间，球茎未经彻底干燥或未经消毒处理常发病较严重。

防治方法：

①球茎贮藏前充分晾晒一周，贮藏期间要保持环境通风干燥；

②发病初期可及时喷施多菌灵、百菌清和甲基托布津。

(3) 软腐病

此病由假单孢菌侵染引起，侵染球茎会在球茎上出现白黄色水渍状圆形斑点，病斑渐变为褐色或近于黑色，凹陷，边缘凸起，并有胶粘物质，目前无特效杀菌剂。应以预防为主，发现病球及早清除。

(4)干腐病

该病病原为座盘菌，感病后球茎外表面产生小的坚硬的黑色菌核。球茎上出现褐色或黑色病斑，可扩展连成片使球茎腐烂。贮藏期若环境潮湿，发病加重，整个球茎都可皱编成黑色。

防治方法：

①贮藏前种球经过充分晾晒，贮藏期经常翻动种球，保持环境通风；

②发现病害，及时喷施50%多菌灵300倍液、70%甲基托布津100倍液控制病害发生。

8.5.3 郁金香

郁金香，百合科郁金香属多年生球根花卉，原产地中海沿岸及中亚土耳其等地，在克里木、高加索、阿尔泰等地区也有分布，我国新疆和西藏也有部分原产。现在所应用的郁金香种球大部分来自荷兰，我国也有小量的育种繁种，品种正在丰富，技术正在提高，但比起荷兰的种球业还有很大的差距。早在19世纪，上海已有郁金香栽培，20世纪前半叶在南京、庐山也有少量引种；20世纪70年代引进荷兰种球(中国科学院)，并在各地试种，80年代中后期在北方普遍引种栽培；从90年代开始我国大量进口荷兰种球，每年约4000万头，先后在西安、西宁、北京密云、大连、云南丽江、中甸、昭通规模化栽培。郁金香的栽培品种有8000多个，目前还有更多更新的品种在不断出现。郁金香的各个品种的表现性状各不相同，主要集中在花期、花型、花色及株型上的差异性。

我国园艺工作者经过近20年的努力，通过引种选育出适合我国气候条件的栽培品种，进行了广泛的气候适应性研究，基本形成了西安、北京、河北(滦平、固安)、河南虞城、浙江杭州、云南丽江、中甸、昭通等小区域气候繁殖基地。

目前，云南中甸已形成规模化生产。栽培面积达10hm^2，产量100万头。现有生产示范基地30hm^2，生产规模仍在不断扩大。今后应通过国际合作等形式，尽快实现我国种球的基本自给。同时应加快开发和利用原产我国新疆的郁金香种质资源，不断培育能够适应我国气候特点的品种群，这不仅利于我国郁金香种植面积的扩大，而且对于我国今后占领全球干热气候带的郁金香市场具有重要战略意义。

8.5.3.1 组培生产子球

组织培养是繁殖系数最多的方法，其繁殖系数比分球繁殖高20~50倍，而且生长速度快，开花期也比实生苗提早3~4年。除了快速的繁殖速度，它能保持原品种的优良性状，是对稀有品种进行快速扩繁的最佳方法。郁金香的组织培养方法主要有如下几个步骤：

(1)选择外植体与接种

选择良好外植体是组织培养能否成功的第一个关键。要选择生长健壮，无病虫侵害，发育良好的鳞茎，并用清水冲洗干净，表皮上的杂物可用中性肥皂搓洗。然后，用无菌水冲洗数次，70%酒精中消毒30min，再经0.1%升汞溶液消毒5~30min(时间因品种而异)。取出后，用无菌水冲洗，经切块后接种到培养基上，放入培养室。培养基以 MS 培养基为基础。接种需要无菌环境，并要迅速、准确。

(2)接种后管理

接种后培养间温度应保持在 15~20℃之间，光照强度在自然散射光线的条件下增加 1000lx 的日光灯照。10~15d 后，外植体开始膨大，25~30d 形成愈伤组织，80~90d 幼芽开始分化，150~180d 形成独立小苗，240d 可形成有空心茎的小苗。在这个管理过程中，每 30d 左右要转移一次，以免老化。在培养基中加入活性炭，并在黑暗条件下培养，在 3 个月后可直接形成子鳞茎，可缩短成花的时间，但繁殖系数较正常的低。

(3)小苗的移植培养

小苗有了空心茎后，及时移栽到苗床上。苗床的栽植土要求疏松透气，并有一定的保水、保肥能力，必须经过消毒。苗床所在的温室环境必须有一定的遮荫设备，冬天需要加温设备，夏天需要降温系统。苗移植前需要 2~3d 锻炼，打开培养瓶盖，让其逐步地适应外界环境。锻炼后，取出小苗，洗去培养基，移栽入苗床，细雾浇水，注意茎部不沾土壤，免受感染。前期要注意遮荫，并控制浇水量，随着小苗长大，减少遮荫时间，适当加大浇水量，并开始施加稀薄液肥。当小苗根较茁壮时，已具有较强的抗逆能力，可以考虑移植。

8.5.3.2 母球生产子球

郁金香鳞茎是其更新和无性繁殖的主要器官。在郁金香成熟的鳞茎中，贮藏着休眠后再生长时所必需的养分和幼芽（花芽、叶芽）。郁金香的鳞茎在其短缩的鳞茎盘上着生着一层一层紧紧包着的肥厚鳞片。品种不同，包着在鳞茎盘上的层数也不相同，一般为 3~5 层，有些品种多至 6 层以上。鳞茎年龄不同，鳞片数目也有差异。年龄越小，鳞片数量越少，贮存的营养物质也越少。鳞茎外层的膜质干燥鳞片以及包附在外面的褐色鳞皮，对鳞茎起保护作用。带褐色鳞皮种植，可在一定程度上防止土壤中病虫害对鳞茎体的侵入，而鳞茎盘处的鳞皮对生根有抑制作用，一般在栽植时去除该处的鳞皮。

一个生产用的郁金香鳞茎，同时也是繁殖下一代子球的母球。鳞茎内的器官构造比较复杂和特殊，一个完整发育良好的种球内，中心部分是一个分化完整的花芽（最中间是雌雄蕊，外层是花被），接着是叶芽，外面是若干个鳞片，最外面的是膜质鳞皮。在每层鳞片的腋下，分布着很小的子鳞茎，当它长大后即是子球。每一个母球所能孕育的子球数，完全取决于该球的鳞片数，也同时决定了该球的繁殖系数。品种和鳞茎的年龄不同，其鳞片数也不同，这也说明了繁殖系数与郁金香的品种以及鳞茎的年龄密切相关。一个成熟种球内部器官是清晰可见的。郁金香能否开花，取决于其种球内花芽的孕育情况。只有种球鳞片肥厚而且有一定的数量，供给的养分才足够其花芽完全发育。由于鳞茎片数量的多少以及肥厚程度决定了种球的大小，因此，郁金香种球的开花率与种球的大小成正相关。一般生产上常根据郁金香种球周径的大小将其分成五级：

一级：12+即周径在 12cm 及 12cm 以上；

二级：8~12 即周径在 8~11.9cm；

三级：6~8 即周径在 6~7.9cm；

四级：3~6 即周径在 3~5.9cm；

五级：< 3 即周径在 2.9cm 以下。

一级球的开花率较高，可以达到 95% 以上，二级球的开花率 60%~80%，三级及三级以下的种球均不能孕育花芽。多数的种球生产商，往往还会把二级球再细分，分成 11~12，10~11 及 8~10 等级别，前一级的全部和中间级的部分会作为商品球出售，以下的部分将会连同其他小球一起，作为繁殖下一代种球的母球进入下一轮的郁金香种球生产。在种球生产中，大球的比例因品种不同而异，有些品种的比例高，有的比例就比较低。因此，在购买种球时，有些品种大球显得比较少，但价格较高，主要是与品种有关，购下一级的种球就比较明智。

郁金香母球种植后，花芽不断分化的同时，每层鳞片腋下的子球生长点也开始生长发育。到翌年春季，母球发芽抽茎而开花的同时在根旁会长出一、二片叶子，但并无花茎抽出。根旁抽出的叶子就是膨大的子球生长出来的，只有大一点的子球才有能力抽出叶片，较小的子球由于营养不够，叶芽发育不良或抽不出。

通常在郁金香母球开花后，尽早地去除花蕾，以减少开花所消耗的营养，同时保留几乎所有的叶片，以利于制造营养，供给新生的子球生长。一般在母球最靠近中心花芽的部位形成最大的子球（更新子球），第二个球为梨球，越向外面，形成的子球越小。

因为母球营养消耗是由外向内进行的，而叶片光合作用产生的营养物质的输送贮存，是由内向外进行的。最中心的子球，不仅吸收了丰富的母球营养，同时积累了地上茎叶输送来的营养，成长最大的第二年开花一级种球向外挪移，外围的子球，虽然有部分可以在翌年开花，但其抽出茎的高度及花的大小次于中心球。母球在生长发育后期，子球已不断的膨大，同时在其内部生成的鳞茎腋下形成孙辈子球，这就是郁金香中特有的三代同堂。当母球叶片枯黄，可到子球分级的时候，母球的营养已消耗殆尽，变为纤维状残体，没有任何的利用价值了。至收获季节时，每个母球可收 2~6 个子球，品种差异和种球的年龄，栽培技术的不同，形成的子球数并不相同。一个母球经一个种植周期产生的小球数，就是该球一代的繁殖系数。

在繁殖郁金香种球时，大部分的开花球都作为商品球出售，用剩下的子球来作为主要繁殖用种球。当这些子球作母球时，由于体积小，多数也只有 3 枚以下的肉质鳞片，中心没有成熟的花芽。当然，小球内的鳞片腋间有小球的生长点。这些生长点长大时，有些也会生长发育出 1~2 片小叶，球大小同样与着生位置相关，由内向外变小。没有叶片长出的子球，所需的营养来源于母球及中心芽生长的叶片。

如果经营得当，三级种球可以发展成一个二级种球和 1~2 个三级或三级以下的子球。但如果环境条件差或技术操作不当，三级球形不成二级球，形成的有可能是三级以下的小球，这也反映出种球复壮时，环境条件、技术水平不同，产生的效益将会相差很大。

随着郁金香母球的生长、发育、衰亡及下一代子球的生长、发育、衰亡，母球的生命一代代传递下去，基本上能保持着原有的优良性状，而郁金香的原始体发育成肉眼可见的生长点，一般需要半年的时间，再过半年，生长点才能发育成独立的子球。因此，郁金香种球的繁殖周期是一年一轮，它与郁金香采用一年生栽培是相吻合的。

野生的郁金香大多只发育一个子球，其余原始体消失，但产生的子球较大。

郁金香子球形成过程，说明在种植郁金香时，只有应用严格的、正确的技术措施，保证郁金香母球在整个生长发育过程中，有最佳的生长发育条件，才能获得预期的结果，尤其复壮郁金香种球的生产中，在子球生产繁殖时，更要注意郁金香子球形成时，提供相对的生长发育所需条件和采取相应生产技术，才能获得较高的效益。

8.5.3.3 子球的获得

郁金香生产已形成一定规模的生产商，在获得切花(或盆栽花)生产出售产品时，会考虑下一步子球培育所产生的利润，对郁金香生产各个生长发育阶段的利用和综合考虑，是获得郁金香生产最大利润的保证。大部分郁金香生产者只是外购优质的种球进行栽培，开花后，对其产生的子球，往往丢弃。在我国，绝大部分的郁金香生产者属于后一种类型。由于郁金香种球生长的环境条件，以及种球生产所需的条件均不太成熟，多数人考虑的是引进优质(多数是荷兰进口的)的种球，作一次性生产，产生的子球往往丢弃。在我国的西安地区、浙江的丽水地区等，郁金香种球的生产已取得了一定的生产效益，丢弃的子球可流向一次性栽培的生产者。这样不仅可省去大笔的外汇，也大大降低郁金香的生产成本。

子球的获得是郁金香繁殖生产中一个比较重要的部分。一般在安排生产计划时，要首先明确是否收获子球作繁殖母球，在以后的生产环节中注意对种球的养护和管理。大约在切花采收前进入准备收获子球的生产阶段。切花采收得早，有利于子球的养分积累。花蕾着色、开放，是消耗养分较大的阶段，该阶段叶片产生的营养物质主要被花器官消耗掉，流向根部子球的养分只占其中较少的一部分，如果在花蕾着色后但未完全开放之前采收，一方面有利于切花的采收，同时也有利于养分在根部子球的转换。如果一些花蕾有病虫害或畸形花，建议尽早打掉花蕾。

郁金香花期过后，是种球生长最快的时间。这段时间的水肥供应一定要充分，保证土壤湿润，同时避免湿度变化幅度过大，该时期最忌土壤过湿，而引起地下子球腐烂，因此选择一块排水良好的地块，是种球生产的保证。

荷兰在6~7月开始收获种球，我国多数在7月上中旬时收获。随着母球的消亡，地上部分也逐渐衰老、枯死，挖球时注意不要伤球，地栽的挖掘深度在20cm左右，箱栽、盆栽的直接挖出即可。挖出的球放于干燥阴凉处，进行分级。根据上面提到的分级标准，将种球分成五级，一般是留下一级球和二级球的稍大部分，作为商品球出售，小球留下作为繁殖下一代子球的母球。有些生产商也会把小球转让出售给那些专门繁殖子球的生产商。

8.5.3.4 整地

整地之前，选地是一项关键的工作。选择平整、不易积水、土质适合的地块，是种球生产取得效益的前提条件。一般是选择朝南略有坡度的地块，阳光充足，不易积水。阳光不足，会导致花期缩短，花茎细弱短小，花色变淡，叶片细长，导致地下部分发育不良，产生退化现象。若是低洼地，易积水，秋季易使母球腐烂致病，冬季易使种球遭冻害。除了低洼地，地下水位高的地段，也不宜种植郁金香。如果无法避免地势的影响，则要挖好小沟，避免地下水位或积水的影响，或者采取高垄种植，开深沟。因此，如果在种植的地段经常有风害，应设立风障或种植防护林。

郁金香要求肥沃疏松、透水性、保水性好、富含有机质砂质壤土。郁金香适宜中性或微碱性的土壤，为了便于郁金香生根，保证植株有良好的根系，土壤的 pH 值 6 ~ 7，EC 值必须低于 1.5mS/cm，且疏松无菌，排水性能好。添加泥炭可以降低土壤过高的 pH 值，并增加土壤的疏松度。EC 值高的土壤必须提前 2 个月灌水洗盐。栽种之前，最好能对土壤做一些检测，在酸性土壤上可施用石灰，以调节酸碱度，调节到 pH7.0 ~ 7.5 时较为适宜。

另外，郁金香忌连作，当年种过郁金香的地方，翌年不宜再种植，否则易导致种球退化。一般间作 3 年以上，间种期间可改种禾本科或豆科作物，3 年以后才能种植。

一般种植地整过后，都要开沟分畦，以便于田间操作。做成地面整平，沟深 20 ~ 30cm，畦宽 1.5m 的种植畦。大一点的郁金香球种植时大多是沟隔 10cm 点植，四级以下的子球是以千克定播种密度的，必须是开沟种植，可在畦面上隔 15cm 开一条小沟。

8.5.3.5 繁殖种球的种植

(1)种植时间

郁金香种球的种植时间有非常明显的地域性和局限性。必须根据各地各年的气候情况来决定种植日期。如果秋季寒流来临迟，或者是长时期温度较高，种植期必须推后。具体确定种植时间的方法是：郁金香种植应在土壤上冻之前，即地表至地表以下 15cm 处，温度下降到 6 ~ 9℃时种植最好。

郁金香的最佳生根温度是 9℃左右，如果种球有这个温度下 2 ~ 3 周的生根时间，对于种球的安全越冬及后面的种球生长大有好处。

(2)种植方法

大面积的种球种植，应以机械操作为主。在荷兰、美国、日本大都采用机械种植。小面积种植一般采用苗床点播。苗床宽 1.1m，长 5 ~ 8m，或依地形和操作方法、管理方便程度而定。株距 10 ~ 15cm，行距 25cm，横向开沟，沟深 10 ~ 15cm。四级以下的种球，撒入播种沟即可；四级以上的种球，一个一个按株行距要求种植。如果种球已经出现须根，种植时应该轻拿轻放，注意根系不能受损，否则影响植株后面的生长及种球的发育。

8.5.3.6 施肥

郁金香根系发育越好，营养物质的吸收和利用越高，促使郁金香生长健壮，发育良好。基肥一般是在种植之前第一次整地时一并施入，施有机肥最好施充分腐熟的。未腐熟的基肥应在整地前几个月施入。第一次整地除了清茬施入基肥外，还须深翻土层，并让土面暴晒几天，消灭病菌孢子。如采用化肥来作基肥，可选用过磷酸钙与复合肥(普通型)各半混匀后施用。化肥多施土壤容易板结，要注意后期土壤的改良。郁金香对肥料非常敏感，如果氮肥不足，则子球减少，叶子生长量少而薄，叶片色淡而细长，花茎缩短，花朵变小，花期也推迟，一些子球长不出叶片。反之，氮肥充足，会提高繁殖系数，但过多会对产生大球的质量有影响。磷肥不宜单施，否则效果不明显，一般采用磷钾肥合施，对花茎促进有极大影响，中等大小的种球数量也会相应增加。

8.5.3.7 收获

郁金香种球的收获大约在7月，此时，种球内已孕育有良好的花芽和叶芽，地上部也已经枯黄，老的种球已经干枯成纤维状。选择晴朗干燥天气，挖取地下的种球。种球的着生深度大约在地下10cm处，有些种球会因为土壤的影响形成滴漏种球，深度可达到30cm或更深处。因此，在挖取种球时，也要注意收获较深处的种球。种球收获后，对种球进行清洗、晾干，按大小进行分级，分级后装入种球周转箱，进入贮藏室储放。

8.5.3.8 种球处理

在现在的郁金香栽培中，促成栽培或半促成栽培的应用越来越多。郁金香鳞茎需接受一定时间的低温处理后，其植株才能得到充分生长，并开花。许多国家和地区都对郁金香的栽培方式进行了摸索，并结合给郁金香种球提供低温处理方式，产生了多种多样的生产模式。根据郁金香种球低温处理方式的不同，可以把郁金香鳞茎的处理分成几类，代表了不同的生产方式。

(1)自然球(干球)

郁金香种球收获后，在中间温度下完成G阶段(指种球内部的器官发育完全)后，并进行贮存。在贮存时，温度控制在17～20℃范围内，直到种球的出售或种植。自然球的低温获得是通过种球种植的自然环境低温积累，种植区域环境如果与低温的要求差异大，会产生不良影响。如果在冬季低温不够的地区种植，郁金香开花会很困难，盲花率将会较高。

(2)9℃处理球

郁金香种球收获后，经过一个中间温度达到G阶段后进入稳定在9℃的环境下贮藏，使种球在比较稳定的低温环境里获得一定的冷温处理。一般对于促成栽培的要求来说，如果要在圣诞节或春节前开花，这种低温处理往往不够，要放到生根室或室外继续补充一段时间的低温，才能抽茎开花，后期的温度处理不当可能会导致盲花率提高，而且在转运的途中容易出现“转运发热”现象，存在盲花隐患。9℃处理球的促成栽培往往要求配备一个良好的生根室，需要在生根室处理4～6周，在生根期间补充低温处理时间。理论上讲，9℃处理球的质量往往要略优于5℃处理球，但由于种球处理和栽培技术要求较高，栽培上采用相对较少，在国外流行的水培郁金香规模化生产中，应用较多。

(3)5℃处理球

郁金香种球收获后，经过中间温度达到G阶段后进入温度稳定为5℃的环境下进行低温处理，使其获得足够其抽茎开花的低温时间。一般情况下，经过这种处理后，可直接进入栽培阶段。这种处理是比较普通常用的低温处理方法，栽培也简单易行。5℃处理球在栽培初期，同样需要提供一个9℃左右的适宜低温环境发根，如果气温在12℃以上时应该推迟种植。5℃处理球如果低温结束后没有直接种植，应该继续在低温干燥环境下贮存。

(4)冰冻郁金香

中间温度达到G阶段并达到低温的时间积累后，将种球种到种球周转箱内让其生根，然后放到0℃以下的极低的温度环境下冰冻贮存。等到需要到一定时间开花时，提前一段时间移入温室内生长并开花。该种方法生长时间较短，质量稍差，但开花时间可以自由控制，甚至可以控制到国庆开花，不足的是花期往往比较短，占用冷库的时间长。

生产者应该根据自己的实际情况来制订生产计划，明确是促成栽培还是自然环境下的栽培，然后来选择那一种处理方式的郁金香种球。每一种处理方式下的种球都有其特殊的要求。

8.5.3.9 种球消毒

郁金香种球消毒有多种方法，浸泡时试剂使用的浓度应遵照说明书。在消毒前，应先剥去种球根盘周围的褐色鳞皮。消毒方法为：将种球浸在下列药液中15min：0.2%多菌灵，50%(有效成分：苯并咪唑-2-基氨基甲酸甲酯)+0.1%土菌灵，35%(有效成分：5-乙氧基-3-三氯甲基-1，2，4-噻二唑)见表8-2。

8.5.3.10 病害及其防治

表8-2 各种消毒方法及相应试剂浓度

消毒方法	试剂浓度
长时间浸泡（15min）	1 X
短时间浸泡（ 1min）	1.5 X
短时间浸泡（15～30 s）	2 X
冲洗（15min）	1.5 X
冲洗（ 5min）	2 X

(1)细菌性病害

软腐病 由腐霉菌引起。真菌在种植后几周内，土壤温度高于12℃时开始感染种球。早期被感染的植株只发出很短的芽，种球组织变软，通常呈粉红色，并释放出一种特殊的、难闻的气味，与感染镰刀菌的种球相似。茎和根在开始阶段看上去还健康，但是以后将全部腐烂。在后期感染植株的可抑制植株生长，叶尖发黄，植株倒伏，在一定的环境下花苞在最后的阶段也会干枯。预防：种植前应从根盘处将种球的表皮除去，并对种球进行消毒；生根期，土壤温度应低于12℃，最好是低于10℃；土壤结构一定要好，而且排水要通畅。

(2)真菌性病害

青霉病 由青霉菌引起。病菌会感染受机械损伤的种球，也可能感染那些收获较早(表皮还是白色)、然后在相当低的温度且不够干燥的环境下储藏的种球。这时，种球的表皮将附着一层蓝绿色的菌丝，但内部的鳞片不会受影响。有时，该病菌也会出现在发生叶片倒伏症状的植株上。预防：贮藏室避免损伤种球和芽；种球到货后，将它们贮藏在通风良好而且相对湿度足够低的贮藏室中；在种植前对种球进行消毒。

枯萎病 由郁金香尖孢镰刀菌引起。贮藏时期被感染的种球上出现灰褐色小斑点，有时会有同心圆和出现明显的黄色边缘。种球枯萎，其表皮疏松，释放出一种特殊的难闻气味以及乙烯气体。感染不严重时，植株生长缓慢，花苞尖端变黄、变干。将植株进行纵切就可发现，茎内从基部开始变为褐色。感染枯萎病的郁金香种球会释放出乙烯气体进入土壤，这可造成周围其他植株生长缓慢，甚至花苞的干枯。栽培5℃郁金香种球时，尤其是种植比较早时，种植温度高(13℃以上)，感染该病菌的危险较大。

预防：贮藏时，提供足够的通风，将感染的种球提前除去；种植前应进行种球消毒，5℃郁金香球种植时土温要12℃或更低；及时除去种植后未发芽的种球。

灰霉病 由郁金香灰霉病葡萄孢菌引起。无论种球或根系都有可能被感染。种球感染后，种球的一层或多层鳞片完全或部分发软并变为深褐色，在感染的组织上有大的(2~3mm)黑色扁平的菌核。地面以上部分感染后，植株脆弱，会突然折断。与正常的花相比，其颜色变暗。叶片由于蜡质层的破坏而失去光泽，呈褶皱状的水泡。严重感染的植株生长的很矮或花不会开放。在温室土栽时，土壤中加入有机肥料后更易产生。灰霉菌产生的斑点小，且只发生在叶片上。预防：种植前进行种球消毒；不要在纯泥炭基质中种植；箱栽时，通过提高相对湿度(90%~95%)来防止根系干枯受损。

褐斑病 由郁金香褐斑病葡萄孢菌引起。严重感染的植株不会开花或生长停滞。茎最下面的叶片卷曲，上面生长大量灰褐色的真菌孢子。土壤以下的部分会产生1~2mm大小、黑色的菌核。病菌孢子的萌发在叶片和花上引起小的水浸状斑点。这些斑点起初为绿色，以后变为大的白色或褐色斑点。病菌的菌核和孢子只在潮湿的条件下萌发。孢子可通过水分或空气的流动进行传播，在叶片上24h之内，花上10h之内便可形成“灼伤”斑点。预防：种植前，对温室以及土壤进行消毒；种球种植前应消毒，且不要种植得过密；没有发芽的种球应立即除去；使用杀菌剂进行预防；最好在早晨浇水，保持植株的干燥，尤其是夜晚；防止植株积水，相对湿度应在85%~90%，保持充足的空气流动。

立枯病 由立枯丝核菌引起。感染郁金香在土壤中的芽，植株长出地面后，就不会有进一步的危害。芽上形成橙褐色的斑点和条斑，以后植物的组织开裂，通常能正常开花，但底部叶片的尖端向外卷曲。危害严重的植株，茎基部呈椭圆形，严重内陷，植株生长缓慢，加工时容易折断。预防：种植前，对温室以及土壤进行消毒；种球种植前应消毒，且不要种植过深。

8.5.4 中国水仙

中国水仙(*Narcissus tazetta* var. *chinensis*)，石蒜科水仙属，中国漳州地区为主产区，鳞茎肥大，外被褐色薄鳞膜。叶片数少，每鳞茎4~6枚。花葶自叶丛中抽出，中空，筒状至扁筒状；伞形花序，花白色，芳香；花冠高脚碟状，蒴果。自然花期自12月至翌年2月。中国水仙的染色体多为同源三倍体，由于雌雄配子高度不育，因此在栽培条件下通常不结果实。我国漳州地区主要采用分栽二年生水仙种球小鳞茎的方法来进行繁殖。从栽种小球到长至能开花的大球，一般需要3~4年。其他地区生产中国水仙作切花，主要使用其成品鳞茎进行栽种。

中国水仙性喜充沛的强光环境，所栽种的种球应该先经过数周5℃左右的低温处理，这样可以有效地防止以后出现哑蕾现象，即植株的花蕾尚未开放，就停止生长、枯黄死亡的现象。在定植后，可以将昼温保持在15~20℃间，夜温保持在5~10℃

间，整个栽培过程，应该将温度控制在前期较高，而后期偏低的状态。如果在栽培时环境温度超过25℃，则会造成中国水仙哑蕾。由于中国水仙根系较耐水淹，可以在渍水环境里正常生长，因此松土操作不很重要。在栽培过程中可以将植株的枯黄叶尖、畸形叶片剪去。除我国漳州地区外，其他生产单位只能靠每年购买新的鳞茎作为种球，所以其种球保存比较简单，仅将所购鳞茎置于湿度适中，气温在0℃以上，5℃以下的地方即可。

水仙生长发育的土地条件要求是肥沃疏松、排灌条件好的水稻田湿生栽培，水仙是最典型的"忌连作物"，栽培土地不能重茬，土地必须每年轮换种植，水仙是鳞茎繁殖的花卉，球体到一定的龄期而分裂，要培育大球必须经芽子、锥子、种球经阉割栽培的特殊方法，历时3年才能成为商品大球。生产周期长，工序复杂，生产成本投入相对高。由于水仙对栽培的土地和技术要求均很高，无论是种球阉割、防病除病、商品球贮藏、包装运销等都有较烦琐的工序。

水仙头品质鉴定法包括：

①色泽　表层枯鳞片呈深褐色并有光泽为优；

②形状　丰满结实，外形扁圆，个大为优；

③重量　相对较重，手感坚实并有弹性的为优；

④底部　凹陷大而深者，表明花头已成熟；

⑤花芽　花芽多且饱满，大头两旁的侧芽对称为美。

评价水仙鳞茎可从看形、观色、按压、问庄四方面进行。

①看形　优质的水仙鳞茎，一般个体大、形扁、质硬，表皮纵脉条纹距离较宽，中膜绷得很紧，皮色光亮，根盘宽大肥厚，主球旁生有对称的小球茎。

②观色　从外表看上去，鳞茎呈深褐色、包膜完好、色泽明亮，无枯烂、虫害的痕迹为上品。

③按压　按压是选择、鉴别水仙花箭多少的主要手段。可用拇指和食指捏住鳞茎，稍用力按压，手感轮廓呈柱状，有弹性，比较坚实的，为花箭；手感松软，轮廓呈扁平状，弹性稍差的，则多为叶芽。

④问庄　水仙一般都采用同样大小的竹篓包装，有每篓装20个、30个、40个和50个鳞茎的4种包装规格，俗称20庄、30庄、40庄和50庄。每篓装的个数越少，其鳞茎个体就越大。如每篓装20个的20庄鳞茎，每个鳞茎的直径可达12cm，为一等品；30庄的，鳞茎个体较20庄的稍小一些。以上这两种水仙鳞茎，一般每球可开花4~7箭以上，为上品。40庄和50庄的鳞茎，个体就小得多了，一般只能开1~3朵箭的花。通常庄数越小，其鳞茎越大，所具花箭越多，价格也就越贵。

8.5.4.1　子球生产技术

(1)土地选择

①地势开阔、地面平坦、通风向阳。

②土壤疏松、肥沃、保水保肥力强，耕作层深30~35cm的壤土，pH值6.5~7.5，E C值0.23~0.70mS/cm。

③水源充足、排灌方便。

(2)繁育时间

入秋后，日均温度稳定在25℃以下为中国水仙繁育适宜播种期。

8.5.4.2 一年生子球繁育

(1)选种

选用饱满、充实、无病虫的侧芽为繁殖材料。

(2)消毒

可选用下列方法之一进行消毒，消毒1h后，再用流水洗5min。

①用硫酸铜、生石灰、水之比为1∶1∶50的波尔多液浸种5min；

② 用代森锌300倍液，浸种5min；

③用70%甲基托布津1000倍液，浸种5min。

(3)整地作畦

于9月下旬进行犁地，犁前土壤需充分晒白，再用旋耕机翻犁3~4次，将土壤打碎后整成畦，畦宽140cm左右，畦高20cm，沟宽为35~40cm。

(4)施基肥

结合犁耙，土壤施基肥，每公顷宜用钙镁磷或过磷酸1500kg，有机肥1500~2000kg。

(5)下种

宜采用撒播，株距8cm左右，深浅一致。

(6)盖种

播后及时清沟覆土盖种，覆土厚度7cm左右。清沟覆土盖种后畦沟宜保持在30~35cm。

(7)追肥

播种后结合清沟覆土，每公顷追施氮、磷、钾各15%的复合肥500kg；翌年1~2月间，每公顷再撒施草木灰1000kg。

8.5.4.3 二年生子球繁育

(1)选种

用于繁殖的材料需选用饱满、充实、无病虫危害的一年生子球，并去除两边外露的侧鳞茎。

(2)消毒

贮存场所的消毒灭菌可选用下列方法之一，消毒灭菌后应通风24h。

①每$20m^2$用15g硫磺粉，燃烧熏蒸，密闭时间1h；

②用5 %福尔马林室内喷洒；

③用1.5%高锰酸钾室内喷洒。

(3)整地作畦

适当加深畦沟，覆土盖种后沟深达40cm。

(4)下种

宜用条播种植，即在整好的畦面上，开浅沟(浅沟方向与畦向垂直)，沟深10cm，沟距20cm，株距15cm左右。播后取沟土覆盖，再整平畦面。

(5)施肥

结合犁耙土壤施基肥，每公顷宜用钙镁磷或过磷酸钙1500kg、有机肥1500～2000kg，但基肥和追肥的施肥量上都增加30%。

(6)田间管理

①水分管理　子球种植后，立即进行第一次引水灌溉，灌水高度约为畦高3/5，并蓄水1～2h。水仙生长期间要保持土壤湿润。秋冬季雨水少，以浅水勤灌为主；春夏季雨水多，则要注意排水。如遇强冷空气，应灌水保温，水位达畦高的3/5为宜，遇雨水多应加强排水，收获前土壤湿度保持在75%。

②覆盖　在第一次灌水后1周左右，待畦沟润干时，需加深沟土，修整畦边，并结合施肥，将沟土均匀覆盖畦面，整平后再盖上约6cm厚度干稻草或其他覆盖物，覆盖物应超出畦面两边各5～8cm。

③除草　及时拔除杂草。

④病虫害防治　中国水仙主要病虫害种类、发生时间、危害症状及防治措施见表8-3。

表8-3　中国水仙主要病虫防治技术措施

病虫名称	发生时间	症　状	防治药剂
大褐斑病 *Stagonorpor curtisii*	1月上旬开始发病，3月中下旬发病高峰期	叶片出现褐色斑点，发展成菱形，发病速度快	通常可喷洒0.6∶1∶100的波尔多液进行防治，每年1～2月喷洒86.2%铜大师1200倍液，3月喷洒50%的速克灵1000倍液或灰霜特1000倍液
基腐病 *Fuartum axysporum*	初始期12月下旬，高峰期5月下旬	鳞茎球、鳞茎盘及叶片基部发生腐烂	可用86.2%铜大师1200倍液+春雷霉素600倍液喷淋于茎基部。或用32%克菌特1500倍液+农用链霉素50单位～100单位进行防治
蓟马	11月下旬至翌年4月	危害鳞茎及叶片，吸取其汁液，造成叶片疲软和白色条斑	可用2.5%高渗吡虫1500倍+高效氯氰菊酯2000倍+助剂1500倍液喷洒
根螨 *Rhizoglyphus maycisis*	12月下旬至翌年4月间	危害根盘，造成根断盘残，出现“漏底”	可用50%辛硫磷1000倍～1500倍液浸种3～5 min或浇施辛硫磷2000倍液

8.5.4.4　子球采收

成熟标志　正常情况下，叶片大部分干枯下垂，叶基部3～5cm尚呈黄绿色，地下部鳞茎膨大。

采收时间 5月下旬至6月中旬，选择晴天采收。

(1)一年生子球采收

先清除地上部水仙残叶杂草和半腐烂稻草，并从畦边离畦面18cm处定向按顺序平挖向上翻土采收，再去除子球表皮的附土和茎盘老根。

(2)二年生子球采收

先确定株、行位置，在行距中间，逐行挖掘上翻深度约20cm，采收子球，其他方面与一年生子球采收要求同。

①子球晾晒 采收的子球可集中于畦面晾晒2~3d，直至鳞茎盘下泥土干白为宜。晾晒期间要避免强阳光照晒，并经常翻动子球，促使其均匀晾干若遇阳光强烈，中午12：00~14：00应予遮荫。

②贮存

贮存场所 选择宽敞阴凉，通风透气不透阳光的房屋作为贮存场所，贮存适宜温度为25~28℃。

消毒灭菌 贮存场所的消毒灭菌可选用下列方法之一，消毒灭菌后应通风24h。

——每$20m^2$用15g硫磺粉，燃烧熏蒸，密闭时间1h；

——用5%福尔马林室内喷洒；

——用1.5%高锰酸钾室内喷洒。

子球堆放 子球宜装在专用塑料筐中，并整齐搁放于多层(一般为4层)栅格底木架或专用塑料筐架上。栅格底木架宽约140cm，层高80cm，子球贮存前，先摊放1~2d，待冷却后方可上堆。堆放贮存期间要经常检查，如有发生病虫害，需及时进行消毒和通气。

贮存条件 6~9月，控制室温25~28℃；其余月份控制室温18℃。室内相对湿度保持70%左右。

(3)子球规格要求

不同年龄的中国水仙子球规格要求见表8-4。

表8-4 不同年龄的中国水仙子球规格要求

项目	要求			
	百粒重(kg)	周径(cm)	外观	病虫害
侧芽	1.4~1.6		鳞茎表皮棕褐色，有光泽，鳞茎盘发育良好，根点发达	无
一年生子球	2.5~4.5	≥9	鳞茎呈规则圆锥形，表皮棕褐色，有光泽，鳞茎盘发育良好，根点发达，无漏底	无
二年生子球	4.5~10	≥15	鳞茎呈有规则圆锥形，表皮棕褐色，有光泽，鳞茎盘发育良好，根点发达，无漏底	无

8.5.4.5 种球生产技术

(1)土地准备

土地选择 宜选择地势开阔、地面平坦、通风向阳、土壤疏松肥沃、保水保肥力强、耕作层深30cm以上的壤土。土壤有机质含量>20%，pH值6.5~7.5，EC值0.23~0.70m S/cm，地下水位1m以下，且水源充足、排灌方便、交通方便的地方。

整地作畦

晒白 进入9月下旬，土地要多次深翻充分晒白；

整地 用旋耕机旋耕碎土3~4次后，耙平土地；

作畦 采用高畦栽培。畦高35~40cm，畦宽140cm，畦沟宽35~40cm，畦大小要整齐，高度一致，畦的方向摆布要有利于水的排灌。

施足基肥 施肥可结合旋耕进行，第一次旋耕，每公顷撒施钙镁磷1500~2500kg；第二次旋耕时，每公顷施用农家土杂肥60 000~70 000kg。

(2)播种

选种 选择饱满、充实，无病虫害，直径在5cm的二年生子球并去除子球多余侧芽。

消毒下种 子球消毒1~2d后便可下种。下种前需在整好的畦面上开浅沟，沟深10~20cm，沟距(行距)30~35cm，下种时保持株距20~25cm，下种后用土填沟盖种。

(3)灌水

下种盖土后即可引水灌溉，并蓄水至畦高的3/5，待畦面湿润时，再排水。

(4)追肥

用量 每公顷施过磷酸钙2000kg加有机肥3000kg混合，或每公顷施用烘干有机肥1500kg，再施氮、磷、钾各含15%的复合肥1000kg。

时间 第一次灌水后约一周。

方法 均匀施在翻土盖种行距浅沟中间。

整沟覆土 第一次灌水后约一周，整沟后畦高要求45~50cm。

(5)畦面覆盖

第一次灌水后7d左右，畦底干润不粘脚时，结合追肥重新修整畦边，覆盖时加深畦沟，把余土覆盖于畦面行间，并盖上约8cm厚度干稻草或其他覆盖物，覆盖物应超出畦面两边各5~8cm。

(6)田间管理

二次追肥

时间 子球在大田中普遍抽花，被摘除花枝后进行追肥；

用量 每公顷施有机肥3000~4000kg，草木灰或钙镁磷1500kg；

方法 有机肥条施于行间，草木灰和钙镁磷撒施于畦面。

摘花 一般在12月中旬至翌年1月期间摘花。当花枝管抽出地面10cm时即可摘花，摘除长度5~7cm，若花枝要作为商品用途，应待花苞临破裂时摘花，摘取长度15cm。

水分管理 及时排灌水，保持土壤湿润。

(7)收获

采收时间 6月5日~6月25日，选择晴天收获。

采收方法 距植株12cm，深度20~23cm处挖取，把鳞茎放于畦面晾晒去除鳞茎表皮附土，割除基盘底老根，晾晒时以鳞茎顶部润干为止。阳光过强，可用遮阳网进行调节。

(8)贮存

场所 选择宽敞阴凉、通风透气、不透阳光的房屋作为贮存场所，并在距地面20cm处铺上木板，防止潮湿。

消毒灭菌方法 贮存前先将种球摊放于木板上冷却2d待退热冷却后堆放在木板上。堆放高度60cm，宽度80~100cm，波浪式堆放，堆放前认真检查，去掉病虫害种球贮存期间应经常检查病虫害，如有发生，及时进行消毒和通气。

贮存条件 7~8月控制室温30℃，其他时间可常温保存，但要注意防晒、防潮、防冻和通风，相对湿度宜控制在70%~80%。

8.5.4.6 质量等级标准

(1)质量要求

种球必须经3年(3种3收)栽培而成熟膨大，无检疫病虫，无损伤、霉烂、底盘(鳞茎盘)破裂、漏底。

表8-5 中国水仙种球质量等级

等级	要求				
	周径(cm)	饱满度	每粒花芽数(枝)	病虫害	外观及侧鳞茎要求
1级	≥25.5	优	≥6	无	侧鳞茎一对齐全，种球形美、端正
2级	≥24	优	≥5	无	侧鳞茎一对齐全，种球形美、端正
3级	≥22	优	≥4	无	侧鳞茎独脚，周径应不小于22.5cm，种球形较美、较端正
4级	≥20	良	≥3	无	侧鳞茎独脚，周径应不小于20.5cm，种球形较美、较端正
5级	≥18	良	≥2	无	无损伤、无霉烂、无底盘破裂、无漏底

(2)等级要求

中国水仙种球质量等级应符合表8-5要求。种球的质量等级按其外观、周径、每粒花枝、侧鳞茎情况及包装规格不同，分为5级。

(3)检验方法

周径 用软卷尺测量最大周长，以厘米为单位，读数误差不大于1cm。

花芽数 用刀剖开种球，计算花芽数。

饱满度、外观及侧鳞茎三项品质指标 通过专门技术人员检测确定。病虫害按国家有关规定进行检测。

(4)检验规则

同一产地、同一批量、同一品种的产品作为一个检查批次。

样本应从提交的检查批中随机抽取，以箱为单位判定产品质量。

每箱产品质量合格与否则根据包装规格随机抽取2～4粒种球检验。1级、2级不允许混等级；3，4，5级的混等率应低于10%。

(5)结果判断

中国水仙种球质量等级分为5级。低于5级指标为等外。

种球各项相关技术指标不属同一等级时，以单项指标最低的一级定级。检测时若种球主鳞茎有新分裂的侧鳞芽时，则该球的围径应减0.5～1cm。

单项指标等级判定。等级划分中的某一项指标，同时满足两个等级的评价指标时，要根据该项指标在这两个等级中的评价指标是否相同来决定归属哪一级。如果该项指标在这两个等级中不同，则应归属下一个等级。

样品或产品检测批次的等级评定，应根据样品中的各单箱的等级，按表5进行判定。

(6)包装、标志、运输和贮存

包装 产品采用瓦楞纸箱分级包装，瓦楞纸箱应符合GB/T 6543要求。一般将种球分1层或2层，粒数竖(斜)立分1层或2层排列，凡分2层包装的中间用厚纸板隔开，纸箱外用包装带包扎牢固。

标志 包装箱应标明：产品名称、产地、等级、净粒数，生产者名称、地址，标准代号。包装贮存标志应符合GB/T 191的规定。

运输 运输过程中应防震、防压、防晒、防潮、防冻。

贮存 7～8月控制室温30℃，其他时间可常温保存，但要注意防晒、防潮、防冻和通风，相对湿度宜控制在70%～80%。

8.5.4.7 欧洲水仙

欧洲水仙又称洋水仙，石蒜科球根花卉，不同于常见的中国水仙。原产于欧洲地中海沿岸一带。欧洲水仙习性较中国水仙有较大差别，不宜用做水培栽植，单箭单花，花大，多数重瓣，颜色丰富。欧洲水仙在2～5℃的条件下进行冷处理后会使植株更矮。在种球挖起前，花芽已得到充分的发育，因此，收获后温度的处理对种球的开花影响不大。如果挖的时间较早，给它一个较高的温度处理，花期能提前到11月。如果希望在圣诞节和1月开花，可以对种球进行热处理，可使花期提前，缩短在温室中的时间，保证植株生长发育整齐。在种球进行冷处理或种植前，必须将其在17℃的环境中至少2周。这个温度处理不仅能保证植株迅速开花，还能使植株发展更好。必须在一定的时间内生产出有一定长度的水仙，花必须大、强健并高出叶片，植株长势不能弱，叶鞘必须紧紧包住叶片和花箭，每千克种球能有较高的花产量，收获的产品必须容易保存。

(1)欧洲水仙种球规格

常用的种球大小规格为12～14cm，14～16cm，16+等(指周径大小)。除去子球和小于10cm的种球，一般均适合促成栽培，最佳的种球大小主要取决于品种。在选择种球规格时需注意：种球大小对于11月和12月开花的欧洲水仙尤为重要，大的种球与小的种球相比有更好的产量和品质。短小的圆种球容易发生花枯萎。大小在15～16cm的圆种球适合在圣诞节时开花。较小的圆种球在圣诞节后才会开花。

(2)种球处理

种球到货后尽快安排种植。种植前用300倍代森锌或600～800倍托布津水溶液浸泡种球15～30min。

(3)低温处理

种球贮藏应放在无盖塑料箱中，放在通风良好、温度在15～17℃(未冷处理球)或9℃(冷处理球)的空间中。空气湿度不超过75%，温度不能过高，过高的温度会抑制生长，导致植株矮小。当球放在9℃温度以下时，如果相对湿度高达95%或更高，一旦空气流通差可引起过早生根。种球干冷处理时间为5～10周，一般为9周。

9℃预冷和未冷处理欧洲水仙：在种球种植在塑料箱前，也可以对干种球进行部分冷周期处理，之后再给予剩余的冷周期处理，这种水仙称为“9℃(预冷)水仙”。另外，将水仙种球种植在塑料箱中，随后将其放入生根室或室外种植台面上，接受全部冷周期，采用这种方法的水仙称为“未冷处理水仙”。

8.5.5 马蹄莲

马蹄莲属于球根花卉，喜冷凉气候，适宜马蹄莲的生长季节是每年的2～5月和11月至翌年的2月，用于“五一”和春节上市。7～10月的生产由于气温较高，生产难度较大，在夜温较低的地区和有降温设备的温室可以生产。马蹄莲生长可以分两个阶段，营养生长阶段和生殖生长阶段，前期生长要求18～24℃的适温来促进生根和叶芽分化，后期要求13～16℃的温度来促进花芽分化和花蕾转色。

目前云南省有马蹄莲生产企业10余家，年产商品球约400万头，是我国马蹄莲生产的主要地区。

8.5.5.1 种球的类型

马蹄莲分盆花、切花、盆花和切花兼用品种，盆花品种株型紧凑，茎多花朵，花朵小；切花品种株型高大，茎少、花少，花大；切花和盆花兼用品种介于两者之间。

(1)种球的好坏直接关系到成花的株型和花朵数量

可以用于马蹄莲生产的种球首先应是用组培苗生产的，因为马蹄莲的各种病毒比较严重，必须经过组培脱毒，才能用于种球生产；其次，种球应有一定的大小，一般种球周径应在18cm以上，这样的种球才能有产生5～10个叶芽和4～10朵花，种球的大小与开花多少密切相关(表8-6)。

表8-6 马蹄莲种球大小与花朵数的关系

种球周径(cm)	成花花朵数(个)
12～14	1～2
14～16	2～3
16～18	4～6
18～20	6～8
20～24	8～10

表 8-7 优质和劣质马蹄莲种球的特性对比

优质种球	劣质种球
生长期不超过2年，嫩球	1~5年，老球
芽眼多(几个生长点)	具有顶芽优势(生长点少)
第一次采收的母球，活力强，病毒和病菌少	多次同地种植或采过切花的母球，活力差，病毒和病菌是前者的2~4倍
用杂交种子生产的 F_1 代，不断更新活力	营养繁殖，每一次繁育循环丧失一次活力
花多、叶多	花少、叶少
株型紧凑、密实	植株高，株型单薄
非常适合各种盆栽和切花生产	只适合庭院栽培和切花生产

8.5.5.2 栽培种球

(1)整地作畦

普通马蹄莲生性强健，不择土壤。无论是砂土、壤土还是黏土，pH值在6~7.5之间都能生长良好。

种植时可根据温棚情况，将畦做成1~1.2m宽，以便除草和采花操作方便，沟宽40cm，沟深30cm，畦面整平，以备下种。

(2)栽植种球

当最高气温不超过30℃时种植。长江流域，每年在9月初开始栽植种球。先种大球，后种中小球。一定要把大小球分开种植。种植球径在5cm以上的大球，畦宽1m，每行3个穴；若畦宽1.2m，每行4个穴。芽眼多的，每穴放1个球，芽眼少的，每穴放2个球，芽眼向上。种球生产覆土6cm。作为种球生产还可以把茎芽破坏，这样可以刺激多生小球，但被破坏的种球要立即消毒。种植中小球，可根据球的大小，行距和株距都要小一些，每穴种球也可以放3~4个，覆土浅一些。无论覆土深浅，土一定要细。

(3)仔球种植

一般采用条播或撒播，覆土厚3cm。

(4)水肥管理

马蹄莲既耐水湿又耐肥，浇水在种球下地后就进行，一般采用喷灌或浇灌，浇水一定要浇透，只要土壤表皮泛白就要浇水。在壤土和黏土地种植的马蹄莲不能用浸灌，这样土壤会板结，容易烂根。马蹄莲生长得好坏，浇水很关键。天气炎热后，马蹄莲盛花期也就过了。气温超过32℃，有的叶片开始泛黄，花的品质下降，地下种球开始迅速增大，仔球也开始生长。这时要逐步控制浇水量，只要土壤保持湿润就行。长江流域进入6月就滴水不浇，迫使其休眠，等土壤里水分耗尽，整个地上部分焦黄，进入7月即可以起球。马蹄莲整个生长期要施3次肥。第一次是基肥，整地前若条件允许，每100m² 施有机肥10担左右，优质复合肥10kg，缺磷的土壤要加施过磷酸钙20kg。如果不施有机肥，每100m² 施复合肥15kg，磷肥30kg。施肥后立即翻地，把肥料翻入土中。第二次是追肥，苗高20~30cm时追施。在行与行之间开沟，用尿素和复合肥按2∶1的比例混合后撒在沟里，然后用土盖好，立即浇水。第三次是在马蹄莲含苞时，如果基肥中含有机肥，这次就不施尿素，用含磷、钾量大的优质复合肥，同第二次施肥方法一样。

(5)环境条件

马蹄莲最适宜在温暖而湿度大的环境中生长，最佳生长温度在12～28℃之间，如果能保持温度，可以周年花开不断，但在生产上一般不采用，这样一是会加大生产成本，二是无休眠期，容易造成品种退化。超过32℃，马蹄莲就开始进入休眠期，它能耐暂短的0～－3℃低温。马蹄莲夏季怕强光，冬季喜阳光，特别是冬春开花期要加强光照。

(6)病虫害防治

马蹄莲虫害并不多。每次追肥后7～10d内，用有机磷杀虫剂和甲基托布津或多菌灵500倍液混合喷两遍即可。马蹄莲最主要的病害是根腐病。在生长期要注意观察叶片是否黄化，特别是心叶开始黄化时用地菌净300倍液浇灌根部两三次。浇灌时，要把周围未染病的植株一同浇灌，以控制病害蔓延。发病原因一是采花时浇水不当，二是种球消毒不彻底。

8.5.5.3 种球采收

马蹄莲切花生产成功与否，往往取决于种球品质良好与否，因此为促进切花产量与品质，就必须注意种球养成及关键性种球采收与贮藏。

(1)马蹄莲种球采收时机

进入6月开始控水，土壤里所含水分正好供种球生长。经过一个多月的控水，地上部分已经枯黄，地下种球也已成熟。7月是种球收获时期，正值高温季节，马蹄莲种球离土后很容易腐烂。从土里挖出种球后，轻轻把根上的土抖掉，不要马上分离大球上长出的小球和仔球，也不要除去大球新长的须根。在大球上方1cm处切茎，千万注意不要切掉茎芯，否则，非常容易腐烂。然后把球放到平整处晒干或风干，等种球呈半干时再摘除须根，分离小球和仔球。等到八成干时，如果种球量大，把种球摊在地上，用敌克松500倍液，反复数次喷雾，喷一次翻动一次，让整个球面都喷到药液。如果种球量小，可用敌克松500倍液浸种5min，然后捞出晒干或风干，存放在干燥通风处。马蹄莲若定植田间，则应于栽培后期(定植后约4个月)逐渐减少供水，待整株叶片有一半以上黄化后即可开始采收。

马蹄莲若定植于具防雨设施下无土介质内，则应于栽培后期减少供水，并进行断水处理，待叶片完全黄化萎凋后，即可开始采收种球。

(2)马蹄莲种球采收时注意事项

采收时尽量避免造成不必要的伤口，采收时连同叶片与根完整掘出，应避免立刻除去叶片或根部时造成伤口，增加软腐病感染机会。

采收时若挖掘出带有软腐菌种球时，应将此球隔离，尽量避免碰触健康种球，造成相互感染。带病种球宜集中管理丢弃，避免再放入田中，造成下次栽培季病原菌主要来源。

当日采收后种球宜避免置于田中，让阳光直射后造成种球品质降低。当日采收后的种球宜于当日立即处理，置于阴凉处，且应避免种球相互堆积太多，造成种球蓄积太多热量，增加种球腐烂的机会。

(3)种球采收后处理

种球采收后，应立即置于阴凉处25～30℃及高相对湿度(75%～80%)环境下，进行愈伤处理需3～5d；或置于强凉风下吹拂，除去热气并增加伤口的愈伤，愈伤期间愈短，效果愈佳。

待种球阴干后即可进行去叶、除根处理，处理后的种球，需利用强凉风吹拂将所造成伤口愈伤处理。

种球处理完后，开始进行药剂处理，以减少种球贮藏期相互感染所造成的大量腐败。

目前仍无有效的药剂可防治软腐病；药剂有链霉素(稀释500倍)+铜快得宁(稀释500倍)+钙镁精(稀释500倍)+展着剂(Tween20，稀释2000倍)互相混合后，将种球浸渍此混合药剂20～30min。

种球浸渍完成后，宜立即以强风吹干，种球风干后，即可进入冷藏库贮藏。

(4)种球贮藏处理

种球贮藏方式为干藏方式，即将种球放入浅篮内，浅篮高度以不超过15cm且具有通气洞为佳；每一浅篮内所放置的种球，尽量不要堆积太多，而以不超过2层种球为原则；较小的种球(直径小于2cm)可用木屑或蛭石来保持湿度，避免小球失水过多。

打破种球休眠的贮藏 依马蹄莲品种而异，一般建议在13～15℃贮藏温度下至少需2个月，相对湿度宜为75%～90%。相对湿度若低于50%会造成种球失水过多，影响种球品质。

种球长期贮藏 贮藏温度为7～10℃之间，可贮藏6个月以上，相对湿度仍应维持在75%～90%。贮藏温度不宜过低，若低于5℃，则种球易受寒害，影响日后开花品质。

小 结

本章围绕球根花卉的种类，地下部变态膨大部分生长发育规律、种球生产的关键技术、并重点对百合、唐菖蒲、郁金香、中国水仙和马蹄莲的种球规模化生产进行了详细介绍，对指导生产具有实际意义。

思考题

1. 常见的种球有哪几类？举例说明。
2. 我国花卉种球生产的现状如何？
3. 制约我国花卉种球生产的因子有哪些？
4. 我国百合种球生产的规程是怎样的？
5. 我国唐菖蒲种球生产的规程是怎样的？
6. 马蹄莲种球生产的规程是怎样的？

参考文献

1. 刘文洪，洪健，陈集双，等. 2004. 百合病毒病原的检测诊断[J]. 电子显微学报，23(3)：225－228.

2. 宁云芬，周厚高，黄玉源，等. 2003. 新麝香百合鳞片扦插繁殖的小鳞茎形态发生[J]. 园艺学报，30 (2)：229－231.

3. 赵梁军. 2000. 观赏植物生物学[M]. 北京：中国农业大学出版社.

4. 张启翔. 2004—2009. 中国观赏园艺研究进展[M]. 北京：中国林业出版社.

附　录

1.《中华人民共和国种子法》(略)

2.《中华人民共和国植物新品种保护条例》(略)

3. 花卉种子种苗生产的国家标准(略)

GB/T18247.1《主要花卉产品等级第一部分：鲜切花》

GB/T18247.2《主要花卉产品等级第二部分：盆花》

GB/T18247.3《主要花卉产品等级第三部分：盆栽观叶植物》

GB/T18247.4《主要花卉产品等级第四部分：花卉种子》

GB/T18247.5《主要花卉产品等级第五部分：花卉种苗》

GB/T18247.6《主要花卉产品等级第六部分：花卉种球》

GB/T18247.7《主要花卉产品等级第七部分：草坪》